소방자격증 **합격교재**

소방설비기사
기출문제집

2차 / 전기분야

서울고시각

**Stand by
Strategy
Satisfaction**

새로운 출제경향에 맞춘 수험서의 완벽서

머리말

본 교재는 소방설비기사 2차 실기[전기분야] 기출문제를 수록하여 출제유형 분석 및 계산 문제를 대비한 필수교재로 활용될 것입니다.

본서는 대영소방전문학원의 수업용 교재로서의 전문성과 착실한 기초이론의 정립으로 소방설비(산업)기사 합격의 나침반이 될 것입니다.

[본서의 특징]

1. 본 교재와 더불어 동영상강의와 연계하면 기초실력 향상에 도움이 됩니다.
2. 대영소방전문학원 홈페이지에서 다양한 자료 및 기출문제를 제공합니다.
3. 최근 출제문제에 대한 다각도의 접근으로 쉽게 문제를 풀 수 있는 응용력을 키워 줄 것입니다.
4. 현재 대영소방전문학원의 강의용 교재로서 교재만으로 해결이 어려운 부분은 홈페이지를 통해 쉽게 해결받을 수 있습니다.
   [www.dyedu.co.kr]

부족하지만 심혈을 기울여 쓴 본 교재가 수험생 여러분의 합격에 일조할 수 있는 수험서가 되기를 간절히 바라며, 다시 한 번 합격의 영광을 위해 불철주야 공부에 매진하고 있는 수험생 여러분께 가슴으로부터 우러나오는 격려와 애정을 표현하면서 수험생 여러분의 합격을 진심으로 기원합니다.

끝으로 본서가 나오기까지 물심양면으로 힘써주신 서울고시각 김용관 회장님, 김용성 사장님, 그리고 편집부 직원 여러분께 지면으로나마 감사의 말씀을 전합니다.

편저자 씀

시험 GUIDE

- **자격명** : 소방설비기사(전기분야)

- **영문명** : Engineer Fire Protection System - Electrical

- **관련부처** : 소방청

- **시행기관** : 한국산업인력공단

- **취득방법**
  ① **시 행 처** : 한국산업인력공단
  ② **관련학과** : 대학 및 전문대학의 소방학, 건축설비공학, 기계설비학, 가스냉동학, 공조냉동학 관련학과
  ③ **시험과목**
   - 필기 : 1. 소방원론 2. 소방전기일반 3. 소방관계법규 4. 소방전기시설의 구조 및 원리
   - 실기 : 소방전기시설 설계 및 시공실무
  ④ **검정방법**
   - 필기 : 객관식 4지 택일형 과목당 20문항(과목당 30분)
   - 실기 : 필답형(3시간)
  ⑤ **합격기준**
   - 필기 : 100점을 만점으로 하여 과목당 40점 이상, 전과목 평균 60점 이상
   - 실기 : 100점을 만점으로 하여 60점 이상

- **직무내용**
  소방시설(전기)의 설계, 공사, 감리 및 점검업체 등에서 설계 도서류를 작성하거나, 소방설비 도서류를 바탕으로 공사 관련 업무를 수행하고, 완공된 소방설비의 점검 및 유지관리업무와 소방계획수립을 통해 소화, 화재통보 및 피난 등의 훈련을 실시하는 소방안전관리자로서의 주요사항을 수행하는 직무

• 실기시험 출제기준

실기과목명	주요항목	세부항목	세세항목
소방전기 시설 설계 및 시공 실무	1. 소방전기시설 설계	1. 작업분석하기	1. 현장 여건, 요구사항 분석을 할 수 있다. 2. 기본계획 수립, 기본설계서, 실시설계서를 작성할 수 있다. 3. 공사시방서, 공사내역서를 작성할 수 있다.
		2. 소방전기시설 구성하기	1. 자재의 상호 연관성에 대해 설명할 수 있다. 2. 소방전기시설의 기기 및 부품을 조작할 수 있다. 3. 소방전기시설의 기능 및 특성을 설명할 수 있다.
		3. 소방전기시설 설계하기	1. 물량 및 공량을 산출할 수 있다. 2. 전기기구의 용량을 산정할 수 있다 3. 회로방식 설정 및 회로용량을 산정할 수 있다. 4. 도면작성 및 판독을 할 수 있다. 5. 시방서의 작성 등을 할 수 있다.
		4. 소방시설의 배치계획 및 설계서류 작성하기	1. 계통도를 작성할 수 있다. 2. 평면도를 작성할 수 있다. 3. 상세도를 작성할 수 있다. 4. 소방전기시설의 시공 계획수립 및 실무 작업을 수행할 수 있다.
	2. 소방전기시설 시공	1. 설계도서 검토하기	1. 설계도서상의 누락, 오류, 문제점을 검토하여 설계도서 검토서를 작성할 수 있다. 2. 설계도면, 시공 상세도, 계산서를 검토하여 시공상의 문제점을 파악하고 조치할 수 있다.
		2. 소방전기시설 시공하기	1. 자동화재탐지설비를 할 수 있다. 2. 자동화재속보설비를 할 수 있다. 3. 누전경보기설비를 할 수 있다. 4. 비상경보설비 및 비상방송설비를 할 수 있다. 5. 제연설비의 부대 전기설비를 할 수 있다. 6. 비상콘센트설비를 할 수 있다. 7. 무선통신보조설비를 할 수 있다. 8. 가스누설경보기설비를 할 수 있다. 9. 유도등 및 비상조명등설비를 할 수 있다. 10. 상용 및 비상전원설비를 할 수 있다. 11. 종합방재센터설비를 할 수 있다. 12. 소화설비의 부대 전기설비를 할 수 있다. 13. 기타 소방전기시설 관련설비를 할 수 있다.
		3. 공사 서류 작성하기	1. 시공된 시설을 검사하여 설계도서와 일치여부를 판단할 수 있다. 2. 시공된 시설을 검사하여 관련 서류를 작성할 수 있다. 3. 공정관리 일정을 계획하여 공사일지를 작성할 수 있다.

시험 GUIDE

실기과목명	주요항목	세부항목	세세항목
	3. 소방전기시설 유지관리	1. 소방전기시설 운용 관리 하기	1. 전기기기 점검 및 조작을 할 수 있다. 2. 회로점검 및 조작을 할 수 있다. 3. 재해방지 및 안전관리를 할 수 있다. 4. 자재관리를 할 수 있다. 5. 기술 공무관리를 할 수 있다.
		2. 소방전기시설의 유지 보수 및 시험·점검 하기	1. 전기기기 보수 및 점검을 할 수 있다. 2. 시험 및 검사를 할 수 있다. 3. 계측 및 고장요인 파악을 할 수 있다. 4. 유지보수관리 및 계획수립을 할 수 있다. 5. 설치된 소방시설을 정상 가동하고, 자체 점검 사항을 기록할 수 있다. 6. 기록 사항을 분석하여 보수·정비를 할 수 있다.

Contents

- 2014년 제1회   소방설비기사 2차 실기[2014년 4월 20일 시행] ·········· 3
- 2014년 제2회   소방설비기사 2차 실기[2014년 7월 6일 시행] ·········· 19
- 2014년 제4회   소방설비기사 2차 실기[2014년 11월 1일 시행] ·········· 32
- 2015년 제1회   소방설비기사 2차 실기[2015년 4월 19일 시행] ·········· 44
- 2015년 제2회   소방설비기사 2차 실기[2015년 7월 12일 시행] ·········· 58
- 2015년 제4회   소방설비기사 2차 실기[2015년 11월 7일 시행] ·········· 75
- 2016년 제1회   소방설비기사 2차 실기[2016년 4월 17일 시행] ·········· 89
- 2016년 제2회   소방설비기사 2차 실기[2016년 6월 26일 시행] ·········· 107
- 2016년 제4회   소방설비기사 2차 실기[2016년 11월 12일 시행] ·········· 122
- 2017년 제1회   소방설비기사 2차 실기[2017년 4월 16일 시행] ·········· 142
- 2017년 제2회   소방설비기사 2차 실기[2017년 6월 25일 시행] ·········· 158
- 2017년 제4회   소방설비기사 2차 실기[2017년 11월 11일 시행] ·········· 171
- 2018년 제1회   소방설비기사 2차 실기[2018년 4월 14일 시행] ·········· 185
- 2018년 제2회   소방설비기사 2차 실기[2018년 6월 30일 시행] ·········· 197
- 2018년 제4회   소방설비기사 2차 실기[2018년 11월 10일 시행] ·········· 209
- 2019년 제1회   소방설비기사 2차 실기[2019년 4월 14일 시행] ·········· 219
- 2019년 제2회   소방설비기사 2차 실기[2019년 6월 29일 시행] ·········· 231
- 2019년 제4회   소방설비기사 2차 실기[2019년 11월 9일 시행] ·········· 243

Contents

- 2020년 제1회 소방설비기사 2차 실기[2020년 5월 24일 시행] ·················· 256
- 2020년 제2회 소방설비기사 2차 실기[2020년 8월 9일 시행] ·················· 268
- 2020년 제3회 소방설비기사 2차 실기[2020년 10월 17일 시행] ················ 284
- 2020년 제4회 소방설비기사 2차 실기[2020년 11월 15일 시행] ················ 300
- 2021년 제1회 소방설비기사 2차 실기[2021년 4월 25일 시행] ·················· 314
- 2021년 제2회 소방설비기사 2차 실기[2021년 7월 10일 시행] ·················· 326
- 2021년 제4회 소방설비기사 2차 실기[2021년 11월 13일 시행] ················ 337
- 2022년 제1회 소방설비기사 2차 실기[2022년 5월 7일 시행] ···················· 351
- 2022년 제2회 소방설비기사 2차 실기[2022년 7월 2일 시행] ···················· 363
- 2022년 제4회 소방설비기사 2차 실기[2022년 11월 19일 시행] ················ 373
- 2023년 제1회 소방설비기사 2차 실기[2023년 4월 22일 시행] ·················· 387
- 2023년 제2회 소방설비기사 2차 실기[2023년 7월 22일 시행] ·················· 400
- 2023년 제4회 소방설비기사 2차 실기[2023년 11월 5일 시행] ·················· 414
- 2024년 제1회 소방설비기사 2차 실기[2024년 4월 27일 시행] ·················· 426
- 2024년 제2회 소방설비기사 2차 실기[2024년 7월 28일 시행] ·················· 438
- 2024년 제3회 소방설비기사 2차 실기[2024년 10월 19일 시행] ················ 451

기출문제

2014~2024년

소방설비기사[전기분야] 2차 실기

[2014년 4월 20일 시행]

01 무선통신보조설비용 무선기기 접속단자의 설치기준을 3가지 쓰시오. 6점 [현행 삭제]

해설 및 정답
1. 화재층으로부터 지면으로 떨어지는 유리창 등에 의한 지장을 받지 않고 지상에서 유효하게 소방활동을 할 수 있는 장소 또는 수위실 등 상시 사람이 근무하고 있는 장소에 설치할 것
2. 단자는 한국산업규격에 적합한 것으로 하고, 바닥으로부터 높이 0.8[m] 이상 1.5[m] 이하의 위치에 설치할 것
3. 지상에 설치하는 접속단자는 보행거리 300[m] 이내마다 설치하고, 다른 용도로 사용되는 접속단자에서 5[m] 이상의 거리를 둘 것

> **! Reference ─── 2021년 이후 옥외안테나로 변경 ───**
>
> 옥외안테나는 다음 각 호의 기준에 따라 설치하여야 한다. 〈개정 2021. 3. 25.〉
> 1. 건축물, 지하가, 터널 또는 공동구의 출입구(「건축법 시행령」 제39조에 따른 출구 또는 이와 유사한 출입구를 말한다) 및 출입구 인근에서 통신이 가능한 장소에 설치할 것
> 2. 다른 용도로 사용되는 안테나로 인한 통신장애가 발생하지 않도록 설치할 것
> 3. 옥외안테나는 견고하게 설치하며 파손의 우려가 없는 곳에 설치하고 그 가까운 곳의 보기 쉬운 곳에 "무선통신보조설비 안테나"라는 표시와 함께 통신 가능거리를 표시한 표지를 설치할 것
> 4. 수신기가 설치된 장소 등 사람이 상시 근무하는 장소에는 옥외 안테나의 위치가 모두 표시된 옥외안테나 위치표시도를 비치할 것

02 CO_2 소화설비의 제어반에서 수동으로 기동스위치를 조작하였으나 기동용기가 개방되지 않았다. 기동용기가 개방되지 않은 원인 중 전기적인 원인을 4가지 쓰시오(단, 제어반 회로기판은 정상이다). 4점

해설 및 정답
1. 수동 기동스위치의 접점 불량
2. 제어반 전원공급장치의 불량
3. 제어반에서 기동용 솔레노이드로 연결된 배선의 단선 또는 접속 불량
4. 기동용 솔레노이드 구성 Coil의 단선

기출문제

03 그림은 Y-△ 기동방식의 미완성 도면이다. 다음 각 물음에 답하시오. **5점**

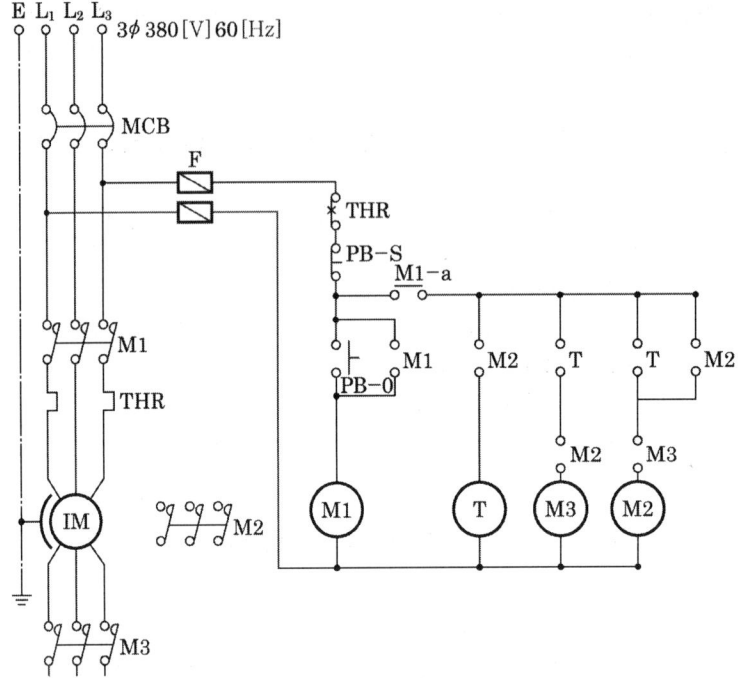

가) 주회로의 미완성부분을 완성하시오(접점에는 'M2-a', 'M3-b', 'T-a' 등 접점기호를 쓰도록 한다).

해설 및 정답

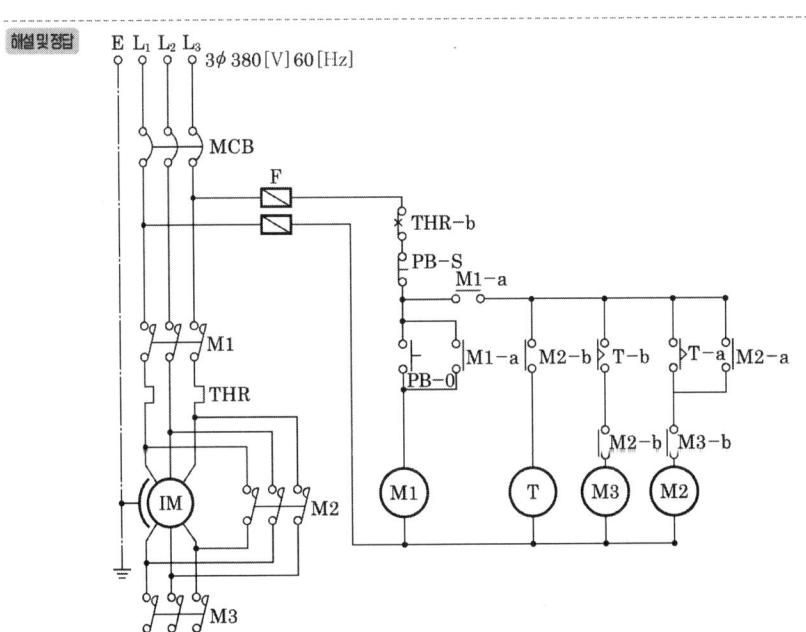

나) 유도전동기의 권선을 Y결선으로 기동하고 기동 후 △결선으로 바꾸어 운전하는 이유를 쓰시오.

해설및정답 기동전류를 작게 하기 위하여 기동은 Y결선으로 한다.

04 다음 그림은 사무실 용도 건물의 자동화재탐지설비 1층 평면도이다. 이 건물은 지상 3층으로 각 층 평면이 1층과 동일하다고 할 때 평면도 및 주어진 조건을 이용하여 다음 각 물음에 답하시오. (전화기능은 없는 것으로 한다) 10점

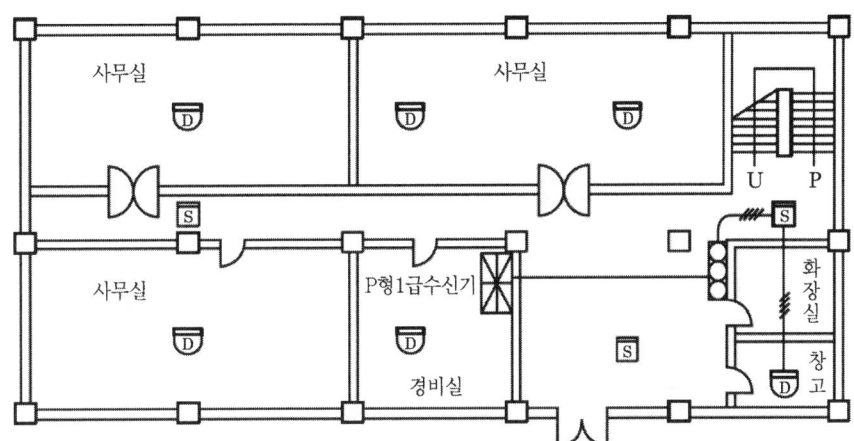

조건

- 계통도 작성시 각 층의 수동발신기는 1개씩 설치하는 것으로 한다.
- 계단실 감지기는 설치를 제외한다.
- 사용전선은 HFIX 2.5[mm²]이며, 공통선은 발신기공통 1선, 경종 및 표시등공통 1선을 각각 사용하는 것으로 한다.
- 계통도 작성시 전선 수는 최소로 한다.
- 각 실은 이중천장이 없는 구조이며, 천장에 감지기를 바로 취부한다.
- 각 실의 바닥에서 천장까지의 높이는 2.8[m]이다.
- 후강전선관의 굵기표는 다음과 같다.

도체 단면적 [mm²]	전선 본수									
	1	2	3	4	5	6	7	8	9	10
	전선관의 최소 굵기[mm]									
2.5	16	16	16	16	22	22	22	28	28	28
4	16	16	16	22	22	22	28	28	28	28
6	16	16	22	22	22	28	28	28	36	36
10	16	22	22	28	28	36	36	36	36	36

기출문제

가) 도면의 P형 수신기는 최소 몇 회로용으로 사용하는가?

해설및정답 5회로용(연결회로 수는 3회로)

나) 수신기에서 발신기세트까지의 배선 가닥 수는 몇 가닥이며, 여기에 사용되는 후강전선관은 몇 [mm]를 사용하는지 쓰시오.

해설및정답
1. 전선 가닥 수 : 8가닥
2. 배관 : 28[mm]

> **! Reference**
> 1. 배선 8가닥의 용도 : 지구 3선, 공통 1선, 응답 1선, 경종 1선, 경종 및 표시등 공통 1선, 표시등 1선
> 2. 전선관 굵기 : 표에서 HFIX 전선 2.5[mm^2]가 8가닥이므로 관경은 28[mm]로 선정

다) 연기감지기를 매입인 것으로 사용할 경우 그 그림기호를 그리시오.

해설및정답 ⌸S⌸

> **! Reference** ── 옥내배선기호
>
> | 명 칭 | 그림기호 | 적 요 |
> |---|---|---|
> | 차동식스포트형 감지기 | ⌣ | 필요에 따라 종별을 방기한다. |
> | 연기감지기 | S | (1) 필요에 따라 종별을 방기한다.
(2) 점검박스 붙이인 경우는 S로 한다.
(3) 매입인 것은 S로 한다. |
>
> ※ 경우에 따라서는 다음의 배선기호를 사용하므로 숙지 요함
>
> | 명 칭 | 그림기호(표준) | 그림기호(출제자가 가끔 사용) |
> |---|---|---|
> | 차동식스포트형 감지기 | ⌣ | D 또는 D |
> | 정온식스포트형 감지기 | ⌣ | F 또는 F |
> | 연기감지기(스포트형) | S | S 또는 S |

라) 주어진 평면도에 배관 및 배선을 하여 자동화재탐지설비의 도면을 완성하시오(단, 배선 가닥 수도 표기하시오).

해설 및 정답

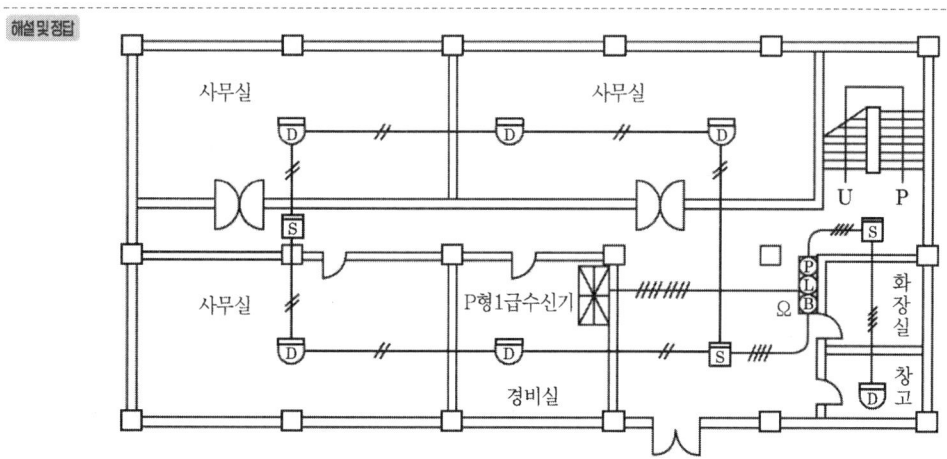

마) 본 설비에 대한 간선계통도를 그리시오(단, 계통도에 배선 가닥 수도 표기하시오).

해설 및 정답

기출문제

05 정격전압이 220[V]인 비상용 발전기의 절연내력시험을 하고자 한다. 다음 각 물음에 답하시오.

4점

가) 시험전압
   ① 계산
   ② 답

해설및정답 ① 계산 : 220[V]×1.5=330[V]
② 답 : 500[V]

나) 시험방법

해설및정답 권선과 대지 사이에 연속하여 10분간 시험전압을 인가한다.

> **Reference** — 전기설비 판단기준 제14조(회전기 및 정류기의 절연내력)
>
> | 종류 | | | 시험 전압 | 시험 방법 |
> |---|---|---|---|---|
> | 회전기 | 발전기·전동기·조상기·기타 회전기 | 7[kV] 이하 | 1.5배(최저 500[V]) | 권선과 대지 사이에 연속하여 10분간 인가 |
> | | | 7[kV] 초과 | 1.25배(최저 10,500[V]) | |
> | | 회전 변류기 | | 직류측 최대 사용전압의 1배의 교류전압(최저 500[V]) | |

06 다음은 비상콘센트설비의 전원회로에 대한 기준이다. 빈칸에 알맞은 내용을 쓰시오. [5점]

- 비상콘센트설비의 전원회로는 단상교류 220[V]인 것으로서, 그 공급용량은 (①)[kVA] 이상인 것으로 할 것
- 전원으로부터 각 층의 비상콘센트에 분기되는 경우에는 (②)를 보호함 안에 설치할 것
- 콘센트마다 (③)를 설치하여야 하며, (④)가 노출되지 아니하도록 할 것
- 하나의 전용회로에 설치하는 비상콘센트는 (⑤)개 이하로 할 것

해설 및 정답
① 1.5
② 분기배선용 차단기
③ 배선용 차단기
④ 충전부
⑤ 10

> **! Reference — 비상콘센트의 설치기준**
>
> 1. 비상콘센트설비의 전원회로는 단상교류 220[V]인 것으로서, 그 공급용량은 1.5[kVA] 이상인 것으로 할 것
> 2. 전원회로는 각 층에 2 이상이 되도록 설치할 것
> 3. 전원회로는 주배전반에서 전용회로로 할 것
> 4. 전원으로부터 각 층의 비상콘센트에 분기되는 경우에는 분기배선용 차단기를 보호함안에 설치할 것
> 5. 콘센트마다 배선용 차단기를 설치하여야 하며, 충전부가 노출되지 아니하도록 할 것
> 6. 개폐기에는 "비상콘센트"라고 표시한 표지를 할 것
> 7. 비상콘센트용의 풀박스 등은 방청도장을 한 것으로서, 두께 1.6[mm] 이상의 철판으로 할 것
> 8. 하나의 전용회로에 설치하는 비상콘센트는 10개 이하로 할 것. 이 경우 전선의 용량은 각 비상콘센트(비상콘센트가 3개 이상인 경우에는 3개)의 공급용량을 합한 용량 이상의 것으로 하여야 한다.
> 9. 비상콘센트의 플러그접속기는 접지형2극 플러그접속기를 사용할 것
> 10. 비상콘센트의 플러그접속기 칼받이의 접지극에는 접지공사를 할 것

기출문제

07 다음 그림을 보고 물음에 답하시오. 5점

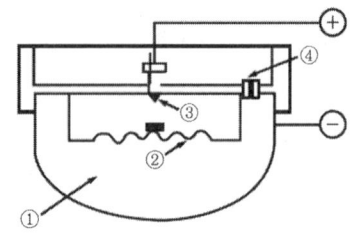

가) 감지기의 명칭은 무엇인가?

해설및정답   차동식 스포트형 감지기

나) ①의 명칭은 무엇인가?

해설및정답   감열실(또는 공기실)

다) ②~④의 명칭과 역할은 무엇인가?

해설및정답   ② 명칭 : 다이어프램
역할 : 화재시 감열실의 공기 팽창에 의해 접점 붙임
③ 명칭 : 접점
역할 : 화재시 다이어프램이 팽창될 때 붙음으로써 수신기로 화재신호 발신
④ 명칭 : 리크홀
역할 : 평상시에 감열실의 팽창공기를 배출함으로써 접점이 붙지 않도록 감열실 내 압을 적정하게 유지(오동작 방지)

08 3선식 배선에 의해 상시 충전되는 유도등의 전기회로에 점멸기를 설치하는 경우에는 어느 때에 점등되어야 하는지 5가지 경우를 쓰시오. 5점

해설및정답
1. 자동화재탐지설비의 감지기 또는 발신기가 작동되는 때
2. 비상경보설비의 발신기가 작동되는 때
3. 상용전원이 정전되거나 전원선이 단선되는 때
4. 방재업무를 통제하는 곳 또는 전기실의 배전반에서 수동으로 점등하는 때
5. 자동소화설비가 작동되는 때

09 다음 그림을 보고 물음에 답하시오. 5점

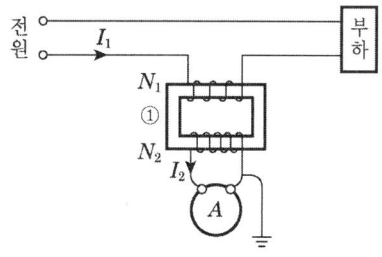

가) ①의 명칭 및 회로에서의 역할을 쓰시오.

해설 및 정답
㉮ 명칭 : 변류기(CT)
㉯ 역할 : 회로의 대전류를 전기 계기나 계전기에 공급할 소전류로 변성

나) 1차 권선수를 N_1, 2차 권선수를 N_2, 1차측 전류를 I_1, 2차측 전류를 I_2라 할 때 권수비와 변류비의 관계식에서 2차측 전류를 구하는 식을 쓰시오.

해설 및 정답
$$I_2 = \frac{N_1}{N_2} I_1$$

> **! Reference** ── 권수비와 변류비
>
> 1. 권수비 : $a = \dfrac{N_1}{N_2} = \dfrac{V_1}{V_2} = \dfrac{I_2}{I_1}$
> 2. 변류비 : 권수비의 역수

기출문제

10 다음 진리표를 논리식으로 나타내고, 유접점회로와 무접점회로를 그리시오. [6점]

입력			출력
A	B	C	X
0	0	0	0
0	0	1	0
0	1	0	1
0	1	1	0
1	0	0	1
1	0	1	1
1	1	0	1
1	1	1	0

가) 논리식을 간소화하여 나타내시오.

해설 및 정답
$$X = AB\overline{C} + \overline{A}B\overline{C} + A\overline{B}\,\overline{C} + A\overline{B}C$$
$$= (A+\overline{A})B\overline{C} + A\overline{B}(\overline{C}+C)$$
$$= A\overline{B} + B\overline{C}$$

나) 유접점회로

해설 및 정답
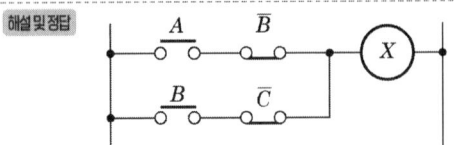

다) 무접점회로

해설 및 정답
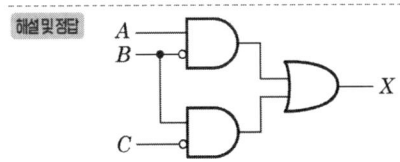

11 Preaction Type 스프링클러설비의 간선계통도이다. 각 물음에 답하시오(단, 감지기공통선과 전원 공통선은 분리해서 사용하고, Preaction Valve용 압력스위치, 탬퍼스위치 및 솔레노이드밸브용 공통선은 1가닥을 사용하는 조건임, 전화기능은 준비작동식 스프링클러설비에만 설치). **8점**

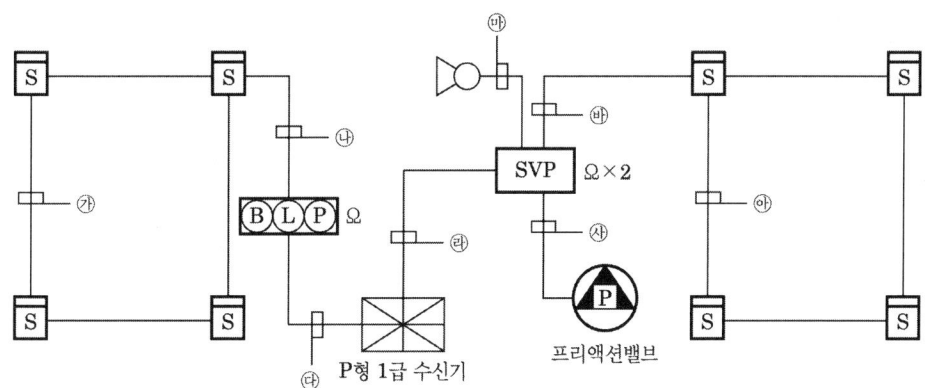

가) ㉮~㉶까지의 배선 가닥 수를 쓰시오

해설 및 정답
㉮ : 2   ㉯ : 4   ㉰ : 6
㉱ : 10   ㉲ : 2   ㉳ : 8
㉴ : 4   ㉵ : 4

나) ㉱에 소요되는 배선의 용도를 쓰시오

해설 및 정답 전원+, 전원−, 전화, 압력스위치, 탬퍼스위치, 솔레노이드밸브, 사이렌, 감지기A, 감지기B, 감지기공통

! Reference — 배선수 및 배선의 용도

기호	가닥수	전선굵기 [mm²]	용도
㉮	2	1.5	감지기지구, 감지기공통
㉯	4	1.5	감지기지구, 감지기공통 각 2선
㉰	6	2.5	지구, 공통, 응답, 경종, 표시등, 경종표시등 공통
㉱	10	2.5	전원+, 전원−, 전화, 압력스위치, 탬퍼스위치, 솔레노이드밸브기동, 사이렌, 감지기A, 감지기B, 감지기공통
㉲	2	2.5	공통, 사이렌
㉳	8	1.5	감지기지구, 감지기공통 각 4선
㉴	4	2.5	압력스위치, 탬퍼스위치, 솔레노이드밸브기동, 공통
㉵	4	1.5	감지기지구, 감지기공통 각 2선

기출문제

12 건물 내부에 기동용 수압개폐장치를 가압송수장치로 사용하는 옥내소화전함과 발신기 세트를 다음과 같이 설치하였다. 다음 각 물음에 답하시오. [9점]

가) "㉮"~"㉯"의 전선 가닥 수를 쓰시오. (전화기능 없음)

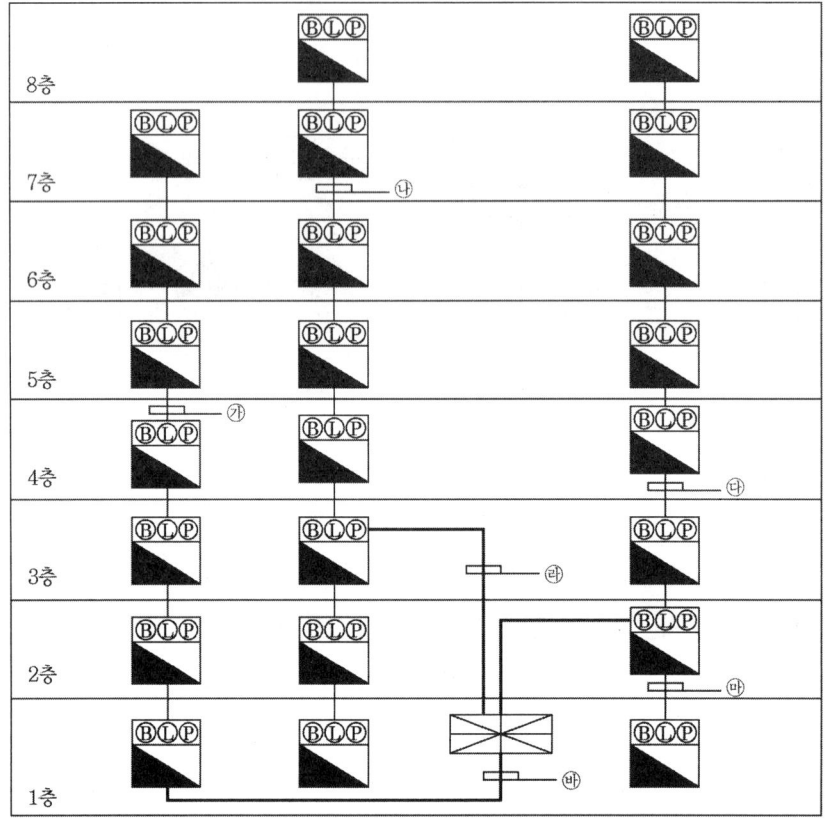

[해설 및 정답]
㉮ : 10가닥　㉯ : 9가닥　㉰ : 12가닥
㉱ : 16가닥　㉲ : 8가닥　㉳ : 14가닥

나) 설치된 수신기는 몇 회로용인가?

[해설 및 정답] 25회로용

다) 2층과 5층에서 동시에 발화하였다면 음향경보를 발하여야 하는 층은? (단, 연면적이 3,000[m²]를 초과하는 소방대상물로 본다) [현행 삭제]

[해설 및 정답] 2층, 3층, 5층, 6층 [22. 12. 1. 이후 일제 경보]

라) 음향장치의 기준에 따른 구조 및 성능에 대한 각 물음에 답하시오.
  ① 정격전압의 몇 [%] 전압에서 음향을 발할 수 있는 것이어야 하는가?
  ② 음량은 부착된 음향장치의 중심으로부터 1[m] 떨어진 위치에서 몇 [dB] 이상이 되는 것이어야 하는가?

해설 및 정답 ① 80[%]   ② 90[dB] 이상

13 비상방송설비에 대한 다음 물음에 답하시오. [4점]

가) 음량조절기를 설치하는 경우 음량조절기의 배선은 몇 선식으로 하여야 하는가?

해설 및 정답 3선식

나) 조작부의 조작스위치는 바닥으로부터 몇 [m] 이상, 몇 [m] 이하의 높이에 설치하여야 하는가?

해설 및 정답 0.8[m] 이상 1.5[m] 이하

다) 7층 건물의 5층에서 발화한 때에는 몇 층에서 우선적으로 경보를 발할 수 있도록 하여야 하는가? [현행 삭제]

해설 및 정답 5층(발화층), 6층(직상층) [22. 12. 1. 이후 일제 경보]

라) 기동장치에 의한 화재 신고를 수신한 후 필요한 음량으로 방송이 개시될 때까지의 소요시간은 몇 초 이하로 하여야 하는가?

해설 및 정답 10초 이하

> **! Reference** ─ 비상방송설비의 설치기준(NFTC 202)
> 1. 확성기의 음성입력은 3[W](실내에 설치하는 것에 있어서는 1[W]) 이상일 것
> 2. 확성기는 각 층마다 설치하되, 그 층의 각 부분으로부터 하나의 확성기까지의 수평거리가 25[m] 이하가 되도록 하고, 해당 층의 각 부분에 유효하게 경보를 발할 수 있도록 설치할 것
> 3. 음량조절기를 설치하는 경우 음량조절기의 배선은 3선식으로 할 것
> 4. 조작부의 조작스위치는 바닥으로부터 0.8[m] 이상 1.5[m] 이하의 높이에 설치할 것
> 5. 조작부는 기동장치의 작동과 연동하여 해당 기동장치가 작동한 층 또는 구역을 표시할 수 있는 것으로 할 것
> 6. 증폭기 및 조작부는 수위실 등 상시 사람이 근무하는 장소로서 점검이 편리하고 방화상 유효한 곳에 설치할 것

기출문제

14 감지기 설치 제외 장소를 5가지만 쓰시오. [5점]

해설및정답
1. 천장 또는 반자의 높이가 20[m] 이상인 장소. 다만, 제1항 단서 각 호의 감지기로서 부착 높이에 따라 적응성이 있는 장소는 제외한다.
2. 헛간 등 외부와 기류가 통하는 장소로서 감지기에 따라 화재발생을 유효하게 감지할 수 없는 장소
3. 부식성 가스가 체류하고 있는 장소
4. 고온도 및 저온도로서 감지기의 기능이 정지되기 쉽거나 감지기의 유지관리가 어려운 장소
5. 목욕실·욕조나 샤워시설이 있는 화장실·기타 이와 유사한 장소

15 P형 수신기와 감지기가 연결된 선로에서 선로저항이 110[Ω]이고, 릴레이 저항이 790[Ω], 회로의 전압이 DC24[V]이고 감시전류가 5[mA]인 경우 종단저항[Ω]값과 감지기가 작동할 때 흐르는 전류는 몇 [mA]인가? [4점]

해설및정답
① 종단저항값

$$감시전류 = \frac{회로전압}{릴레이저항 + 선로저항 + 종단저항}$$ 에서

$$5 \times 10^{-3} = \frac{24}{790 + 110 + 종단저항} [A]$$

→ $790 + 110 + 종단저항 = \frac{24}{5 \times 10^{-3}} = 4,800 [\Omega]$

∴ 종단저항 $= 4,800 - 790 - 110 = 3,900 [\Omega]$

② 감지기 작동 시 흐르는 전류

$$동작전류 = \frac{회로전압}{릴레이저항 + 배선저항}$$

$$= \frac{24}{110 + 790} = 0.02667 [A] = 26.67 [mA]$$

16 수신기에 따라 감시되지 아니하는 배선을 통하여 전력을 공급받는 중계기에 대한 조치사항을 쓰시오. [3점]

해설및정답
1. 전원입력 측의 배선에 과전류 차단기를 설치한다.
2. 해당 전원의 정전이 즉시 수신기에 표시되도록 한다.
3. 상용전원 및 예비전원의 시험을 할 수 있도록 한다.

> **! Reference** 자동화재탐지설비 중계기의 화재안전기준(설치기준)
>
> 1. 수신기에서 직접 감지기회로의 도통시험을 행하지 아니하는 것에 있어서는 수신기와 감지기 사이에 설치할 것
> 2. 조작 및 점검에 편리하고 화재 및 침수 등의 재해로 인한 피해를 받을 우려가 없는 장소에 설치할 것
> 3. 수신기에 따라 감시되지 아니하는 배선을 통하여 전력을 공급받는 것에 있어서는 전원입력 측의 배선에 과전류 차단기를 설치하고 해당 전원의 정전이 즉시 수신기에 표시되는 것으로 하며, 상용전원 및 예비전원의 시험을 할 수 있도록 할 것

17 수신기로부터 배선거리 100[m]의 위치에 모터사이렌이 접속되어 있다. 이 모터사이렌이 명동될 때 사이렌의 단자전압을 구하시오(단, 수신기의 정전압 출력은 24[V], 전선의 굵기는 2.5[mm²]이며, 사이렌의 정격전력은 48[W]라 가정하고, 전압변동에 의한 부하전류의 변동은 무시한다. 또한 2.5[mm²] 동선의 1[km]당 전기저항은 8.75[Ω]으로 한다). **4점**

해설 및 정답

1. 전압강하 $e = 2IR = 2 \times \dfrac{48}{24} \times 8.75[\Omega/\text{km}] \times 0.1[\text{km}] = 3.5[\text{V}]$

2. 단자전압 = 공급전압 − 전압강하 = 24 − 3.5 = 20.5[V]

> **! Reference**
>
> 1. 전압강하
> $e = 2IR$
>   여기서, e : 전압강하[V]
> I : 전류[A]
> R : 전선의 저항[Ω]
>   ∴ $e = 2 \times \dfrac{48[\text{W}]}{24[\text{V}]} \times 8.75[\Omega/\text{km}] \times 0.1[\text{km}] = 3.5[\text{V}]$
>
> 2. 단자전압
> $V_R = V_S - e$
>   여기서, V_R : 부하전압(단자전압)[V]
> V_S : 수신기 공급전압[V]
> e : 전압강하[V]
>   ∴ $V_R = V_S - e = 24 - 3.5 = 20.5[\text{V}]$

기출문제

18 저압 옥내배선의 금속관공사에 있어서 금속관과 박스, 그 밖의 부속품은 다음 각 호에 의하여 시설하여야 한다. ( ) 안에 알맞은 말을 쓰시오. [7점]

- 금속관을 구부릴 때 금속관의 단면이 심하게 (①)되지 아니하도록 구부려야 하며, 그 안쪽의 (②)은 관 안지름의 (③)배 이상이 되어야 한다.
- 아웃렛박스(Outlet Box) 사이 또는 전선 인입구를 가지는 기구 사이의 금속관에는 (④)개소를 초과하는 (⑤) 굴곡개소를 만들어서는 아니 된다. 굴곡 개소가 많은 경우 또는 관의 길이가 (⑥)[m]를 넘는 경우에는 (⑦)를 설치하는 것이 바람직하다.

해설 및 정답
① 변형 ② 반지름
③ 6   ④ 3
⑤ 직각 또는 직각에 가까운   ⑥ 30
⑦ 풀박스

2014년 제2회 소방설비기사[전기분야] 2차 실기

[2014년 7월 6일 시행]

01 3φ, 380[V], 60[Hz], 2P, 75[HP]의 스프링클러 펌프와 직결된 전동기가 있다. 이 전동기의 동기속도를 구하시오. **5점**

해설 및 정답 동기속도 $N_S = \dfrac{120f}{P} = \dfrac{120 \times 60}{2} = 3{,}600 \,[\text{rpm}]$

> **! Reference** — 회전속도
>
> $N = N_S(1-S) = \dfrac{120f}{P}(1-S)\,[\text{rpm}]$
>
> 여기서, N_S : 동기속도[rpm]
> S : 슬립(Slip : 보통 3~5[%])
> f : 주파수(60[Hz])
> P : 극수

02 다음 그림은 어느 공장의 1층에 설치된 소화설비이다. ㉮~㉯까지의 가닥수를 구하고 두 가지 기기의 차이점과 전면에 부착된 기기의 명칭을 열거하시오(단, 옥내소화전함은 기동용 수압개폐장치 기동방식이며, 발신기 세트는 각 층마다 설치한다, 전화기능은 없다). **5점**

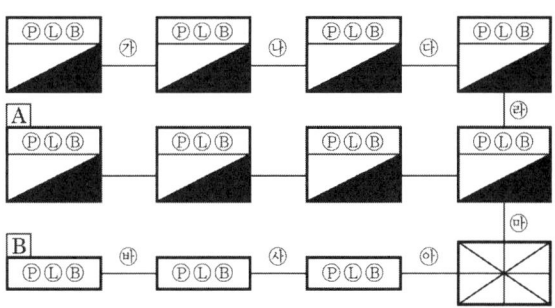

가) ㉮~㉯의 전선 가닥 수를 표시하시오.

해설 및 정답
㉮ 8   ㉯ 9   ㉰ 10
㉱ 11   ㉲ 16   ㉳ 6
㉴ 7   ㉵ 8

기출문제

나) Ⓐ와 Ⓑ의 차이점을 설명하시오.

해설및정답
Ⓐ 소화전 겸용 발신기세트(펌프가동확인 표시등 설치)
Ⓑ 단독발신기세트

> **Reference** ── 배선의 용도 및 가닥 수 ──
>
> | 적요 | | ㉮ | ㉯ | ㉰ | ㉱ | ㉲ | ㉳ | ㉴ | ㉵ |
> |---|---|---|---|---|---|---|---|---|---|
> | 발신기 세트 | 지구선 | 1 | 2 | 3 | 4 | 8 | 1 | 2 | 3 |
> | | 지구공통선 | 1 | 1 | 1 | 1 | 2 | 1 | 1 | 1 |
> | | 응답선 | 1 | 1 | 1 | 1 | 1 | 1 | 1 | 1 |
> | | 지구경종선 | 1 | 1 | 1 | 1 | 1 | 1 | 1 | 1 |
> | | 표시등선 | 1 | 1 | 1 | 1 | 1 | 1 | 1 | 1 |
> | | 경종·표시등 공통선 | 1 | 1 | 1 | 1 | 1 | 1 | 1 | 1 |
> | 옥내소화전 | 기동확인표시등 | 2 | 2 | 2 | 2 | 2 | | | |
> | | 합계 | 8 | 9 | 10 | 11 | 16 | 6 | 7 | 8 |

03 피난구유도등에 대한 다음 물음에 답하시오. **4점**

가) 피난구유도등의 설치높이는?

해설및정답 피난구의 바닥으로부터 높이 1.5[m] 이상

나) 표시면의 색상을 쓰시오

해설및정답 바탕은 녹색, 문자는 백색

> **Reference**
> 1. 피난구유도등, 피난구유도표지 : 바탕은 녹색, 문자는 백색
> 2. 통로유도등, 통로유도표지 및 객석유도등 : 바탕은 백색, 문자는 녹색

04 교차회로에 사용하지 않는 감지기를 6가지만 쓰시오. 6점

해설 및 정답
1. 불꽃감지기
2. 정온식 감지선형 감지기
3. 분포형 감지기
4. 복합형 감지기
5. 광전식 분리형 감지기
6. 아날로그 방식의 감지기

> **! Reference** ─ 축적형 감지기의 설치장소 및 축적기능이 있는 감지기의 종류 ─
>
> 다음의 장소로서 일시적으로 발생한 열·연기 또는 먼지 등으로 인하여 화재신호를 발신할 우려가 있는 장소
> 1. 지하층·무창층 등으로서 환기가 잘되지 아니하는 장소
> 2. 실내면적이 40[m²] 미만인 장소
> 3. 감지기의 부착면과 실내바닥과의 거리가 2.3[m] 이하인 곳
>
> ※ **축적형 감지기(축적기능이 있는 감지기)의 종류**
> ① 불꽃감지기
> ② 정온식 감지선형 감지기
> ③ 분포형 감지기
> ④ 복합형 감지기
> ⑤ 광전식 분리형 감지기
> ⑥ 아날로그 방식의 감지기
> ⑦ 다신호방식의 감지기
> ⑧ 축적방식의 감지기
>
> ※ 교차회로방식에 사용되는 감지기, 급속한 연소 확대가 우려되는 장소에 사용되는 감지기 및 축적기능이 있는 수신기에 연결하여 사용하는 감지기는 축적기능이 없는 것으로 설치하여야 한다.

05 객석유도등의 설치 제외 장소를 쓰시오. 4점

해설 및 정답
1. 주간에만 사용하는 장소로서 채광이 충분한 객석
2. 거실 등의 각 부분으로부터 하나의 거실출입구에 이르는 보행거리가 20[m] 이하인 객석의 통로로서 그 통로에 통로유도등이 설치된 객석

기출문제

06 유도전동기 부하에 사용할 비상용 자가발전설비를 하려고 한다. 이 설비에 사용된 발전기의 조건을 보고 다음 각 물음에 답하시오. **6점**

> **조건**
> - 기동용량 : 700[kVA]
> - 기동 시 전압강하 : 20[%]까지 허용
> - 과도리액턴스 : 25[%]

가) 발전기 용량은 이론상 몇 [kVA] 이상의 것을 선정하여야 하는가?

해설및정답 발전기 용량 계산

$$PG(P_n) \geq P \times X_d \times \left(\frac{1}{e} - 1\right) = 700 \times 0.25 \times \left(\frac{1}{0.2} - 1\right) = 700[\text{kVA}]$$

나) 발전기용 차단기의 차단용량은 몇 [MVA] 이상인가? (단, 차단용량의 여유율은 25[%]로 계산한다)

해설및정답 차단용량

$$P_B \geq \frac{P_n}{X_d} \times 1.25 = \frac{700}{0.25} \times 1.25 = 3,500[\text{kVA}] = 3.5[\text{MVA}]$$

> **! Reference**
>
> 1. $PG_2 \geq P \times X_d \times \left(\frac{1}{e} - 1\right)$ [kVA]
>
>   여기서, e : 허용전압강하율, X_d : 과도리액턴스, P : 기동용량
>
> 2. 발전기용 차단기의 차단용량(P_B)
>
> $P_B \geq \dfrac{P_n}{X_d} \times 1.25$ [kVA]
>
>   여기서, P_B : 차단용량, X_d : 과도리액턴스, P_n : 기동용량

07 풍량이 5[m³/sec]이고, 풍압이 35[mmHg]인 제연설비용 팬을 설치한 경우 이 팬을 운전하는 전동기의 소요용량은 몇 [kW]인가? (단, 팬의 효율은 70[%]이고, 여유계수는 1.2이다) **4점**

해설및정답

전동기 소요용량 $P = \dfrac{P_T Q}{102\eta} K = \dfrac{35 \times \dfrac{10,332}{760} \times 5}{102 \times 0.7} \times 1.2 = 39.984[\text{kW}] \approx 39.98[\text{kW}]$

> **Reference**
>
> 전동기 소요용량 $P = \dfrac{P_T Q}{102\eta} K$
>
> 여기서, P : 전동기 소요용량(동력)[kW]
> P_T : 전압(풍압)[mmAq] 또는 [mmH₂O]
> Q : 풍량[m³/sec]
> η : 기기의 효율
> K : 전달계수(여유계수)

08 자동화재탐지설비의 감지기와 수동발신기 및 종단저항의 연결을 나타낸 것이다. 잘못된 부분을 고쳐서 올바른 도면을 완성하시오(단, 감지기의 종단저항은 수동발신기 단자에 취부한다).

[5점]

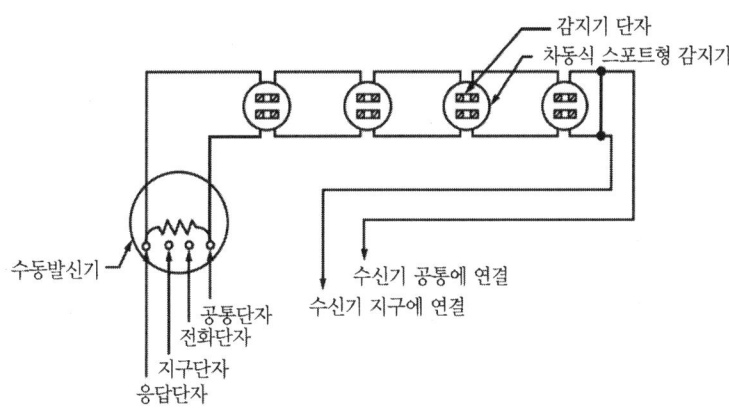

해설 및 정답

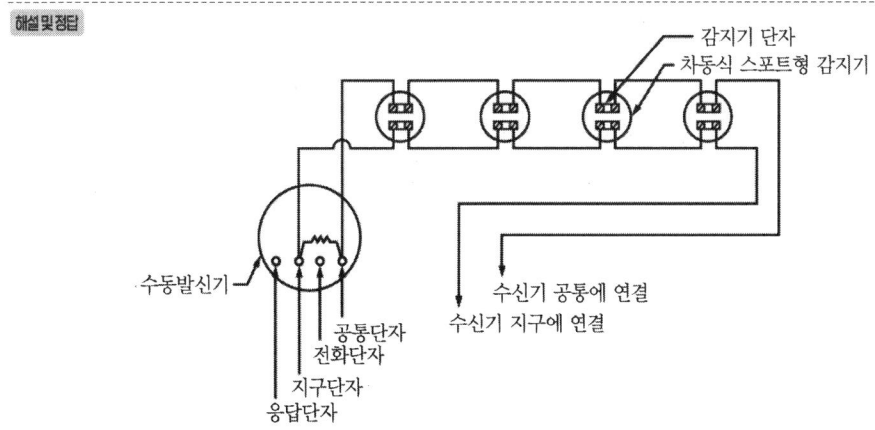

기출문제

09 지하 1층, 2층, 3층의 주차장에 프리액션형의 스프링클러 시설을 하고 정온식 감지기 1종을 설치하여 소화설비와 연동하는 감지기 배선을 하려고 한다. 주어진 평면도를 이용하여 다음 각 물음에 답하시오(단, 수신반은 지상 1층에 설치되어 있고, 층고는 3.6[m]임. SVP 전화선 설치).

10점

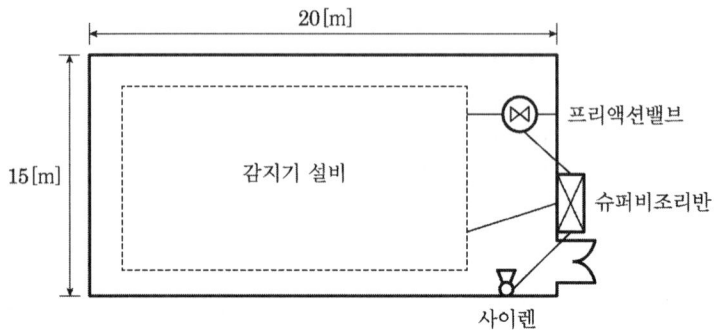

가) 본 설비에 필요한 감지기 수량을 산정하시오.

해설및정답 필요 감지기 수량

부착높이가 4[m] 미만으로 정온식 스포트형 1종 감지기 1개가 담당하는 바닥면적은 60[m²]이다. 또한, 회로는 2개 회로(교차회로방식)이고 층수는 3개 층이므로

층별 감지기 수량 = $\dfrac{\text{바닥면적}}{\text{기준면적}} = \dfrac{(20 \times 15)[m^2]}{60[m^2]} = 5$개

∴ 5개×2개 회로=10개
전체는 10개×3개층=30개

나) 각 설비 및 감지기 간 배선도를 작성할 때 배선에 필요한 가닥 수도 기입하시오.

해설및정답

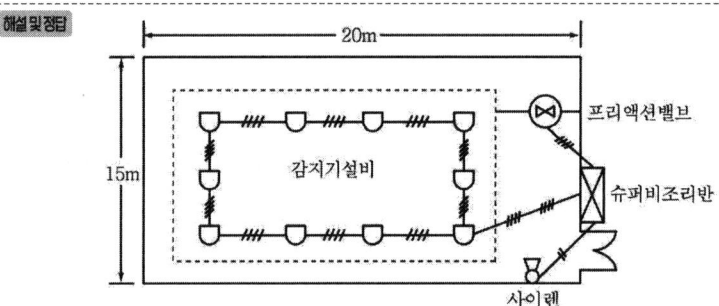

다) 본 설비의 계통도를 작성하고 계통도상에 전선 수를 쓰도록 하시오.

해설및정답

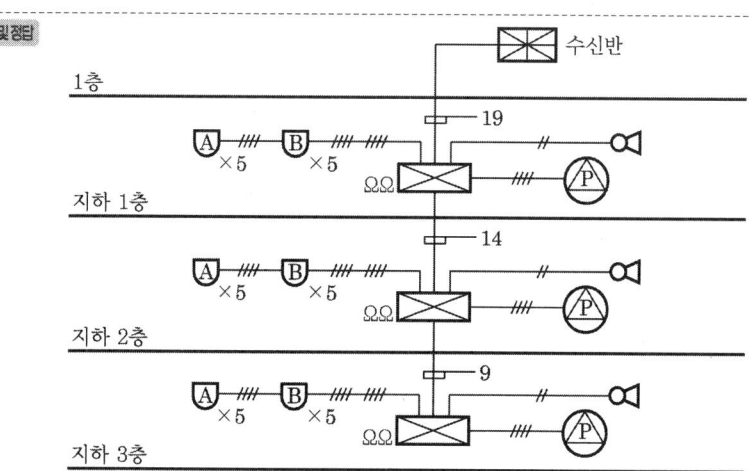

슈퍼비조리판넬과 프리액션밸브 사이 4선 결선(공통, PS, TS, sol)

10 비상콘센트 설비에 대한 다음 물음에 답하시오. 4점

가) 비상콘센트 설비의 비상전원 종류를 4가지 쓰시오.

해설및정답 　자가발전설비, 비상전원수전설비, 전기저장장치, 축전지설비

나) 전원부와 외함 사이의 절연저항을 직류 500[V]의 절연저항계로 측정할 경우 그 값은 몇 [MΩ] 이상이어야 하는가?

해설및정답 　20[MΩ] 이상

기출문제

11 다음은 유도전동기 기동을 위한 Y-△결선회로이다. 각 물음에 답하시오. [5점]

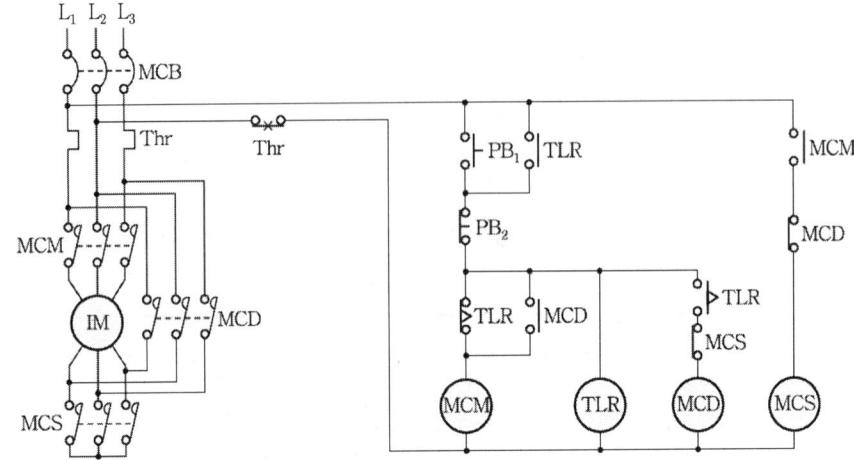

가) 계전기 MCM이 여자된 상태에서 계전기 MCS가 여자되면 유도전동기는 어떻게 되는가?

[해설 및 정답] Y결선 기동

나) 타임계전기 TLR의 설정시간 경과 후 계전기 MCD가 여자되면 유도전동기는 어떻게 되는가?

[해설 및 정답] △결선 운전

다) THR의 명칭은?

[해설 및 정답] 열동계전기

라) 회로에서 MCB의 기능상 명칭 및 역할은 무엇인가?

[해설 및 정답] ① 명칭 : 배선용 차단기
② 기능 : 주전원개폐용

12 다음 자동화재탐지설비의 도면을 보고 각 물음에 답하시오. [10점]

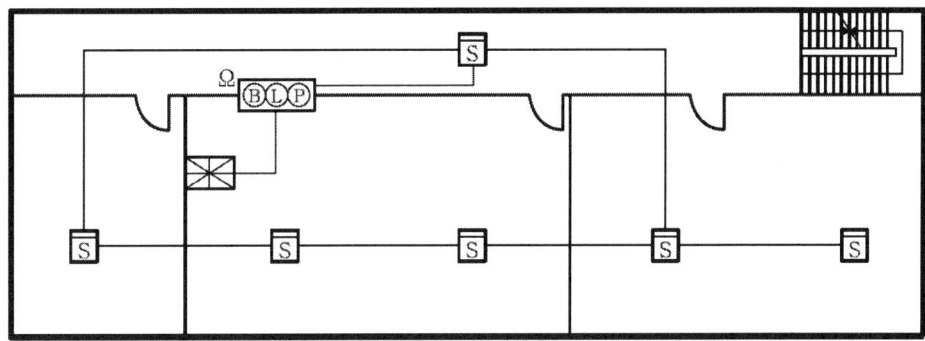

가) 아래의 도표 상에 명시한 자재를 시공하는 데 필요한 노무비를 주어진 품셈표를 적용하여 산출하시오(단, 노무비는 수량, 공량, 노임단가의 빈칸을 채우고 산출하며, 층고는 3.5[m]이고, 내선전공의 노임단가는 100,000원을 적용한다).

품명	규격	단위	수량	공량	노임단가(원)	노무비(원)
연기감지기	스포트형	개				
발신기	P-1	개				
경종	DC24[V]	개		0.15		
표시등	DC24[V]	개		0.20		
전선관	16C	[m]	76	0.08		
전선	HFIX 1.5[mm²]	[m]	208	0.01		
전선관	28C	[m]	7	0.14		
전선	HFIX 2.5[mm²]	[m]	77	0.01		
P형 수신기	5회로	대				
-	-	-	-	-	소계	

【 품셈표 】

공종	단위	내선전공	비고
Spot형 감지기 [(차동식·정온식·연기식·보상식) 노출형]	개	0.13	(1) 천장높이 4[m] 기준 1[m] 증가시마다 5[%] 가산 (2) 매입형 또는 특수구조인 경우 조건에 따라서 산정
시험기(공기관 포함)	개	0.15	(1) 상동 (2) 상동
분포형의 공기관 (열전대선 감지선)	[m]	0.025	(1) 상동 (2) 상동
검출기	개	0.30	

기출문제

품명	규격	단위	수량/공량	비고
공기관식의 Booster	개	0.10		
발신기 P-1	개	0.30	1급(방수형)	
발신기 P-2	개	0.30	2급(보통형)	
발신기 P-3	개	0.20	3급(푸시버튼만으로 응답확인 없는 것)	
회로시험기	개	0.10		
수신기 P-1(기본공수) (회선수 공수 산출 가산요)	대	6.0	[회선수에 대한 산정] 매 1회선에 대해서 | 형식 \ 직종 | 내선전공 | |---|---| | P-1 | 0.3 | | P-2 | 0.2 | | R형 | 0.2 | ※ R형은 수신반 인입감시 회선수 기준 〈참고〉 산정예 : [P-1의 10회분 기본공수는 6인, 회선당 할증수는 (10×0.3)=3] ∴ 6+3=9인	
수신기 P-2(기본공수) (회선수 공수 산출 가산요)	대	4.0		

해설 가)

품명	규격	단위	수량	공량	노임단가(원)	노무비(원)
연기감지기	스포트형	개	6	0.13	100,000원	78,000
발신기	P-1	개	1	0.30	100,000원	30,000
경종	DC24[V]	개	2	0.15	100,000원	30,000
표시등	DC24[V]	개	1	0.20	100,000원	20,000
전선관	16C	[m]	76	0.08	100,000원	608,000
전선	HFIX 1.5[mm²]	[m]	208	0.01	100,000원	208,000
전선관	28C	[m]	7	0.14	100,000원	98,000
전선	HFIX 2.5[mm²]	[m]	77	0.01	100,000원	77,000
P형 수신기	5회로	대	1	6.3	100,000원	630,000
-	-	-	-	-	소계	1,779,000

13 정문 안내실에서 460[m]의 거리에 위치한 공장동 건물(지상 7층/지하 1층, 연면적 5,000[m²])이 있다. 각 층별로 2회로씩 사용하며(총 16회로), 경종의 경우 50[mA/개], 표시등의 경우 30[mA/개]의 전류가 소모된다. 다음의 물음에 답하시오(단, 여기서 사용되는 전선은 450/750[V] 저독성 난연 가교 폴리올레핀 절연전선 1.5[mm²]로 한다). **5점**

가) 표시등(램프)의 총 소요전류는 몇 [A]인가?

> **해설및정답** 30[mA]×16=480[mA]=0.48[A]

나) 공장동 건물의 지상 1층에서 화재발생 시 경종의 소모전류는 몇 [A]인가?

> **해설및정답** 50[mA]×2×3개층=300[mA]=0.3[A] (22. 12. 1 이전 우선경보 적용 문제)

다) 정문 안내실에서 공장동 건물까지의 전압강하는 몇 [V]인가? (단, 전선의 고유저항은 도전율을 고려하여 0.0178[Ω·mm²/m]이다)

> **해설및정답**
> ① 저항 $R = \rho \dfrac{L}{A} = 0.0178[\Omega \cdot mm^2/m] \times \dfrac{460[m]}{1.5[mm^2]} \fallingdotseq 5.46[\Omega]$
> ② 전류 $I = 0.48 + 0.3 = 0.78[A]$ (최대전류인 경우를 고려한 것임)
> ③ 전압강하 $e = 2IR = 2 \times 0.78 \times 5.46 \fallingdotseq 8.52[V]$

라) 자동화재탐지설비의 화재안전기준에 의하면 지구음향장치는 정격전압의 80[%]에서 음향을 발할 수 있어야 하는 데, 위 문항 다)의 전압강하 결과치로 판단할 경우 음향을 발할 수 있는지의 여부를 계산과정과 함께 설명하시오.

> **해설및정답** 경종은 정격전압의 80[%], 즉 24×0.8=19.2[V]에서 동작해야 한다. 그러나 전압강하가 8.52[V]이므로 80[%] 전압보다 작은 전압으로 출력되므로 경종은 음향을 발할 수 없다.

14 연기감지기의 설치장소를 4가지 쓰시오. **8점**

> **해설및정답**
> 1. 계단·경사로 및 에스컬레이터 경사로
> 2. 복도(30[m] 미만의 것은 제외)
> 3. 엘리베이터권상기실·린넨슈트·파이프 피트 및 덕트 기타 이와 유사한 장소
> 4. 천장 또는 반자의 높이가 15[m] 이상 20[m] 미만의 장소
> 5. 다음의 어느 하나에 해당하는 특정소방대상물의 취침·숙박·입원 등 이와 유사한 용도로 사용되는 거실
>   (1) 공동주택·오피스텔·숙박시설·노유자시설·수련시설
>   (2) 교육연구시설 중 합숙소
>   (3) 의료시설, 근린생활시설 중 입원실이 있는 의원·조산원
>   (4) 교정 및 군사시설
>   (5) 근린생활시설 중 고시원

기출문제

15 교차회로를 적용하는 설비를 5가지 쓰시오. `5점`

해설및정답
1. 준비작동식 스프링클러 소화설비
2. 일제살수식 스프링클러 소화설비
3. 분말소화설비
4. 할론 소화설비
5. 이산화탄소 소화설비

16 정온식 감지선형 감지기에 대한 다음 물음에 답하시오. `3점`

가) 감지기 굴곡반경은?

해설및정답 5[cm] 이상

나) 감지기 단자와 고정금구 사이의 이격거리는?

해설및정답 10[cm] 이내

다) 내화구조인 경우 1종 감지기와 감지구역의 각 부분과의 수평거리는?

해설및정답 4.5[m] 이하

> **! Reference** ─ 정온식 감지선형 감지기의 설치기준
>
> 1. 보조선이나 고정금구를 사용하여 감지선이 늘어지지 않도록 설치할 것
> 2. 단자부와 마감 고정금구의 설치간격은 10[cm] 이내로 설치할 것
> 3. 감지선형 감지기의 굴곡반경은 5[cm] 이상으로 할 것
> 4. 감지기와 감지구역의 각 부분과의 수평거리가 내화구조의 경우 1종 4.5[m] 이하, 2종 3[m] 이하로 할 것. 기타 구조의 경우 1종 3[m] 이하, 2종 1[m] 이하로 할 것
> 5. 케이블트레이에 감지기를 설치하는 경우에는 케이블트레이 받침대에 마감금구를 사용하여 설치할 것
> 6. 창고의 천장 등에 지지물이 적당하지 않는 장소에서는 보조선을 설치하고 그 보조선에 설치할 것
> 7. 분전반 내부에 설치하는 경우 접착제를 이용하여 돌기를 바닥에 고정시키고 그 곳에 감지기를 설치할 것
> 8. 그 밖의 설치방법은 형식승인 내용에 따르며 형식승인 사항이 아닌 것은 제조사의 시방(示方)에 따라 설치할 것

17 저압옥내배선의 금속관공사에 이용되는 부품의 명칭을 쓰시오. `3점`

가) 전선의 절연피복을 보호하기 위하여 금속관 끝에 취부하여 사용되는 부품

해설및정답 부싱

나) 금속관과 박스를 서로 접속할 때 금속관이 움직이지 못하도록 고정하기 위하여 박스 안팎에 사용되는 부품

해설및정답 로크너트

다) 금속전선관 상호 간을 접속하는 데 사용되는 부품

해설및정답 커플링

> **! Reference** — 금속관공사의 부품

부품의 종류	기능
유니버설 엘보 (Universal Elbow)	노출배관 공사 시 관을 직각으로 굽히는 곳에 사용되는 부품(티, 크로스)
노멀 벤드 (Normal Bend)	매입배관 공사 시 관을 직각으로 굽히는 곳에 사용되는 부품
커플링(Coupling)	관이 고정되어 있지 않을 때 금속전선관 상호 간을 접속하는 데 사용되는 부품
부싱(Bushing)	전선의 절연피복을 보호하기 위하여 박스 내의 금속관 끝에 취부하는 부품 → 관 말단부마다 1개 소요
로크너트 (Lock Nut)	금속관과 박스를 서로 접속할 때 금속관이 움직이지 않도록 고정하기 위하여 박스 안팎에 사용되는 부품 → 관 말단부마다 2개 소요
링레듀샤 (Ring Reducer)	금속관을 아웃렛 박스에 로크너트만으로 고정하기 어려울 때 보조적으로 사용되는 부품 → 녹 아웃(Knock Out) 구멍이 클 때 사용

소방설비기사[전기분야] 2차 실기

[2014년 11월 1일 시행]

01 자동화재탐지설비에 대한 조건과 도면을 참고하여 다음 각 물음에 답하시오. 14점

> **조건**
> - 본 건물은 사무실용 내화구조 건축물로 지상 1층에서 7층까지의 각 층의 면적은 560[m²], 층고는 3.6[m]이다.
> - 수신기는 지상 1층에 설치되어 있고, 종단저항은 각 층 발신기세트에 내장되어 있다.
> - 계단은 2곳에 있으며 계단감지기는 3층 발신기세트로 연결되어 있다.
> - 차동식 스포트형 감지기(2종)가 설치되어 있다.
> - 전화기능 없음, 일제경보방식 채택

가) 각 층에 설치할 차동식 스포트(Spot)형 감지기의 설치개수는?

해설및정답 1. 감지기 종류 : 차동식 스포트형 감지기(2종)
2. 각 층 설치개수 : $\dfrac{560[m^2]}{70[m^2]} = 8$개

나) 계단에 설치할 감지기의 종류 및 설치개수는?

해설및정답 1. 감지기 종류 : 연기감지기(2종)
2. 1개 계단 설치개수 : $\dfrac{3.6[m] \times 7}{15[m]} ≒ 1.7$ ∴ 2개
   2개 계단 설치개수 : 2개/계단 × 2 계단 = 4개

다) 발신기의 종류 및 설치개수는?

해설및정답 1. 발신기의 종류 : P형 발신기
2. 설치개수 : 7개

라) 수신기의 종류 및 회로 수는?

해설및정답 1. 수신기의 종류 : P형 수신기
2. 회로 수 : 10회로용

마) 종단저항의 설치개수는?

계	1층	2층	3층	4층	5층	6층	7층

해설 및 정답

계	1층	2층	3층	4층	5층	6층	7층
9	1	1	3	1	1	1	1

바) 계통도를 그리고 전선가닥 수를 도면에 표시하시오.

해설 및 정답

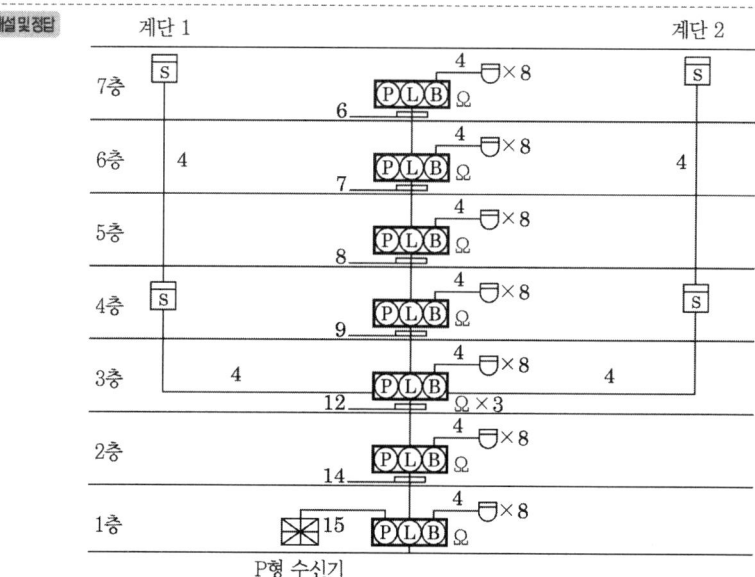

02 유도등을 바닥에서 2[m] 되는 곳에서 점등한 경우 바닥면의 조도가 20[lx]였다. 이 유도등을 0.5[m] 밑으로 내려 설치할 경우 바닥면의 조도는 몇 [lx]인가? 5점

해설 및 정답

$E = \dfrac{I}{r^2}$, $20 = \dfrac{I}{2^2}$ ∴ $I = 80$[cd]

∴ $E = \dfrac{80}{1.5^2} ≒ 35.556 ≒ 35.56$[lx]

! Reference

조도는 거리(r)의 제곱에 반비례한다.

조도 $E = \dfrac{I}{r^2} \propto \dfrac{1}{r^2}$

　여기서, E : 조도[lx], I : 광도[cd], r : 조명과 바닥면의 거리[m]

기출문제

03 누전경보기의 구성요소 4가지를 쓰고, 그 기능을 간단히 쓰시오. [4점]

> 해설및정답
> 1. 변류기 : 누설전류의 검출
> 2. 수신부 : 누전신호의 수신 및 증폭
> 3. 경보부 : 누전 시 경보
> 4. 차단장치 : 누전 시 회로 차단

04 유도등에 설치되어 있는 적색 LED 1개가 점등되어 있다. 이것의 의미는 무엇인가? [3점]

> 해설및정답
> 비상전원의 불량

05 예비전원으로 시설되는 발전기와 부하 사이의 전로가 있다. 발전기 가까이에 설치하는 기기의 명칭을 4가지 쓰시오. [4점]

> 해설및정답
> 1. 개폐기
> 2. 과전류차단기
> 3. 전압계
> 4. 전류계

06 자동화재탐지설비의 수신기 설치기준을 5가지만 쓰시오. [5점]

> 해설및정답
> 1. 경비실 등 상시 사람이 근무하는 장소에 설치할 것
> 2. 수신기가 설치된 장소에는 경계구역 일람도를 비치할 것
> 3. 수신기의 음향기구는 그 음량 및 음색이 다른 기기의 소음 등과 명확히 구별될 수 있는 것으로 할 것
> 4. 수신기는 감지기·중계기 또는 발신기가 작동하는 경계구역을 표시할 수 있는 것으로 할 것
> 5. 화재·가스·전기 등에 대한 종합방재반을 설치한 경우에는 해당 조작반에 수신기의 작동과 연동하여 감지기·중계기 또는 발신기가 작동하는 경계구역을 표시할 수 있는 것으로 할 것

> **Reference** — 수신기 설치기준
>
> 1. 경비실 등 상시 사람이 근무하는 장소에 설치할 것
> 2. 수신기가 설치된 장소에는 경계구역 일람도를 비치할 것
> 3. 수신기의 음향기구는 그 음량 및 음색이 다른 기기의 소음 등과 명확히 구별될 수 있는 것으로 할 것
> 4. 수신기는 감지기·중계기 또는 발신기가 작동하는 경계구역을 표시할 수 있는 것으로 할 것
> 5. 화재·가스·전기 등에 대한 종합방재반을 설치한 경우에는 해당 조작반에 수신기의 작동과 연동하여 감지기·중계기 또는 발신기가 작동하는 경계구역을 표시할 수 있는 것으로 할 것
> 6. 하나의 경계구역은 하나의 표시등 또는 하나의 문자로 표시되도록 할 것
> 7. 수신기의 조작 스위치는 바닥으로부터의 높이가 0.8[m] 이상 1.5[m] 이하인 장소에 설치할 것
> 8. 하나의 특정소방대상물에 2 이상의 수신기를 설치하는 경우에는 수신기를 상호 간 연동하여 화재 발생 상황을 각 수신기마다 확인할 수 있도록 할 것
> 9. 화재로 인하여 하나의 층의 지구음향장치 또는 배선이 단락되어도 다른 층의 화재통보에 지장이 없도록 각 층 배선 상에 유효한 조치를 할 것

07 소화펌프용 전동기로 매 분당 13[m³]의 물을 높이 20[m]인 탱크에 양수하려 한다. 다음 각 물음에 답하시오(단, 전동기의 효율은 70[%], 역률은 0.8, 여유계수는 1.15이다). **6점**

가) 전동기의 용량[kW]은?

해설 및 정답
$$P = \frac{9.8\,QHK}{\eta} = \frac{9.8 \times 13/60 \times 20 \times 1.15}{0.7} = 69.766 ≒ 69.77 [\text{kW}]$$

나) 역률을 95[%]로 개선하기 위한 콘덴서의 용량은?

해설 및 정답
$$Q_C = P\left(\frac{\sin\theta_1}{\cos\theta_1} - \frac{\sin\theta_2}{\cos\theta_2}\right) = P\left(\frac{\sqrt{1-\cos\theta_1^2}}{\cos\theta_1} - \frac{\sqrt{1-\cos\theta_2^2}}{\cos\theta_2}\right)$$
$$= 69.77 \times \left(\frac{\sqrt{1-0.8^2}}{0.8} - \frac{\sqrt{1-0.95^2}}{0.95}\right) = 29.395 ≒ 29.4 [\text{kVA}]$$

기출문제

08 분전반으로부터 40[m]의 거리에 단상 2선식 교류전원 220[V], 20[W]의 유도등 20개를 설치하고자 한다. 전압강하를 3[V] 이내로 하려면 전선의 최소 굵기(mm²)를 얼마로 하여야 하는지 산정하시오(단, 유도등의 역률은 95[%]이다). **5점**

해설 및 정답

전류 $I = \dfrac{P}{V\cos\theta} = \dfrac{20 \times 20}{220 \times 0.95} ≒ 1.91[\text{A}]$

전선 굵기 $A = \dfrac{35.6LI}{1,000e} = \dfrac{35.6 \times 40 \times 1.91}{1000 \times 3} ≒ 0.908[\text{mm}^2]$

∴ $0.91[\text{mm}^2]$ (공칭단면적 $1.5[\text{mm}^2]$)

09 임피던스미터의 용도 및 측정방법을 각각 3가지씩 쓰시오. **6점**

해설 및 정답

임피던스미터의 용도
1. 저항의 측정
2. 정전용량의 측정
3. 인덕턴스의 측정

측정방법
1. 주파수 범위(Range)를 적당범위로 설정한다.
2. 두 탐침을 임피던스미터에 접속한다.
3. 두 탐침을 측정대상물 양단에 대고 임피던스를 측정한다.

10 감지기(감지선형 감지기는 제외)의 단자와 단자 사이, 단자와 외함 사이의 절연저항을 측정하고자 한다. 측정기기 및 절연상태의 판정기준을 쓰시오. **4점**

해설 및 정답

1. 측정기기 : DC 500[V] 절연저항계
2. 판정기준 : 50[MΩ] 이상이면 정상

11
공기관식 차동식 분포형 감지기의 설치기준이다. 각 물음에 답하시오. **4점**

가) 노출 시공길이는 몇 [m]로 하는가?
나) 하나의 검출부에 접속하는 공기관의 길이는 몇 [m]인가?
다) 비내화구조에서 공기관 상호 간의 거리는 몇 [m] 이내로 하는가?
라) 공기관과 각 변의 수평거리는 몇 [m] 이하로 하는가?
마) 공기관의 두께 및 외경은 각각 몇 [mm] 이상으로 하는가?

해설및정답
가) 20[m] 이상
나) 100[m] 이하
다) 6[m] 이내
라) 1.5[m] 이하
마) 1. 공기관의 두께 : 0.3[mm] 이상
    2. 외경 : 1.9[mm] 이상

12
비상방송설비의 화재안전기준에 관한 것이다. 다음 각 물음에 답하시오(단, 본 건물은 지하 2층, 지상 10층의 내화구조로 되어 있는 업무용 건물이다). **6점**

가) 확성기의 음성입력은 몇 [W] 이상인가?

해설및정답 3[W](옥내용은 1[W]) 이상

나) 기동장치에 의한 화재신고를 수신한 후 필요한 음량으로 방송이 개시될 때까지의 소요시간은 몇 초 이하로 하여야 하는가?

해설및정답 10초 이하

다) 경보방식은 어떤 방식으로 하여야 하는지 그 방식을 쓰고, 그 방식의 발화층에 대한 경보층의 구체적인 경우를 3가지로 구분하여 설명하시오
① 경보방식
② 발화층에 대한 경보층의 구체적인 경우 [현행 삭제]

발화층	경보를 발하는 층
2층 이상	
1층	
지하층	

기출문제

해설및정답 ① 발화층 및 직상층 우선경보방식 [현행삭제 22. 12. 1 이후 개정]

②

발화층	경보를 발하는 층
2층 이상	발화층 및 그 직상층
1층	발화층, 그 직상층 및 지하층
지하층	발화층, 그 직상층 및 기타 지하층

> **Reference — 우선경보 개정**
>
> 층수가 11층(공동주택의 경우에는 16층) 이상의 특정소방대상물은 다음의 기준에 따라 경보를 발할 수 있도록 할 것
> ① 2층 이상의 층에서 발화한 때에는 발화층 및 그 직상 4개 층에 경보를 발할 것
> ② 1층에서 발화한 때에는 발화층·그 직상 4개 층 및 지하층에 경보를 발할 것
> ③ 지하층에서 발화한 때에는 발화층·그 직상층 및 기타의 지하층에 경보를 발할 것

13 단독경보형 감지기의 설치기준이다. ( ) 안에 알맞은 내용을 채우시오. **5점**

- 각 실마다 설치하되, 바닥면적이 (①)[m²]를 초과하는 경우에는 (①)[m²]마다 1개 이상 설치할 것
- 이웃하는 실내의 바닥면적이 각각 (②)[m²] 미만이고 벽체 상부의 전부 또는 일부가 개방되어 이웃하는 실내와 공기가 상호 유통되는 경우에는 이를 1개의 실로 본다.
- (③)를 주전원으로 사용하는 단독경보형 감지기는 정상적인 작동상태를 유지할 수 있도록 건전지를 교환할 것
- 상용전원을 주전원으로 사용하는 단독경보형 감지기의 (④)는 제품검사에 합격한 것을 사용할 것

해설및정답 ① 150, ② 30, ③ 건전지, ④ 2차 전지

> **Reference — 단독경보형 감지기의 설치기준(화재안전기준)**
>
> 1. 각 실(이웃하는 실내의 바닥면적이 각각 30[m²] 미만이고 벽체 상부의 전부 또는 일부가 개방되어 이웃하는 실내와 공기가 상호 유통되는 경우에는 이를 1개의 실로 본다)마다 설치하되, 바닥면적이 150[m²]를 초과하는 경우에는 150[m²]마다 1개 이상 설치할 것
> 2. 최상층의 계단실의 천장(외기가 상통하는 계단실의 경우는 제외한다)에 설치할 것
> 3. 건전지를 주전원으로 사용하는 단독경보형 감지기는 정상적인 작동상태를 유지할 수 있도록 건전지를 교환할 것
> 4. 상용전원을 주전원으로 사용하는 단독경보형 감지기의 2차 전지는 제품검사에 합격한 것을 사용할 것

14
무선통신보조설비의 누설동축케이블 등의 설치기준이다. ( ) 안을 완성하시오. 5점

- 소방전용주파수대에서 전파의 전송 또는 복사에 적합한 것으로서 (①)의 것으로 할 것. 다만, 소방대 상호 간의 무선연락에 지장이 없는 경우에는 다른 용도와 겸용할 수 있다.
- 누설동축케이블은 화재에 따라 해당 케이블의 피복이 소실된 경우에 케이블 본체가 떨어지지 아니하도록 (②)[m] 이내마다 (③) 또는 (④) 등의 지지금구로 벽・천장・기둥 등에 견고하게 고정시킬 것. 다만, (⑤)로 구획된 반자 안에 설치하는 경우에는 그러하지 아니하다.

해설 및 정답   ① 소방전용, ② 4, ③ 금속제, ④ 자기제, ⑤ 불연재료

> **! Reference** — **누설동축케이블 설치기준**
>
> 1. 소방전용주파수대에서 전파의 전송 또는 복사에 적합한 것으로서 소방전용의 것으로 할 것. 다만, 소방대 상호간의 무선연락에 지장이 없는 경우에는 다른 용도와 겸용할 수 있다.
> 2. 누설동축케이블과 이에 접속하는 안테나 또는 동축케이블과 이에 접속하는 안테나에 따른 것으로 할 것
> 3. 누설동축케이블은 불연 또는 난연성의 것으로서 습기에 따라 전기의 특성이 변질되지 아니하는 것으로 하고, 노출하여 설치한 경우에는 피난 및 통행에 장애가 없도록 할 것
> 4. 누설동축케이블은 화재에 따라 해당 케이블의 피복이 소실된 경우에 케이블 본체가 떨어지지 아니하도록 4[m] 이내마다 금속제 또는 자기제 등의 지지금구로 벽・천장・기둥 등에 견고하게 고정시킬 것. 다만, 불연재료로 구획된 반자 안에 설치하는 경우에는 그러하지 아니하다.
> 5. 누설동축케이블 및 안테나는 금속판 등에 따라 전파의 복사 또는 특성이 현저하게 저하되지 아니하는 위치에 설치할 것
> 6. 누설동축케이블 및 안테나는 고압의 전로로부터 1.5[m] 이상 떨어진 위치에 설치할 것. 다만, 해당 전로에 정전기 차폐장치를 유효하게 설치한 경우에는 그러하지 아니하다.
> 7. 누설동축케이블의 끝부분에는 무반사 종단저항을 견고하게 설치할 것

기출문제

15 고층건축물의 연결송수관설비 가압송수장치 및 수동스위치에 대한 것이다. 다음 각 물음에 답하시오. [5점]

> - 지표면에서 최상층 방수구의 높이가 (①)[m] 이상인 특정소방대상물에는 연결송수관설비의 가압송수장치를 설치하여야 한다.
> - 송수구로부터 (②)[m] 이내의 보기 쉬운 장소에 바닥으로부터 높이 (③)로 설치할 것
> - (④)[mm] 이상의 강판함에 수납하여 설치하고, "연결송수관설비 수동스위치"라고 표시한 표지를 부착할 것. 이 경우 문짝은 (⑤)로 설치할 수 있다.

해설 및 정답 ① 70[m] ② 5 ③ 0.8[m] 이상 1.5[m] 이하 ④ 1.5 ⑤ 불연재료

> **! Reference** ─── 연결송수관설비 가압송수장치의 설치기준 ───
>
> 1. 지표면에서 최상층 방수구의 높이가 70[m] 이상인 특정소방대상물에는 연결송수관설비의 가압송수장치를 설치하여야 한다.
> 2. 방수구의 설치기준 : 가압송수장치는 방수구가 개방될 때 자동으로 기동되거나 또는 수동 스위치의 조작에 따라 기동되도록 할 것. 이 경우 수동스위치는 2개 이상을 설치하되, 그중 1개는 다음 각 기준에 따라 송수구의 부근에 설치하여야 한다.
>   ① 송수구로부터 5[m] 이내의 보기 쉬운 장소에 바닥으로부터 높이 0.8[m] 이상 1.5[m] 이하로 설치할 것
>   ② 1.5[mm] 이상의 강판함에 수납하여 설치하고, "연결송수관설비 수동스위치"라고 표시한 표지를 부착할 것. 이 경우 문짝은 불연재료로 설치할 수 있다.
>   ③ 「전기사업법」 제67조에 따른 기술기준에 따라 접지하고 빗물 등이 들어가지 아니하는 구조로 할 것

16 자동화재탐지설비의 평면도를 보고 배관, 배선물량을 산출하시오. [8점]

산출조건
층고는 4[m]이고 반자는 없는 조건이며, 발신기와 수신기는 바닥으로부터 1.2[m]의 높이에 설치한다. 배선의 할증은 10[%]를 적용한다.

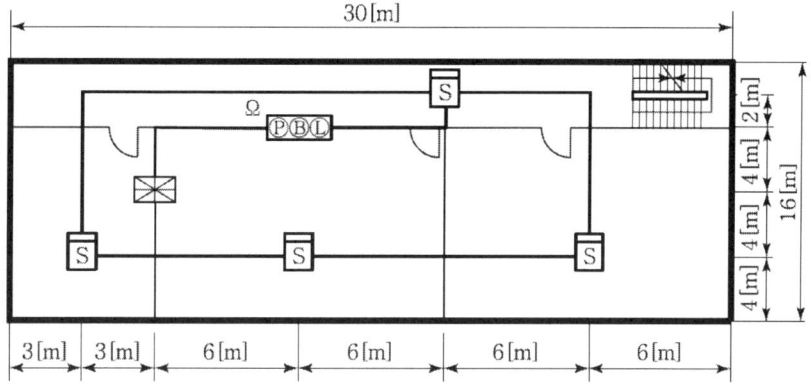

가) 감지기와 감지기 간, 감지기와 발신기 간에 대한 배관, 배선물량을 다음의 양식에 준하여 산출하시오.

품명	규격	산출식	수량[m]
전선관	16C		
전선	1.5[mm²]		

해설 및 정답

품명	규격	산출식	수량[m]
전선관	16C	• 감지기와 발신기 간 : 6+2+(4−1.2)=10.8[m] • 감지기와 감지기 간 : (6+6+6+3)×2+(4+4+2)×2 　　　　　　　　　　　=62[m] • 합 : 10.8+62=72.8[m]	72.8
전선	1.5[mm²]	• 감지기와 발신기 간 : 10.8[m]×4가닥=43.2[m] • 감지기와 감지기 간 : 62[m]×2가닥=124[m] • 합 : 43.2+124=167.2[m] 　10[%] 할증하면 167.2×1.1=183.92[m]	183.92

기출문제

나) 수신기와 발신기 간을 연결하는 배관, 배선물량을 산출하시오.

품명	규격	산출식	수량[m]
전선관	22C		
전선	2.5[mm²]		

해설 및 정답

품명	규격	산출식	수량[m]
전선관	22C	6+4+(4−1.2)×2=15.6[m]	15.6
전선	2.5[mm²]	15.6[m]×6가닥=93.6[m] 10[%] 할증하면 93.6[m]×1.1=102.96[m]	102.96

17 예비전원설비로 이용되는 축전지에 대한 각 물음에 답하시오. **5점**

가) 비상용 조명부하가 40[W] 120등, 60[W] 50등이 있다. 방전시간은 30분이며, 연축전지 HS형 54셀, 허용 최저전압 90[V], 최저 축전지온도 5[℃]일 때 축전지 용량을 구하시오(단, 전압은 100[V]이고 연축전지의 용량환산시간 K는 표와 같으며, 보수율은 0.8이라고 한다).

【 연축전지의 용량환산시간 K(상단은 900~2,000[Ah], 하단은 900[Ah]이다) 】

형식	온도[℃]	10분			30분		
		1.6[V]	1.7[V]	1.8[V]	1.6[V]	1.7[V]	1.8[V]
CS	25	0.9 0.8	1.15 1.06	1.6 1.42	1.41 1.34	1.6 1.55	2.0 1.88
	5	1.15 1.1	1.35 1.25	2.0 1.8	1.75 1.75	1.85 1.8	2.45 2.35
	−5	1.35 1.25	1.6 1.5	2.65 2.25	2.05 2.05	2.2 2.2	3.1 3.0
HS	25	0.58	0.7	0.93	1.03	1.14	1.38
	5	0.62	0.74	1.05	1.11	1.22	1.54
	−5	0.68	0.82	1.15	1.2	1.35	1.68

해설 및 정답

① 전류 $I = \dfrac{P}{V} = \dfrac{40[W] \times 120 + 60[W] \times 50}{100[V]} = 78[A]$

② 용량환산시간(K값)

1셀당 전압 $= \dfrac{90[V]}{54셀} = 1.67[V] ≒ 1.7[V]$(셀당) → 표에서 K=1.22

③ 축전지 용량 $C = \dfrac{1}{L}KI = \dfrac{1}{0.8} \times 1.22 \times 78 = 118.95[Ah]$

18 자동화재탐지설비 감지기 중 축적형 감지기의 설치장소 2곳과 설치 제외 장소 3곳을 쓰시오.
[5점]

가) 설치장소

해설및정답
1. 지하층·무창층 등으로서 환기가 잘되지 아니하거나 실내면적이 40[m²] 미만인 장소
2. 감지기의 부착면과 실내바닥과의 거리가 2.3[m] 이하인 장소

나) 설치 제외 장소

해설및정답
1. 교차회로방식
2. 급속한 연소 확대가 우려되는 장소
3. 축적기능이 있는 수신기에 연결하여 사용하는 곳

> **! Reference ─ 축적형 감지기의 설치장소 및 축적기능이 있는 감지기의 종류**
>
> 다음의 장소로서 일시적으로 발생한 열·연기 또는 먼지 등으로 인하여 화재신호를 발신할 우려가 있는 장소
> 1. 지하층·무창층 등으로서 환기가 잘되지 아니하는 장소
> 2. 실내면적이 40[m²] 미만인 장소
> 3. 감지기의 부착면과 실내바닥과의 거리가 2.3[m] 이하인 곳
>
> ※ 축적형 감지기(축적기능이 있는 감지기)의 종류
>   ① 불꽃감지기
>   ② 정온식 감지선형 감지기
>   ③ 분포형 감지기
>   ④ 복합형 감지기
>   ⑤ 광전식 분리형 감지기
>   ⑥ 아날로그방식의 감지기
>   ⑦ 다신호방식의 감지기
>   ⑧ 축적방식의 감지기
> ※ 교차회로방식에 사용되는 감지기, 급속한 연소 확대가 우려되는 장소에 사용되는 감지기 및 축적기능이 있는 수신기에 연결하여 사용하는 감지기는 축적기능이 없는 것으로 설치하여야 한다.

2015년 제1회 소방설비기사[전기분야] 2차 실기

[2015년 4월 19일 시행]

01 그림 (1)과 같은 Δ결선회로와 등가인 (2)의 Y결선회로의 A, B, C의 저항값[Ω]을 구하시오.

[3점]

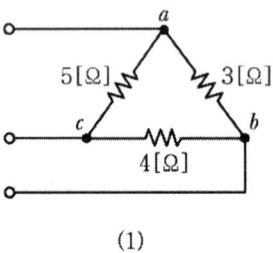

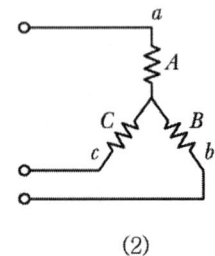

(1)　　　　　　　　(2)

해설 및 정답

1. $A = \dfrac{3 \times 5}{3+4+5} = 1.25[\Omega]$

2. $B = \dfrac{3 \times 4}{3+4+5} = 1[\Omega]$

3. $C = \dfrac{4 \times 5}{3+4+5} = 1.67[\Omega]$

> **! Reference** — $Y - \Delta$ 변환

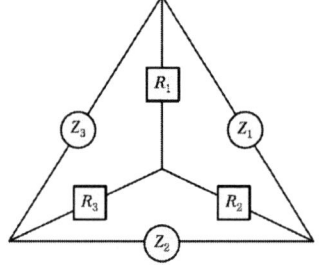

1. $\Delta \to Y$ 변환

   ① $R_1 = \dfrac{Z_1 Z_3}{Z_1 + Z_2 + Z_3}$

   ② $R_2 = \dfrac{Z_1 \cdot Z_2}{Z_1 + Z_2 + Z_3}$

   ③ $R_3 = \dfrac{Z_2 \cdot Z_3}{Z_1 + Z_2 + Z_3}$

2. $Y \to \Delta$ 변환

   ① $Z_1 = \dfrac{R_1 R_2 + R_2 R_3 + R_3 R_1}{R_3}$

   ② $Z_2 = \dfrac{R_1 R_2 + R_2 R_3 + R_3 R_1}{R_1}$

   ③ $Z_3 = \dfrac{R_1 R_2 + R_2 R_3 + R_3 R_1}{R_2}$

02 35[mm²]의 저압 옥내 간선에서 분기하여 8[m] 지점에 분기회로용 과전류차단기를 그림과 같이 설치하려고 한다. 이 경우 AB구역에 사용할 전선의 최소 굵기는 몇 [mm²]인가? (단, 전선의 허용전류는 다음 표와 같다) **4점**

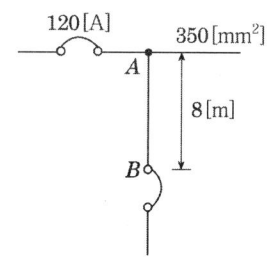

공칭단면적[mm²]	허용전류[A]
2.5	28
4.0	38
6.0	50
10	62

해설및정답 $120 \times 0.35 = 42[A]$

∴ 6[mm²]

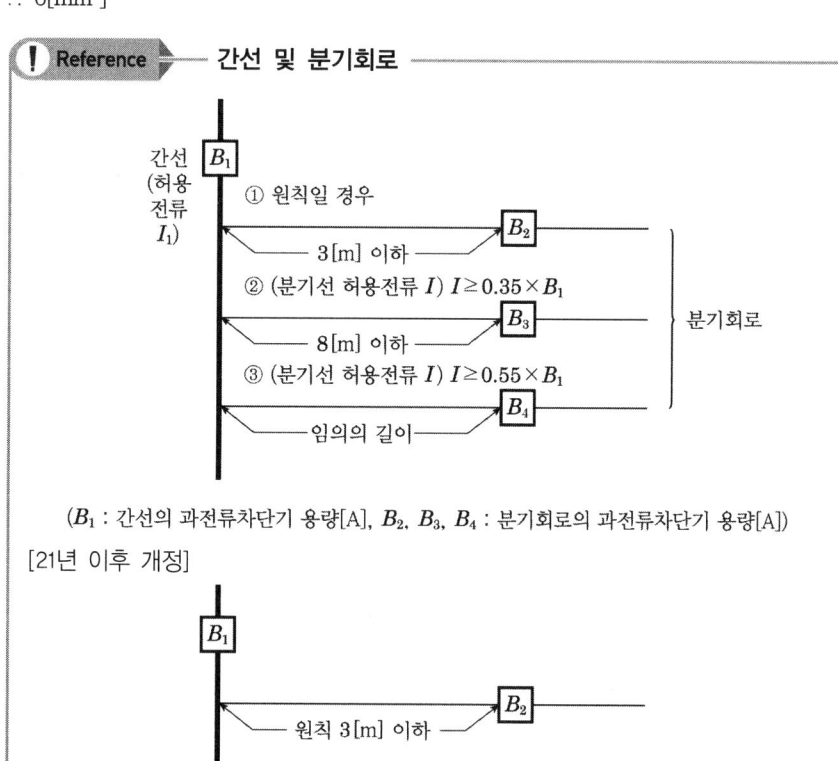

기출문제

03 다음은 Preaction sprinkler 설비의 도면이다. 이 도면을 보고 다음 각 물음에 답하시오. [6점]

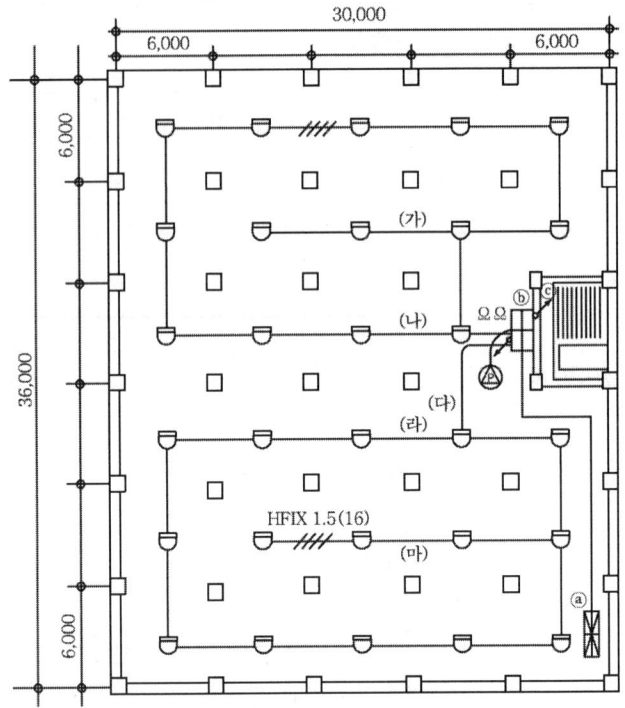

가) 도면에서 (가)~(마) 배선의 가닥 수를 쓰시오.

해설 및 정답
(가) 8   (나) 4   (다) 8
(라) 4   (마) 8

나) 도면에서 다음의 배선을 상세히 설명하시오.

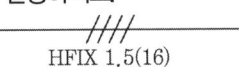

해설 및 정답 1.5[mm²] 450/750[V] 저독성 난연 가교폴리올레핀 절연전선 4가닥을 16[mm] 후강전선관에 넣은 천장은폐배선

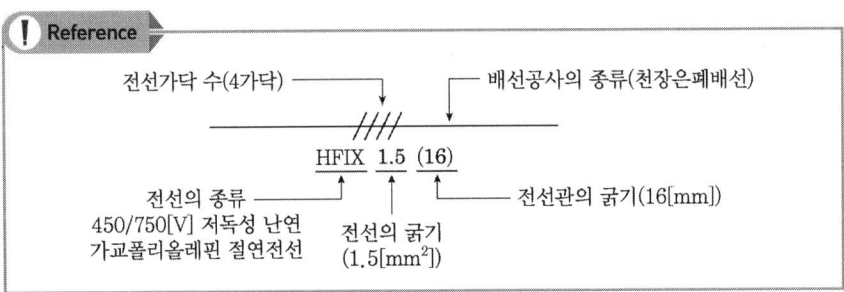

다) 도면에서 ⓐ~ⓒ의 명칭을 쓰시오

> **해설 및 정답** ⓐ 수신기(감시제어반)
> ⓑ 부수신기(슈퍼비조리 판넬)
> ⓒ 상승 or 입상

04 어떤 건물에 대한 소방설비의 배선도면을 보고 다음 각 물음에 답하시오(단, 배선공사는 후강 전선관을 사용한다고 한다). **12점**

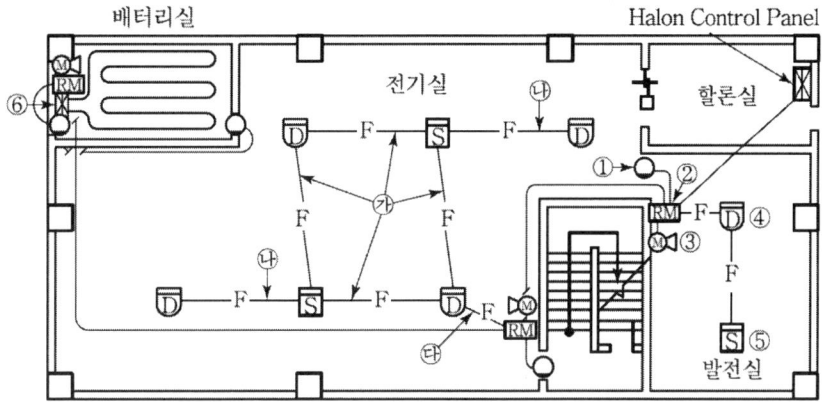

가) 도면에 표시된 그림기호 ①~⑥의 명칭은 무엇인가?

> **해설 및 정답** ① 방출표시등
> ② 수동조작함
> ③ 모터사이렌
> ④ 차동식 스포트형 감지기
> ⑤ 연기감지기
> ⑥ 차동식 분포형 감지기의 검출부

나) 도면에서 ㉮~㉰의 배선가닥 수는 몇 가닥인가?

> **해설 및 정답** ㉮ 4가닥
> ㉯ 4가닥
> ㉰ 8가닥

기출문제

다) 도면에서 물량을 산출할 때 박스는 어떤 박스를 몇 개 사용하여야 하는지 각각 구분하여 답하시오.

해설 및 정답
- 4각 박스 : 4개
- 8각 박스 : 16개

> **Reference**
> 1. 8각 BOX : 3방출 이하
> 2. 4각 BOX
>   ① 4방출 이상
>   ② 1면 2방출 이상
>   ③ 기기 수용 상자(수신기, 발신기, 제어반, SVP RM 등)
> 3. 기기 수용 상자 중 벽체 매입은 BOX가 없는 것으로 본다.

라) 부싱은 몇 개가 소요되겠는가?

해설 및 정답 40개

05 다음은 준비작동식 유수검지장치에 관한 배선연결 계통도이다. 물음에 답하시오. **6점**

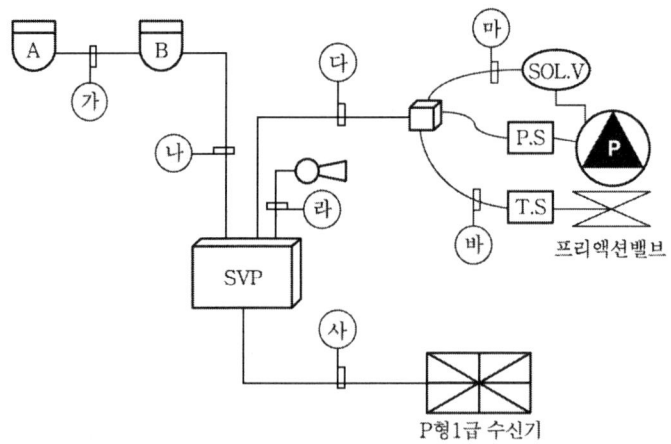

가) ㉮ ~ ㉯까지의 배선 가닥수를 쓰시오.

해설 및 정답
㉮ 4 ㉯ 8 ㉰ 4 ㉱ 2
㉲ 2 ㉳ 2 ㉴ 9

나) ㉣의 음향장치는 어떤 경우에 울리게 되는지 쓰시오.

해설및정답 감지기 작동 시

> **! Reference** ─── 사이렌이 음향을 경보하는 경우 ───
> 1. 습식 및 건식 유수검지장치 : 헤드가 개방, 유수검지장치 압력스위치 동작 시
> 2. 준비작동식 유수검지장치 및 일제개방형 밸브 : 감지기가 작동한 때

다) 준비작동식 유수검지장치가 전기적으로 작동하게 되는 2가지 경우를 쓰시오.

해설및정답
1. 2개회로의 감지기가 작동한 경우
2. 수동기동스위치를 조작한 경우

라) 준비작동식 유수검지장치 연동용 감지기 회로를 "A", "B" 회로로 구분하여 설치하는 이유와 이러한 회로방식의 명칭을 쓰시오.

해설및정답
1. 구분하여 설치하는 이유 : 감지기 오동작으로 인한 설비의 오동작 방지
2. 회로방식의 명칭 : 교차회로방식

> **! Reference** ─── 준비작동식 유수검지장치 또는 일제개방밸브의 작동 기준 ───
> 1. 담당구역 내의 화재감지기의 동작에 따라 개방 및 작동될 것
> 2. 화재감지회로는 교차회로방식으로 할 것(다만, 다음의 경우에는 제외) ← 교차회로방식으로 하지 않는 예외 조항
>   ① 스프링클러설비의 배관 또는 헤드에 누설경보용 물 또는 압축공기가 채워지거나 부압식 스프링클러설비의 경우
>   ② 화재감지기를 다음의 감지기(일과성 비화재보 방지기능이 있는 감지기)로 설치한 때
>   ㉠ 불꽃감지기   ㉡ 정온식 감지선형 감지기
>   ㉢ 분포형 감지기   ㉣ 복합형 감지기
>   ㉤ 광전식 분리형 감지기   ㉥ 아날로그방식의 감지기
>   ㉦ 다신호방식의 감지기   ㉧ 축적방식의 감지기
> 3. 준비작동식 유수검지장치 또는 일제개방밸브의 인근에서 수동기동(전기식 및 배수식)에 따라서도 개방 및 작동될 수 있게 할 것
> 4. 화재감지기의 설치기준에 관하여는 자동화재탐지설비의 화재안전기술기준(NFTC 203)을 준용할 것. 이 경우 교차회로방식에 있어서의 화재감지기의 설치는 각 화재감지기 회로별로 설치하되, 각 화재감지기회로별 화재감지기 1개가 담당하는 바닥면적은 자동화재탐지설비의 화재안전기술기준(NFTC 203)에 따른 바닥면적으로 한다.

기출문제

마) 준비작동식 유수검지장치 연동용 감지기 회로를 "A", "B" 회로로 구분하지 않고 하나의 회로로 구성하여도 무방한 감지기의 종류를 3가지만 쓰시오.

해설 및 정답
1. 불꽃감지지
2. 정온식 감지선형 감지기
3. 차동식 분포형 감지기

06 이산화탄소소화설비의 화재감지기 회로는 교차회로방식으로 하여야 한다. 교차회로방식으로 하지 않아도 되는 감지기의 종류 5가지를 쓰시오. [5점]

해설 및 정답
1. 불꽃감지기
2. 정온식 감지선형 감지기
3. 분포형 감지기
4. 복합형 감지기
5. 광전식 분리형 감지기

> **! Reference** ─ 축적형 감지기의 설치장소 및 축적기능이 있는 감지기의 종류
>
> 다음의 장소로서 일시적으로 발생한 열·연기 또는 먼지 등으로 인하여 화재신호를 발신할 우려가 있는 장소
> 1. 지하층·무창층 등으로서 환기가 잘되지 아니하는 장소
> 2. 실내면적이 40[m^2] 미만인 장소
> 3. 감지기의 부착면과 실내바닥과의 거리가 2.3[m] 이하인 곳
>
> ※ 축적형 감지기(축적기능이 있는 감지기)의 종류
>   ① 불꽃감지기
>   ② 정온식 감지선형 감지기
>   ③ 분포형 감지기
>   ④ 복합형 감지기
>   ⑤ 광전식 분리형 감지기
>   ⑥ 아날로그방식의 감지기
>   ⑦ 다신호방식의 감지기
>   ⑧ 축적방식의 감지기
> ※ 교차회로방식에 사용되는 감지기, 급속한 연소 확대가 우려되는 장소에 사용되는 감지기 및 축적기능이 있는 수신기에 연결하여 사용하는 감지기는 축적기능이 없는 것으로 설치하여야 한다.

07 유량 2,400[Lpm], 양정 100[m]인 스프링클러 설비용 펌프전동기의 용량[kW]을 구하시오(단, 펌프의 효율은 0.6, 전달계수는 1.1이다). [5점]

해설 및 정답

$$P(\text{kW}) = \frac{9.8\,QH}{\eta}K = \frac{9.8 \times \frac{2.4}{60} \times 100}{0.6} \times 1.1 = 71.866 \fallingdotseq 71.87[\text{kW}]$$

08 일제경보방식으로 경계구역이 5회로인 자동화재탐지설비의 간선계통도를 그리고 간선에 최소 전선 수를 표시하시오(단, 수신기는 P형 5회로 수신기이다). [7점]

1 _____
2 _____
3 _____
4 _____
5 _____

해설 및 정답

1 ─ ⓅⓁⒷ ─
       │ 6가닥
2 ─ ⓅⓁⒷ ─
       │ 7가닥
3 ─ ⓅⓁⒷ ─
       │ 8가닥
4 ─ ⓅⓁⒷ ─
       │ 9가닥
5 ─ ⓅⓁⒷ ─────── ✕ (P형 1급)
              10가닥

! Reference

회로별	가닥수	배선의 굵기	배선의 용도
1	6	2.5[mm^2]	지구회로 1, 지구공통 1, 응답 1, 경종 1, 표시등 1, 경종표시등 공통 1
2	7	2.5[mm^2]	지구회로 2, 지구공통 1, 응답 1, 경종 1, 표시등 1, 경종표시등 공통 1
3	8	2.5[mm^2]	지구회로 3, 지구공통 1, 응답 1, 경종 1, 표시등 1, 경종표시등 공통 1
4	9	2.5[mm^2]	지구회로 4, 지구공통 1, 응답 1, 경종 1, 표시등 1, 경종표시등 공통 1
5	10	2.5[mm^2]	지구회로 5, 지구공통 1, 응답 1, 경종 1, 표시등 1, 경종표시등 공통 1

기출문제

09 지상 7층 지하 1층인 사무실용 건물에 자동화재탐지설비를 설치하고자 한다. 각 층의 바닥면적은 560[m²]로 층고는 3.6[m]이고, 수신기는 1층에 설치한다. 또한, 계단은 각 층마다 2개씩 설치되어 있고 E/L가 1개소 설치되어 있다. 다음 물음에 답하시오(단, 종단저항은 각 발신기함에 내장되어 있다). **10점**

가) 차동식 스포트형 감지기(2종)를 설치할 경우 그 수량을 산정하시오(단, 주요구조부는 내화구조이다).

해설 및 정답   각 층의 감지기 설치 수 = $\dfrac{560[m^2]}{70[m^2]}$ = 8개

∴ 전체 감지기 수 = 8개 × 8층 = 64개

나) 계단에 설치하는 감지기의 종류를 선정하고 그 수량을 산정하시오

해설 및 정답
1. 감지기 기종 : 연기감지기(2종)
2. 감지기 수량

각 계단의 감지기 설치 수 = $\dfrac{3.6 \times 8[m]}{15[m]}$ = 1.92 ≒ 2개

∴ 전체 감지기 수 : 2개 × 2개소 = 4개

다) 계통도를 그리고 각 전선의 가닥 수를 표시하시오. (일제경보방식 채택)

해설 및 정답   계통도

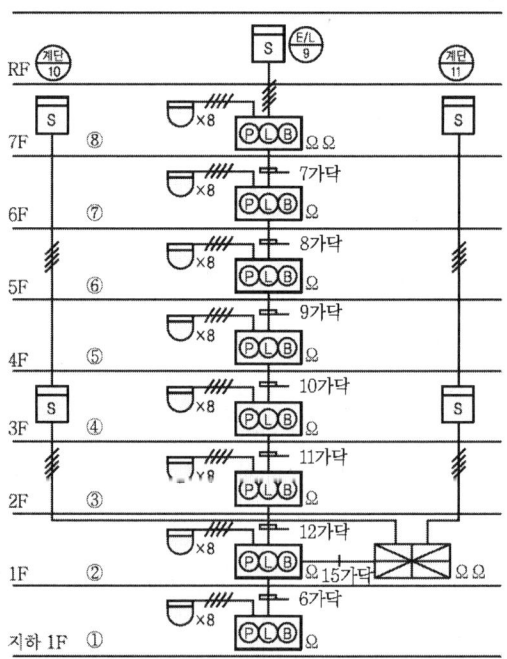

> ! Reference

【 간선의 내역 및 용도 】

구간	내역	배선의 용도
7층~6층	$2.5[mm^2]-7$	지구회로 2, 공통, 응답, 경종, 표시등, 경종표시등 공통
6층~5층	$2.5[mm^2]-8$	지구회로 3, 공통, 응답, 경종, 표시등, 경종표시등 공통
5층~4층	$2.5[mm^2]-9$	지구회로 4, 공통, 응답, 경종, 표시등, 경종표시등 공통
4층~3층	$2.5[mm^2]-10$	지구회로 5, 공통, 응답, 경종, 표시등, 경종표시등 공통
3층~2층	$2.5[mm^2]-11$	지구회로 6, 공통, 응답, 경종, 표시등, 경종표시등 공통
2층~1층	$2.5[mm^2]-12$	지구회로 7, 공통, 응답, 경종, 표시등, 경종표시등 공통
1층~지하층	$2.5[mm^2]-6$	지구회로, 공통, 응답, 경종, 표시등, 경종표시등 공통
1층~수신기	$2.5[m^{2}2]-15$	지구회로 9, 공통 2, 응답, 경종, 표시등, 경종표시등 공통

10 제벡 효과(Seebeck's effect)를 이용한 감지기의 작동원리에 대해 설명하시오. `4점`

[해설및정답] 서로 다른 두 금속 또는 반도체의 양단을 접합시킨 후 그 접합점에 온도차를 가하면 열기전력이 발생하는 효과

> ! Reference ── **열전현상**
>
> 1. 제벡 효과(Seebeck's Effect) : 자유전자밀도가 서로 다른(열전도율이 다른) 이종(異種)의 금속 또는 반도체의 양단을 접합시킨 후 그 접합점에 온도차를 가하면 자유전자의 이동으로 접촉전위차가 발생하여 전류가 흐르는 현상을 제벡 효과라 한다. 이때의 접촉전위차를 열기전력이라고 하며 이 열기전력에 의한 전류를 열전류라 한다. 그리고 접합시켜 놓은 두 금속 또는 반도체를 열전쌍(Thermo Couple)이라 하며 열전대온도계, 화재감지기(금속 : 열전대식, 반도체 : 열반도체식) 등에 응용된다.
> 2. 펠티에 효과(Peltier's Effect) : 두 종류의 금속을 접속하여 전류를 흘리면 두 금속의 접합부에서 줄(Joule)열 이외의 열이 발생하거나 또는 흡수가 일어나는 현상을 말한다. 펠티에 효과는 일종의 히트 펌핑(Heat Pumping) 현상으로써 전자냉각기 등의 원리에 응용된다.
> 3. 톰슨 효과(Thomson's Effect) : 동일금속에서의 열전효과로서, 1개의 금속도선의 두 지점에 온도차가 있을 때, 이것에 전류를 흘리면 두 지점의 전자운동에너지의 차로 인하여 도선에 줄열 이외의 열이 발생하거나 흡수가 일어나는 현상

기출문제

11 무선통신보조설비의 누설동축케이블 등의 설치기준에 관한 것이다. ( ) 안에 알맞은 말을 쓰시오. [8점]

> 가) 소방전용주파수대에서 전파의 전송 또는 (①)에 적합한 것으로서 소방전용의 것으로 할 것
> 나) 누설동축케이블은 불연 또는 (②)의 것으로서 습기에 따라 전기의 특성이 변질되지 아니하는 것으로 하고, 노출하여 설치한 경우에는 피난 및 통행에 장애가 없도록 할 것
> 다) 누설동축케이블은 화재에 따라 해당 케이블의 피복이 소실된 경우에 케이블 본체가 떨어지지 아니하도록 (③)[m] 이내마다 금속제 또는 자기제 등의 지지금구로 벽·천장·기둥 등에 견고하게 고정시킬 것
> 라) 누설동축케이블 및 안테나는 고압의 전로로부터 (④)[m] 이상 떨어진 위치에 설치할 것
> 마) 누설동축케이블의 끝부분에는 (⑤)을 견고하게 설치할 것

해설 및 정답
① 복사   ② 난연성
③ 4   ④ 1.5
⑤ 무반사 종단저항

> **! Reference**
> 1. 소방전용주파수대에서 전파의 전송 또는 복사에 적합한 것으로서 소방전용의 것으로 할 것. 다만, 소방대 상호간의 무선연락에 지장이 없는 경우에는 다른 용도와 겸용할 수 있다.
> 2. 누설동축케이블과 이에 접속하는 안테나 또는 동축케이블과 이에 접속하는 안테나에 따른 것으로 할 것
> 3. 누설동축케이블은 불연 또는 난연성의 것으로서 습기에 따라 전기의 특성이 변질되지 아니하는 것으로 하고, 노출하여 설치한 경우에는 피난 및 통행에 장애가 없도록 할 것
> 4. 누설동축케이블은 화재에 따라 해당 케이블의 피복이 소실된 경우에 케이블 본체가 떨어지지 아니하도록 4[m] 이내마다 금속제 또는 자기제 등의 지지금구로 벽·천장·기둥 등에 견고하게 고정시킬 것. 다만, 불연재료로 구획된 반자 안에 설치하는 경우에는 그러하지 아니하다.
> 5. 누설동축케이블 및 안테나는 금속판 등에 따라 전파의 복사 또는 특성이 현저하게 저하되지 아니하는 위치에 설치할 것
> 6. 누설동축케이블 및 안테나는 고압의 전로로부터 1.5[m] 이상 떨어진 위치에 설치할 것. 다만, 해당 전로에 정전기 차폐장치를 유효하게 설치한 경우에는 그러하지 아니하다.
> 7. 누설동축케이블의 끝부분에는 무반사 종단저항을 견고하게 설치할 것

12 통로의 길이가 60[m]인 통로에 객석유도등을 설치하려고 할 때 객석유도등의 최소수량은 몇 개인가? `4점`

해설및정답   객석유도등의 설치개수 $= \dfrac{\text{객석통로의 직선부분의 길이}}{4\text{m}} - 1$

$= \dfrac{60\text{m}}{4\text{m}} - 1 = 14\text{개}$

13 차동식 스포트형, 보상식 스포트형 및 정온식 스포트형 감지기는 부착높이 및 소방대상물에 따라 다음 표에 대한 바닥면적마다 1개 이상을 설치하여야 한다. 표의 빈칸 ①~⑫에 해당하는 면적기준을 쓰시오. `6점`

부착높이 및 소방대상물의 구분		감지기의 종류						
		차동식 스포트형		보상식 스포트형		정온식 스포트형		
		1종	2종	1종	2종	특종	1종	2종
4[m] 미만	내화구조	①	②	90	③	70	60	20
	기타구조	50	④	⑤	⑥	⑦	30	15
4[m] 이상 8[m] 미만	내화구조	45	⑧	⑨	⑩	⑪	30	·
	기타구조	⑫	25	30	25	25	15	·

해설및정답 ① 90 ② 70 ③ 70 ④ 40 ⑤ 50 ⑥ 40
　　　　　⑦ 40 ⑧ 35 ⑨ 45 ⑩ 35 ⑪ 35 ⑫ 30

14 풍량이 5[m³/sec]이고, 풍압이 35[mmHg]인 제연설비용 팬을 설치한 경우 이 팬을 운전하는 전동기의 소요용량은 몇 [kW]인가? (단, 팬의 효율은 70[%]이고, 여유계수는 1.2이다.) `6점`

해설및정답

전동기 소요용량 $P = \dfrac{P_T Q}{102\eta} K = \dfrac{35 \times \dfrac{10,332}{760} \times 5}{102 \times 0.7} \times 1.2 = 39.984 ≒ 39.98[\text{kW}]$

> **Reference**
>
> 전동기 소요용량 $P = \dfrac{P_T Q}{102\eta} K$
> 여기서, P : 전동기 소요용량(동력)[kW]
> 　　　　P_T : 전압(풍압)[mmAq] 또는 [mmH₂O]
> 　　　　Q : 풍량[m³/sec]
> 　　　　η : 기기의 효율
> 　　　　K : 전달계수(여유계수)

기출문제

15 예비전원설비에 대한 각 물음에 답하시오. [8점]

가) 부동충전방식에 대한 회로(개략적인 그림)를 그리시오.

해설 및 정답

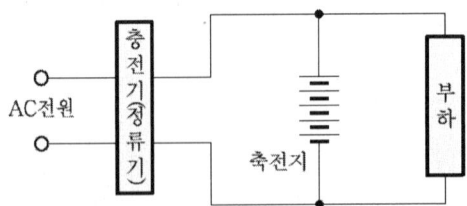

> **Reference** ─ 축전지의 충전방식 ─
> 1. 부동충전 : 충전장치를 축전지와 부하에 병렬로 연결하여 전지의 자기 방전을 보충함과 동시에 상용부하에 대한 전력공급은 충전기가 부담하고 충전기가 부담하기 어려운 대전류 부하는 축전지가 부담하게 하는 충전방식
> 2. 균등충전 : 전지를 장시간 사용하는 경우 단전지들의 전압이 불균일하게 되는 때 일정 시간 과충전을 계속하여 각 전해조의 전압을 균일하게 하는 충전방식
> 3. 회복충전 : 축전지를 과방전 또는 방치상태에서 기능회복을 위하여 실시하는 충전방식

나) 축전지를 과방전 또는 방치상태에서 기능회복을 위하여 실시하는 충전방식은?

해설 및 정답 회복충전방식

다) 연축전지 정격용량은 250[Ah]이고 상시부하가 8[kW]이며 표준전압이 100[V]인 부동충전방식의 충전기 2차 충전전류는 몇 [A]인가?

해설 및 정답

충전기의 2차 충전전류 $I = \dfrac{250}{10} + \dfrac{8 \times 10^3}{100} = 105[A]$

$I = $ 축전지 충전전류 + 부하전류 $= \dfrac{\text{축전지 정격용량[Ah]}}{\text{축전지 정격방전율[h]}} + \dfrac{\text{상시부하[kW]}}{\text{표준전압[V]}}$

$= \dfrac{250}{10} + \dfrac{8 \times 10^3}{100}$

$= 105[A]$

> **Reference**
> 1. 연축전지의 정격 방전율 : 10[h]
> 2. 알칼리 축전지의 정격 방전율 : 5[h]

16 통신선로에서 임피던스를 매칭시키는 방법 3가지를 쓰시오. [6점]

해설및정답
1. 변성기(λ/4 임피던스 변환기)에 의한 정합
2. 도파관 창에 의한 정합 : 도파관 내에 창(장애물)을 설치하여 정합
3. 무반사 종단회로에 의한 정합

> **! Reference** ── 임피던스 매칭(정합) 방법
>
> 1. 변성기(λ/4 임피던스 변환기)에 의한 정합
> 2. 스터브(stub)에 의한 정합 : 도파관과 병렬로 스터브(단락판)를 접속하여 정합
> 3. 도파관 창에 의한 정합 : 도파관 내에 창(장애물)을 설치하여 정합
> 4. 무반사 종단회로에 의한 정합
> 5. 테이퍼(Taper) 도파관에 의한 정합
> 6. 아이솔레이터(Isolator)에 의한 방법 : 전파를 전송할 때 순방향으로는 거의 감쇠(減衰)가 없고, 그 반대방향에는 감쇠가 큰 비가역(非可逆)적인 전송회로소자(傳送回路素子)를 아이솔레이터라고 한다.
>
> ※ 주요 임피던스 값 : 방송용 75[Ω], 통신용 50[Ω], 오디오 500[Ω] 등
>
> > [참고] 임피던스미터 측정방법
> > ① 주파수 범위 설정
> > ② 부품양단에 탐침 접촉
> > ③ 임피던스 측정

소방설비기사[전기분야] 2차 실기

[2015년 7월 12일 시행]

01 도면은 3상 유도전동기의 전원으로 상용전원과 예비전원을 설치하여 상용전원이 정전될 때 예비전원으로 전동기를 가동시킬 수 있는 제어회로의 미완성 도면이다. 이 도면을 이용하여 다음 각 물음에 답하시오. [6점]

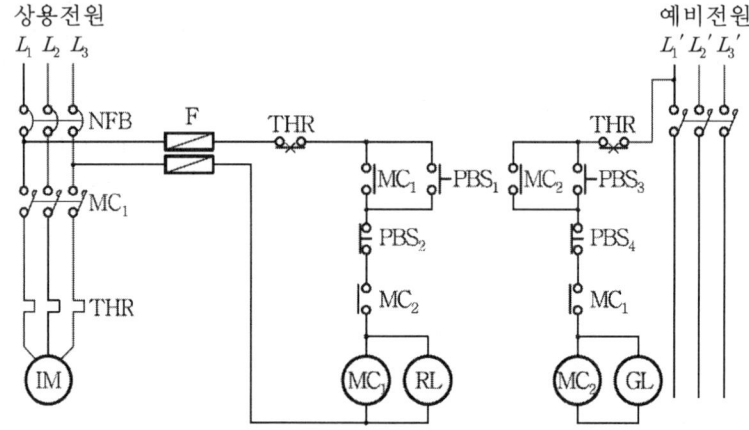

가) NFB의 우리말 명칭을 쓰시오.

해설 및 정답   배선용 차단기

> **! Reference** ─── **배선용 차단기(NFB 또는 MCCB)** ───
> 1. 고장전류(단락전류 또는 과부하전류)를 자동으로 차단하여 회로를 보호하는 스위치로 작동방식은 바이메탈식 또는 전자식이다.
> 2. 특징
>   ① 부하의 차단능력이 우수하다.
>   ② 퓨즈(Fuse)를 사용하지 않아 반영구적이다.
>   ③ 소형, 경량으로 사용이 용이하다.
>   ④ 충전부가 케이스 안에 보호되어 있어 안전하다.
>   ⑤ 트립(trip) 시 재투입(복구)이 용이하다.
>   ⑥ 육안으로 회로의 차단 여부를 쉽게 확인할 수 있다.

나) 상용전원이 정전되는 경우 예비전원으로 전동기를 운전시킬 수 있도록 미완성 도면을 완성하시오.

해설 및 정답

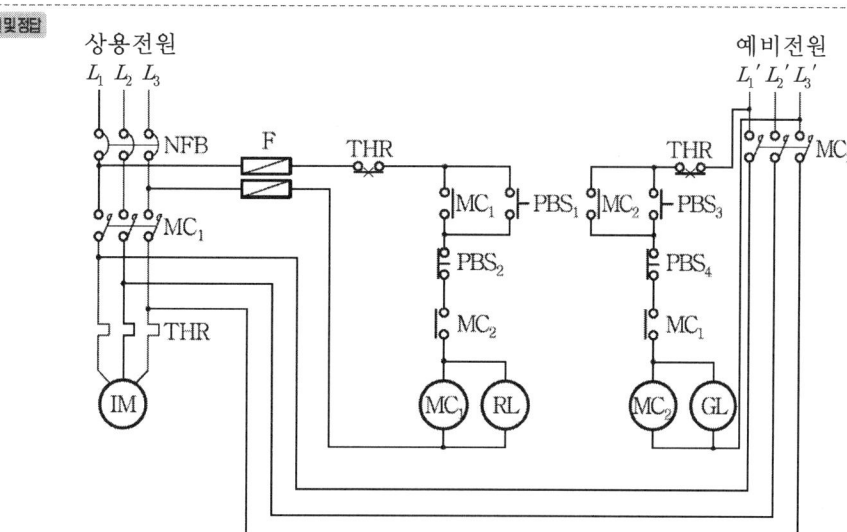

!Reference — 동작 설명

1. NFB를 투입한 후 PBS_1을 누르면 계전기 MC_1이 여자되어 상용전원에 의해 전동기가 기동하며 상용전원 표시등 RL이 점등된다. 이때 PBS_1을 놓아도 계전기 MC_1은 자기유지가 된다.
2. PBS_2를 누른 후 PBS_3를 누르면 계전기 MC_1이 소자되고 계전기 MC_2가 여자되어 상용전원에서 예비전원으로 절환되며 전동기는 예비전원에 의해 기동한다. 또한, 표시등 RL은 소등하고 GL이 점등한다. 이때 PBS_3를 놓아도 계전기 MC_2는 자기유지가 된다.
3. 다시 예비전원에서 상용전원으로 절환하고자 할 때에는 PBS_4를 누른 후 PBS_1을 누르면 된다.
4. 전동기를 정지시키려면 상용전원인 경우 PBS_3를, 예비전원인 경우 PBS_4를 누른다.
5. 상용 또는 예비전원에 의해 전동기가 운전 중 과부하로 THR이 동작하면 전동기는 정지한다.

기출문제

02 다음은 수동발신기의 미완성 도면이다. 도면을 보고 다음 각 물음에 답하시오. [8점]

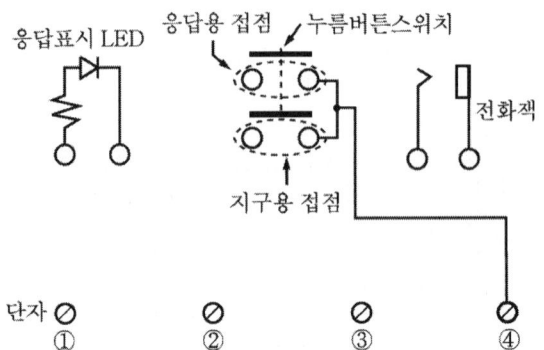

가) 응답표시 LED, 누름버튼 스위치, 전화잭의 기능을 간략하게 설명하시오.

해설및정답
1. 응답표시 LED : 누름버튼 스위치 조작 시 수동발신기의 화재신호가 수신기에 전달되었는지 확인시키는 램프
2. 누름버튼 스위치 : 수동 조작으로 화재신호를 수신기로 전달하기 위한 스위치
3. 전화잭 : 화재 발생 시 전화기를 사용하여 수신기와 연락이 필요할 때 전화플러그를 꽂아 사용하는 잭(22. 5. 9. 이후 삭제)

나) ①부터 ④에 해당되는 각 단자의 명칭은 무엇인가?

해설및정답
1. 발신기응답선 단자
2. 발신기지구선 단자
3. 발신기전화선 단자
4. 발신기공통선 단자

다) 내부결선의 미완성된 부분을 주어진 도면에 완성하시오.

해설및정답

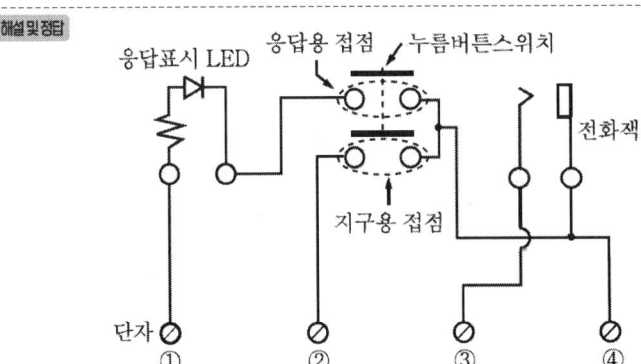

> **Reference**
>
> 1. 발신기응답선 단자 : 발신기의 화재신호가 수신기에 전달되었는지 확인하는 선의 단자
> 2. 발신기지구선 단자 : 화재신호를 수신기로 전달하기 위한 선의 단자
> 3. 발신기전화선 단자 : 화재발생 시 전화기를 사용하여 수신기와 전화연락이 필요할 때 사용하는 선의 단자(22. 5. 9. 이후 삭제)
> 4. 발신기공통선 단자 : 발신기의 전화, 지구, 응답회로에서 공통으로 사용하는 선의 단자
> 5. 응답표시 LED : 누름버튼 스위치 조작 시 수동발신기의 화재신호가 수신기에 전달되었는지 확인시키는 램프
> 6. 누름버튼 스위치 : 수동 조작에 의하여 화재신호를 수신기로 전달하기 위한 스위치
> 7. 전화잭 : 화재발생 시 전화기를 사용하여 수신기와 연락이 필요할 때 사용하는 잭 (1인은 수신기에서, 1인은 1발신기에서 송수화기를 이용하여 상호 통화)

03 국가화재안전기준의 시각경보장치 설치기준 중 ( ) 안을 쓰시오. 3점

가. 공연장·집회장·관람장 또는 이와 유사한 장소에 설치하는 경우에는 시선이 집중되는 (①) 부분 등에 설치할 것
나. 설치높이는 바닥으로부터 (②)m 이상 (③)[m] 이하의 장소에 설치할 것. 다만, 천장의 높이가 2[m] 이하인 경우에는 천장으로부터 (④)[m] 이내의 장소에 설치하여야 한다.

해설 및 정답 ① 무대부 ② 2 ③ 2.5 ④ 0.15

> **Reference** ─ **청각장애인용 시각경보장치 설치기준** ─
>
> 1. 복도·통로·청각장애인용 객실 및 공용으로 사용하는 거실(로비, 회의실, 강의실, 식당, 휴게실, 오락실, 대기실, 체력단련실, 접객실, 안내실, 전시실, 기타 이와 유사한 장소를 말한다)에 설치하며, 각 부분으로부터 유효하게 경보를 발할 수 있는 위치에 설치할 것
> 2. 공연장·집회장·관람장 또는 이와 유사한 장소에 설치하는 경우에는 시선이 집중되는 무대부 부분 등에 설치할 것
> 3. 설치높이는 바닥으로부터 2[m] 이상 2.5[m] 이하의 장소에 설치할 것. 다만, 천장의 높이가 2[m] 이하인 경우에는 천장으로부터 0.15[m] 이내의 장소에 설치하여야 한다.
> 4. 시각경보장치의 광원은 전용의 축전지설비에 의하여 점등되도록 할 것. 다만, 시각경보기에 작동전원을 공급할 수 있도록 형식승인을 얻은 수신기를 설치한 경우에는 그러하지 아니하다.

기출문제

04 다음의 도면은 내화구조로 된 업무용 빌딩의 지하 1층 평면도이다. 다음 각 물음에 답하시오. [10점]

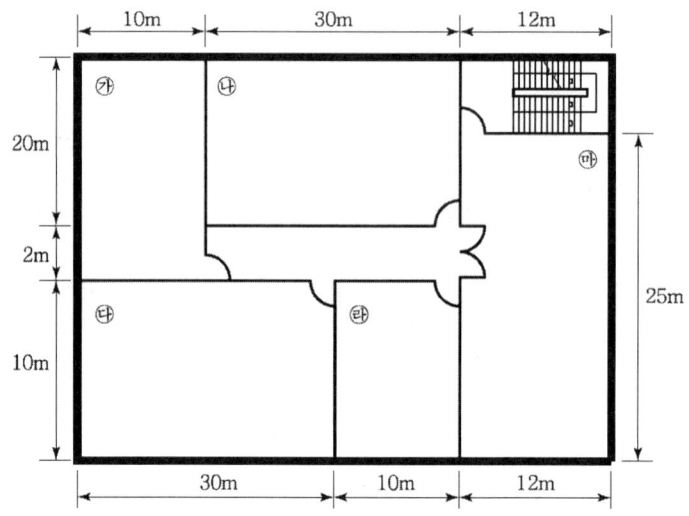

[평면도]

가) 각 실에 설치하여야 하는 감지기의 수량을 산출하시오.

기호	실의 용도	설치높이(m)	적용감지기	산출과정	설치수량(개)
㉮	서고	3.5	연기감지기 2종		
㉯	휴게실	3.5	연기감지기 2종		
㉰	전산실	4.5	연기감지기 2종		
㉱	주방	3.8	정온식 스포트형 감지기 1종		
㉲	사무실	3.8	차동식 스포트형 감지기 2종		

해설 및 정답

기호	산출과정	설치수량(개)
㉮	$\dfrac{220}{150} \fallingdotseq 1.47$	2
㉯	$\dfrac{600}{150} = 4$	4
㉰	$\dfrac{300}{75} = 4$	4
㉱	$\dfrac{100}{60} \fallingdotseq 1.67$	2
㉲	$\dfrac{300}{70} = 4.28$	5

나) 각 실별로 산출한 감지기 수량을 주어진 평면도에 그림기호로 그리시오.

해설및정답

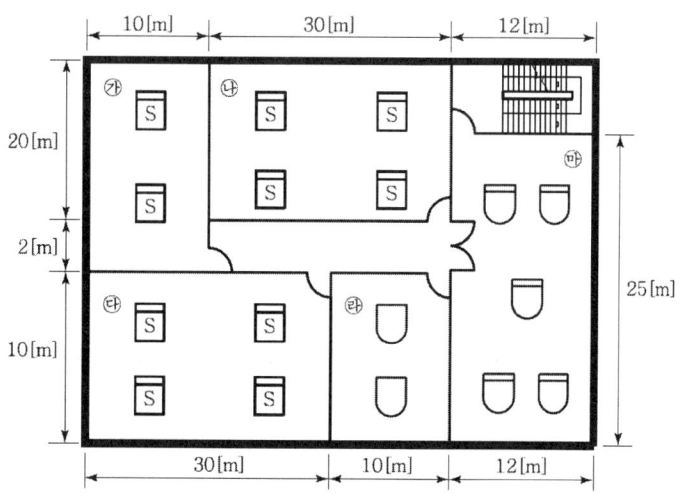

> **Reference** — 기준 감지면적(m²)

① 연기감지기

부착높이	감지기 종류	
	1종 및 2종	3종
4[m] 미만	150[m²]	50[m²]
4[m] 이상 20[m] 미만	75[m²]	–

② 열감지기(차동식 및 정온식 스포트형)   (단위 : m²)

부착높이 및 소방대상물의 구분		감지기의 종류				
		차동식 스포트형, 보상식 스포트형		정온식 스포트형		
		1종	2종	특종	1종	2종
4[m] 미만	내화구조	90	70	70	60	20
	기타구조	50	40	40	30	15
4[m] 이상 8[m] 미만	내화구조	45	35	35	30	–
	기타구조	30	25	25	15	–

기출문제

05 자동화재탐지설비에서 내화배선 시공 시 사용되는 공사방법에 대하여 (   ) 안을 쓰시오. [7점]

> 금속관·2종 금속제 (①) 또는 (②)에 수납하여 (③)구조로 된 벽 또는 바닥 등에 벽 또는 바닥의 표면으로부터 (④)mm 이상의 깊이로 매설하여야 한다.

해설 및 정답   ① 가요전선관   ② 합성수지관   ③ 내화   ④ 25

06 지하층·무창층 등으로서 환기가 불량하거나 실내면적이 40[m²] 미만인 장소, 감지기의 부착면과 실내바닥의 거리가 2.3[m] 이하인 곳으로서 일시적으로 발생한 열기·연기 또는 먼지 등으로 인하여 화재신호를 발신할 우려가 있는 장소에 설치가 가능한 감지기(적응성이 있는) 5가지만 쓰시오. [5점]

해설 및 정답
① 불꽃감지기   ② 정온식 감지선형 감지기
③ 분포형 감지기   ④ 복합형 감지기
⑤ 광전식 분리형 감지기

> **! Reference** — 축적형 감지기의 설치장소 및 축적기능이 있는 감지기의 종류
>
> 다음의 장소로서 일시적으로 발생한 열·연기 또는 먼지 등으로 인하여 화재신호를 발신할 우려가 있는 장소
> 1. 지하층·무창층 등으로서 환기가 잘되지 아니하는 장소
> 2. 실내면적이 40[m²] 미만인 장소
> 3. 감지기의 부착면과 실내바닥과의 거리가 2.3[m] 이하인 곳
>
> ※ 축적형 감지기(축적기능이 있는 감지기)의 종류
> ① 불꽃감지기   ② 정온식 감지선형 감지기
> ③ 분포형 감지기   ④ 복합형 감지기
> ⑤ 광전식 분리형 감지기   ⑥ 아날로그방식의 감지기
> ⑦ 다신호방식의 감지기   ⑧ 축적방식의 감지기
>
> ※ 교차회로방식에 사용되는 감지기, 급속한 연소 확대가 우려되는 장소에 사용되는 감지기 및 축적기능이 있는 수신기에 연결하여 사용하는 감지기는 축적기능이 없는 것으로 설치하여야 한다.

07 특정소방대상물의 설치된 소방시설 중에서 전부 또는 일부를 교체하거나 보수할 때 착공신고 대상이 되는 공사 3가지를 쓰시오(단, 고장 또는 파손 등으로 인하여 작동시킬 수 없는 소방시설을 긴급히 교체하거나 보수하여야 하는 경우 제외). 6점

해설 및 정답
① 수신반
② 소화펌프
③ 동력(감시)제어반

08 3개의 독립된 1층에 발신기를 그림과 같이 설치하고, P형 수신기는 경비실에 설치하였다. 경보방식은 동별 구분 경보방식을 적용하였으며, 옥내소화전의 가압송수장치는 기동용 수압개폐장치를 사용하는 방식을 사용할 경우에 다음 물음에 답하시오(전화기능 있음). 13점

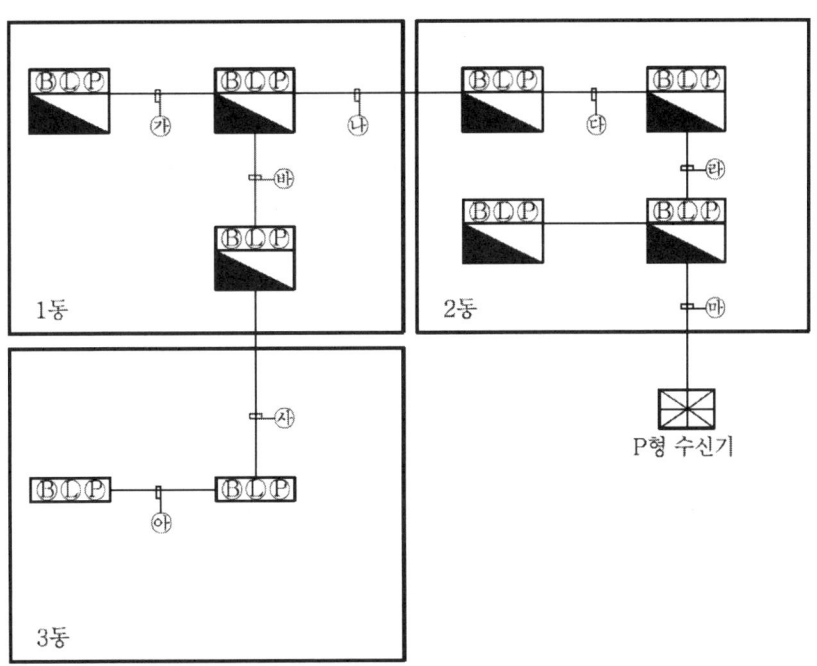

기출문제

가) 빈칸 ㈏, ㈐, ㈑, ㈓, ㈔ 안에 전선가닥수 및 전선의 용도를 쓰시오.

항목	가닥수	용도1	용도2	용도3	용도4	용도5	용도6	용도7	용도8
㈎	9	응답	지구	전화	지구공통	경종	표시등	경종 표시등 공통	소화전 기동확인 2
㈏									
㈐									
㈑									
㈒	20	응답	지구 9	전화	지구공통 2	경종 3	표시등	경종 표시등 공통	소화전 기동확인 2
㈓									
㈔									
㈕	7	응답	지구	전화	지구공통	경종	표시등	경종 표시등 공통	

해설 및 정답

항목	가닥수	용도1	용도2	용도3	용도4	용도5	용도6	용도7	용도8
㈎	9	응답	지구	전화	지구공통	경종	표시등	경종 표시등 공통	소화전 기동확인 2
㈏	14	응답	지구 5	전화	지구공통	경종 2	표시등	경종 표시등 공통	소화전 기동확인 2
㈐	16	응답	지구 6	전화	지구공통	경종 3	표시등	경종 표시등 공통	소화전 기동확인 2
㈑	17	응답	지구 7	전화	지구공통	경종 3	표시등	경종 표시등 공통	소화전 기동확인 2
㈒	20	응답	지구 9	전화	지구공통 2	경종 3	표시등	경종 표시등 공통	소화전 기동확인 2
㈓	12	응답	지구 3	전화	지구공통	경종 2	표시등	경종 표시등 공통	소화전 기동확인 2
㈔	8	응답	지구 2	전화	지구공통	경종	표시등	경종 표시등 공통	·
㈕	7	응답	지구	전화	지구공통	경종	표시등	경종 표시등 공통	·

(22. 5. 9. 이후 전화 삭제)

나) 경비실에 설치하는 P형 수신기는 몇 회선용을 사용해야 하는가? (단, 수신기의 예비회로는 실제 사용회로의 10[%]를 두는 조건이다)

해설 및 정답 10회선용

다) P형 수신기는 상시 사람이 근무하는 장소에 설치해야 하는데 이 건물에 사람이 상시 근무하는 장소가 없는 경우에는 수신기를 어떤 장소에 설치하여야 하는가?

해설및정답 관계인이 쉽게 접근할 수 있고 관리가 용이한 장소

라) 수신기가 설치된 장소에 화재발생구역을 신속하게 확인하기 위하여 비치해야 하는 것은? (단, 주 수신기가 설치된 경우 제외)

해설및정답 경계구역 일람도

> **! Reference — 수신기의 설치기준**
>
> 1. 경비실 등 상시 사람이 근무하는 장소에 설치할 것. 다만, 사람이 상시 근무하는 장소가 없는 경우에는 관계인이 쉽게 접근할 수 있고 관리가 용이한 장소에 설치할 수 있다.
> 2. 수신기가 설치된 장소에는 경계구역 일람도를 비치할 것. 다만, 모든 수신기와 연결되어 각 수신기의 상황을 감시하고 제어할 수 있는 수신기(주 수신기)를 설치하는 경우에는 주 수신기를 제외한 기타 수신기는 그러하지 아니하다.
> 3. 수신기의 음향기구는 그 음량 및 음색이 다른 기기의 소음 등과 명확히 구별될 수 있는 것으로 할 것
> 4. 수신기는 감지기·중계기 또는 발신기가 작동하는 경계구역을 표시할 수 있는 것으로 할 것
> 5. 화재·가스·전기 등에 대한 종합방재반을 설치한 경우에는 당해 조작반에 수신기의 작동과 연동하여 감지기·중계기 또는 발신기가 작동하는 경계구역을 표시할 수 있는 것으로 할 것
> 6. 하나의 경계구역은 하나의 표시등 또는 하나의 문자로 표시되도록 할 것
> 7. 수신기의 조작 스위치는 바닥으로부터의 높이가 0.8[m] 이상 1.5[m] 이하인 장소에 설치할 것
> 8. 하나의 소방대상물에 2 이상의 수신기를 설치하는 경우에는 수신기를 상호 간 연동하여 화재발생 상황을 각 수신기마다 확인할 수 있도록 할 것
> 9. 화재로 인하여 하나의 층의 지구음향장치 또는 배선이 단락되어도 다른 층의 화재통보에 지장이 없도록 각 층 배선 상에 유효한 조치를 할 것

기출문제

09 P형 수신기와 감지기의 배선회로에서 종단저항은 11[KΩ], 릴레이 저항은 550[Ω], 배선회로의 저항은 50[Ω]이다. 회로전압이 24[V]일 때 각 물음에 답하시오. [4점]

가) 감시 상태 시 감시전류는 몇 [mA]인가?
나) 감지기가 작동할 때의 전류는 몇 [mA]인가? (단, 감지기의 작동 시 배선저항은 무시한다)

해설및정답

가) $I = \dfrac{회로전압}{종단저항 + 릴레이저항 + 배선저항}$

$= \dfrac{24}{11 \times 10^3 + 550 + 50} \times 10^3$

$= 2.068 ≒ 2.07 [mA]$

나) $I = \dfrac{회로전압}{릴레이저항} = \dfrac{24}{550} \times 10^3 = 43.636 ≒ 43.64 [mA]$

> **! Reference**
>
> 감지기 작동시 전류 $= \dfrac{회로전압}{릴레이저항 + 배선저항}$

10 다음과 같은 자동화재탐지설비의 평면도에서 ㉮~㉲의 전선가닥 수를 쓰시오. [5점]

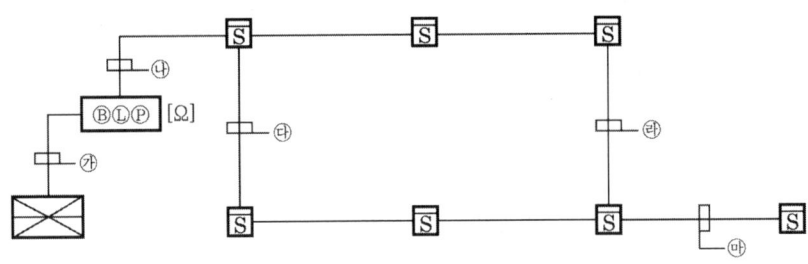

해설및정답 ㉮ 6 ㉯ 4 ㉰ 2 ㉱ 2 ㉲ 4

> **! Reference**
>
> | 회로 | 가닥 수 | 내역 |
> |---|---|---|
> | ㉮ | 6 | 지구선, 지구공통선, 응답선, 표시등선, 경종선, 표시등·경종 공통선 |
> | ㉯ | 4 | 지구선 2, 지구공통선 2 |
> | ㉰ | 2 | 지구선, 지구공통선 |
> | ㉱ | 2 | 지구선, 지구공통선 |
> | ㉲ | 4 | 지구선 2, 지구공통선 2 |

11 그림은 6층 이상의 사무실 건물에 시설하는 제연창 설비로서 계통도 및 조건을 참고하여 배선수와 각 배선의 용도를 다음 표에 작성하시오. 6점

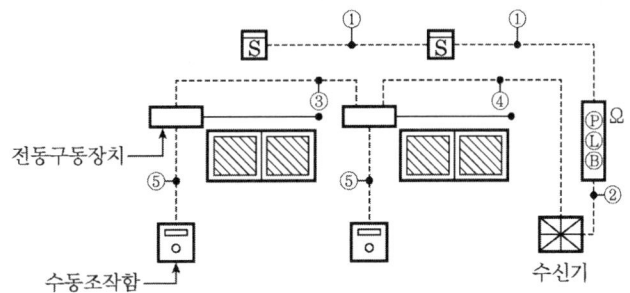

조건
- 전동구동장치는 솔레노이드식이다.(별도 기동)
- 사용전선은 HFIX을 사용한다.
- 화재감지기가 작동되거나 수동조작함의 스위치를 ON시키면 동작되어 수신기에 동작상태를 표시하게 된다.
- 화재감지기는 자동화재탐지설비용 감지기를 겸용으로 사용한다.

기호	구분	배선 수	배선의 용도
①	감지기 ↔ 감지기 감지기 ↔ 발신기		
②	발신기 ↔ 수신기		
③	전동구동장치 ↔ 전동구동장치		
④	전동구동장치 ↔ 수신기		
⑤	전동구동장치 ↔ 수동조작함		

해설 및 정답

기호	구분	배선 수	배선의 용도
①	감지기 ↔ 감지기 감지기 ↔ 발신기	4	지구 2, 공통 2
②	발신기 ↔ 수신기	6	지구, 공통, 응답, 경종, 표시등, 경종 표시등 공통
③	전동구동장치 ↔ 전동구동장치	3	기동, 확인, 공통
④	전동구동장치 ↔ 수신기	5	기동 2, 확인 2, 공통
⑤	전동구동장치 ↔ 수동조작함	3	기동, 확인, 공통

기출문제

12 다음의 자동화재탐지설비의 평면도를 보고 배관, 배선물량을 산출하시오(단, 층고는 3.5[m]이고 반자는 없는 조건이며, 발신기와 수신기는 바닥으로부터 1.2[m]의 높이에 설치하며, 배관의 할증은 5[%], 배선의 할증은 10[%]를 적용한다). [7점]

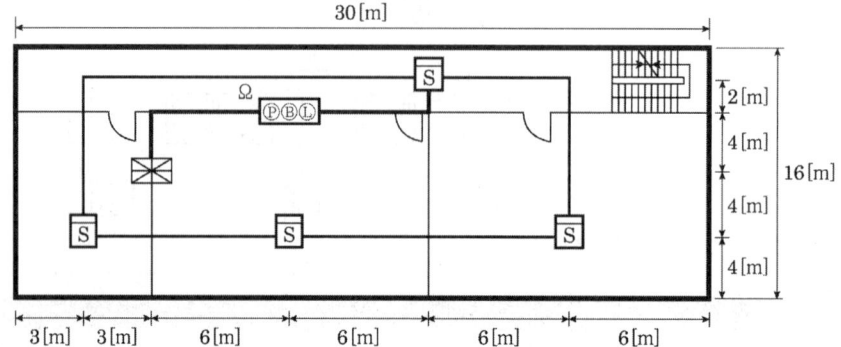

가) 감지기와 감지기 간, 감지기와 발신기 간에 대한 배선물량을 다음의 양식에 준하여 산출하시오.

품명	규격	산출식	수량[m]
전선관	16C	• 감지기 간 : 3+6+6+6+4+4+2+6+6+6+3 　　　　　+2+4+4=62[m] • 발신기와 감지기 간 : 2+6+(3.5−1.2↓)=10.3[m] • 할증량 : (62+10.3)×5[%]=3.62[m]	75.92
전선	HFIX 1.5[mm²]	• 감지기 간 : • 발신기와 감지기 간 : • 할증량 :	

[해설 및 정답]

품명	규격	산출식	수량[m]
전선관	16C	• 감지기 간 : 3+6+6+6+4+4+2+6+6+6+3 　　　　　+2+4+4=62[m] • 발신기와 감지기 간 : 2+6+(3.5−1.2↓)=10.3[m] • 할증량 : (62+10.3)×5%=3.62[m]	75.92
전선	HFIX 1.5mm²	• 감지기 간 : 62×2=124[m] • 발신기와 감지기 간 : 10.3×4=41.2[m] • 할증량 : (124+41.2)×10[%]=16.52[m]	181.72

나) 수신기와 발신기 간을 연결하는 배선물량을 산출하시오.

품명	규격	산출식	수량[m]
전선관	22C	• 수신기와 발신기 간 : • 할증량 :	
전선	HFIX 1.5[mm²]	• 수신기와 발신기 간 : 14.6×6=87.6[m] • 할증량 : 87.6×10[%]=8.76[m]	96.36

해설 및 정답

품명	규격	산출식	수량[m]
전선관	22C	• 수신기와 발신기 간 : 4+6+(3.5−1.2↓)×2=14.6m • 할증량 : 14.6×5[%]=0.73[m]	15.33
전선	HFIX 1.5[mm^2]	• 수신기와 발신기 간 : 14.6×6=87.6[m] • 할증량 : 87.6×10[%]=8.76[m]	96.36

13 다중이용업소에는 비상시 이용할 수 있도록 휴대용 비상조명등을 설치한다. ( ) 안에 알맞은 내용을 답란에 쓰시오. **8점**

가. 숙박시설 또는 다중이용업소에는 객실 또는 영업장 안의 구획된 실마다 잘 보이는 곳(외부에 설치 시 출입문 손잡이로부터 (①)[m] 이내 부분)에 1개 이상 설치할 것
나. 대규모점포(지하상가 및 지하역사 제외)와 영화상영관에는 보행거리 (②)[m] 이내마다 (③)개 이상 설치할 것
다. 지하상가 및 지하역사에는 보행거리 (④)[m] 이내마다 (⑤)개 이상 설치할 것
라. 설치높이는 바닥으로부터 (⑥)[m] 이상 (⑦)[m] 이하의 높이에 설치할 것
마. 사용 시 (⑧)으로 점등되는 구조일 것
바. 건전지 및 충전식 배터리의 용량은 (⑨)분 이상 유효하게 사용할 수 있을 것

해설 및 정답
① 1   ② 50   ③ 3   ④ 25   ⑤ 3
⑥ 0.8   ⑦ 1.5   ⑧ 자동   ⑨ 20

> **! Reference** — 휴대용비상조명등
>
> 1. 다음의 장소에 설치할 것
>   ① 숙박시설 또는 다중이용업소에는 객실 또는 영업장안의 구획된 실마다 잘 보이는 곳(외부에 설치 시 출입문 손잡이로부터 1[m] 이내 부분)에 1개 이상 설치
>   ② 대규모점포(지하상가 및 지하역사를 제외한다)와 영화상영관에는 보행거리 50[m] 이내마다 3개 이상 설치
>   ③ 지하상가 및 지하역사에는 보행거리 25[m] 이내마다 3개 이상 설치
> 2. 설치높이는 바닥으로부터 0.8[m] 이상 1.5[m] 이하의 높이에 설치할 것
> 3. 어둠 속에서 위치를 확인할 수 있도록 할 것
> 4. 사용 시 자동으로 점등되는 구조일 것
> 5. 외함은 난연성능이 있을 것
> 6. 건전지를 사용하는 경우에는 방전방지조치를 하여야 하고, 충전식 배터리의 경우에는 상시 충전되도록 할 것
> 7. 건전지 및 충전식 배터리의 용량은 20분 이상 유효하게 사용할 수 있는 것으로 할 것

기출문제

14 연축전지의 정격용량 200[Ah], 상시부하 12[kW], 표준전압 100[V]인 부동충전방식의 충전기의 2차 충전전류값을 계산하시오(단, 연축전지의 방전율은 10시간율로 한다). [3점]

해설 및 정답 2차 충전전류 = $\dfrac{200[Ah]}{10[h]} + \dfrac{12,000[W]}{100[V]} = 140[A]$

> **! Reference** ── 충전기 2차 전류 I ──
>
> $I = \dfrac{정격용량}{방전시간율} + \dfrac{상시부하}{표준전압}$
>
> | 구분 | 연(납) 축전지 | 알칼리 축전지 |
> |---|---|---|
> | 공칭용량(방전시간율) | 10[Ah] | 5[Ah] |
> | 공칭전압 | 2[V] | 1.2[V] |

15 이산화탄소소화설비에서 자동식 기동장치의 화재감지기는 교차회로방식으로 설치하여야 한다. 감지기 A, B를 교차회로방식으로 구성하는 경우 다음 각 물음에 답하시오. [3점]

가) 작동신호 출력을 C라 했을 경우 논리식을 쓰시오

해설 및 정답 C = A · B

나) 상기 논리식에 대응하는 논리기호를 그리시오

해설 및 정답 A, B → [AND] → C

다) 상기 논리식에 의한 진리표를 작성하시오

입력신호		출력신호
A	B	C

해설 및 정답 　진리표(진가표)

입력신호		출력신호
A	B	C
0	0	0
1	0	0
0	1	0
1	1	1

16 다음의 조건을 참조하여 해당되는 감지기의 명칭을 쓰시오(단, 종별 구분은 하지 않는다).

2점

> **조건**
> - 공칭작동온도 : 75[℃]
> - 작동방식 : 반전 바이메탈식(反轉 bi-metal Type)
> - 접점정격 : 60[V], 0.1[A]
> - 최대설치높이 : 8[m] 미만

해설 및 정답 　정온식 스포트형 감지기

> ! Reference ── **정온식 스포트형 감지기**
>
> 일국소의 주위온도가 일정한 온도 이상이 되는 경우에 작동하는 것으로서 외관이 전선으로 되어 있지 아니한 것을 말한다.
> 1. 금속의 팽창계수 차(바이메탈의 반전 또는 활곡)를 이용한 감지기
> 2. 기체 또는 액체의 팽창을 이용한 감지기
> 3. 가용절연물을 이용한 감지기

기출문제

17 다음 표는 설비별로 사용할 수 있는 비상전원의 종류를 나타낸 것이다 각 설비별로 설치하여야 하는 비상전원을 찾아 빈칸에 ○표 하시오. [4점]

[설비별 비상전원의 종류]

설비명	자가발전설비	축전지설비	비상전원수전설비	전기저장장치
옥내소화설비, 물분무소화설비, CO_2 소화설비, 할론 소화설비, 비상조명등, 제연설비, 연결송수관설비				
스프링클러설비, 포소화설비				
자동화재탐지설비, 비상경보설비, 비상방송설비				
비상콘센트설비				

해설 및 정답

설비명	자가발전설비	축전지설비	비상전원수전설비	전기저장장치
옥내소화전설비, 물분무소화설비, CO_2 소화설비, 할론 소화설비, 비상조명등, 제연설비, 연결송수관설비	○	○		○
스프링클러설비, 포소화설비	○	○	○	○
자동화재탐지설비, 비상경보설비, 비상방송설비		○		○
비상콘센트설비	○	○	○	○

소방설비기사[전기분야] 2차 실기

[2015년 11월 7일 시행]

01 차동식 스포트형 감지기의 구조를 나타낸 그림이다. 각 부분의 명칭(①~④)을 쓰고 ①의 기능에 대하여 간단히 설명하시오. 6점

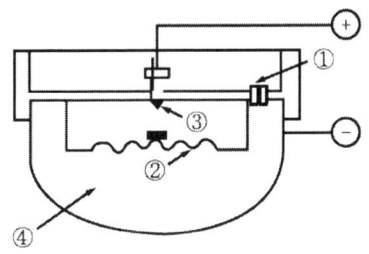

해설및정답
- ①~④ 부분의 명칭 : ① 리크홀 ② 다이아프램 ③ 접점 ④ 감열실
- ①의 기능 : 온도상승률 검출 및 오동작 방지

02 수신기의 화재표시 작동시험을 실시할 때 확인사항 3가지를 쓰시오. 6점

해설및정답
1. 화재표시등, 지구표시등 작동상태
2. 음향장치 작동상태
3. 릴레이 작동상태

> **! Reference** — 수신기의 화재표시 작동시험
>
> 1. 화재신호를 수신하는 경우 화재표시(화재표시등, 지구표시등, 주 음향장치, 지구음향장치)가 연동 작동될 것
> 2. 수동복귀시키지 않는 한 화재표시는 계속 작동될 것
> 3. 동작시험 및 회로도통시험 중 다른 회선으로부터 화재신호를 수신하는 경우에도 화재표시가 될 수 있을 것
> 4. 확인사항
>   ① 화재표시등 점등상태
>   ② 지구표시등 점등상태
>   ③ 음향장치의 작동상태
>   ④ 각 릴레이의 작동상태
>   ⑤ 외부배선(감지기회로 및 부속회로) 접속상태
>   ⑥ 연동설비 작동상태

기출문제

03 평면도를 보고 다음 물음에 답하시오. [6점]

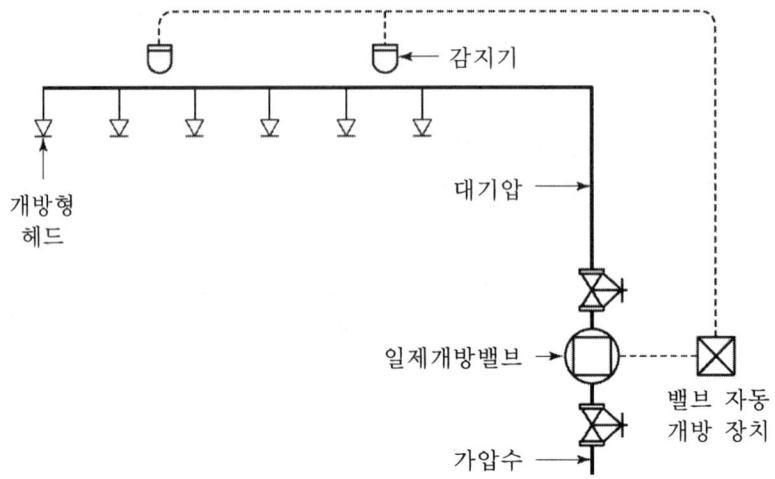

가) 이 설비의 명칭을 쓰시오.

해설 및 정답 일제살수식 스프링클러소화설비

나) 이 설비에 대한 동작 시퀀스를 설명하시오.

해설 및 정답
1. 화재 발생
2. 감지기 A · B 작동 또는 수동 기동
3. 수신반에 화재신호 발신 및 음향경보 발령
4. 솔레노이드밸브 작동
5. Preaction valve 개방
5. 살수 및 소화펌프 기동

> **! Reference**
>
> 개방형 헤드를 사용하는 설비는 일제살수식 스프링클러소화설비이고, 준비작동식 유수검지장치(Preaction Valve)를 사용하는 설비는 준비작동식 스프링클러소화설비와 부압식 스프링클러소화설비이다. 하지만 유수검지장치는 설치에 유동성이 있고, 개방형헤드는 일제살수식이나 드렌처 설비 외에는 사용하지 않으므로 본 문제는 일제살수식 스프링클러소화설비로 보여진다.

04 거실의 높이 20[m] 이상 되는 곳에 설치할 수 있는 감지기를 2가지 쓰시오. 3점

해설및정답
1. 불꽃 감지기
2. 광전식(분리형, 공기흡입형) 중 아날로그 방식

! Reference — 부착높이에 따른 감지기

부착높이	감지기의 종류
8[m] 이상 15[m] 미만	• 차동식 분포형 • 이온화식 1종 또는 2종 • 광전식(스포트형, 분리형, 공기흡입형) 1종 또는 2종 • 연기복합형 • 불꽃감지기
15[m] 이상 20[m] 미만	• 이온화식 1종 • 광전식(스포트형, 분리형, 공기흡입형) 1종 • 연기복합형 • 불꽃감지기
20[m] 이상	• 불꽃감지기 • 광전식(분리형, 공기흡입형) 중 아날로그방식

비고) 1) 감지기별 부착높이 등에 대하여 별도로 형식승인 받은 경우에는 그 성능 인정범위 내에서 사용할 수 있다.
2) 부착높이 20[m] 이상에 설치되는 광전식 중 아날로그방식의 감지기는 공칭감지농도 하한값이 감광율 5[%/m] 미만인 것으로 한다.

05 피난구유도등의 2선식 배선방식과 3선식 배선방식의 미완성 결선도를 완성하고, 배선방식의 차이점을 2가지만 쓰시오. 6점

가) 미완성 결선도

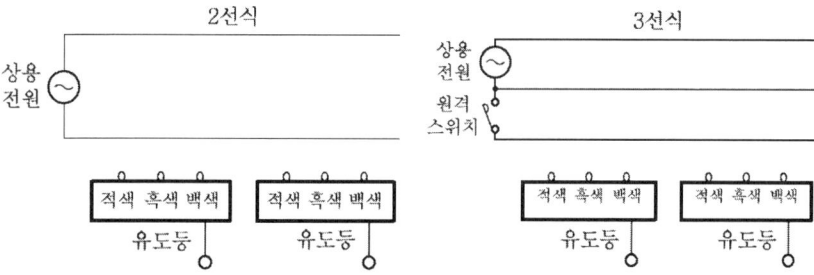

기출문제

해설 및 정답

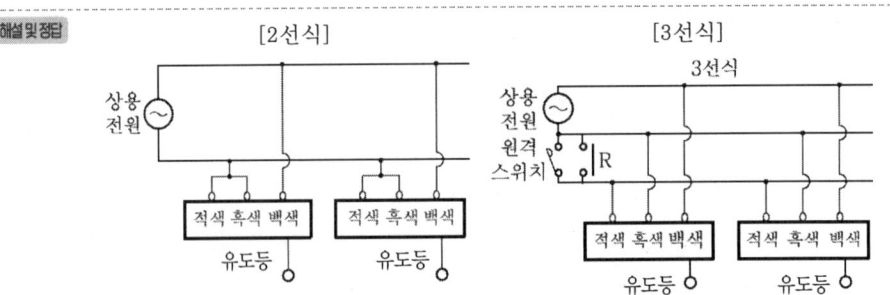

나) 배선방식의 차이점

	2선식	3선식
점등상태		
충전상태		

해설 및 정답

	2선식	3선식
점등상태	상시 점등	평상시 소등 비상시 점등
충전상태	평상시 충전, 비상시 방전	평상시 충전, 비상시 방전

06 P형 수신기 점검 시 다음 시험의 양부판정기준을 쓰시오. 6점

가) 공통선시험 양부판정기준

해설 및 정답 공통선 1선이 담당하고 있는 경계구역 회선 수가 7개 이하일 것

나) 회로저항시험 양부판정기준

해설 및 정답 하나의 감지기 회로의 전로저항값이 50[Ω] 이하일 것

다) 지구음향장치 작동시험 양부판정기준

해설및정답 음량은 음향장치의 중심으로부터 1[m] 떨어진 위치에서 90[dB] 이상일 것

> **! Reference — 수신기 기능시험(P, R형)**
>
> 1. 화재표시 작동시험 : 다음 상태가 정상인지를 확인한다.
>   ① 화재표시등의 점등상태
>   ② 지구표시장치 작동상태
>   ③ 음향장치의 명동상태
>   ④ 각 릴레이의 작동상태
>   ⑤ 외부배선(감지기회로 및 부속회로) 접속상태
>   ⑥ 연동설비 작동상태
> 2. 회로도통시험 : 감지기회로의 단선 유무 및 기기 접속상태를 확인한다.
> 3. 공통선시험 : 하나의 공통선에 접속하는 경계구역 수가 적정(7개 이하)한지를 확인한다.
> 4. 동시작동시험(1회선용은 제외) : 5회선을 동시 작동시킨 경우 기능에 이상이 없는지를 확인한다.
> 5. 저전압시험 : 정격전압의 80[%]에서도 기능에 이상이 없는지를 확인한다.
> 6. 외부배선 전로저항시험(회로저항시험) : 감지기회로의 전로저항은 각 경계구역마다 50[Ω] 이하일 것
> 7. 외부배선 절연저항시험
>   ① 전원회로 : 「전기사업법」 제67조의 규정에 따른다.
>   ② 감지기회로 및 부속회로
>   ㉠ 측정기기 : DC250[V]의 절연저항측정기(Mega)
>   ㉡ 기기를 부착하기 전에 측정 : 배선상호 간(단자 간)
>   ㉢ 기기를 부착한 후에 측정 : 전로와 대지 사이(충전부와 대지 사이)
>   ㉣ 판정기준 : 각 경계구역마다 0.1[MΩ] 이상일 것
> 8. 음향장치 작동시험 : 음향장치의 중심으로부터 1[m] 떨어진 위치에서 90[dB] 이상일 것

기출문제

07 다음은 이산화탄소소화설비의 간선계통도이다. 각 물음에 답하시오(단, 감지기공통선과 전원공통선은 각각 분리해서 사용하는 조건임). 13점

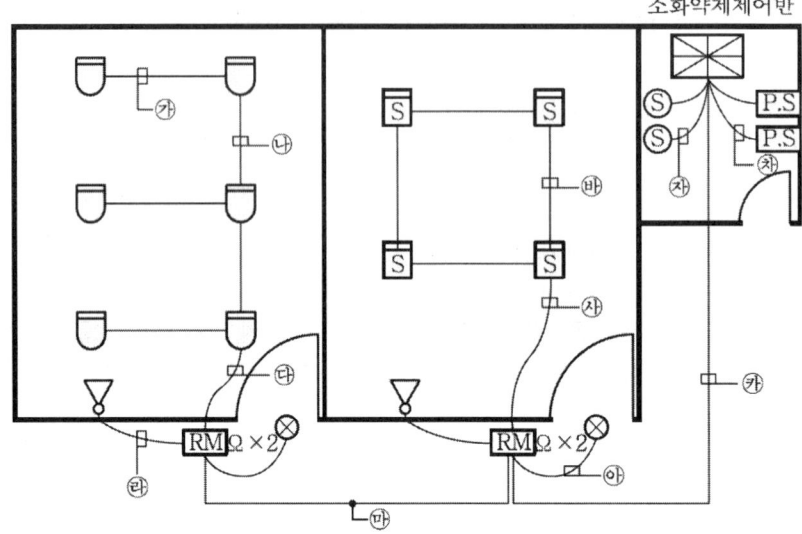

가) "㉮ ~ ㉯"까지의 배선 가닥 수를 쓰시오.

㉮	㉯	㉰	㉱	㉲	㉳	㉴	㉵	㉶	㉷	㉸
4	8	8	2	9	4	8	2	2	2	14

나) "㉲"의 배선별 용도를 쓰시오(단, 해당 배선 가닥 수까지만 기록).

번호	배선의 용도	번호	배선의 용도
1	전원 +	6	감지기 A
2	전원 -	7	감지기 B
3	기동스위치	8	비상스위치
4	방출표시등	9	감지기공통
5	사이렌		

다) ㉸의 배선 중 ㉲의 배선과 병렬로 접속하지 않고 추가해야 하는 배선의 명칭은?

번호	배선의 용도	번호	배선의 용도
1	기동스위치	2	방출표시등
3	사이렌	4	감지기 A
5	감지기 B		

> Reference —— 간선의 용도

번호	㉯	㉮
1	전원 +	전원 +
2	전원 −	전원 −
3	비상스위치	비상스위치
4	감지기 공통	감지기 공통
5	기동스위치	기동스위치 2
6	방출표시등	방출표시등 2선
7	사이렌	사이렌 2선
8	감지기 A	감지기 A 2선
9	감지기 B	감지기 B 2선
간선수	9선	14선

08
화재 발생 시 화재를 검출하기 위하여 감지기를 설치한다. 이때 축적 기능이 없는 감지기로 설치하여야 하는 경우 3가지만 쓰시오. [6점]

해설및정답
1. 교차회로 방식에 사용되는 감지기
2. 급속한 연소 확대가 우려되는 장소에 사용되는 감지기
3. 축적기능이 있는 수신기에 연결하여 사용하는 감지기

09
다음과 같은 전원설비의 도면에서 ①과 ②의 명칭은 무엇인가? [6점]

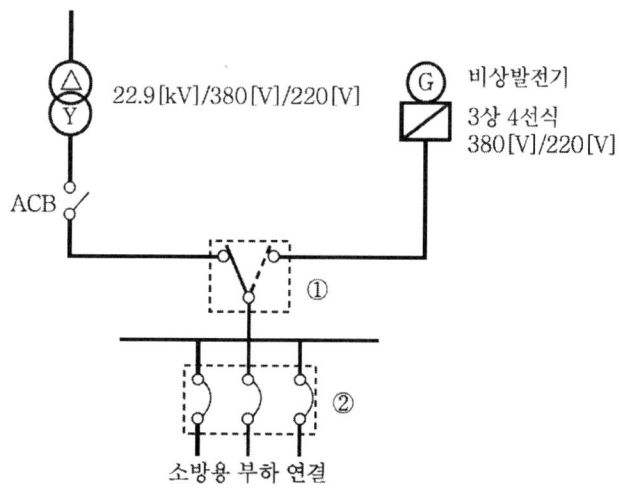

기출문제

해설 및 정답
① 자동전환개폐기
② 배선용 차단기

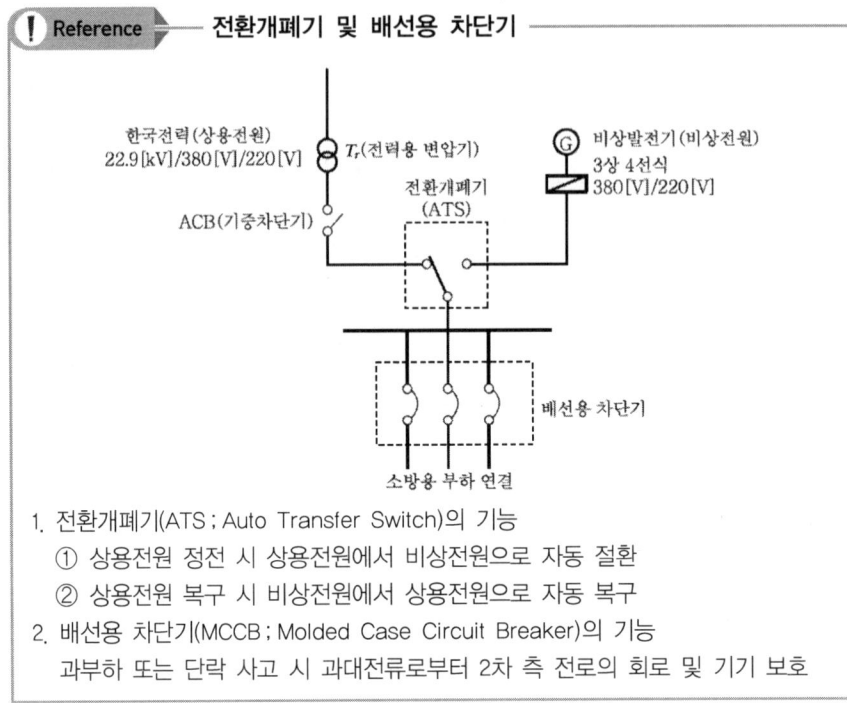

! Reference — 전환개폐기 및 배선용 차단기

1. 전환개폐기(ATS ; Auto Transfer Switch)의 기능
   ① 상용전원 정전 시 상용전원에서 비상전원으로 자동 절환
   ② 상용전원 복구 시 비상전원에서 상용전원으로 자동 복구
2. 배선용 차단기(MCCB ; Molded Case Circuit Breaker)의 기능
   과부하 또는 단락 사고 시 과대전류로부터 2차 측 전로의 회로 및 기기 보호

10 다음은 자동화재탐지설비의 금속관 공사방법을 설명한 것이다. 다음 (   ) 안에 알맞은 용어를 기입하시오. [7점]

가. 금속관 공사에는 조영재 표면에 금속관을 노출하여 부착하는 (①)공사, 콘크리트 속에 부설하는 (②)공사, 이중 천장 속에 배관하는 (③)공사 등이 있으며, 금속관의 종류에는 후강전선관과 박강전선관이 있다. (④)전선관의 크기는 내경에 가까울수록 짝수로 (⑤)전선관의 크기는 외경에 가까운 홀수를 나타낸다.
나. 금속관 공사 시 유의사항은 다음과 같다.
   (⑥)전선을 사용하여야 한다. 관내에서 전선의 (⑦)이 없어야 한다.

해설 및 정답
① 노출배관   ② 매입배관   ③ 천장은폐
④ 후강   ⑤ 박강   ⑥ 절연   ⑦ 접속점

11 다음 소방시설 그림기호의 명칭을 쓰시오.

가) ◁
나) Ⓑ
다) ⌒
라) ☐S

해설 및 정답
가) 사이렌 나) 비상벨
다) 정온식 스포트형 감지기 라) 연기감지기

명칭	기호	명칭	기호
차동식 스포트형 감지기	⌒	모터사이렌	Ⓜ◁
보상식 스포트형 감지기	⌒	전자사이렌	Ⓢ◁
정온식 스포트형 감지기	⌒	제어반	⊠
연기감지기	☐S	시각경보기 (스트로브)	◇
차동식 분포형 감지기의 검출기	⋈	수신기	⊠
발신기 세트 단독형	ⓅⒷⓁ	부수신기	⊞
비상벨	Ⓑ	중계기	▯
사이렌	◁		

12 감지기회로의 배선방식에는 송배선식과 교차회로방식이 있다. 이와 같이 배선하는 주 이유를 각각 쓰시오. 4점

해설 및 정답
1) 송배선식 : 미경계부분 없이 모든 감지기 회로의 도통시험을 용이하게 하기 위하여
2) 교차회로방식 : 화재감지기의 오작동으로 인하여 연동소화설비의 오작동을 방지하기 위하여

기출문제

13 옥내소화전설비의 전기적 계통도이다. 그림을 보고 주어진 표의 Ⓐ와 Ⓑ의 배선수와 각 배선의 용도를 쓰시오(단, 사용전선은 HFIX전선이며, 배선수는 운전 조작상 필요한 최소 전선수를 쓰도록 한다). [6점]

[해설 및 정답]

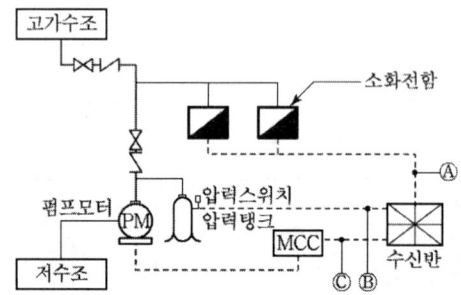

기호	구분		배선수	배선굵기	배선의 종류
Ⓐ	소화전함 ↔ 수신반	ON, OFF식	5	2.5[mm²] (22호)	기동, 정지, 공통, 기동확인표시등2
		수압개폐식	2	2.5[mm²] (16호)	기동확인표시등2
Ⓑ	압력탱크 ↔ 수신반		2	2.5[mm²] (16호)	공통, 압력스위치
Ⓒ	MCC ↔ 수신반		5	2.5[mm²] (22호)	기동, 정지, 공통, 기동확인표시, 정지표시

※ Ⓒ(MCC와 수신반 사이의 배선)의 또 다른 표현 : ON, OFF, 공통, 기동표시, 전원감시

14 그림과 같은 자동화재탐지설비 계통도를 보고 다음 각 물음에 답하시오(단, 설치대상 건물의 연면적은 5,000[m²]이며, 말단 감지기마다 종단저항이 내장되어 있다. 일제경보 채택, 전화기능 없음). **10점**

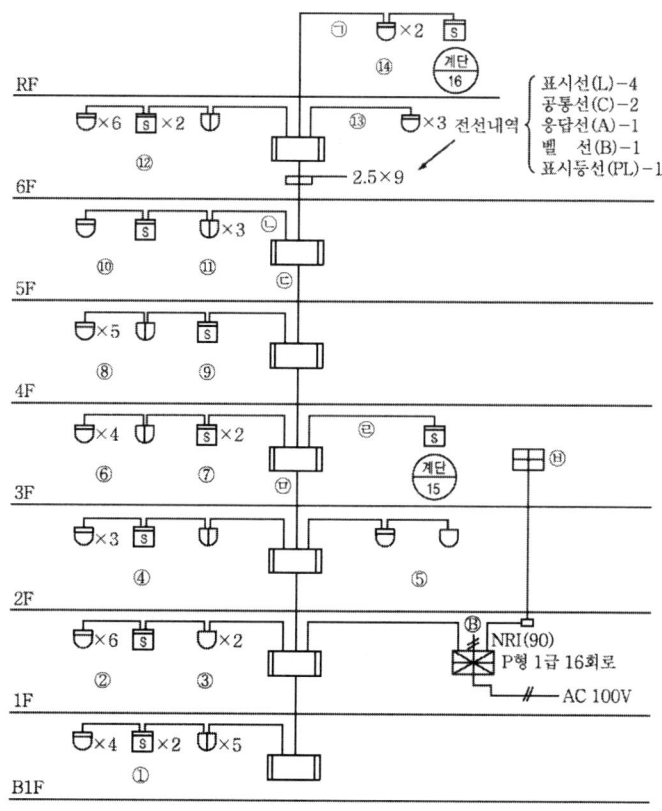

가) ㉠~㉤의 전선가닥 수는 각각 얼마인가? (계통도의 "전선내역" 참조)

해설및정답 ㉠ 4가닥 ㉡ 4가닥 ㉢ 11가닥 ㉣ 2가닥 ㉤ 17가닥

나) ㉥의 명칭은 무엇인가?

해설및정답 부수신기(표시기)

다) 계통도 상에 주어져 있는 "전선내역"을 참조하여 ㉤ 전선의 내역을 쓰시오.

해설및정답 표시선 11, 공통선 3, 응답선 1, 벨선 1, 표시등선 1

라) 계통도 상에 주어져 있는 "전선내역"을 참조하여 ㉣ 전선의 내역을 쓰시오.

해설및정답 감지기 표시선 1, 공통선 1

기출문제

15 그림은 $Y-\Delta$ 시동제어회로의 미완성 도면이다. 이 도면과 주어진 조건을 이용하여 다음 각 물음에 답하시오. 6점

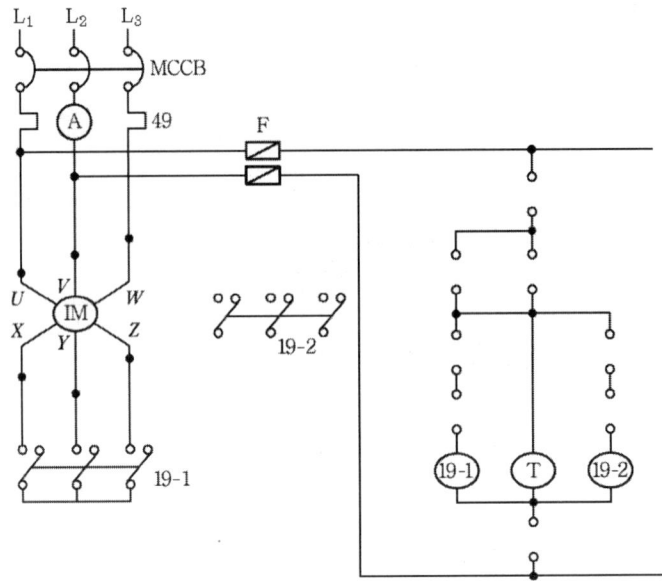

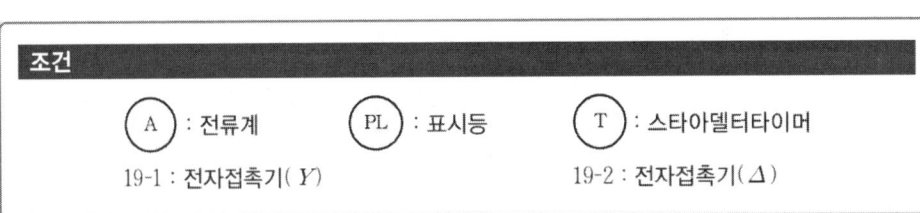

조건

- Ⓐ : 전류계
- ㎰ : 표시등
- Ⓣ : 스타델타타이머
- 19-1 : 전자접촉기(Y)
- 19-2 : 전자접촉기(Δ)

가) $Y-\Delta$ 운전이 가능하도록 주회로 부분 및 보조회로부분을 미완성 도면에 완성하시오.

해설 및 정답

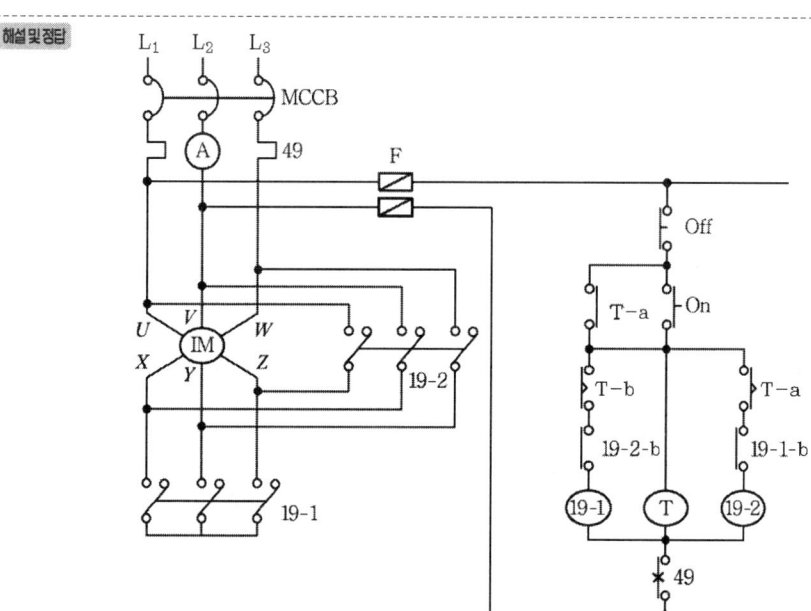

나) MCCB를 투입하면 표시등 PL이 점등되도록 미완성 도면에 회로를 구성하시오.

해설 및 정답

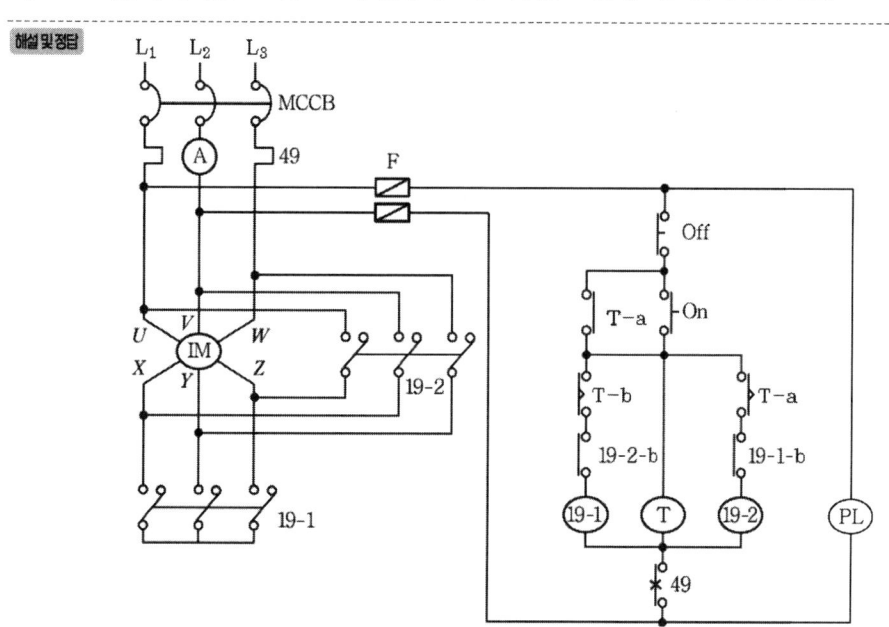

기출문제

다) Y결선에서는 각 상의 권선에 가해지는 전압은 정격전압의 몇 배로 되는가?

해설 및 정답 $\dfrac{1}{\sqrt{3}}$

라) Y결선에서의 시동전류는 Δ결선에 비하여 얼마 정도로 경감되는가?

해설 및 정답 $\dfrac{1}{3}$

16 수신기에서 60[m] 떨어진 장소의 감지기가 작동할 때 소비된 전류가 400[mA]라고 한다. 이때의 전압강하[V]를 구하시오(단, 전선 굵기는 1.6[mm]이다). **5점**

해설 및 정답 $e = \dfrac{35.6 \times L \times I}{1,000 A} = \dfrac{35.6 \times 60 \times 0.4}{1,000 \times \left(\dfrac{\pi}{4} \times 1.6^2\right)} = 0.424[V] ≒ 0.42[V]$

소방설비기사[전기분야] 2차 실기

[2016년 4월 17일 시행]

01 비상콘센트의 비상전원으로 자가발전설비나 비상전원수전설비를 설치하지 않아도 되는 경우 2가지를 쓰시오. 6점

해설 및 정답
1. 2 이상의 변전소에서 전력을 동시에 공급받을 수 있는 경우
2. 하나의 변전소로부터 전력의 공급이 중단되는 때에는 자동으로 다른 변전소로부터 전력을 공급받을 수 있도록 상용전원을 설치한 경우

> **! Reference** ─ 비상콘센트설비의 전원 설치기준 ─
> 1. 상용전원회로의 배선은 저압수전인 경우에는 인입개폐기의 직후에서, 고압수전 또는 특고압수전인 경우에는 전력용 변압기 2차 측의 주차단기 1차 측 또는 2차 측에서 분기하여 전용배선으로 할 것
> 2. 지하층을 제외한 층수가 7층 이상으로서 연면적이 2,000[m²] 이상이거나 지하층의 바닥면적의 합계가 3,000[m²] 이상인 특정소방대상물의 비상콘센트설비에는 자가발전설비, 비상전원수전설비 또는 전기저장장치를 비상전원으로 설치할 것. 다만, 둘 이상의 변전소에서 전력을 동시에 공급받을 수 있거나 하나의 변전소로부터 전력의 공급이 중단되는 때에는 자동으로 다른 변전소로부터 전력을 공급받을 수 있도록 상용전원을 설치한 경우에는 비상전원을 설치하지 아니할 수 있다.
> 3. 2에 따른 비상전원 중 자가발전설비는 다음 기준에 따라 설치하고, 비상전원수전설비는 「소방시설용 비상전원수전설비의 화재안전기준」에 따라 설치할 것
>   ① 점검에 편리하고 화재 및 침수 등의 재해로 인한 피해를 받을 우려가 없는 곳에 설치할 것
>   ② 비상콘센트설비를 유효하게 20분 이상 작동시킬 수 있는 용량으로 할 것
>   ③ 상용전원으로부터 전력의 공급이 중단된 때에는 자동으로 비상전원으로부터 전력을 공급받을 수 있도록 할 것
>   ④ 비상전원의 설치장소는 다른 장소와 방화구획할 것. 이 경우 그 장소에는 비상전원의 공급에 필요한 기구나 설비 외의 것을 두어서는 아니 된다.
>   ⑤ 비상전원을 실내에 설치하는 때에는 그 실내에 비상조명등을 설치할 것

기출문제

02 건물 내부에 가압송수장치는 기동용 수압개폐장치를 사용하는 옥내소화전함과 발신기세트를 다음과 같이 설치하였다. 다음 각 물음에 답하시오. [9점]

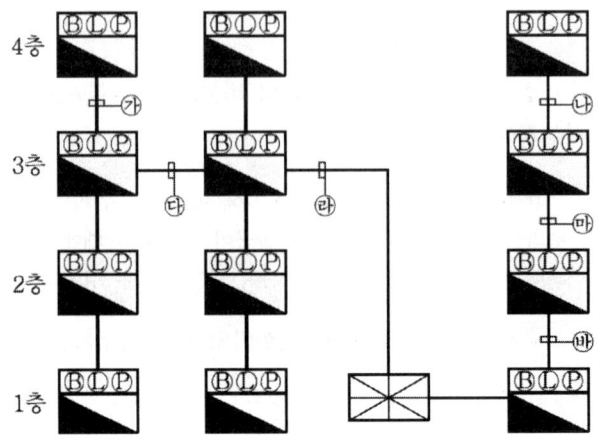

가) "㉮"~"㉯"의 전선 가닥 수를 쓰시오.

[해설 및 정답] ㉮ 8 ㉯ 8 ㉰ 11 ㉱ 16 ㉲ 9 ㉳ 10

> **Reference**
>
> | 항목 | 가닥 수 | 용도(자·탐설비) | 용도(옥내소화전) |
> |---|---|---|---|
> | ㉮ | 8 | 지구, 지구공통, 응답, 경종, 표시등, 경종표시등공통 | 소화전기동 확인2 |
> | ㉯ | 8 | 지구, 지구공통, 응답, 경종, 표시등, 경종표시등공통 | 소화전기동 확인2 |
> | ㉰ | 11 | 지구4, 지구공통, 응답, 경종, 표시등, 경종표시등공통 | 소화전기동 확인2 |
> | ㉱ | 16 | 지구8, 지구공통2, 응답, 경종, 표시등, 경종표시등공통 | 소화전기동 확인2 |
> | ㉲ | 9 | 지구2, 지구공통, 응답, 경종, 표시등, 경종표시등공통 | 소화전기동 확인2 |
> | ㉳ | 10 | 지구3, 지구공통, 응답, 경종, 표시등, 경종표시등공통 | 소화전기동 확인2 |

나) 감지기회로의 도통시험을 위한 종단저항의 설치기준 3가지를 쓰시오.

[해설 및 정답]
1. 점검 및 관리가 쉬운 장소에 설치할 것
2. 전용함을 설치하는 경우 그 설치 높이는 바닥으로부터 1.5[m] 이내로 할 것
3. 감지기 회로의 끝부분에 설치하며, 종단감지기에 설치할 경우에는 구별이 쉽도록 해당 감지기의 기판 및 감지기 외부 등에 별도의 표시를 할 것

다) 감지기회로의 전로저항은 몇 [Ω] 이하여야 하는가?

해설및정답 50[Ω] 이하

라) 수신기의 각 회로별 종단에 설치되는 감지기에 접속되는 배선의 전압은 감지기 정격전압의 몇 [%] 이상이어야 하는가?

해설및정답 80[%] 이상

> **! Reference** — 자동화재탐지설비 배선의 설치기준
>
> 1. 전원회로의 배선은 내화배선, 그 밖의 배선(감지기 상호 간 또는 감지기로부터 수신기에 이르는 감지기회로의 배선은 제외)은 내화배선 또는 내열배선에 따라 설치할 것
> 2. 감지기 상호간 또는 감지기로부터 수신기에 이르는 감지기회로의 배선은 다음 각 목의 기준에 따라 설치할 것
>   가. 아날로그식, 다신호식 감지기나 R형수신기용으로 사용되는 것은 전자파 방해를 받지 아니하는 쉴드선 등을 사용하여야 하며, 광케이블의 경우에는 전자파 방해를 받지 아니하고 내열성능이 있는 경우 사용할 수 있다. 다만, 전자파 방해를 받지 아니하는 방식의 경우에는 그러하지 아니하다.
>   나. 가목외의 일반배선을 사용할 때는 「옥내소화전설비의 화재안전기술기준(NFTC 102)」에 따른 내화배선 또는 내열배선으로 사용할 것
> 3. 감지기회로의 도통시험을 위한 종단저항의 기준
>   ① 점검 및 관리가 쉬운 장소에 설치할 것
>   ② 전용함을 설치하는 경우 그 설치 높이는 바닥으로부터 1.5[m] 이내로 할 것
>   ③ 감지기 회로의 끝 부분에 설치하며, 종단감지기에 설치할 경우에는 구별이 쉽도록 해당 감지기의 기판 등에 별도의 표시를 할 것
> 4. 감지기 사이의 회로의 배선은 송배선식으로 할 것
> 5. 감지기회로 및 부속회로의 전로와 대지 사이 및 배선 상호 간의 절연저항은 1경계구역마다 직류 250[V]의 절연저항측정기를 사용하여 측정한 절연저항이 0.1[MΩ] 이상이 되도록 할 것
> 6. 자동화재탐지설비의 배선은 다른 전선과 별도의 관·덕트(절연효력이 있는 것으로 구획한 때에는 그 구획된 부분은 별개의 덕트로 본다)·몰드 또는 풀박스 등에 설치할 것(다만, 60[V] 미만의 약 전류회로에 사용하는 전선으로서 각각의 전압이 같을 때에는 그러하지 아니하다)
> 7. P형 및 GP형 수신기의 감지기 회로의 배선에 있어서 하나의 공통선에 접속할 수 있는 경계구역은 7개 이하로 할 것
> 8. 자동화재탐지설비의 감지기회로의 전로저항은 50[Ω] 이하가 되도록 하여야 하며, 수신기의 각 회로별 종단에 설치되는 감지기에 접속되는 배선의 전압은 감지기 정격전압의 80[%] 이상이어야 할 것

기출문제

03 전실제연설비의 계통도이다. 다음 표의 구분에 따른 사용전선의 배선 수와 소요명세내역을 쓰시오(단, 모든 댐퍼는 모터구동방식, 배선은 운전조작상 최소전선수, 별도의 복구선은 없는 것으로 한다). [5점]

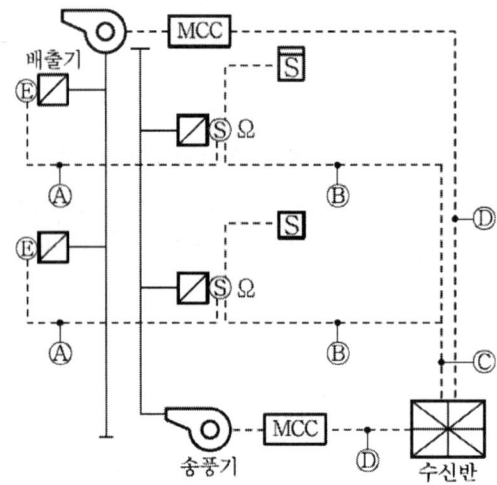

기호	구분	배선 수	소요명세내역
Ⓐ	배기댐퍼 ↔ 급기댐퍼		
Ⓑ	급기댐퍼 ↔ 수신반		
Ⓒ	2 Zone일 경우		
Ⓓ	MCC ↔ 수신반		

[해설 및 정답]

기호	구분	배선 수	소요명세내역
Ⓐ	배기댐퍼 ↔ 급기댐퍼	4	전원⊕·⊖, 댐퍼기동, 배기 댐퍼기동 확인
Ⓑ	급기댐퍼 ↔ 수신반	7	전원⊕·⊖, 댐퍼기동, 급기·배기 댐퍼기동 확인, 수동기동 확인, 지구
Ⓒ	2 Zone일 경우	12	전원⊕·⊖, (댐퍼기동, 급기·배기댐퍼기동 확인, 수동기동 확인, 지구)×2
Ⓓ	MCC ↔ 수신반	5	기동, 정지, 기동확인표시등, 정지확인표시등, 공통

※ 1. 복구방식인 경우 : Ⓐ 5선 Ⓑ 8선 Ⓒ 13선
   2. 감지기공통을 전원 ⊖와 별도 배선하는 경우 : Ⓑ 8선 Ⓒ 13선

04 P형 수신기와 감지기와의 배선회로에서 종단저항은 10[KΩ], 릴레이저항은 750[Ω], 배선회로의 저항은 50[Ω]이며 회로전압이 DC 24[V]일 때 다음 각 물음에 답하시오. `5점`

가) 평상시 감시전류[mA]를 구하시오.

해설및정답

$$I = \frac{V}{R_0} = \frac{회로전압}{릴레이저항 + 배선저항 + 종단저항}$$

$$= \frac{24}{750 + 50 + 10 \times 10^3} \times 10^3$$

$$= 2.22 [\text{mA}]$$

나) 감지기가 동작할 때(화재 시)의 전류[mA]를 구하시오.

해설및정답

$$I = \frac{V}{R_0'} = \frac{회로전압}{릴레이저항 + 배선저항}$$

$$= \frac{24}{750 + 50} \times 10^3$$

$$= 30 [\text{mA}]$$

05 자동화재탐지설비용 감지기를 설치하지 않는 장소에 대해 5가지 쓰시오(단, 화재안전기준 각 호의 내용을 1가지로 본다). `5점`

해설및정답
1. 천장 또는 반자의 높이가 20[m] 이상인 장소
2. 헛간 등 외부와 기류가 통하는 장소로서 감지기에 따라 화재 발생을 유효하게 감지할 수 없는 장소
3. 부식성 가스가 체류하고 있는 장소
4. 고온도 및 저온도로서 감지기의 기능이 정지되기 쉽거나 감지기의 유지관리가 어려운 장소
5. 목욕실·욕조나 샤워시설이 있는 화장실·기타 이와 유사한 장소

> **Reference**
>
> 다음의 장소에는 감지기를 설치하지 아니한다.
> 1. 천장 또는 반자의 높이가 20[m] 이상인 장소. 다만, 비화재보방지기능 감지기로서 부착높이에 따라 적응성이 있는 장소는 제외한다.
> 2. 헛간 등 외부와 기류가 통하는 장소로서 감지기에 따라 화재 발생을 유효하게 감지할 수 없는 장소
> 3. 부식성 가스가 체류하고 있는 장소
> 4. 고온도 및 저온도로서 감지기의 기능이 정지되기 쉽거나 감지기의 유지관리가 어려운 장소

> 5. 목욕실·욕조나 샤워시설이 있는 화장실·기타 이와 유사한 장소
> 6. 파이프덕트 등 그 밖에 이와 비슷한 것으로서 2개 층마다 방화구획된 것이나 수평단면적이 5[m²] 이하인 것
> 7. 먼지·가루 또는 수증기가 다량으로 체류하는 장소 또는 주방 등 평시에 연기가 발생하는 장소(연기감지기에 한한다)
> 8. 프레스공장·주조공장 등 화재 발생의 위험이 적은 장소로서 감지기의 유지관리가 어려운 장소

06 비상전원설비로 이용되는 축전지에 대한 각 물음에 답하시오. 6점

가) 비상용 조명부하가 40[W] 120등, 60[W] 50등이 있다. 방전시간은 30분이며, 연축전지 HS형 54셀, 허용 최저전압 90[V], 최저 축전지온도 5[°C]일 때 축전지 용량을 구하시오(단, 전압은 100[V]이고 연축전지의 용량환산시간 K는 표와 같으며, 보수율은 0.8이라고 한다).

【 연축전지의 용량환산시간 K(상단은 900~2,000[Ah], 하단은 900[Ah]이다) 】

형식	온도[°C]	10분			30분		
		1.6[V]	1.7[V]	1.8[V]	1.6[V]	1.7[V]	1.8[V]
CS	25	0.9 0.8	1.15 1.06	1.6 1.42	1.41 1.34	1.6 1.55	2.0 1.88
	5	1.15 1.1	1.35 1.25	2.0 1.8	1.75 1.75	1.85 1.8	2.45 2.35
	−5	1.35 1.25	1.6 1.5	2.65 2.25	2.05 2.05	2.2 2.2	3.1 3.0
HS	25	0.58	0.7	0.93	1.03	1.14	1.38
	5	0.62	0.74	1.05	1.11	1.22	1.54
	−5	0.68	0.82	1.15	1.2	1.35	1.68

해설 및 정답

① 전류 $I = \dfrac{P}{V} = \dfrac{40[W] \times 120 + 60[W] \times 50}{100[V]} = 78[A]$

② 용량환산시간(K값)

1셀당 전압 $= \dfrac{90[V]}{54셀} = 1.67[V] \fallingdotseq 1.7[V]$(셀당) → 표에서 K=1.22

③ 축전지 용량 $C = \dfrac{1}{L}KI = \dfrac{1}{0.8} \times 1.22 \times 78 = 118.95[Ah]$

나) 자기방전량만을 항상 충전하는 부동충전방식을 무엇이라 하는가?

해설및정답 트리클 충전(세류충전)

> **! Reference** ─ **충전방식**
>
> 1. 보통충전 : 필요할 때마다 표준 시간율로 소정의 충전을 하는 방식
> 2. 급속충전 : 비교적 단시간에 보통충전 전류의 2~3배의 전류로 충전하는 방식
> 3. 부동충전 : 전지의 자기 방전을 보충함과 동시에 상용 부하에 대한 전력 공급은 충전기가 부담하도록 하고, 충전기가 부담하기 어려운 일시적인 대전류 부하는 축전지로 하여금 부담하게 하는 방식
> 4. 균등충전 : 부동충전 방식에 의하여 사용할 때 각 전해조에 일어나는 전위차를 보정하기 위하여 1~3개월마다 1회 정전압으로 10~12시간 충전하는 방식
> 5. 세류충전(트리클 충전) : 자기 방전량만 항상 충전하는 부동충전 방식
> 6. 회복충전 : 축전지의 기능회복을 위하여 실시하는 충전

다) 연(鉛)축전지와 알칼리축전지의 공칭전압은 몇 [V/셀]인가?

해설및정답
① 연(鉛)축전지 : 2.0[V/셀]
② 알칼리축전지 : 1.2[V/셀]

07
지상 15층, 지하 5층 연면적 7,000[m²]의 특정소방대상물에 자동화재탐지설비의 음향장치를 설치하고자 한다. 다음 각 물음에 답하시오. **5점**

가) 11층에서 발화한 경우 경보를 발하여야 하는 층

해설및정답 11층, 12층, 13층, 14층, 15층

나) 1층 발화한 경우 경보를 발하여야 하는 층

해설및정답 지하 1, 2, 3, 4, 5층, 지상 1층, 2층, 3층, 4층, 5층

다) 지하 1층에서 발화한 경우 경보를 발하여야 하는 층

해설및정답 지하 1, 2, 3, 4, 5층, 지상 1층

> **! Reference** ─ **우선경보방식**
>
> 층수가 11층(공동주택의 경우에는 16층) 이상의 특정소방대상물은 다음의 기준에 따라 경보를 발할 수 있도록 할 것
> ① 2층 이상의 층에서 발화한 때에는 발화층 및 그 직상 4개 층에 경보를 발할 것
> ② 1층에서 발화한 때에는 발화층·그 직상 4개 층 및 지하층에 경보를 발할 것
> ③ 지하층에서 발화한 때에는 발화층·그 직상층 및 기타의 지하층에 경보를 발할 것

기출문제

08 P형 5회로 수신기와 수동발신기, 경종, 표시등 사이를 결선하시오(단, 방호 대상물은 2,500[m²]인 지하 1층, 지상 3층 건물임, 전화기능 있음). 8점

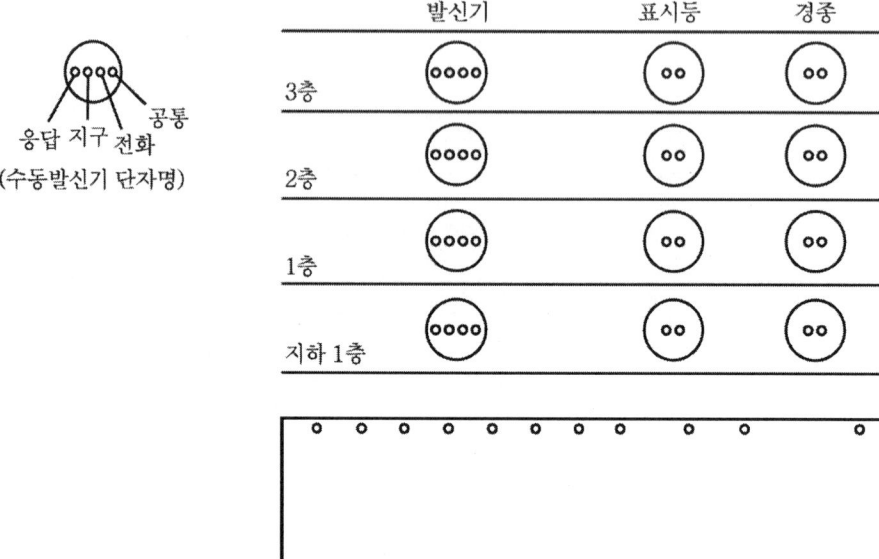

해설 및 정답

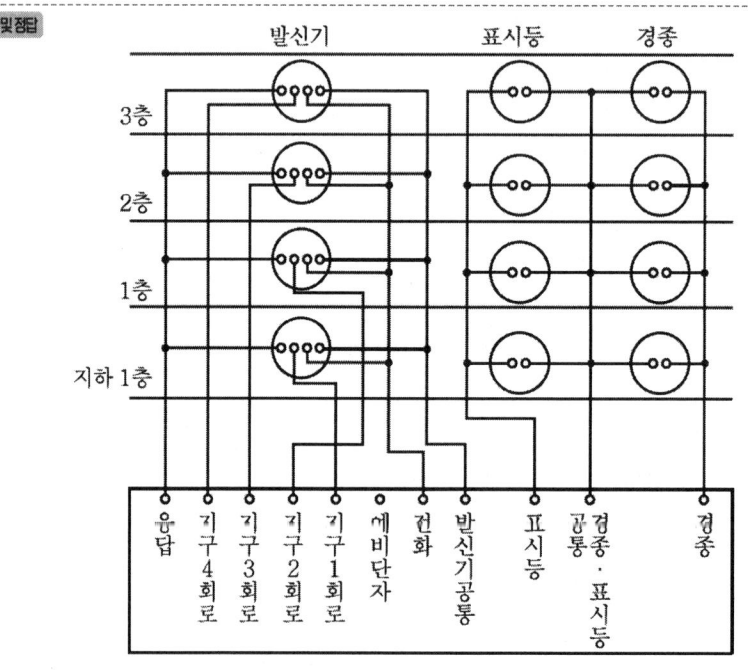

09 다음 그림은 습식스프링클러 소화설비의 블록다이어그램이다. 각 구성요소 간 배선을 내화배선, 내열배선, 일반배선으로 구분하여 블록다이어그램을 완성하시오(단, 내화배선 : ▬▬, 내열배선 : ☐, 일반배선 : ▐▐▐▐▐, 배관 : ┄┄). 5점

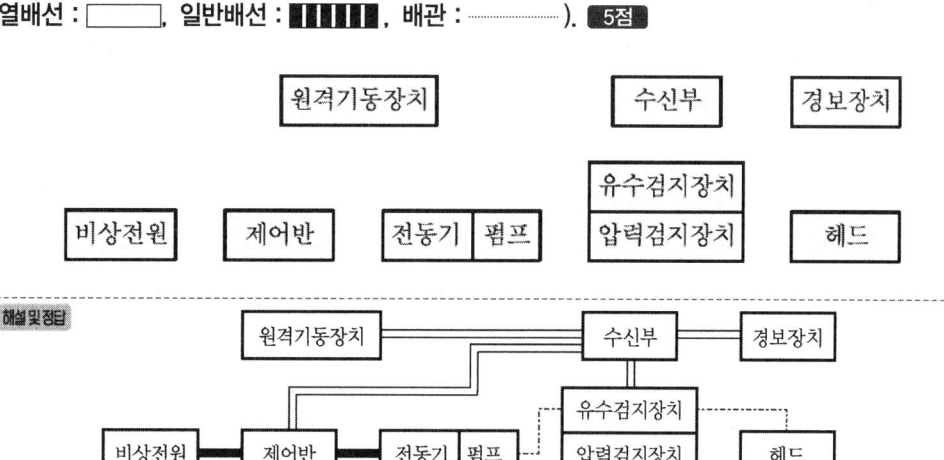

> ! Reference
>
> 스프링클러설비의 배선은 다음 기준에 따라 설치하여야 한다.
> 1. 비상전원으로부터 동력제어반 및 가압송수장치에 이르는 전원회로배선은 내화배선으로 할 것. 다만, 자가발전설비와 동력제어반이 동일한 실에 설치된 경우에는 자가발전기로부터 그 제어반에 이르는 전원회로배선은 그러하지 아니하다.
> 2. 상용전원으로부터 동력제어반에 이르는 배선, 그 밖의 스프링클러설비의 감시·조작 또는 표시등회로의 배선은 내화배선 또는 내열배선으로 할 것. 다만, 감시제어반 또는 동력제어반 안의 감시·조작 또는 표시등회로의 배선은 그러하지 아니하다.

기출문제

10 다음 자동화재탐지설비의 평면도를 보고 물음에 답하시오. [9점]

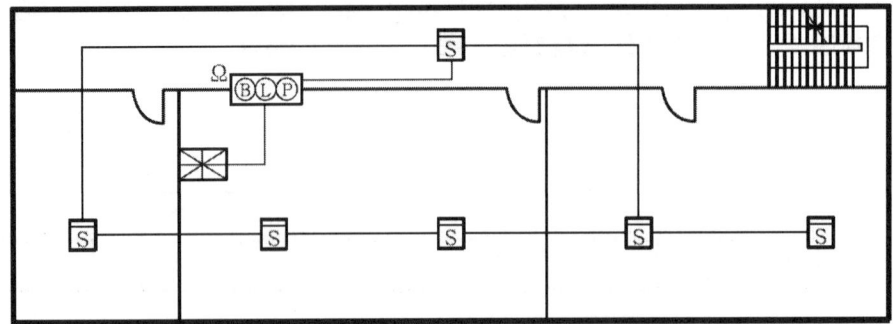

가) 각 기기장치 사이를 연결하는 배선의 가닥 수를 도면 상에 표기하시오.

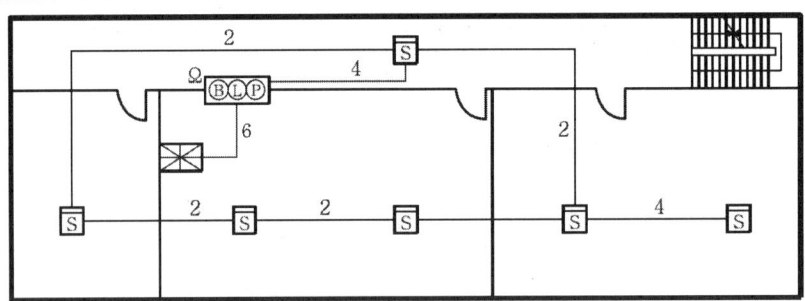

> **Reference** — 배선 수
>
> 1. 감지기배선 : Loop 구간 2선, 말단 및 기타 구간 : 4선
> 2. 수신기-발신기 간 : 기본간선으로서 6선(용도 : 지구, 공통, 응답, 경종, 표시등, 경종·표시등공통)

나) 아래의 표에 명시한 자재를 시공하는 데 필요한 노무비를 주어진 품셈표를 적용하여 산출하시오(단, 노무비는 수량, 공량, 노임단가의 빈칸을 채우고 산출하며, 층고는 3.5[m]이고, 내선전공의 노임단가는 95,000원을 적용한다).

품명	규격	단위	수량	공량	노임단가(원)	노무비(원)
연기감지기	스포트형	개				
발신기		개				
경종	DC24[V]	개		0.15		
표시등	DC24[V]	개		0.20		
전선관	16C	[m]	76	0.08		
전선	NRI 1.5[mm^2]	[m]	208	0.01		
전선관	28C	[m]	7	0.14		
전선	NRI 2.5[mm^2]	[m]	77	0.01		
P형 수신기	5회로	대				
—	—	—	—	—	소계	

[품셈표]

공종	단위	내선전공	비고
Spot형 감지기 [(차동식·정온식·연기식·보상식)노출형]	개	0.13	(1) 천장높이 4[m] 기준 　　1[m] 증가 시마다 5[%] 가산 (2) 매입형 또는 특수구조인 경우 조건에 　　따라서 산정
시험기(공기관 포함)	개	0.15	(1) 상동 (2) 상동
분포형의 공기관 (열전대선 감지선)	[m]	0.025	(1) 상동 (2) 상동
검출기	개	0.30	—
공기관식의 Booster	개	0.10	—
발신기 P-1 발신기 P-2 발신기 P-3	개 개 개	0.30 0.30 0.20	1급(방수형) 2급(보통형) 3급(푸시버튼만으로 응답 확인 없는 것)
회로시험기	개	0.10	—

기출문제

품명	단위	수량	[회선수에 대한 산정] 매 1회선에 대해서		
			형식 \ 직종		내선전공
수신기 P-1(기본공수) (회선수 공수 산출 가산요)	대	6.0	P-1 P-2 R형		0.3 0.2 0.2
			※ R형은 수신반 인입감시 회선수 기준 〈참고〉 산정 예 : [P-1의 10회분 기본공수는 6인, 회선당 할증수는 (10×0.3)=3] ∴ 6+3=9인		
수신기 P-2(기본공수) (회선수 공수 산출 가산요)	대	4.0	—		

해설 및 정답

품명	규격	단위	수량	공량	노임단가(원)	노무비(원)
연기감지기	스포트형	개	6	0.13	95,000	74,100
발신기	P-1	개	1	0.30	95,000	28,500
경종	DC24[V]	개	2	0.15	95,000	28,500
표시등	DC24[V]	개	1	0.20	95,000	19,000
전선관	16C	[m]	76	0.08	95,000	577,600
전선	NRI 1.5[mm²]	[m]	208	0.01	95,000	197,600
전선관	28C	[m]	7	0.14	95,000	93,100
전선	NRI 2.5[mm²]	[m]	77	0.01	95,000	73,150
P형 수신기	5회로	대	1	6.3	95,000	598,500
—	—	—	—	—	소계	1,690,050

> **Reference — 품셈 계산**
>
> 1. 수량 : 각 기기별 수량은 도면을 보고 산출해 낸다. 경종은 주경종, 지구경종 합이 2개
> 2. 공량 : 해당 기기의 설치에 필요한 내선전공의 인수를 말하는데, 이는 〈품셈표〉에 따라 구하면 된다.
>   ※ 주의 : 발신기의 경우 P형1급(수신기가 1급이므로 발신기도 1급으로 선정하여야 함)은 내선전공이 0.3(인)이고, 수신기의 경우 P형1급은 6+(1회로분 ×0.3)=6.3(인)이 된다.
> 3. 노임단가 : 95,000원 적용
> 4. 노무비 : ㉮ 노무비=수량×공량(인)×노임단가(원)
>   ㉯ 전체 노무비 : 각 품명 노무비의 합산 금액

11 감지기회로의 배선에 대한 다음 각 물음에 답하시오. [6점]

가) 송배선식에 대하여 설명하시오.

해설및정답 보내기배선방식이라고도 하며, 하나의 경계구역 안에서 종단저항에 이르기까지 병렬분기하지 않는 회로방식을 말한다. 이는 감지기 회로의 도통시험을 누락부분 없이 하기 위한 배선방식이다.

나) 송배선식의 적용설비 2가지만 쓰시오.

해설및정답 자동화재탐지설비의 감지기회로, 제연설비의 감지기회로

다) 교차회로방식에 대하여 설명하시오.

해설및정답 하나의 방호구역에 2개 이상의 화재감지기 회로를 설치하고 인접한 2개 이상의 감지기가 동시에 화재를 감지하는 때에 연동되어 있는 소화설비가 작동하는 회로방식으로 교차회로방식은 오작동을 방지하기 위해 채택한다.

라) 교차회로방식의 적용설비 5가지만 쓰시오.

해설및정답 스프링클러소화설비(준비작동식 유수검지장치, 일제개방밸브를 사용하는 설비), 이산화탄소소화설비, 할론소화설비, 할로겐 화합물 및 불활성기체 소화설비, 분말소화설비

기출문제

12 단독경보형감지기의 설치기준 중 ( ) 안에 알맞은 내용을 쓰시오. **6점**

가) 각 실마다 설치하되, 바닥면적이 (①)[m²]를 초과하는 경우에는 (②)[m²]마다 1개 이상 설치하여야 한다.

해설 및 정답 ① 150   ② 150

나) 이웃하는 실내의 바닥면적이 각각 (③)[m²] 미만이고, 벽체의 상부의 전부 또는 일부가 개방되어 이웃하는 실내와 공기가 상호 유통되는 경우에는 이를 (④)개의 실로 본다.

해설 및 정답 ③ 30   ④ 1

다) 상용전원을 주 전원으로 사용 시 (⑤)는 제품검사에 합격한 것을 사용한다.

해설 및 정답 ⑤ 2차 전지

> **! Reference** ─── 단독경보형 감지기의 설치기준(화재안전기준) ───
> 1. 각 실(이웃하는 실내의 바닥면적이 각각 30[m²] 미만이고 벽체 상부의 전부 또는 일부가 개방되어 이웃하는 실내와 공기가 상호 유통되는 경우에는 이를 1개의 실로 본다)마다 설치하되, 바닥면적이 150[m²]를 초과하는 경우에는 150[m²]마다 1개 이상 설치할 것
> 2. 최상층의 계단실의 천장(외기가 상통하는 계단실의 경우는 제외한다)에 설치할 것
> 3. 건전지를 주전원으로 사용하는 단독경보형 감지기는 정상적인 작동상태를 유지할 수 있도록 건전지를 교환할 것
> 4. 상용전원을 주전원으로 사용하는 단독경보형 감지기의 2차 전지는 제품검사에 합격한 것을 사용할 것

13 공장의 건축 평면도에 자동화재탐지설비를 설계하고자 한다. 주어진 조건을 이용하여 다음 각 물음에 답하시오. 6점

> **조건**
> ① 바닥으로부터 천장의 높이는 10[m]이다.
> ② 천장에는 감지기 설치 시 장애물이 없는 것으로 한다.
> ③ 벽은 1[mm] 두께의 철판의 양측 사이에 보온재를 채운다.
> ④ 하나의 경계구역은 600[m²] 이내로 한다.
> ⑤ 방재실에 사용되는 감지기는 공장 내의 감지기와 연결한다.
> ⑥ 각 수동발신기 세트에 연결되는 공장 내의 감지기는 같은 수로 한다.
> ⑦ 감지기는 연기감지기를 사용하고 그 심벌은 □ 으로 표시한다.
> ⑧ 전선 가닥 수는 예와 같이 표시한다. ─////─

가) 본 소방대상물에는 연기감지기를 제외하고 어떤 감지기들을 사용할 수 있는지 그 사용 가능한 감지기를 2가지만 쓰시오.

해설 및 정답 차동식 분포형, 불꽃감지기

> **! Reference**
>
> | 부착높이 | 감지기의 종류 |
> |---|---|
> | 4[m] 미만 | 모든 감지기 |
> | 4[m] 이상 8[m] 미만 | 정온식 2종, 연기(이온화식, 광전식) 3종을 제외한 모든 감지기 |
> | 8[m] 이상 15[m] 미만 | • 차동식 분포형
• 이온화식 1종 또는 2종
• 광전식(스포트형, 분리형, 공기흡입형) 1종 또는 2종
• 연기복합형
• 불꽃감지기 |
> | 15[m] 이상 20[m] 미만 | • 이온화식 1종
• 광전식(스포트형, 분리형, 공기흡입형) 1종
• 연기복합형
• 불꽃감지기 |
> | 20[m] 이상 | • 불꽃감지기
• 광전식(분리형, 공기흡입형) 중 아날로그 방식 |
>
> 비고) 부착높이 20[m] 이상에 설치되는 광전식 중 아날로그 방식의 감지기는 공칭감지농도 하한값이 감광률 5[%/m] 미만인 것으로 한다.

기출문제

나) 본 건축 평면도에 설치하여야 할 연기감지기의 개수를 산정하시오.

해설 및 정답

① 공장 : $N = \dfrac{60 \times 14}{75} = 11.2 ≒ 12$ ∴ 12개

② 방재실 : $N = \dfrac{5 \times 7}{75} = 0.466$ 개 ∴ 1개

다) 주어진 건축 평면도에 감지기를 그려 넣고, 감지기와 감지기간, 감지기와 발신기간, 발신기 세트 ①과 발신기 세트 ② 사이, 발신기 세트 ②와 수신기 사이의 전선 가닥 수를 명시하시오.

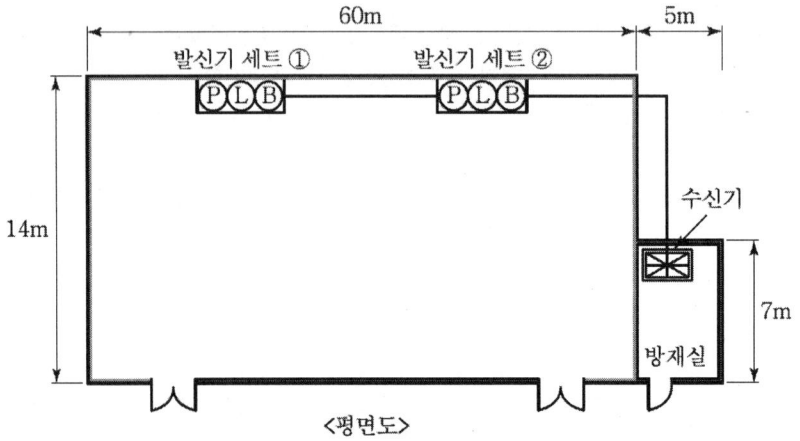

<평면도>

해설 및 정답

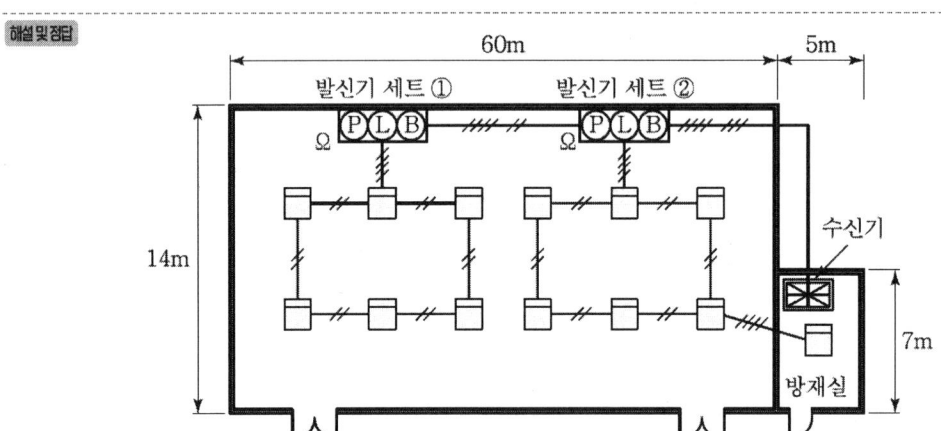

14. 각 층의 높이가 4[m]인 지하 2층, 지상 4층 소방대상물에 자동화재탐지설비의 경계구역을 설정하는 경우에 대하여 다음 물음에 답하시오. [7점]

가) 층별 바닥 면적이 그림과 같을 경우 자동화재탐지설비의 경계구역은 최소 몇 개로 구분하여야 하는지 산출식과 경계구역 수를 빈칸에 쓰시오(단, 계단, 경사로 및 피트 등의 수직경계구역의 면적을 제외한다).

층명	산출식	경계구역수
4층		
3층		
2층		
1층		
지하 1층		
지하 2층		
경계구역의 합계		

4층 : 100[m²]
3층 : 350[m²]
2층 : 600[m²]
1층 : 1,020[m²]
지하 1층 : 1,200[m²]
지하 2층 : 1,800[m²]

해설 및 정답

층명	산출식	경계구역 수
4층 3층	$\dfrac{100[m^2] + 350[m^2]}{500[m^2]} \div 0.9 = 1$	1
2층	$\dfrac{600[m^2]}{600[m^2]} = 1$	1
1층	$\dfrac{1,020[m^2]}{600[m^2]} = 1.7$	2
지하 1층	$\dfrac{1,200[m^2]}{600[m^2]} = 2$	2
지하 2층	$\dfrac{1,800[m^2]}{600[m^2]} = 3$	3
경계구역의 합계		9

나) 본 소방대상물에 계단과 엘리베이터가 각각 1개씩 설치되어 있는 경우 P형수신기는 몇 회로용을 설치해야 하는지 산출내역과 회로 수를 쓰시오.

해설 및 정답

산출내역	P형 수신기 회로 수
① 수평 경계구역 수 : 9개 ② 수직 경계구역 수 : 계단(지상 1개, 지하 1개), 엘리베이터 1개 ∴ 전체 경계구역 수=9+1+1+1=12	15회로용

기출문제

15 정온식감지선형 감지기는 외피에 공칭작동온도를 색상으로 나타내고 있다. 색상별 공칭작동온도를 쓰시오. 5점

해설및정답
① 백색 : 공칭작동온도가 80[℃] 이하
② 청색 : 공칭작동온도가 80[℃] 이상 120[℃] 이하
③ 적색 : 공칭작동온도가 120[℃] 이상

> ! Reference — 정온식감지선형감지기 외피 공칭작동온도의 색상 표시
> 1. 공칭작동온도가 80[℃] 이하인 것은 백색
> 2. 공칭작동온도가 80[℃] 이상 120[℃] 이하인 것은 청색
> 3. 공칭작동온도가 120[℃] 이상인 것은 적색

16 그림과 같은 유접점 시퀀스 회로에 대해 다음 각 물음에 답하시오. 5점

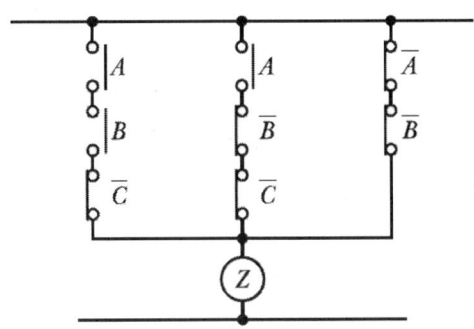

(가) 그림의 시퀀스도를 가장 간략화한 논리식으로 표현하시오(단, 최초의 논리식을 쓰고 이것을 간략화하는 과정을 기술하시오).

해설및정답
$Z = AB\overline{C} + A\overline{B}\overline{C} + \overline{A}\overline{B}$
$= A\overline{C}(B+\overline{B}) + \overline{A}\overline{B}$
$= A\overline{C} + \overline{A}\overline{B}$

(나) '가'항에서 가장 간략화한 논리식을 무접점 논리회로로 그리시오.

해설및정답
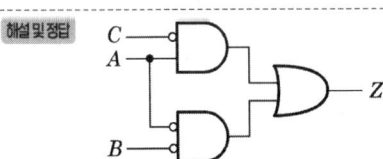

소방설비기사[전기분야] 2차 실기

[2016년 6월 26일 시행]

01 하나의 단지 내에 다수동이 존재하는 경우 자동화재탐지설비의 효율적 관리와 감시를 위해 통신망을 구성하여 중앙집중시스템을 구성하고자 한다. 통신망의 위상(Topology)에 따른 망의 개요와 장점 및 단점을 각각 3가지만 쓰시오. 5점

구분 \ 망의 종류	STAR형	RING형
망의 개요		
장점	• • •	• • •
단점	• • •	• • •

해설 및 정답

	Star형	Ring형
망의 개요	하나의 중앙제어장치에 각 노드를 연결하여 중앙 집중자원 관리하는 구조	데이터 흐름이 한방향이며 각 노드(장치)가 리피터 역할을 하여 링의 형태로 돌아오는 구조
장점	• 양방향 통신으로 빠른 처리 • 부하 분배에 유리하다. • 새로운 노드(장치) 추가 삭제가 용이하다.	• 전송 기회 균등한 순차 네트워크 • 부하가 심한 경우 버스형보다 비교적 성능 우위 • 컴퓨터간 연결을 위한 중앙제어장치 불필요
단점	• 중앙제어장치 고장 시 전체불능 • 설치 비용 과다 • 중앙제어장치 필수	• 단 노드 손실 시 전체불능 • 느린 처리 속도 • 새로운 노드 추가 삭제 시 어려움

> **! Reference** ── 버스형 토폴로지
>
> 1. 망의 개요
>   - 버스라 불리우는 간선을 통해 연결된 클라이언트의 집합으로 이루어진 구조
>   - 버스를 통해 신호를 전송하고 각 클라이언트에게 지정된 신호만 수신할 수 있도록 한 가장 보편적인 이더넷 구조
> 2. 장점 : 양방향 통신, 노드의 추가 삭제가 용이하다.
> 3. 단점 : 네트워크 부하가 심한 경우 성능이 급격히 저하된다. 모든 장치가 버스에 접근하여 양방향 전송할 수 있다.
>   - 간선의 문제가 전체망에 문제를 일으킴

기출문제

02 유도전동기 부하에 사용할 비상용 자가발전설비를 선정하려고 한다. 다음 각 물음에 답하시오 (단, 기동용량은 700[kVA], 기동 시 전압강하 20[%]까지 허용, 과도리액턴스 25[%]이다). [8점]

가. 발전기용량은 몇 [kVA] 이상을 선정해야 하는지 구하시오.

해설 및 정답

발전기 용량 $PG_2 \geq P \times X_d \times \left(\dfrac{1}{e} - 1\right) = 700 \times 0.25 \times \left(\dfrac{1}{0.2} - 1\right) = 700[\text{kVA}]$

> **Reference** — 발전기 용량(PG)

【 소방용 비상부하 발전기 】

산정방식		공식
PG_1	정격운전상태에서 부하설비 기동에 필요한 용량 계산	$\dfrac{\Sigma P_L}{\eta_G \times \cos\theta_G} \times \alpha$
PG_2	최대 시동용량을 가진 부하(전동기)를 기동할 때 허용전압강하를 고려한 용량 계산	$P_n \times \beta \times C \times X_d \times \left(\dfrac{1}{e} - 1\right) = P \times X_d \times \left(\dfrac{1}{e} - 1\right)$
PG_3	용량이 최대인 부하(전동기)를 최후에 기동할 때 필요한 용량 계산	$\left(\dfrac{\Sigma P_L - P_m}{\eta_L} + P_n \times \beta \times C \times \cos\theta_L\right) \times \dfrac{1}{\cos\theta_G}$
PG_4	고조파 발생 부하를 감안한 용량 계산	$P_C \times (2.0 \sim 2.5) + PG_1$

여기서, ΣP_L : 부하의 합계[kW]
  P_m : 시동용량이 최대인 부하(전동기)[kW]
  P : 최대시동용량($P_m \times \beta \times C$)[kVA]
  $\cos\theta_L$: 부하 역률
  $\cos\theta_G$: 발전기 역률
  X_d : 발전기 과도 리액턴스[%]
  α : 부하율(수용률을 고려한 계수)
  P_C : 고조파 발생 부하[kW]
  e : 허용전압강하율[%]

위의 표에서 PG_2를 적용한다.

$PG_2 \geq P \times X_d \times \left(\dfrac{1}{e} - 1\right)[\text{kVA}]$

여기서, e : 허용전압강하율
  X_d : 과도 리액턴스
  P : 기동용량

$\therefore PG_2 \geq 700 \times 0.25 \times \left(\dfrac{1}{0.2} - 1\right) = 700[\text{kVA}]$

나. 발전기용 차단기의 차단용량[MVA]을 구하시오(단, 차단용량의 여유율은 25[%]이다).

해설및정답 차단기의 차단용량

$$P_B \geq \frac{P_n}{X_d} \times 1.25 = \frac{700}{0.25} \times 1.25 = 3,500[\text{kVA}] = 3.5[\text{MVA}]$$

> **! Reference** — 발전기용 차단기의 차단용량(P_B)
>
> $$P_B \geq \frac{P_n}{X_d} \times 1.25[\text{kVA}]$$
>
> $$\therefore P_B \geq \frac{700}{0.25} \times 1.25 = 3,500[\text{kVA}] = 3.5[\text{MVA}]$$

---

03 저압 옥내배선의 금속관 공사에 있어서 금속관과 박스 그 밖의 부속품은 다음 각 호에 의하여 시설하여야 한다. 다음의 (①)~(⑤)안에 알맞은 내용을 쓰시오. **3점**

- 금속관을 구부릴 때 금속관의 단면이 심하게 변형되지 아니하도록 구부려야 하며, 그 안측의 (①)은 관 안지름의 (②)배 이상이 되어야 한다.
- 아웃렛박스(Outlet box) 사이 또는 전선인입구가 있는 기구 사이의 금속관은 (③)개소를 초과하는 직각 또는 직각에 가까운 굴곡개소를 만들어서는 아니 된다. 굴곡개소가 많은 경우 또는 관의 길이가 (④)[m]를 넘는 경우에는 (⑤)를 설치하는 것이 바람직하다.

해설및정답 ① 반지름, ② 6, ③ 3, ④ 30, ⑤ 풀박스

> **! Reference**
>
> - 금속관을 구부릴 때 금속관의 단면이 심하게 변형되지 아니하도록 구부려야 하며, 그 안측의 반지름은 관 안지름의 6배 이상이 되어야 한다.
> - 아웃렛박스(Outlet box) 사이 또는 전선인입구가 있는 기구 사이의 금속관은 3개소를 초과하는 직각 또는 직각에 가까운 굴곡개소를 만들어서는 아니 된다.
> - 굴곡개소가 많은 경우 또는 관의 길이가 30[m]를 넘는 경우에는 풀박스를 설치하는 것이 바람직하다.
>
> 〈풀박스(Pull Box)〉
> ① 용도 : 긴 배관공사 또는 굴곡 개소가 많은 배관공사에서 배관도중에 사용하는 박스
> ② "굴곡 개소가 많은 경우 또는 관의 길이가 30[m]를 넘는 경우에는 풀박스를 설치하는 것이 바람직하다."는 의미 : 1개 배관 길이가 길거나 배관 중간에 굴곡이 심하면 배관공사 후 전선을 배관 내에 입선할 때 매우 어려우므로 배관길이를 짧게 할 필요가 있다. 따라서, 배관 길이를 일정 길이 이하로 제한하는데 그 길이를 30[m]로 하고, 배관도중에 풀박스를 연결한다.(→ 풀박스와 풀박스 사이의 배관길이는 30[m] 이하가 됨)

기출문제

04 1층 경비실에 있는 수신기를 지하 1층의 방재센터로 이설하고자 할 때, 수신기의 전원선은 배선전용실인 EPS실을 이용하여 시공하고자 한다. 이때 다음 물음에 답하시오. **5점**

가) 수신기의 전원을 수납하는 배선의 종류와 전선관의 종류에 대해서 쓰시오.

> **해설및정답**
> - 배선의 종류 : 내화배선
> - 전선관의 종류 : 금속관·2종 금속제 가요전선관 또는 합성 수지관에 수납하여 내화구조로 된 벽 또는 바닥 등에 벽 또는 바닥의 표면으로부터 25[mm] 이상의 깊이로 매설

나) 배선전용실을 이용하여 전원선을 시공하고자 할 경우 관련된 기준을 3가지 쓰시오.

> **해설및정답**
> 1. 소방용 배선과 다른 설비용 배선의 이격거리는 15[cm] 이상
> 2. 소방용 배선과 다른 설비용 배선 사이 불연성 격벽의 높이는 가장 큰 것의 1.5배 이상
> 3. 내화성능을 갖는 배선전용실 설치의 경우 전선관의 종류에 관계없이 설치가능

05 초고층빌딩이나 대단지 아파트 등에 사용되는 R형 수신기용 신호선으로 사용하는 쉴드선에 대하여 다음 각 물음에 답하시오. **5점**

가) 신호선을 쉴드선으로 사용하는 이유를 쓰시오.

> **해설및정답** 전자파 장해 방지

나) 신호선을 서로 꼬아서 사용하는 이유를 쓰시오.

> **해설및정답** 유도 자속 상호 상쇄

다) 쉴드선을 접지하는 이유를 쓰시오.

> **해설및정답** 간섭 전자파로 축적된 전기를 대지로 방출

06 자동화재탐지설비와 스프링클러설비 프리액션밸브의 간선계통도이다. 다음 각 물음에 답하시오. 8점

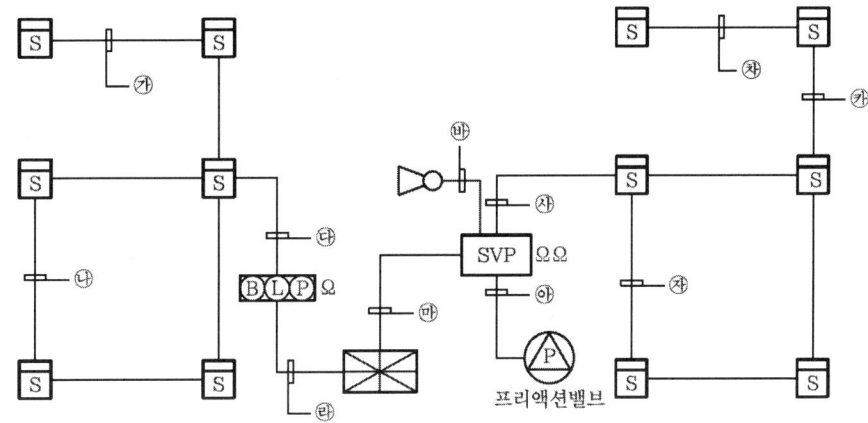

가. ㉮~㉷까지의 배선 가닥 수를 쓰시오(단, 프리액션밸브용 감지기공통선과 전원 공통선은 분리해서 사용하고, 압력스위치, 탬퍼스위치 및 솔레노이드밸브용 공통선은 1가닥을 사용하는 조건이다).

답란	㉮	㉯	㉰	㉱	㉲	㉳	㉴	㉵	㉶	㉷	㉸

해설 및 정답

답란	㉮	㉯	㉰	㉱	㉲	㉳	㉴	㉵	㉶	㉷	㉸
	4	2	4	6	10	2	8	4	4	4	8

나. ㉲의 배선별 용도를 쓰시오(단, 해당 가닥 수까지만 기록).

해설 및 정답

번호	배선의 용도	번호	배선의 용도
1	전원 +	6	밸브개방확인(PS)
2	전원 -	7	밸브주의(TS)
3	전화	8	감지기지구A
4	(경보)사이렌	9	감지기지구B
5	밸브기동(SV)	10	감지기공통

! Reference

㉳ 교차회로 임에 주의
배선 ㉲의 용도 : 압력스위치 1선, 탬퍼스위치 1선, 솔레노이드밸브 1선, 공통선 1선
(합 4선)

기출문제

07 감지기의 부착높이 및 특정소방대상물의 구분에 따른 설치 면적기준이다. 다음 표의 ①~⑧에 해당되는 면적을 쓰시오. **8점**

(단위 : 면적 m²)

부착높이 및 특정소방대상물의 구분		감지기의 종류						
		차동식 스포트형		보상식 스포트형		정온식 스포트형		
		1종	2종	1종	2종	특종	1종	2종
4[m] 미만	주요구조부를 내화구조로 한 특정소방대상물 또는 그 부분	①	70	①	70	70	60	⑦
	기타 구조의 특정소방대상물 또는 그 부분	②	③	②	③	40	30	⑧
4[m] 이상 8[m] 미만	주요구조부를 내화구조로 한 특정소방대상물 또는 그 부분	45	④	45	④	④	⑤	―
	기타 구조의 특정소방대상물 또는 그 부분	30	25	30	25	25	⑥	―

①	②	③	④	⑤	⑥	⑦	⑧

해설 및 정답

답란	①	②	③	④	⑤	⑥	⑦	⑧
	90	50	40	35	30	15	20	15

! Reference ─ 열감지기(차동식 및 정온식 스포트형) ─

(단위 : m²)

부착높이 및 소방대상물의 구분		감지기의 종류				
		차동식 스포트형, 보상식 스포트형		정온식 스포트형		
		1종	2종	1종	2종	3종
4[m] 미만	내화구조	90	70	70	60	20
	기타구조	50	40	40	30	15
4[m] 이상 8[m] 미만	내화구조	45	35	35	30	·
	기타구조	30	25	25	15	·

08 상가 매장에 설치되어 있는 제연설비의 전기적인 계통도이다. A∼E까지의 배선수와 각 배선의 용도를 쓰시오(단, 모든 댐퍼는 기동, 복구형 댐퍼방식이며, 배선수는 운전 조작상 필요한 최소 전선수를 쓰도록 한다). 10점

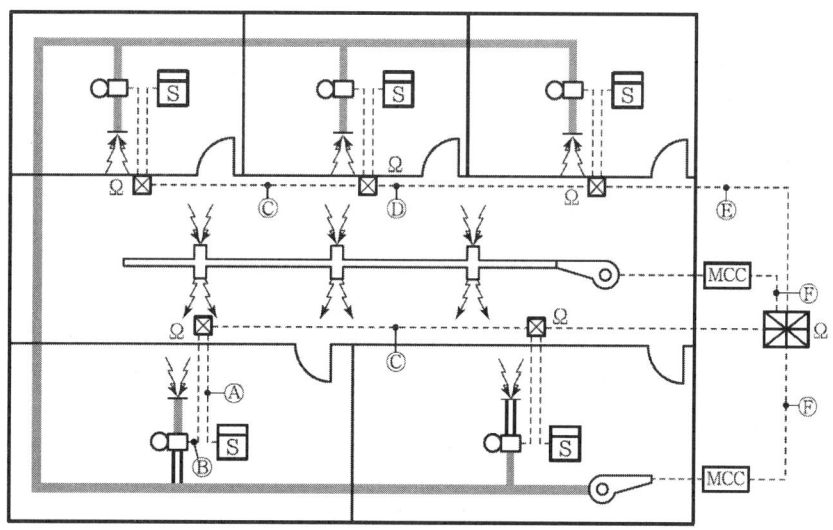

기호	구분	배선수	배선굵기	배선의 용도
A	감지기 ↔ 수동조작함		1.5[mm²]	
B	댐퍼 ↔ 수동조작함		2.5[mm²]	
C	수동조작함 ↔ 수동조작함		2.5[mm²]	
D	수동조작함 ↔ 수동조작함		2.5[mm²]	
E	수동조작함 ↔ 수신반		2.5[mm²]	
F	MCC ↔ 수신반	5	2.5[mm²]	공통, 기동, 정지, 기동확인, 정지확인

해설 및 정답

기호	구분	배선수	배선 굵기	배선의 용도
A	감지기 - 수동조작함	4	1.5[mm²]	감지기지구 2, 감지기공통 2
B	댐퍼 - 수동조작함	5	2.5[mm²]	전원 ⊕·⊖, 기동복구, 댐퍼기동, 기동확인
C	수동조작함 - 수동조작함	6	2.5[mm²]	전원 ⊕·⊖, 기동복구, 댐퍼기동, 기동확인, 감지기지구
D	수동조작함 - 수동조작함	9	2.5[mm²]	전원 ⊕·⊖, 기동복구, (댐퍼기동, 기동확인, 감지기지구)×2
E	수동조작함 - 수신반	12	2.5[mm²]	전원 ⊕·⊖, 기동복구, (댐퍼기동, 기동확인, 감지기지구)×3
F	MCC - 수신반	5	2.5[mm²]	공통, 기동, 정지, 기동확인, 정지확인

기출문제

09 다음은 내화구조인 지하 1층 지상 5층인 건물의 지상 1층 평면도이다. 각 층의 층고는 4.3[m]이고 천장과 반자 사이의 높이는 0.5[m]이다. 각 실에는 반자가 설치되어 있으며, 계단 감지기는 3층과 5층에 설치되어 있다. 다음 각 물음에 답하시오. [7점]

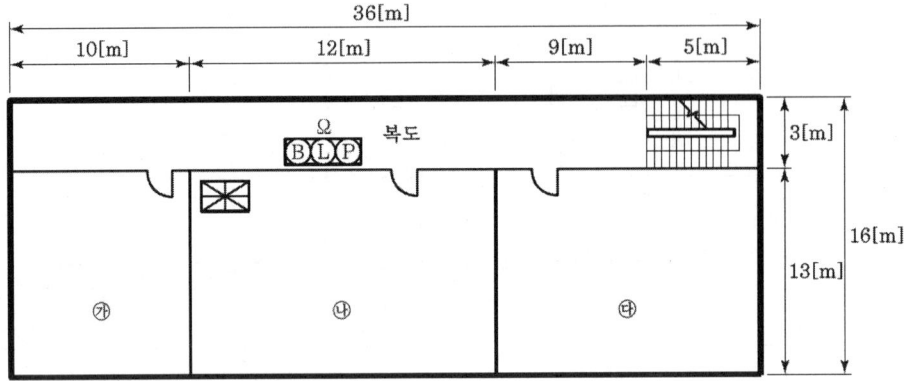

가) 아래의 빈칸에 당해 개소에 설치하여야 하는 감지기의 수량을 산출식과 함께 쓰시오.

개소	적용 감지기 종류	산출식	수량(개)
"㉮"실	차동식스포트형 2종		
"㉯"실	연기감지기 2종		
"㉰"실	정온식스포트형 1종		
복도	연기감지기 2종		

해설 및 정답

개소	적용 감지기 종류	산출식	수량(개)
"㉮"실	차동식 스포트형 2종	$N = \dfrac{10 \times 13 [\text{m}^2]}{70 [\text{m}^2]} \fallingdotseq 1.9$	2
"㉯"실	연기감지기 2종	$N = \dfrac{12 \times 13 [\text{m}^2]}{150 [\text{m}^2]} = 1.04$	2
"㉰"실	정온식 스포트형 1종	$N = \dfrac{14 \times 13 [\text{m}^2]}{60 [\text{m}^2]} = 3.03$	4
복도	연기감지기 2종	$N = \dfrac{36 - 5 [\text{m}]}{30 [\text{m}]} \fallingdotseq 1.03$	2

나) 물음 "가"에서 구한 감지기 수량을 위 평면도상에 각 감지기의 도시기호를 이용하여 그려 넣고 각 기기간을 배선하되 배선수를 명시하시오(배선수 명시의 예 : ——//——).

[해설 및 정답]

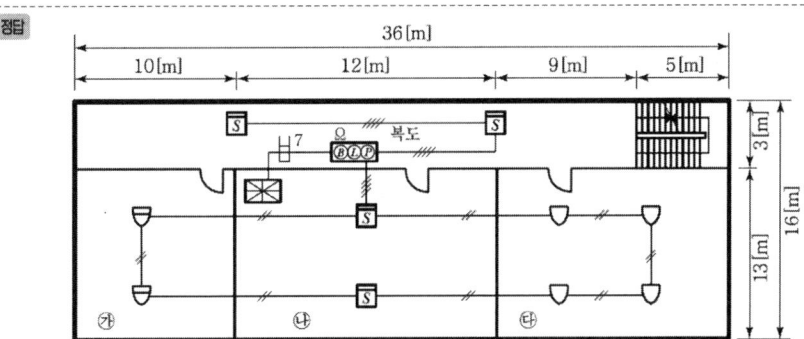

10
자동화재탐지설비의 발신기에서 표시등=40[mA/1개], 경종=50[mA/1개]로 1회로당 90[mA]의 전류가 소모되며, 지하 1층, 지상 5층의 각 층별 2회로씩 총 12회로인 공장에서 P형 수신반 최말단 발신기까지 500[m] 떨어진 경우 다음 각 물음에 답하시오(단, 일제경보방식이다). **10점**

가) 표시등 및 경종의 최대소요전류와 총전류를 구하시오.
- 표시등의 최대소요전류 :
- 경종의 최대소요전류 :
- 총 소요전류 :

[해설 및 정답]
- 표시등의 최대 소요전류 : 40[mA/개] × 12개 = 480[mA] = 0.48[A]
- 경종의 최대 소요전류 : 50[mA/개] × 12개 = 600[mA] = 0.6[A]
- 총 소요전류 : 0.48 + 0.6 = 1.08[A]

나) 사용전선의 종류를 쓰시오.

[해설 및 정답] 450/750[V] 저독성 난연 가교 폴리올레핀 절연전선(22. 12. 1 이후 개정)

> **! Reference** ─── 소방용 배선으로 사용되는 전선의 종류 ───
> ① 450/750[V] 저독성 난연 가교 폴리올레핀 절연 전선
> ② 0.6/1[kV] 가교 폴리에틸렌 절연 저독성 난연 폴리올레핀 시스 전력용 케이블
> ③ 6/10[kV] 가교 폴리에틸렌 절연 저독성 난연 폴리올레핀 시스 전력용 케이블
> ④ 가교 폴리에틸렌 절연 비닐시스 트레이용 난연 전력용 케이블
> ⑤ 0.6/1[kV] EP 고무절연 클로로프렌 시스 케이블
> ⑥ 300/500[V] 내열성 실리콘 고무 절연전선(180[℃])
> ⑦ 내열성 에틸렌-비닐 아세테이트 고무 절연 케이블
> ⑧ 버스덕트(Bus Duct) 등

기출문제

다) 2.5[mm²]의 전선을 사용한 경우 경종동작 시 전압강하는 얼마인지 계산하시오.

해설및정답 전압강하 $e = \dfrac{35.6LI}{1,000A} = \dfrac{35.6 \times 500 \times (0.48+0.6)}{1,000 \times 2.5} ≒ 7.69[V]$

라) "다"항의 계산에 의한 경종 작동여부를 설명하시오.

해설및정답 전압강하는 20[%] 즉, 4.8[V] 이내이어야 하므로 경종은 작동하지 않는다.

마) 우선 경보방식을 설치할 수 있는 특정소방대상물의 범위를 쓰시오.

해설및정답 층수가 11층(공동주택의 경우에는 16층) 이상의 특정소방대상물은 다음의 기준에 따라 경보를 발할 수 있도록 할 것
① 2층 이상의 층에서 발화한 때에는 발화층 및 그 직상 4개 층에 경보를 발할 것
② 1층에서 발화한 때에는 발화층·그 직상 4개 층 및 지하층에 경보를 발할 것
③ 지하층에서 발화한 때에는 발화층·그 직상층 및 기타의 지하층에 경보를 발할 것

11 청각장애인용 시각경보장치의 설치기준을 3가지만 쓰시오(단, 화재안전기준 각 호의 내용을 1가지로 본다). 5점

해설및정답
1. 복도, 통로, 청각장애인을 위한 객실 및 공용으로 사용하는 거실에 설치하며, 각 부분으로부터 유효하게 경보를 발할 수 있는 위치에 설치
2. 공연장·집회장·관람장 또는 이와 유사한 장소에 설치하는 경우에는 시선이 집중되는 무대부 부분 등에 설치
3. 설치높이는 바닥으로부터 2[m] 이상 2.5[m] 이하 높이에 설치, 천장의 높이가 2[m] 이하인 경우에는 천장으로부터 0.15[m] 이내의 장소에 설치

12 아래 그림과 같이 지하 1층에서 지상 5층까지 각 층의 평면이 동일하고, 각 층의 높이가 4[m]인 학원건물에 자동화재탐지설비를 설치할 경우이다. 다음 물음에 답하시오. **7점**

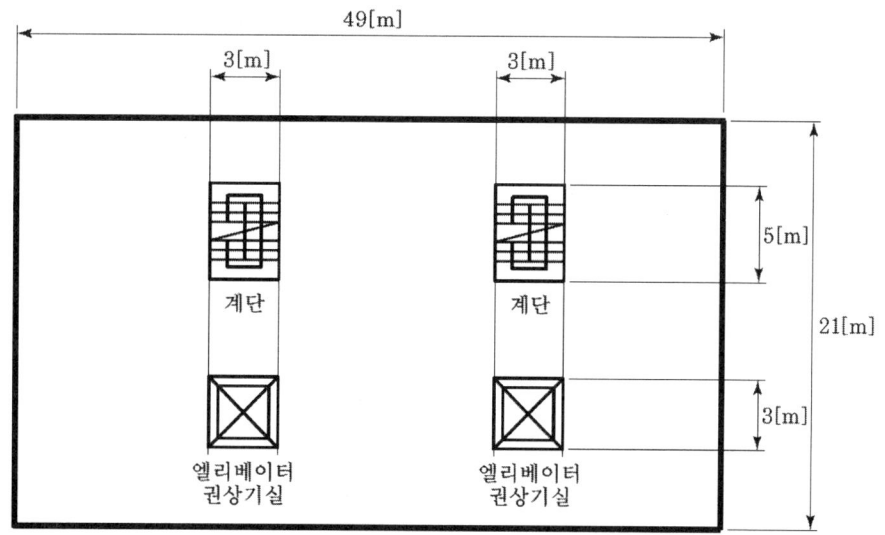

가) 하나의 층에 대한 자동화재탐지설비의 수평 경계구역 수를 구하시오.

해설및정답
$$N = \frac{전체\ 수평면적 - (수직경계구역\ 면적)}{600}$$
$$= \frac{49 \times 21 - (3 \times 5 \times 2 + 3 \times 3 \times 2)}{600}$$
$$≒ 1.635 ≒ 2개$$

나) 본 소방대상물 자동화재탐지설비의 수직 및 수평 경계구역 수를 구하시오.

해설및정답
- 수평경계구역 $N = 2(개/층) \times 6개층 = 12개$
- 수직경계구역 계단 $N = \dfrac{4m \times 6개층}{45m} ≒ 0.53 = 1개$
  → 계단전체 $N' = 1개 \times 2개소 = 2개$
  엘리베이터 권상기실 각 1개씩 2개
  총합 = 계단 2개 + 엘리베이터권상기실 2개 = 4개

다) 본 건물에 설치해야 하는 수신기의 형별을 쓰시오.

해설및정답 P형

기출문제

라) 계단감지기는 각각 몇 층에 설치해야 하는지 쓰시오.

해설및정답 2층 및 5층

마) 엘리베이터 권상기실 상부에 설치해야 하는 감지기의 종류를 쓰시오.

해설및정답 연기감지기

> **! Reference** ── 라)~마) ──
> 1. 계단실 및 엘리베이터권상기실에 설치하는 감지기는 연기감지기이다.
> 2. 연기감지기(대부분 2종을 설치함) 설치 위치
>   ① 계단실 : 2층 및 5층에 설치
>   설치개수 $N = \dfrac{4[m] \times 6개층}{15[m]} = 1.6 ≒ 2개$
>   각 계단에 2개를 설치하는데 하나는 최상층에, 다른 하나는 중간층에 설치
>   ② 엘리베이터권상기실 : 최상부에 설치

13 22[W] 중형피난구유도등 24개가 AC 220[V] 사용전원에 연결되어 점등되고 있다. 이때 전원으로부터 공급전류[A]를 구하시오(단, 유도등의 역률은 0.8이며, 유도등 배터리의 충전전류는 무시한다). **4점**

해설및정답
$P = VI\cos\theta$
$22W \times 24개 = 220V \times I \times 0.8$
$\therefore I = 3A$

14. 광전식분리형 감지기의 설치기준 중 (　) 안에 알맞은 것을 쓰시오. [5점]

- 감지기의 (①)은 햇빛을 직접 받지 않도록 설치할 것
- 광축은 나란한 벽으로부터 (②) 이상 이격하여 설치할 것
- 감지기의 송광부와 수광부는 설치된 (③)으로부터 1[m] 이내 위치에 설치할 것
- 광축의 높이는 천장등 높이의 (④) 이상일 것
- 감지기의 광축의 길이는 (⑤) 범위 이내일 것

①	②	③	④	⑤

해설 및 정답

답란	①	②	③	④	⑤
	수광면	0.6[m]	뒷벽	80[%]	공칭감시거리

15. 다음의 기계기구와 운전조건을 이용하여 옥상의 소방용 고가수조에 물을 올릴 때 사용되는 양수펌프에 대한 수동 및 자동운전을 할 수 있도록 주회로와 제어회로를 완성하시오(단, 회로작성에 필요한 접점수는 최소수만 사용하며, 접점기호와 약호를 기입하시오). [6점]

【기계기구】
- 운전용 누름버튼스위치(PB-on) 1개
- 배전용차단기(MCCB) 1개
- 전자접촉기(MC) 1개
- 플로트스위치(FS) 1개
- 정지용 누름버튼스위치(PB-off) 1개
- 자동 수동 전환스위치(S/S) 1개
- 열동계전기(THR) 1개
- 퓨즈(제어회로용) 2개
- 3상 유도전동기 1대

【운전조건】
- 자동운전과 수동운전이 가능하도록 하여야 한다.
- 자동운전은 리미트 스위치(만수위 검출)에 의하여 이루어지도록 한다.
- 수동운전인 경우에는 다음과 같이 동작되도록 한다.
  - 운전용 누름버튼스위치에 의하여 전자접촉기가 여자되어 전동기가 운전되도록 한다.
  - 정지용 누름버튼스위치에 의하여 전자접촉기가 소자되어 전동기가 정지되도록 한다.
  - 전동기 운전 중 과부하 또는 과열이 발생되면 열동계전기가 동작되어 전동기가 정지되도록 한다
    (단, 자동운전 시에서도 열동계전기가 동작하면 전동기가 정지하도록 한다).

기출문제

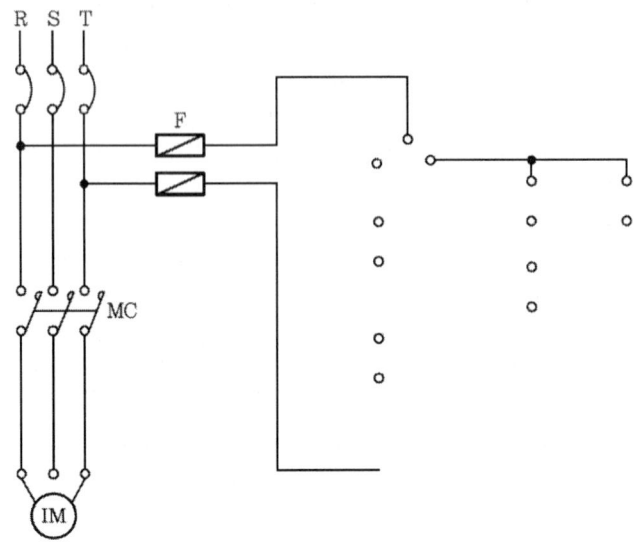

【 회로도 】

해설 및 정답

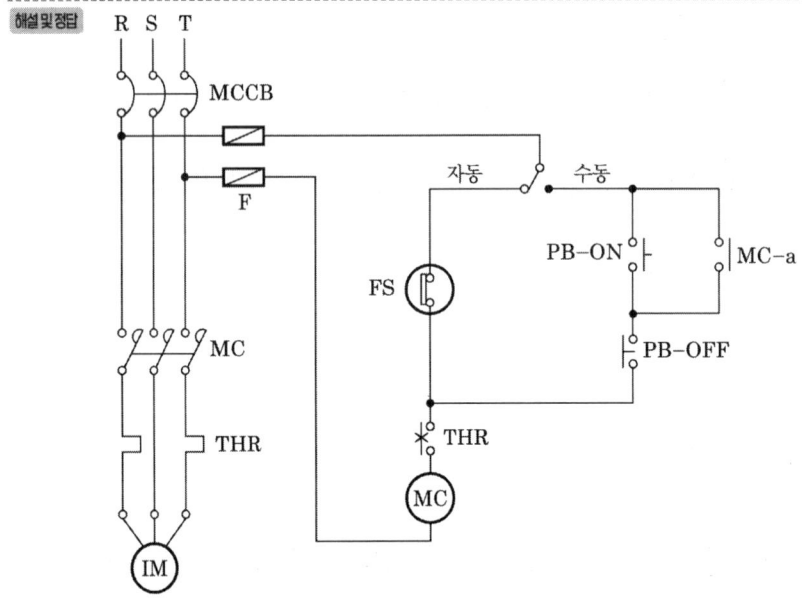

16 자동화재탐지설비의 수신기에 대한 비상전원 축전지의 용량을 산출하고자 한다. 주어진 조건을 이용하여 다음 각 물음에 답하시오. **5점**

> **조건**
> - 경년 용량저하율은 0.8이다.
> - 감시시간에 대한 용량환산 시간계수는 1.8이다.
> - 작동시간에 대한 용량환산 시간계수는 0.5이다.
> - 감시전류는 0.1[A]이다.
> - 2회선 작동전류 및 다른 회선 감시시의 전류는 0.7[A]이다.

가) 60분간 감시 후 2회선이 10분간 작동하는 경우의 축전지의 용량[Ah]을 구하시오.

해설및정답 축전지 용량 $C = \dfrac{1}{L} KI$ [Ah]

L : 보수율(용량저하율), K : 용량환산시간계수, I : 방전전류

$\therefore C = \dfrac{1}{0.8}(1.8 \times 0.1 + 0.5 \times 0.6) = 0.6$ [Ah]

나) 1분간 2회선 작동함과 동시에 다른 회선을 감시하는 경우 및 10분간 2회선 작동함과 동시에 다른 회선을 감시하는 경우의 용량[Ah]을 구하시오.

해설및정답 1분간 2회선 작동함과 동시에 다른 회선을 감시하는 경우 :

$C[\text{Ah}] = \dfrac{1}{0.8}(0.05 \times 0.7) = 0.043 ≒ 0.04$ [Ah]

10분간 2회선 작동함과 동시에 다른 회선을 감시하는 경우 :

$C[\text{Ah}] = \dfrac{1}{0.8}(0.5 \times 0.7) = 0.437 ≒ 0.44$ [Ah]

소방설비기사[전기분야] 2차 실기

[2016년 11월 12일 시행]

01 다음은 준비작동식 스프링클러설비의 회로 계통도를 보여주고 있다. 다음 각 물음에 답하시오 (층별 구분 경보임). **10점**

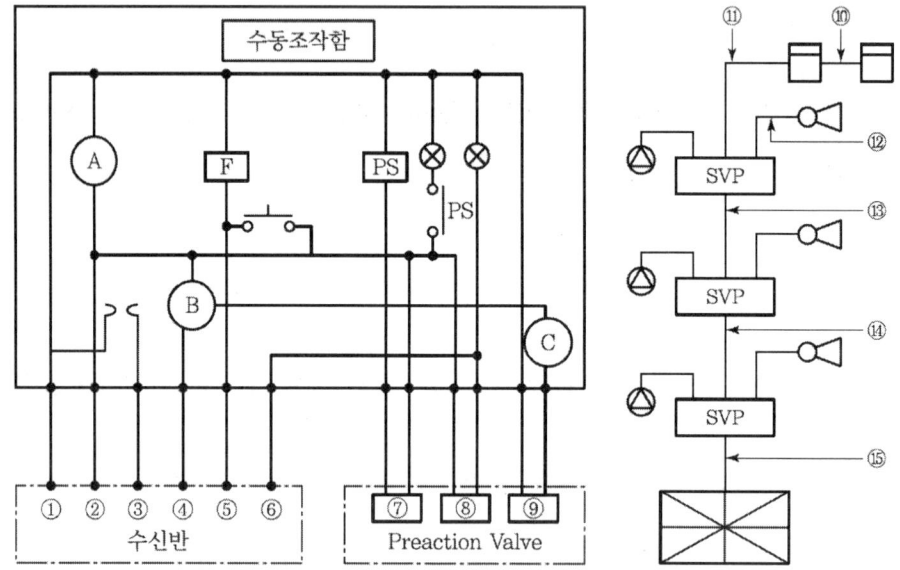

가) 계통도에 표시된 ①~⑨까지의 명칭을 쓰시오.

①		⑥	
②		⑦	
③		⑧	
④		⑨	
⑤		-	

해설 및 정답

①	전원⊖	⑥	밸브주의
②	전원⊕	⑦	압력스위치
③	전화	⑧	탬퍼스위치
④	밸브개방확인	⑨	솔레노이드밸브
⑤	밸브기동	-	

나) A, B, C에 들어갈 적당한 그림기호를 표시하시오.

해설 및 정답

A : 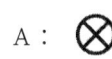   B : 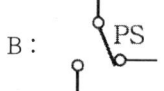   C :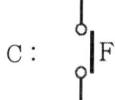

다) ⑩~⑮의 전선가닥수를 쓰시오(최소가닥 수로 한다).

⑩	⑪	⑫	⑬	⑭	⑮

해설 및 정답

⑩	⑪	⑫	⑬	⑭	⑮
4	8	2	9	15	21

! Reference — 완성도면

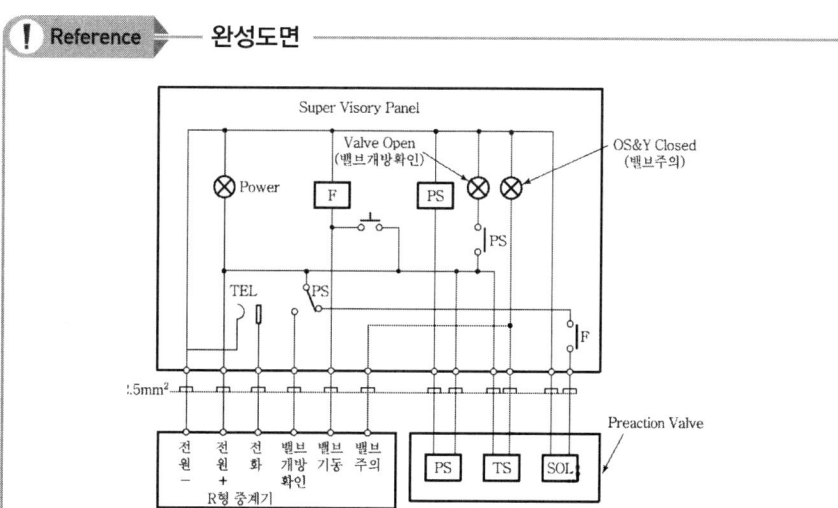

여기서, PS : 압력스위치, TS : 탬퍼스위치, SOL=SV : 솔레노이드밸브

프리액션밸브~슈퍼비조리판넬 사이 : 6가닥[밸브기동(SV) 2, 밸브개방확인(PS) 2, 밸브주의(TS) 2]

[전선내역]
⑩ 4가닥(감지기지구 2, 감지기공통 2)
⑪ 8가닥(감지기지구 4, 감지기공통 4)
⑫ 사이렌 ~ 슈퍼비조리판넬 사이 : 2가닥
⑬ 전원 ⊕, ⊖, 전화, 감지기A, 감지기B, 밸브기동, 밸브개방확인, 밸브주의, 사이렌
⑭ 전원 ⊕·⊖, 전화, (감지기 A, 감지기 B, 밸브기동, 밸브개방확인, 밸브주의, 사이렌)×2
⑮ 전원 ⊕·⊖, 전화, (감지기 A, 감지기 B, 밸브기동, 밸브개방확인, 밸브주의, 사이렌)×3

기출문제

02 연기감지기를 설치할 수 없는 경우 차동식 분포형 감지기 1·2종 모두 적응성이 있는 환경상태를 5가지 쓰시오. [5점]

> **해설 및 정답**
> 1. 먼지 또는 미분 등이 다량으로 체류하는 장소
> 2. 부식성가스가 발생할 우려가 있는 장소
> 3. 배기가스가 다량으로 체류하는 장소
> 4. 연기가 다량으로 유입할 우려가 있는 장소
> 5. 물방울이 발생하는 장소

03 공기관식 감지기 시험방법에 대한 설명 중 ㉮와 ㉯에 알맞은 내용을 답란에 쓰시오. [4점]

- 검출부의 시험공 또는 공기관의 한쪽 끝에 (㉮)을(를) 접속하고 시험코크 등을 유통시험 위치에 맞춘 후 다른 끝에 (㉯)을(를) 접속시킨다.
- (㉮)(으)로 공기를 주입하고 (㉯) 수위를 눈금의 0점으로부터 100[mm] 상승시켜 수위를 정지시킨다.
- 시험코크 등에 의해 송기구를 개방하여 상승수위의 1/2까지 내려가는 시간(유통시간)을 측정한다.

㉮	㉯

> **해설 및 정답**
>
> | ㉮ | ㉯ |
> |---|---|
> | 테스트펌프(또는 공기주입시험기) | 마노미터 |

> **! Reference — 공기관의 유통시험**
>
> 1) 시험의 목적
>   ① 공기관의 유통상태
>   ② 공기관의 적정 시공길이
> 2) 시험 방법
>   ① 검출부의 시험공에는 테스트펌프(Test Pump, 공기주입시험기)를, 공기관 한쪽 끝에는 마노미터(Manometer)를 접속한다.
>   ② 절환레버를 유통시험 위치로 돌린다.
>   ③ 테스트펌프로 공기를 주입하여 마노미터 수치가 100[mm] 되게 한다.
>   ④ 마노미터 수치가 100[mm] 되면 공기주입을 중지한다. 이때 수위가 안정되면 정상, 감소하면 누설로 판정한다.
>   ⑤ 정상인 경우, 시험공에서 테스트펌프를 분리하면 시험공으로 공기가 누설되면서 마노미터 수위가 감소하는데, 이때 수위가 100[mm]에서 50[mm]로 될 때까지의 시간을 측정한다.

04 보상식과 열복합형 감지기를 상호 비교하는 다음 항목을 채우시오. **4점**

구분	보상식 감지기	열복합형 감지기
1. 동작방식		
2. 신호출력		
3. 목적		
4. 적응성		

해설 및 정답

구분	보상식감지기	열복합형감지기
1. 동작방식	차동식스포트와 정온식스포트의 성능을 겸한 것으로서 차동식감지기의 성능 또는 정온식감지기의 성능 중 어느 한 기능이 작동되면 화재신호를 발신	차동식스포트와 정온식스포트의 성능이 있는 것으로서 두 가지 성능의 감지기능이 함께 작동될 때 화재신호를 발신하거나 또는 두 개의 화재신호를 각각 발신
2. 신호출력	차동식감지기 또는 정온식감지기의 개별신호로서 단신호	차동식감지기와 정온식감지기의 동시신호로서 단신호 또는 개별신호로서 다신호
3. 목적	지연보 방지	비화재보 방지
4. 적응성	심부성(훈소)화재가 예상되는 장소	일시적으로 발생하는 열에 의해 오작동의 우려가 예상되는 장소

05 다음 그림은 옥내소화전설비의 블록선도이다. 각 구성요소 간에 내화, 내열, 일반배선으로 배선하시오(단, 내화배선 : ■■■, 내열배선 : ▨▨▨, 일반배선 : ══). **5점**

시동표시등
위치표시등
기동장치
비상전원 제어반 전동기 펌프 소화전함

해설및정답

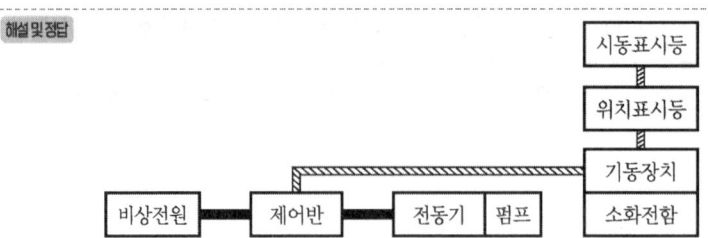

06 경비실에서 400[m] 떨어진 공장(지상 6층, 지하 1층)은 각 층별로 발신기가 2개씩 설치되며, 직상층, 발화층 우선경보방식으로 동작한다. 1층에서 화재가 발생하였을 경우 경종, 표시등의 공통선에 대한 소요전류와 전압강하를 계산하시오. 4점

> **조건**
> 1. 사용된 전선 : HFIX 2.5[mm²]
> 2. 발신기 경종 : 50[mA/개], 표시등 : 30[mA/개]

가) 소요전류(A)

해설및정답
표시등 : 30×14개＝420[mA]＝0.42[A]
경종 : 50×6개＝300[mA]＝0.3[A]
∴ 0.42[A]＋0.3[A]＝0.72[A]

나) 전압강하(V)

해설및정답

$$e = \frac{35.6LI}{1,000A}$$

$$e = \frac{35.6 \times 400 \times 0.72}{1,000 \times 2.5} ≒ 4.1[V]$$

07 공기관식 차동식 분포형 감지기의 3정수 시험 중 접점 수고(간격)시험 시 수고치가 다음에 해당하는 경우에 각각 나타나는 현상을 쓰시오. 5점

가. 비정상적인 경우

해설및정답 경보불능

나. 낮은 경우

해설및정답 비화재보

다. 높은 경우

해설및정답 경보지연(지연보)

08 다음 표는 어느 건물의 자동화재탐지설비 공사에 소요되는 자재물량이다. 주어진 품셈을 이용하여 내선전공의 노임요율과 공량의 빈칸을 채우고 인건비를 산출하시오. **10점**

> **조건**
> 1. 공구손료는 인건비의 3[%], 내선전공의 M/D는 100,000원을 적용한다.
> 2. 콘크리트박스는 매입을 원칙으로 하며, 박스커버의 내선전공은 적용하지 않는다.
> 3. 빈칸에 숫자를 적을 필요가 없는 부분은 공란으로 남겨 둔다.

• 내선전공의 노임요율 및 공량

품명	규격	단위	수량	노임요율	공량
수신기	P형 5회로	EA	1		
발신기		EA	5		
경종	DC-24[V]	EA	5		
표시등	DC-24[V]	EA	5		
차동식감지기	스포트형	EA	60		
전선관(후강)	steel 16호	[m]	70		
전선관(후강)	steel 22호	[m]	100		
전선관(후강)	steel 28호	[m]	400		
전선	1.5[mm^2]	[m]	10,000		
전선	2.5[mm^2]	[m]	15,000		
콘크리트 박스	4각	EA	5		
콘크리트 박스	8각	EA	55		
박스커버	4각	EA	5		
박스커버	8각	EA	55		
합계					

기출문제

- 인건비

품명	단위	공량	단가(원)	금액(원)
내선전공	인			
공구손료	식			
계				

[전선관 배관] (m당)

합성수지 전선관		금속(후강) 전선관		금속가요전선관	
14	0.04	—	—	—	—
16	0.05	16	0.08	16	0.044
22	0.06	22	0.11	22	0.059
28	0.08	28	0.14	28	0.072
36	0.10	36	0.20	36	0.087
42	0.13	42	0.25	42	0.104
54	0.19	54	0.34	54	0.136
70	0.28	70	0.44	70	0.156

[박스(Box) 신설] (개당)

종별	내선전공	종별	내선전공
8각 Concrete Box	0.12	1개용 Switch Box	0.20
4각 Concrete Box	0.12	2~3개용 Switch Box	0.20
8각 Outlet Box	0.20	4~5개용 Switch Box	0.25
중형 4각 Outlet Box	0.20	노출형 Box(콘크리트 노출기준)	0.29
대형 4각 Outlet Box	0.20	플로어박스	0.20

[옥내배선] (m당, 직종 : 내선전공)

규격	관내배선	규격	관내배선
6[mm^2] 이하	0.010	120[mm^2] 이하	0.077
16[mm^2] 이하	0.023	150[mm^2] 이하	0.088
38[mm^2] 이하	0.031	200[mm^2] 이하	0.107
50[mm^2] 이하	0.043	250[mm^2] 이하	0.130
60[mm^2] 이하	0.052	300[mm^2] 이하	0.148
70[mm^2] 이하	0.061	325[mm^2] 이하	0.160
100[mm^2] 이하	0.064	400[mm^2] 이하	0.197

<자동화재 경보장치 설치>

공종	단위	내선전공	비고
Spot형 감지기(차동식, 정온식, 보상식) 노출형	개	0.13	(1) 천장높이 4[m] 기준 1[m] 증가시마다 5[%] 가산 (2) 매입형 또는 특수구조인 경우 조건에 따라 선정
시험기(공기관 포함)	개	0.15	(1) 상동 (2) 상동
분포형의 공기관	m	0.025	(1) 상동 (2) 상동
검출기	개	0.30	
공기관식의 Booster	개	0.10	
발신기 P-1	개	0.30	1급(방수형)
발신기 P-1	〃	0.30	2급(보통형)
발신기 P-1	〃	0.20	3급(푸시버튼만으로 응답확인 없는 것)
회로시험기	개	0.10	
수신기 P-1(기본공수) (회선수 공수 산출 가산요)	대	6.0	[회선수에 대한 산정] 매1회선에 대해서 | 형식\직종	내선전공
---	---
P-1	0.3
P-2	0.2
R형	0.2	 ※ R형은 수신반 인입강시 회선수 기준
수신기 P-2(기본공수) (회선수 공수 산출 가산요)	대	4.0	
부수신기(기본공수)	대	3.0	[참고] 산정예: [P-1의 10회분 기본공수는 6인, 회선당 할증수는 (10×0.3)≒3] ∴ 6+3=9인
소화전 기동 릴레이	대	1.5	
경종	개	0.15	
표시등	개	0.20	
표지판	개	0.15	

기출문제

[해설및정답] • 내선전공의 노임요율 및 공량

노임요율	공 량
6.0+(0.3×5)	7.5
0.3	1.5
0.15	0.75
0.2	1
0.13	7.8
0.08	5.6
0.11	11
0.14	56
0.01	100
0.01	150
0.12	0.6
0.12	6.6
0	0
0	0
	348.35

• 인건비

공 량	단 가(원)	금 액(원)
348.35	100,000	34,835,000
348.35	100,000×0.03=3,000	1,045,050
		35,880,050

09 금속관공사로서 매입배관을 나타낸 그림이다. 이 그림을 보고 다음 각 물음에 답하시오. 5점

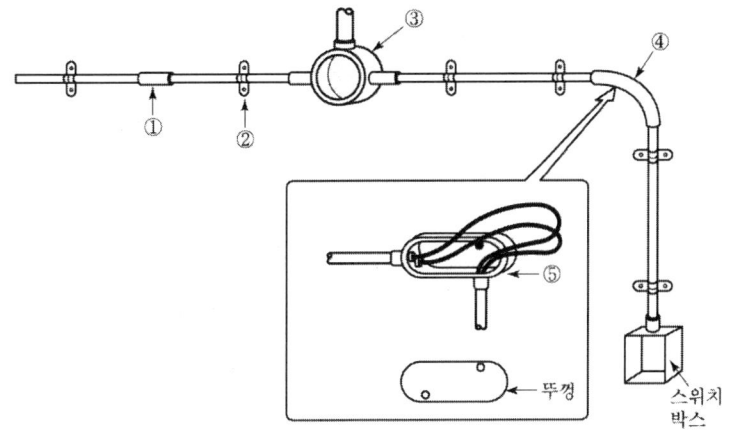

가) 그림에 표시된 ①~④의 자재 명칭을 답란에 쓰시오.

①	②	③	④

해설 및 정답

①	②	③	④
커플링	새들	환형정크션박스	노멀벤드

나) 그림에서 ④ 대신에 ⑤에 그려진 자재를 활용한다고 할 때, ⑤의 명칭을 쓰시오.

해설 및 정답 유니버설 엘보

> ! Reference ─── 금속관공사의 부품 및 기능 ───
> 1. 커플링(Coupling) : 금속관 상호를 연결하는 곳에 사용
> 2. 새들(Saddle) : 금속관을 조영재에 지지하는 금구
> 3. 환형정크션박스 : 금속관을 3개소 이하 연결 시 사용
> 4. 노멀벤드(Normal Bend) : 매입배관 공사 시 직각으로 굴곡된 곳에 사용
> 5. 유니버설 엘보(Universal Elbow) : 노출배관 공사 시 직각으로 굴곡된 곳에 사용

기출문제

10 다음 회로에서 램프 L의 작동을 주어진 타임차트에 표시하시오(단, PB : 누름버튼스위치, LS : 리미트스위치, X : 릴레이이다). `5점`

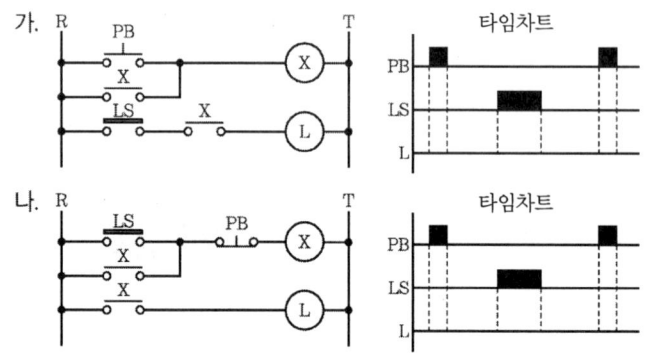

해설 및 정답

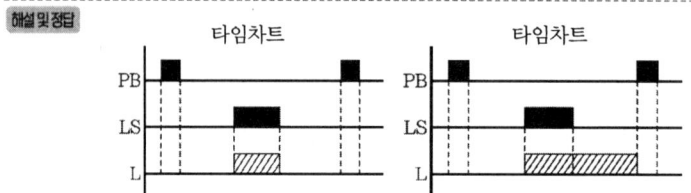

11 다음 그림은 3상 교류회로에 설치된 누전경보기의 결선도이다. 정상 상태와 누전 발생 시 a점, b점 및 c점에서 키르히호프의 제1법칙을 적용하여 선전류 I_1, I_2, I_3 및 선전류의 벡터합 계산과 관련된 각 물음에 답하시오. `8점`

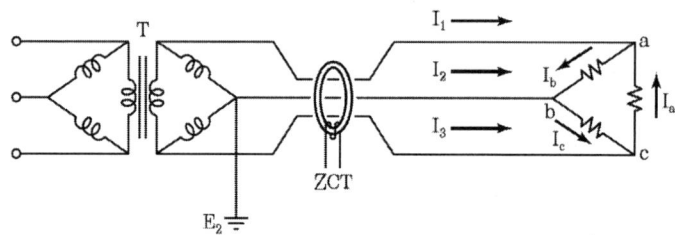

- 정상상태
  가) 정상상태 시 선전류

  a점 : $I_1 = ($　$)$　　b점 : $I_2 = ($　$)$　　c점 : $I_3 = ($　$)$

해설 및 정답　$I_b - I_a$,　$I_c - I_b$,　$I_a - I_c$

나. 정상상태 시 선전류의 벡터 합
  $I_1 + I_2 + I_3 = ($　$)$

해설 및 정답　0

- 누전상태

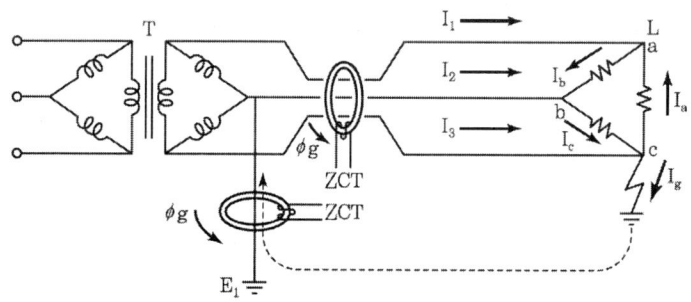

다) 누전 시 선전류

　　a점 : $I_1 = (\ \ )$　　　b점 : $I_2 = (\ \ )$　　　c점 : $I_3 = (\ \ )$

해설 및 정답　$I_b - I_a,\ \ I_c - I_b,\ \ I_a - I_c + I_g$

라) 누전 시 선전류의 벡터 합

　　$I_1 + I_2 + I_3 = (\ \ )$

해설 및 정답　I_g

기출문제

12 비상용 조명설비의 부하가 30[W] 120등, 60[W] 60등이 있다. 방전시간은 30분, 연축전지 HS형 54셀, 허용최저전압 90[V], 최저축전지온도 5[℃]일 때 다음 각 물음에 답하시오(단, 전압은 100[V]이며, 보수율은 0.8이다). **6점**

【 연축전지의 용량환산시간 K(상단은 900~2,000[Ah], 하단은 900[Ah] 이하) 】

형식	온도[℃]	10분			30분		
		1.6[V]	1.7[V]	1.8[V]	1.6[V]	1.7[V]	1.8[V]
CS	25	0.9 0.8	1.15 1.06	1.6 1.42	1.41 1.34	1.6 1.55	2.0 1.88
	5	1.15 1.1	1.35 1.25	2.0 1.8	1.75 1.75	1.85 1.8	2.45 2.35
	−5	1.35 1.25	1.6 1.5	2.65 2.25	2.05 2.05	2.2 2.2	3.1 3.0
HS	25	0.58	0.7	0.93	1.03	1.14	1.38
	5	0.62	0.74	1.05	1.11	1.22	1.54
	−5	0.68	0.82	1.15	1.2	1.35	1.68

가) 필요한 축전지 용량(Ah)을 구하시오.

해설 및 정답

1. 전류 $I = \dfrac{P}{V} = \dfrac{30[\text{W}] \times 120 + 60[\text{W}] \times 60}{100[\text{V}]} = 72[\text{A}]$

2. 용량환산시간(K값)

    1셀당 전압 $= \dfrac{90[\text{V}]}{54셀} = 1.7[\text{V}] ≒ (셀당) \rightarrow$ 표에서 $K = 1.22$

3. 축전지 용량 $C = \dfrac{1}{L}KI = \dfrac{1}{0.8} \times 1.22 \times 72 = 109.80[\text{Ah}]$

나) 연축전지에서 CS형과 HS형은 어떤 방전상태로 구분되어 지는지 쓰시오.
- CS형 :
- HS형 :

해설 및 정답
- CS형 : 완방전형
- HS형 : 급방전형

13 공기관식 차동식 분포형 감지기의 설치도면이다. 다음 각 물음에 답하시오(단, 주요구조부를 내화구조로 한 소방대상물인 경우이다). 8점

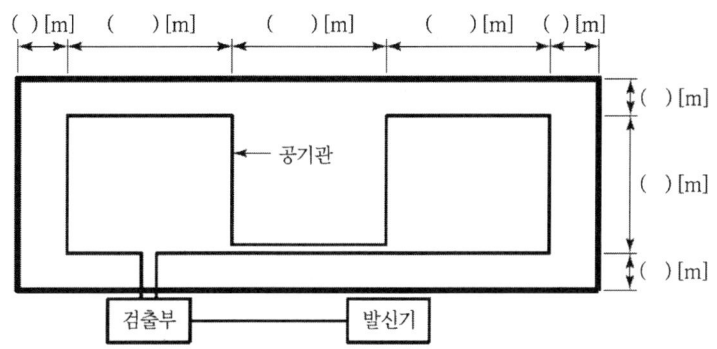

가) 내화구조일 경우의 공기관 상호간의 거리와 감지구역의 각 변과의 거리는 몇 [m] 이하가 되도록 하여야 하는지 도면의 (   )안에 쓰시오.

해설및정답

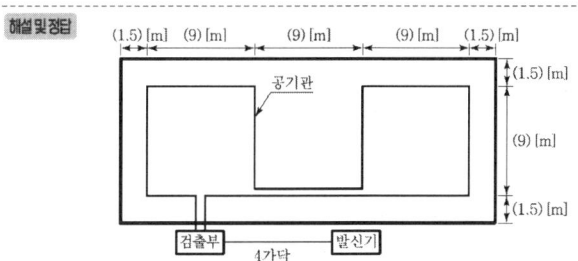

나) 공기관의 노출부분의 길이는 몇 [m] 이상이 되어야 하는지 쓰시오.

해설및정답 20[m] 이상

다) 종단저항을 발신기에 설치할 경우 차동식 분포형 감지기의 검출기와 발신기 간에 연결해야 하는 전선의 가닥 수를 도면에 표기하시오.

해설및정답 도면 가) 참조

라) 검출부의 설치높이를 쓰시오.

해설및정답 바닥으로부터 0.8[m] 이상 1.5[m] 이하

마) 검출부분에 접속하는 공기관의 길이는 몇 [m] 이하로 하여야 하는지 쓰시오.

해설및정답 100[m] 이하

바) 공기관의 재질을 쓰시오.

해설및정답 구리(동관 또는 중공동관)

사) 검출부의 경사도는 몇 도 이하이어야 하는지 쓰시오.

해설및정답 5도 이하

14 지하 3층 및 지상 14층이고 각 층의 높이가 3.3[m]인 다음과 같은 소방대상물에 수직경계구역을 설정할 경우 다음 각 물음에 답하시오. **10점**

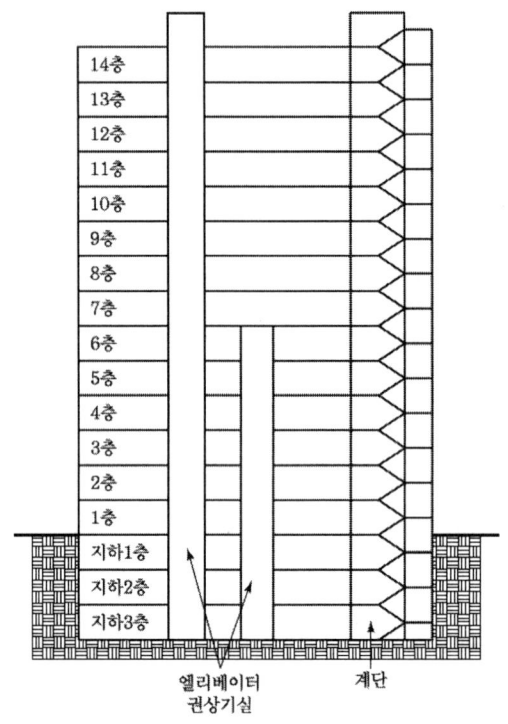

가) 상기의 건축 단면도상에 표기된 엘리베이터 권상기실과 계단실에 감지기를 설치해야 하는 위치를 찾아 연기감지기의 그림기호를 이용하여 도면에 그려 넣으시오.

해설및정답

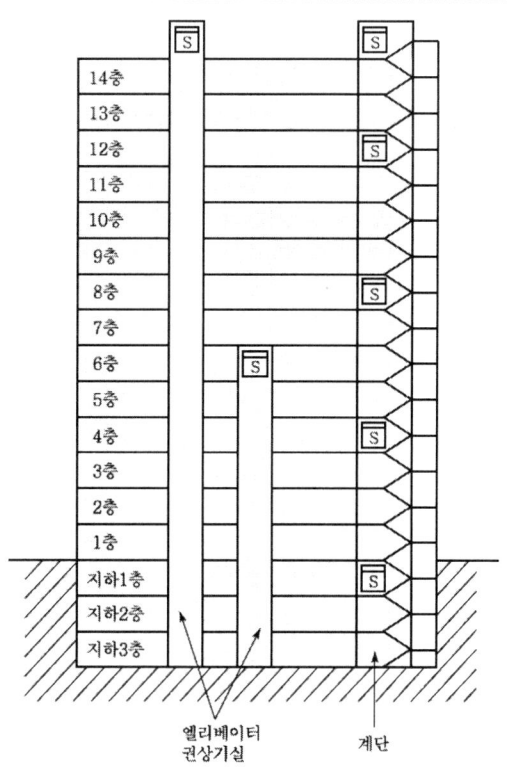

> **Reference** ─ 본 문제의 경우, 연기감지기 설치장소 ─
>
> 1. 엘리베이터 권상기실(최상부 천장)
> 2. 계단
>   ① 지상 : 4개의 연기감지기를 수직거리 15[m] 이내마다 설치한다. 1층에서부터 위로 4개층씩 설치하되, 마지막 하나는 계단의 최상부 천장에 설치
>
>   설치개수 $= \dfrac{3.3[m] \times 15}{15[m]} = 3.3$
>
>   ∴ 4개
>   ② 지하 : 1개의 연기감지기를 지하 계단의 최상부(지하 1층) 천장에 설치

기출문제

나) 본 소방대상물에 자동화재탐지설비의 수직경계구역은 총 몇 개의 회로로 구분해야 하는지 쓰시오.
- 엘리베이터 권상기실 (　)회로+계단(　)회로＝합계(　)회로

해설 및 정답 2, 3, 5

> **! Reference** ─── 경계구역의 설정기준(계단 등) ───
>
> 계단(직통계단 외의 것에 있어서는 떨어져 있는 상하계단의 상호간의 수평거리가 5[m] 이하로서 서로 간에 구획되지 아니한 것에 한함)·경사로(에스컬레이터경사로 포함)·엘리베이터 권상기실·린넨슈트·파이프 피트 및 덕트 기타 이와 유사한 부분에 대하여는 별도로 경계구역을 설정하되, 하나의 경계구역은 높이 45[m] 이하(계단 및 경사로에 한함)로 하고, 지하층의 계단 및 경사로(지하층의 층수가 1일 경우는 제외)는 별도로 하나의 경계구역으로 하여야 한다.
>
> ※ 본 문제에서, 수직 경계구역은
>   1. 엘리베이터 권상기실은 각각 1개씩 설정한다.
>   2. 계단은 지상 및 지하로 나누어 설정하며, 지상은 다시 수직거리 45[m]마다 설정한다.
>   ① 지상 계단의 경계구역수＝$\dfrac{3.3[m] \times 15}{45[m]} = 1.1$
>   ∴ 2개
>   ② 지하 계단의 경계구역수＝1개
>   ∴ 계단의 경계구역수는 3개
>   따라서 전체 수직 경계구역수는 엘리베이터 권상기실 2개+계단 3개=5개
>   ※ 경계구역수 : '회로수'로 표기해도 된다.

다) 연기가 멀리 이동해서 감지기에 도달하는 계단에 설치하는 연기감지기의 종류를 쓰시오.

해설 및 정답
1. 광전식스포트형 감지기
2. 광전아날로그식 스포트형 감지기
3. 광전식분리형 감지기
4. 광전아날로그식 분리형 감지기

> **! Reference** ─── 연기가 멀리 이동해서 감지기에 도달하는 장소(계단, 경사로)에 설치하는 감지기 ───
> 1. 광전식스포트형 감지기 ← 비축적형만 인정
> 2. 광전아날로그식 스포트형 감지기 ← 비축적형만 인정
> 3. 광전식분리형 감지기
> 4. 광전아날로그식 분리형 감지기

[자동화재탐지설비 화재안전기준 [별표 2] [설치장소별 감지기 적응성]]

설치장소		적응열감지기				적응연기감지기					불꽃감지기	비고
환경상태	적응장소	차동식스포트형	차동식분포형	보상식스포트형	정온식	열아날로그식	이온화식스포트형	광전식스포트형	이온아날로그식스포트형	광전아날로그식스포트형	광전식분리형	광전아날로그식분리형	
1. 흡연에 의해 연기가 체류하며 환기가 되지 않는 장소	회의실, 응접실, 휴게실, 노래연습실, 오락실, 다방, 음식점, 대합실, 카바레 등의 객실, 집회장, 연회장 등	○	○	○	–	–	◎	–	◎	○	○	–	
2. 취침시설로 사용하는 장소	호텔 객실, 여관, 수면실 등	–	–	–	–	–	◎	◎	◎	◎	○	○	–	
3. 연기이외의 미분이 떠다니는 장소	복도, 통로 등	–	–	–	–	–	◎	◎	◎	◎	○	○	–	
4. 바람에 영향을 받기 쉬운 장소	로비, 교회, 관람장, 옥탑에 있는 기계실	–	○	–	–	–	◎	–	◎	○	○		
5. 연기가 멀리 이동해서 감지기에 도달하는 장소	계단, 경사로	–	–	–	–	–	–	○	–	○	○	○		광전식스포트형 감지기 또는 광전아날로그식 스포트형감지기를 설치하는 경우에는 당해 감지기회로에 축적기능을 갖지 않는 것으로 할 것
6. 훈소화재의 우려가 있는 장소	전화기기실, 통신기기실, 전산실, 기계제어실	–	–	–	–	–	–	○	–	○	○	○	–	
7. 넓은 공간으로 천장이 높아 열 및 연기가 확산하는 장소	체육관, 항공기 격납고, 높은 천장의 창고·공장, 관람석 상부 등 감지기 부착 높이가 8[m] 이상의 장소	–	○	–	–	–	–	–	–	–	○	○		

주) 1. "○"는 당해 설치장소에 적응하는 것을 표시
2. "◎" 당해 설치장소에 연감지기를 설치하는 경우에는 당해 감지기회로에 축적기능을 갖는 것을 표시
3. 차동식스포트형, 차동식분포형, 보상식스포트형 및 연기식(당해 감지기회로에 축적기능을 갖지 않는 것) 1종은 감도가 예민하기 때문에 비화재보 발생은 2종에 비해 불리한 조건이라는 것을 유의하여 따를 것
4. 차동식분포형 3종 및 정온식 2종은 소화설비와 연동하는 경우에 한해서 사용할 것
5. 광전식분리형감지기는 평상시 연기가 발생하는 장소 또는 공간이 협소한 경우에는 적응성이 없음.
6. 넓은 공간으로 천장이 높아 열 및 연기가 확산하는 장소로서 차동식분포형 또는 광전식분리형 2종을 설치하는 경우에는 제조사의 사양에 따를 것
7. 다신호식감지기는 그 감지기가 가지고 있는 종별, 공칭작동온도별로 따르고 표에 따른 적응성이 있는 감지기로 할 것
8. 축적형감지기 또는 축적형중계기 혹은 축적형수신기를 설치하는 경우에는 자동화재탐지설비 화재안전기준의 제7조에 따를 것

기출문제

15 그림은 10개의 접점을 가진 스위칭회로이다. 이 회로의 접점수를 최소화하여 스위칭회로를 그리시오(단, 주어진 스위칭회로의 논리식을 최소화하는 과정을 모두 기술하고 최소화된 스위칭회로를 그리도록 한다). **5점**

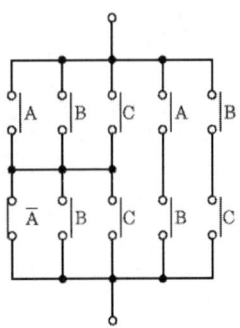

해설 및 정답

$(A+B+C) \times (\overline{A}+B+C) + AB + BC$
$= A(\overline{A}+B+C) + B(\overline{A}+B+C) + C(\overline{A}+B+C) + AB + BC$
$= A\overline{A} + AB + AC + B\overline{A} + BB + BC + C\overline{A} + BC + CC + AB + BC$
$= AC + B\overline{A} + B + C\overline{A} + C + AB + BC$
$= B(\overline{A}+1+A) + C(A+\overline{A}+1+B)$
$= B + C$

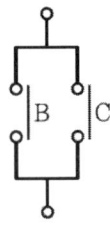

16 도면을 보고 각 물음에 답하시오. [6점]

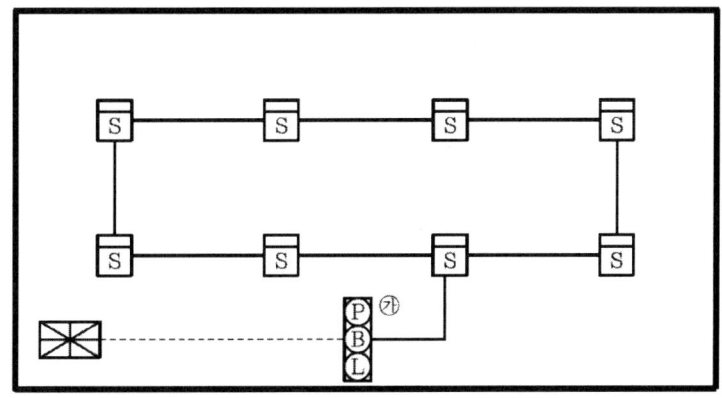

가) ㉮는 수동으로 화재신호를 발신하는 발신기세트이다. 발신기세트와 수신기 간의 배선 길이가 15[m]인 경우 전선은 총 몇 [m]가 필요한지 산출하시오(단, 층고, 할증 및 여유율 등은 고려하지 않는다).

해설및정답   15[m]×기본 6가닥=90[m]

나) 상기 건물에 설치된 감지기가 2종인 경우 8개의 감지기가 최대로 감지할 수 있는 감지구역의 바닥면적(m^2) 합계를 구하시오(단, 천장 높이는 5m인 경우이다).

해설및정답   75[m^2]×8=600[m^2]

다) 감지기와 감지기 간, 감지기와 발신기세트 간의 길이가 각각 10m인 경우 전선관 및 전선물량을 산출과정과 함께 쓰시오(단, 층고, 할증 및 여유율 등은 고려하지 않는다).

품명	규격	산출과정	물량(m)
전선관	16C		
전선	2.5[mm^2]		

해설및정답

품명	규격	산출과정	물량(m)
전선관	16C	감지기와 감지기 간 10[m]×8=80[m] 감지기와 발신기 간 10[m]×1=10[m]	90[m]
전선	2.5[mm^2]	감지기와 감지기 간 10[m]×8×2가닥=160[m] 감지기와 발신기 간 10[m]×4=40[m]	200[m]

소방설비기사[전기분야] 2차 실기

[2017년 4월 16일 시행]

01 다음은 준비작동식 스프링클러설비의 회로 계통도를 보여주고 있다. 다음 각 물음에 답하시오 (층별 구분 경보임). **10점**

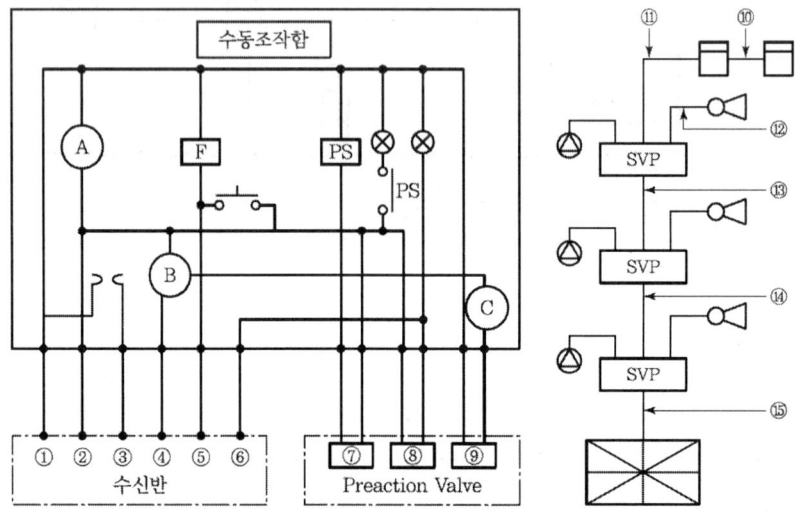

가) 계통도에 표시된 ①~⑨까지의 명칭을 쓰시오.

①		⑥	
②		⑦	
③		⑧	
④		⑨	
⑤		–	

해설 및 정답

①	전원⊖	⑥	밸브주의
②	전원⊕	⑦	압력스위치
③	전화	⑧	탬퍼스위치
④	밸브개방확인	⑨	솔레노이드밸브
⑤	밸브기동	–	

나) A, B, C에 들어갈 적당한 그림기호를 표시하시오.

해설 및 정답

A :    B : 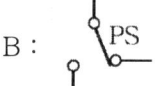   C :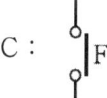

다) ⑩ ~ ⑮의 전선가닥 수를 쓰시오(최소가닥 수로 한다).

⑩	⑪	⑫	⑬	⑭	⑮

해설 및 정답

⑩	⑪	⑫	⑬	⑭	⑮
4	8	2	9	15	21

! Reference — 완성도면

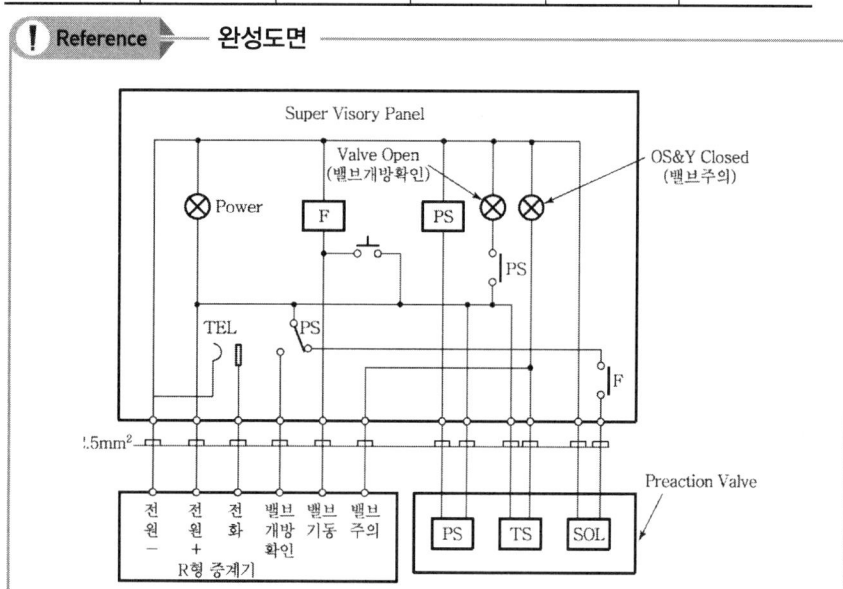

여기서, PS : 압력스위치   TS : 탬퍼스위치   SOL=SV : 솔레노이드밸브

프리액션밸브 ~ 슈퍼비조리판넬 사이 : 6가닥[밸브기동(SV) 2, 밸브개방확인(PS) 2, 밸브주의(TS) 2]

[전선내역]
⑩ 4가닥(감지기지구 2, 감지기공통 2)
⑪ 8가닥(감지기지구 4, 감지기공통 4)
⑫ 사이렌 ~ 슈퍼비조리판넬 사이 : 2가닥
⑬ 전원 ⊕, ⊖, 전화, 감지기A, 감지기B, 밸브기동, 밸브개방확인, 밸브주의, 사이렌
⑭ 전원 ⊕·⊖, 전화, (감지기 A, 감지기 B, 밸브기동, 밸브개방확인, 밸브주의, 사이렌)×2
⑮ 전원 ⊕·⊖, 전화, (감지기 A, 감지기 B, 밸브기동, 밸브개방확인, 밸브주의, 사이렌)×3

02 아래 도면과 같이 감지기가 설치되어 있을 때 배선도를 완성하시오. 5점

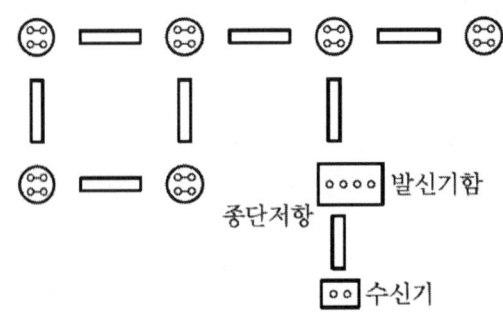

해설 및 정답

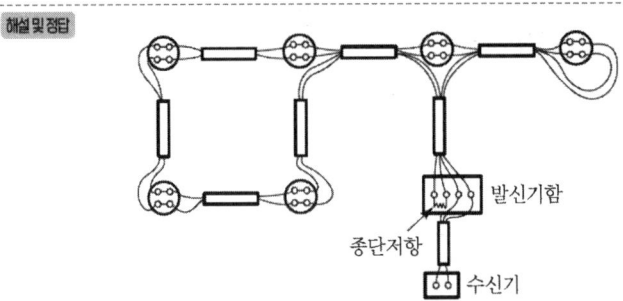

03 그림은 배연창설비의 회로 계통도에 대한 도면이다. 주어진 표를 이용하여 각 물음에 답하시오(단, 전동구동장치는 MOTOR방식이며, 사용전선은 HFIX전선을 사용한다. 별도 복구). 8점

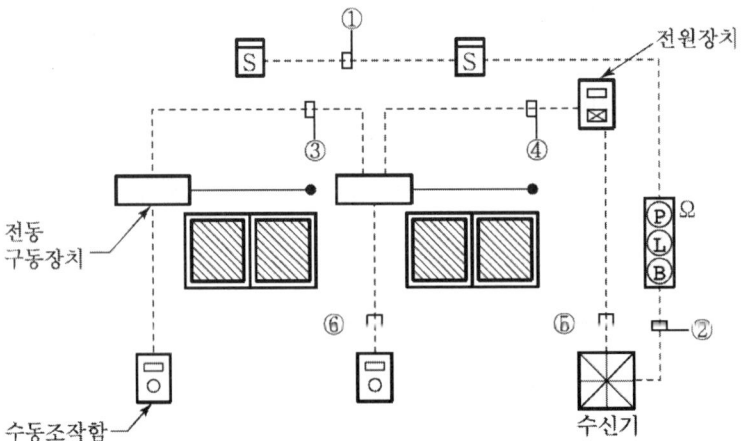

도체 단면적 (mm²)	전선본수									
	1	2	3	4	5	6	7	8	9	10
	전선관의 최소 굵기(mm)									
2.5	16	16	16	16	22	22	22	28	28	28
4	16	16	16	22	22	22	28	28	28	28
6	16	16	22	22	22	28	28	28	36	36
10	16	22	22	28	28	36	36	36	36	36

가) 이 설비는 일반적으로 몇 층 이상의 건물에 시설하는가?

해설및정답 6층 이상

나) 도면에 표시된 ②와 ④~⑥의 내역 및 용도를 빈칸에 써 넣으시오.

기호	내역	용도
①	16C(HFIX 2.5[mm²]-4)	지구, 공통 각 2가닥
②		
③	22C(HFIX 2.5[mm²]-5)	전원 +, 전원 -, 기동, 복구, 동작확인
④		
⑤		
⑥		

해설및정답

기호	내역	용도
①	16C(HFIX 2.5[mm²]-4)	지구, 공통 각 2가닥
②	22C(HFIX 2.5[mm²]-6)	지구, 공통, 응답, 경종, 표시등, 경종 및 표시등공통
③	22C(HFIX 2.5[mm²]-5)	전원 +, 전원 -, 기동, 복구, 동작확인
④	28C(HFIX 2.5[mm²]-8)	전원 +, 전원 -, 기동2, 복구2, 동작확인2
⑤	22C(HFIX 2.5[mm²]-7)	기동2, 동작확인2, 복구2, 공통(교류전원 2선은 별도)
⑥	16C(HFIX 2.5[mm²]-4)	기동, 정지, 복구, 공통

기출문제

04 다음은 자동화재탐지설비의 평면도이다. 도면을 보고 다음 각 물음에 답하시오(단, 모든 배관은 슬라브내 매입배관이며, 이중천장이 없는 구조이다). **7점**

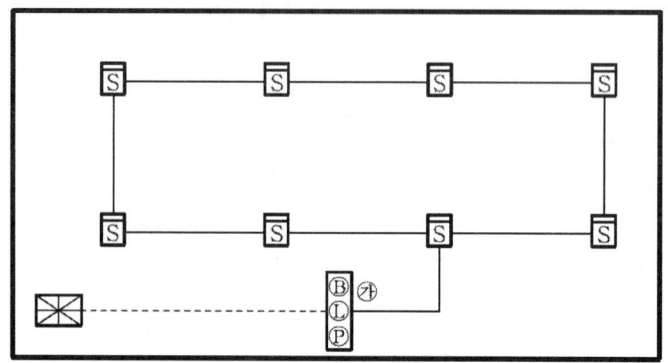

가) 도면의 각 배선(점선 및 실선)에 전선가닥 수를 표기하시오.

해설및정답

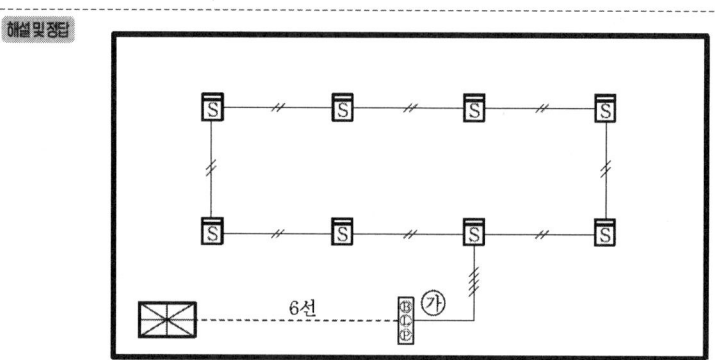

나) 수동발신기 세트 ㉮와 이에 접속된 감지기 사이의 전선관 관경은 최소 몇 [mm]인가?

해설및정답 16[mm]

다) 수동발신기 세트 ㉮에 내장된 것 4가지를 쓰시오

해설및정답 수동발신기, 지구경종, 표시등, 종단저항

> **! Reference** ── 구간별 배선 가닥 수, 관경 및 배선의 용도 ──

구간	가닥 수(관경)	배선의 용도
감지기 상호간	1.5[mm²] − 2(16)	감지기지구, 감지기공통
감지기와 발신기세트간	1.5[mm²] − 4(16)	감지기지구2, 감지기공통2
수신기와 발신기간	2.5[mm²] − 6(22)	지구, 공통, 응답, 경종, 표시등, 경종·표시등공통

05 유도전동기 부하에 사용할 비상용 자가발전설비를 선정하려고 한다. 다음 각 물음에 답하시오 (단, 기동용량은 700[kVA], 기동 시 전압강하 20[%]까지 허용, 과도리액턴스 25[%]이다). **4점**

가) 발전기용량은 몇 [kVA] 이상을 선정해야 하는지 구하시오.

해설 및 정답

발전기 용량 $PG_2 \geq P \times X_d \times \left(\dfrac{1}{e}-1\right) = 700 \times 0.25 \times \left(\dfrac{1}{0.2}-1\right) = 700[\text{kVA}]$

> **Reference** — 발전기 용량(PG)
>
> 【 소방용 비상부하 발전기 】
>
> | | 산정방식 | 공식 |
> |---|---|---|
> | PG_1 | 정격운전상태에서 부하설비 기동에 필요한 용량 계산 | $\dfrac{\sum P_L}{\eta_G \times \cos\theta_G} \times \alpha$ |
> | PG_2 | 최대 시동용량을 가진 부하(전동기)를 기동할 때 허용전압강하를 고려한 용량 계산 | $P_n \times \beta \times C \times X_d \times \left(\dfrac{1}{e}-1\right) = P \times X_d \times \left(\dfrac{1}{e}-1\right)$ |
> | PG_3 | 용량이 최대인 부하(전동기)를 최후에 기동할 때 필요한 용량 계산 | $\left(\dfrac{\sum P_L - P_m}{\eta_L} + P_n \times \beta \times C \times \cos\theta_L\right) \times \dfrac{1}{\cos\theta_G}$ |
> | PG_4 | 고조파 발생 부하를 감안한 용량 계산 | $P_C \times (2.0 \sim 2.5) + PG_1$ |
>
> 여기서, $\sum P_L$: 부하의 합계[kW]
> P_m : 시동용량이 최대인 부하(전동기)[kW]
> P : 최대시동용량($P_m \times \beta \times C$)[kVA]
> $\cos\theta_L$: 부하 역률
> $\cos\theta_G$: 발전기 역률
> X_d : 발전기 과도 리액턴스[%]
> α : 부하율(수용률을 고려한 계수)
> P_C : 고조파 발생 부하[kW]
> e : 허용전압강하율[%]
>
> 위의 표에서 PG_2를 적용한다.
>
> $PG_2 \geq P \times X_d \times \left(\dfrac{1}{e}-1\right)[\text{kVA}]$
>
> 여기서, e : 허용전압강하율, X_d : 과도리액턴스, P : 기동용량
>
> ∴ ∴ $PG_2 \geq 700 \times 0.25 \times \left(\dfrac{1}{0.2}-1\right) = 700[\text{kVA}]$

기출문제

나) 발전기용 차단기의 차단용량[MVA]을 구하시오(단, 차단용량의 여유율은 25[%]이다).

해설및정답 차단기의 차단용량

$$P_B > \frac{P_n}{X_d} \times 1.25 = \frac{700}{0.25} \times 1.25 = 3,500[\text{kVA}] = 3.5[\text{MVA}]$$

> **! Reference** ─ 발전기용 차단기의 차단용량(PB) ─
>
> $$P_B > \frac{P_n}{X_d} \times 1.25[\text{kVA}]$$
>
> $$\therefore P_B > \frac{700}{0.25} \times 1.25 = 3,500[\text{kVA}] = 3.5[\text{MVA}]$$

06 비상전원으로 사용되는 축전지설비에 대한 점검을 실시하고자 한다. 이때 필요한 점검기구의 명칭을 4가지만 쓰시오. **8점**

해설및정답
1. 비중계
2. 스포이드
3. 절연저항계(또는 메거)
4. 전류전압측정계

> **! Reference**
>
> 현행 삭제된 문제

07 다음은 자동화재탐지설비의 구성요소인 감지기의 개략적인 회로이다. 회로를 참고하여 다음 문제에 답하시오. **8점**

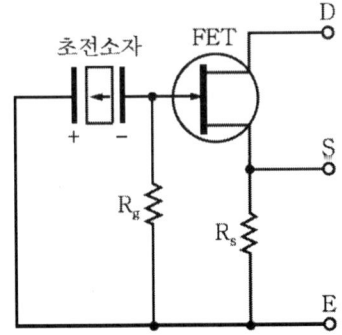

가) 이와 같은 기본회로를 갖는 감지기의 구체적인 명칭은?

해설 및 정답 불꽃감지기

나) 초전소자는 삼황화글리신(TGS), 세라믹의 티탄산납, 폴리플루오르화비닐(PVF$_2$)이 사용되고 있다. 이들 소자에서 발생되는 초전효과 또는 파이로(Pyro) 효과는 무엇인가?

해설 및 정답 자발분극현상(유전체 결정을 가열할 때 전기분극의 크기가 변화하여 전압이 생성되는 현상)

다) 상기 회로의 감지기는 어떤 화재성상에 민감한 응답특성을 가지고 있는가?

해설 및 정답 연소의 불꽃

라) 이와 같은 기본회로를 갖는 감지기의 설치기준으로 ( ) 안을 채우시오
① 감지기는 ( )와(과) ( )를(을) 기준으로 감시구역이 모두 포용될 수 있도록 설치할 것
② 감지기는 화재감지를 유효하게 감지할 수 있는 ( ) 또는 ( ) 등에 설치할 것
③ 감지기를 ( )에 설치하는 경우에는 감지기는 바닥을 향하여 설치할 것

해설 및 정답
① 공칭감시거리, 공칭시야각
② 모서리, 벽
③ 천장

> **! Reference**
>
> 가) 불꽃감지기
> 1. 정의 : 화염에서만 발생하는 일국소의 불꽃에 의한 수광소자에 입사하는 수광량 변화에 의해 작동하는 감지기
> 2. 종류 : 적외선식(IR) 불꽃감지기, 자외선식(UV) 감지기, 자외선, 적외선(UV/IR) 겸용 불꽃감지기
> 나) 초전(파이로 : Pyro) 효과
>   유전체 결정을 가열할 때 전기분극의 크기가 변화하여 전압이 생성되는 현상(열 섬자발분극현상)
> 다) 연소 시의 불꽃에 민감하게 반응하며, 심부화재보다는 표면화재(불꽃연소)에 적응성이 크다.

기출문제

08 자동화재탐지설비의 감지기 또는 발신기의 스위치가 작동할 경우 지구경종이 작동하게 된다. 다음 조건을 만족하는 시퀀스회로를 완성하시오. [5점]

> **조건**
> - 감지기 또는 발신기의 스위치가 온(On) 될 경우 자기유지 시킬 것
> - 감지기 또는 발신기의 스위치가 온(On) 될 경우 지구경종이 울릴 것
> - 감지기 또는 발신기의 스위치가 복귀된 경우 복구 스위치를 누르면 지구경종이 정지할 것
> - 관리자가 비상방송을 하기 위하여 절환스위치를 비상방송으로 전환할 경우 지구경종이 정지할 것

[범례]
- ─o o─ : 발신기 스위치
- ─o─o─ : 감지기
- ─o o─ : 절환 스위치
- Ⓧ : 계전기
- ─o o─ : 복구 스위치
- Ⓑ : 지구경종

[회로도]

해설 및 정답

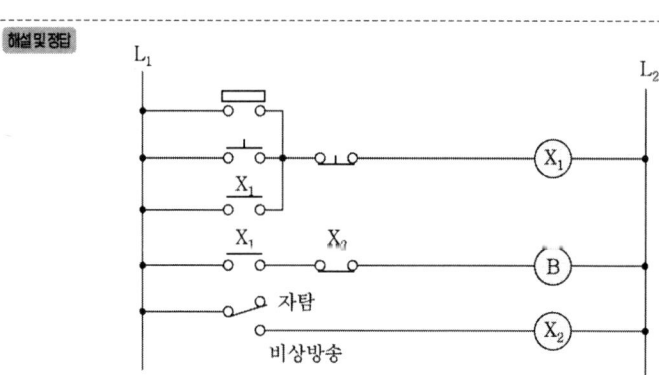

09 다음 회로는 타이머를 이용하여 기동 시 Y로 기동하고 t초 후 자동적으로 △운전되는 Y-△(와이-델타) 기동회로이다. 이 회로도를 보고 다음 각 물음에 답하시오. [9점]

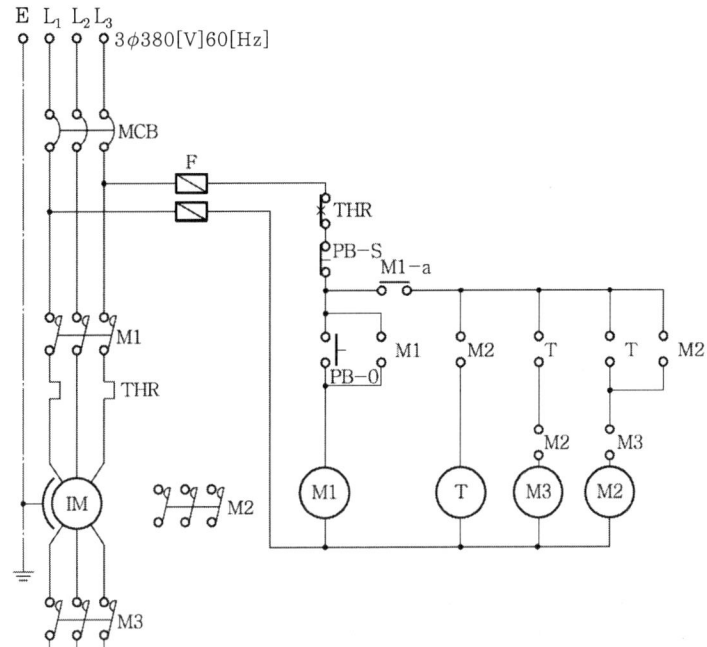

가) 타이머를 이용한 Y-△(와이-델타) 미완성 기동회로를 완성하시오(접점에는 'M2-a', 'M3-b', 'T-a' 등 접점 기호를 쓰도록 한다).

해설 및 정답

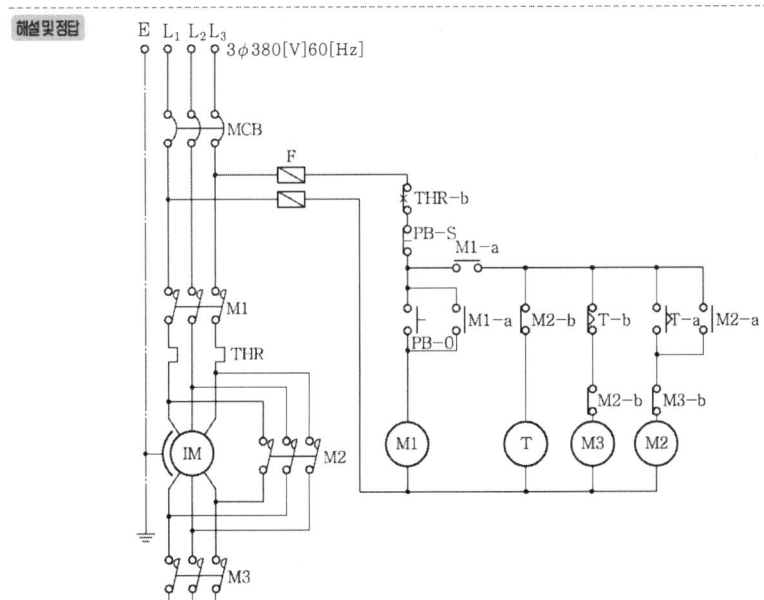

기출문제

나) 유도전동기의 권선을 Y결선으로 하여 기동하고 기동 후 △결선으로 바꾸어 운전하는 이유에 대하여 쓰시오.

해설및정답 기동전류를 작게 하기 위하여 기동은 Y결선으로 한다.

다) 다음은 상기 회로도에 의한 유도전동기의 Y−△(와이−델타) 기동회로의 동작설명이다. ( ) 안에 알맞은 기호 또는 문자를 쓰시오.
1) PB−0를 누르면 ( )과(와) ( )가(이) 여자되어 주접점 M1이 닫히면서 전동기가 Y기동된다. PB−0에서 손을 떼어도 계속 Y기동된다. 동시에 타이머 코일도 여자된다.
2) 타이머의 설정시간 t가 지나면 ( )접점이 열려 ( )가(이) 소자되어 Y기동이 정지되고, ( )가(이) 붙어 ( )가(이) 여자되면서 △운전으로 전환된다.
3) ( )와(과) ( )는(은) 인터록이 유지되어 안전운전이 된다.
4) 정지용 PB−S를 누르거나 전동기에 과부하가 걸려 ( )이(가) 작동하면 운전 중인 전동기는 정지한다.

해설및정답
1) M1, M3 2) T−b, M3, T−a, M2
3) M2−b, M3−b 4) THR

10 다음은 하나의 배선용 덕트에 소방용 배선과 다른 설비용 배선을 같이 수납한 경우이다. "가"와 "나"는 어느 정도의 크기 이상으로 하여야 하는지 쓰시오. **4점**

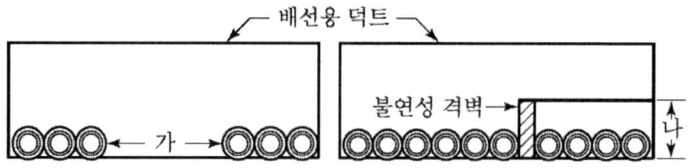

- 소방용 배선과 다른 설비용 배선의 이격거리는 (가)[cm] 이상
- 불연성 격벽의 높이는 가장 굵은 전선지름의 (나) 이상

해설및정답 가. 15   나. 1.5배

11 저압 옥내배선의 금속관공사에 있어서 금속관과 박스, 그 밖의 부속품은 다음 각 호에 의하여 시설하여야 한다. (   ) 안에 알맞은 말을 쓰시오. **7점**

- 금속관을 구부릴 때 금속관의 단면이 심하게 (①)되지 아니하도록 구부려야 하며, 그 안쪽의 (②)은 관 안지름의 (③)배 이상이 되어야 한다.
- 아웃렛박스(Outlet Box) 사이 또는 전선 인입구를 가지는 기구 사이의 금속관에는 (④)개소를 초과하는 (⑤) 굴곡개소를 만들어서는 아니 된다. 굴곡 개소가 많은 경우 또는 관의 길이가 (⑥)[m]를 넘는 경우에는 (⑦)를 설치하는 것이 바람직하다.

해설 및 정답
① 변형   ② 반지름
③ 6   ④ 3
⑤ 직각 또는 직각에 가까운   ⑥ 30
⑦ 풀박스

> **! Reference — 공사방법**
>
> 1. 관 상호 간 및 관과 박스 기타의 부속품과는 나사접속, 기타 이와 동등 이상의 효력이 있는 방법에 의하여 견고하고 또한 전기적으로 완전하게 접속할 것
> 2. 관의 끝 부분에는 전선의 피복을 손상하지 아니하도록 적당한 구조의 부싱을 사용할 것
> 3. 습기가 많은 장소 또는 물기가 있는 장소에 시설하는 경우에는 방습장치를 할 것
> 4. 저압 옥내배선의 사용 전압이 400[V] 미만인 경우 관에는 제3종 접지공사를 할 것
> 5. 저압 옥내배선의 사용 전압이 400[V] 이상인 경우 관에는 특별 제3종 접지공사를 할 것
> 6. 수납하는 전선은 절연전선(옥외용 비닐절연전선[OW]은 제외)일 것
> 7. 전선은 단면적이 6[mm^2](알루미늄전선의 경우 16[mm^2])를 초과할 경우는 연선일 것(단, 관의 길이가 1[m] 이하인 것은 적용 제외)
> 8. 관내에는 전선의 접속점이 없도록 할 것
> 9. 금속관을 구부릴 때 금속관 단면이 심하게 변형되지 않도록 하며, 그 안측의 반지름은 관 안지름의 6배 이상이 되도록 할 것
> 10. 아웃렛 박스 사이 또는 전선 인입구를 가지는 기구 사이의 금속관에는 3개소를 초과하는 직각 또는 직각에 가까운 굴곡개소를 만들어서는 아니 되며, 굴곡개소가 많은 경우 또는 관의 길이가 30[m]를 초과하는 경우에는 풀박스(pull box)를 설치한다.

기출문제

12 준비작동식 스프링클러설비 감시제어반에서 도통시험 및 작동시험을 할 수 있어야 하는 곳 5가지를 쓰시오. [5점]

해설 및 정답
1. 기동용수압개폐장치의 압력스위치회로
2. 수조 또는 물올림탱크의 저수위감시회로
3. 유수검지장치 또는 일제개방밸브의 압력스위치회로
4. 일제개방밸브를 사용하는 설비의 화재감지기회로
5. 급수배관에 설치된 개폐밸브의 폐쇄상태 확인회로

13 다음은 준비작동식 유수검지장치에 관한 배선연결 계통도이다. 물음에 답하시오. [10점]

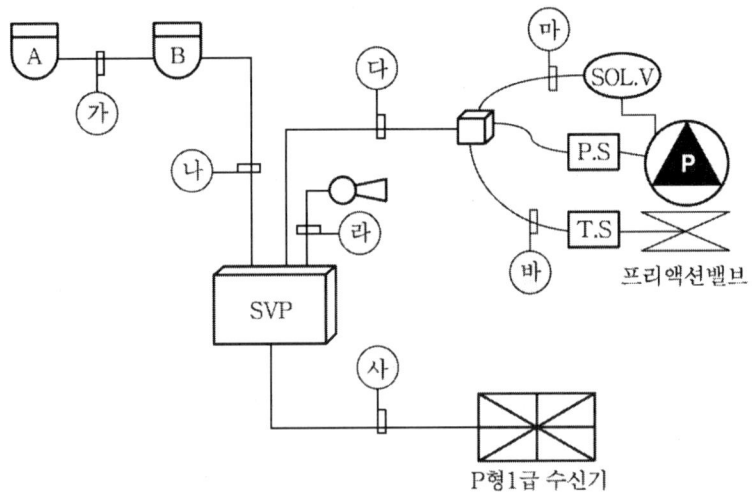

가) ㉮ ~ ㉯까지의 배선 가닥수를 쓰시오.

해설 및 정답
㉮ 4 ㉯ 8 ㉰ 4 ㉱ 2
㉲ 2 ㉳ 2 ㉴ 9

! Reference ── ㉰의 배선가닥 수 ──
1. 공통선을 별개로 하는 경우 : 6선(SV 2, PS 2, TS 2)
2. 공통선을 공용으로 하는 경우 : 4선(SV, PS, TS, 공통)

나) ㉑의 음향장치는 어떤 경우에 울리게 되는지 쓰시오.

해설및정답 감지기 작동 시

> **! Reference — 사이렌이 음향을 경보하는 경우**
> 1. 습식 및 건식 유수검지장치 : 헤드가 개방한 때
> 2. 준비작동식 유수검지장치 및 일제개방형 밸브 : 감지기가 작동한 때

다) 준비작동식 유수검지장치가 전기적으로 작동하게 되는 2가지 경우를 쓰시오.

해설및정답
1. 2개회로의 감지기가 작동한 경우
2. 수동기동스위치를 조작한 경우

라) 준비작동식 유수검지장치 연동용 감지기 회로를 "A", "B" 회로로 구분하여 설치하는 이유와 이러한 회로방식의 명칭을 쓰시오.

해설및정답
1. 구분하여 설치하는 이유 : 감지기 오동작으로 인한 설비의 오동작 방지
2. 회로방식의 명칭 : 교차회로방식

> **! Reference — 준비작동식 유수검지장치 또는 일제개방밸브의 작동 기준**
> 1. 담당구역 내의 화재감지기의 동작에 따라 개방 및 작동될 것
> 2. 화재감지회로는 교차회로방식으로 할 것(다만, 다음의 경우에는 제외) ← 교차회로방식으로 하지 않는 예외 조항
>   ① 스프링클러설비의 배관 또는 헤드에 누설경보용 물 또는 압축공기가 채워지거나 부압식 스프링클러설비의 경우
>   ② 화재감지기를 다음의 감지기(일과성 비화재보 방지기능이 있는 감지기)로 설치한 때
>   ㉠ 불꽃감지기　　㉡ 정온식 감지선형 감지기　　㉢ 분포형 감지기
>   ㉣ 복합형 감지기　㉤ 광전식 분리형 감지기　　㉥ 아날로그방식의 감지기
>   ㉦ 다신호방식의 감지기　㉧ 축적방식의 감지기
> 3. 준비작동식 유수검지장치 또는 일제개방밸브의 인근에서 수동기동(전기식 및 배수식)에 따라서도 개방 및 작동될 수 있게 할 것
> 4. 화재감지기의 설치기준에 관하여는 자동화재탐지설비의 화재안전기술기준(NFTC 203)을 준용할 것. 이 경우 교차회로방식에 있어서의 화재감지기의 설치는 각 화재감지기 회로별로 설치하되, 각 화재감지기회로별 화재감지기 1개가 담당하는 바닥면적은 자동화재탐지설비의 화재안전기술기준(NFTC 203)에 따른 바닥면적으로 한다.

기출문제

마) 준비작동식 유수검지장치 연동용 감지기 회로를 "A", "B" 회로로 구분하지 않고 하나의 회로로 구성하여도 무방한 감지기의 종류를 3가지만 쓰시오.

해설 및 정답
1. 불꽃감지기
2. 정온식 감지선형 감지기
3. 차동식 분포형 감지기

14 특정소방대상물에 설치된 수신기에서 스위치주의등이 점멸하고 있다. 어떤 경우에 점멸하는지 그 예상 원인을 2가지만 쓰시오. **4점**

해설 및 정답
1. 주경종정지 스위치 ON 시
2. 지구경종정지 스위치 ON 시

> **! Reference** — 수신기에서 스위치주의등이 점멸하는 경우
>
> 각종 시험스위치 중 어느 하나라도 정상 위치에 있지 않은 경우(시험 후 복구시키지 않은 경우) 스위치주의등이 점멸하게 된다.
> 1. 주경종정지 스위치 ON 시
> 2. 지구경종정지 스위치 ON 시
> 3. 화재작동시험 스위치 ON 시
> 4. 회로도통시험 스위치 ON 시

15 그림은 자동방화문설비의 자동방화문 결선도 및 계통도이다. 다음 물음에 답하시오(단, 방화문 감지기회로는 제외한다). 6점

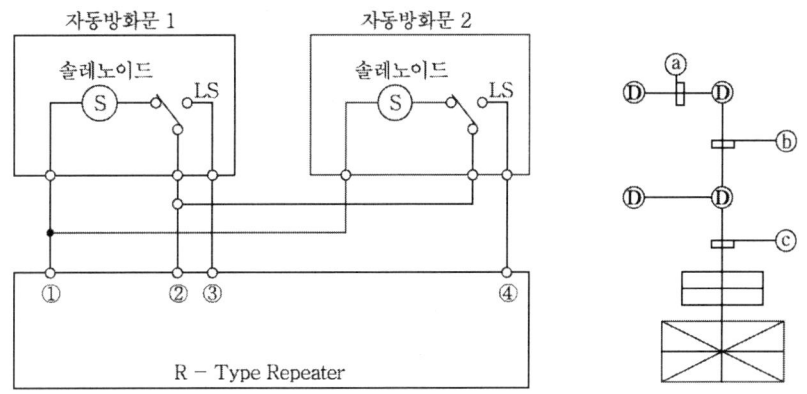

가) ①~④까지 배선의 용도를 쓰시오.

해설및정답   ① 기동   ② 공통   ③ 기동확인 1   ④ 기동확인 2

나) ⓐ~ⓒ의 전선 가닥수와 배선의 용도를 쓰시오.

기호	전선 가닥수	배선의 용도
ⓐ	3	기동, 기동확인, 공통
ⓑ	4	기동, 기동확인2, 공통
ⓒ	7	기동2, 기동확인4, 공통

소방설비기사[전기분야] 2차 실기

[2017년 6월 25일 시행]

01 다음은 우선경보방식의 비상방송설비의 회로 계통도를 보여주고 있다. 각 층 사이의 ①~⑤까지의 배선수와 각 배선의 용도를 쓰시오(단, 비상방송과 업무용 방송을 겸용하는 설비이다).

10점

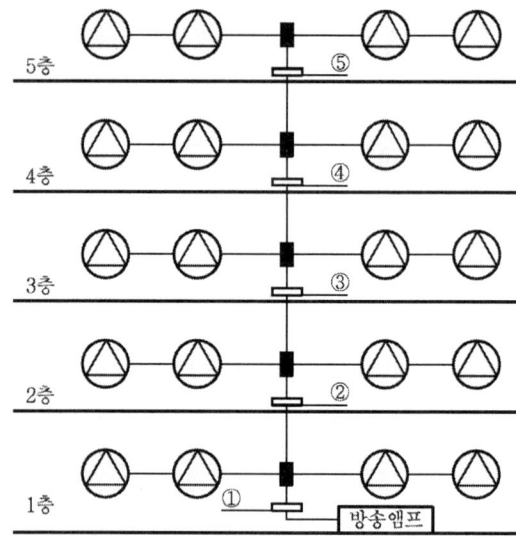

	배선수	배선의 용도
①		
②		
③		
④		
⑤		

해설 및 정답

	배선수	배선굵기	배선의 용도
①	7	2.5[mm²]	비상방송 5, 공통, 업무용방송
②	6	2.5[mm²]	비상방송 4, 공통, 업무용방송
③	5	2.5[mm²]	비상방송 3, 공통, 업무용방송
④	4	2.5[mm²]	비상방송 2, 공통, 업무용방송
⑤	3	2.5[mm²]	비상방송, 공통, 업무용방송

02 그림과 같은 유접점 회로에 대하여 다음 물음에 답하시오. 6점

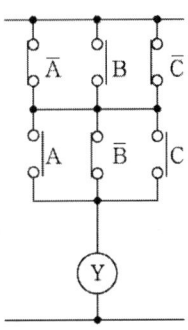

가) 유접점 회로에 대한 논리식을 나타내시오.

해설 및 정답 $Y = (\overline{A} + B + \overline{C}) \cdot (A + \overline{B} + C)$

나) 논리식에 대하여 NAND 소자만을 활용하여 무접점 회로를 완성하시오.

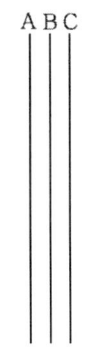

해설 및 정답

$Y = \overline{\overline{(\overline{A}+B+\overline{C})(A+\overline{B}+C)}}$

$= \overline{\overline{\overline{A}+B+\overline{C}} + \overline{A+\overline{B}+C}}$

$= \overline{\overline{\overline{A}\overline{B}\overline{C}} + \overline{\overline{A}B\overline{C}}}$

$= \overline{\overline{A\overline{B}C} + \overline{\overline{A}B\overline{C}}}$

$= \overline{(A\overline{B}C)} \cdot \overline{(\overline{A}B\overline{C})}$

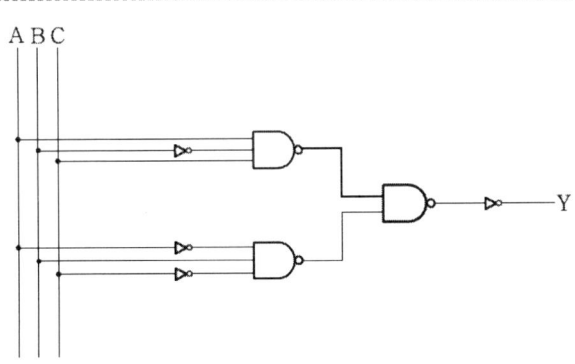

기출문제

03 다음은 지하 1층, 지상 8층인 내화구조의 건물 지상 1층 평면도이다. 각 항목별 물음에 답하시오(일제경보방식). **9점**

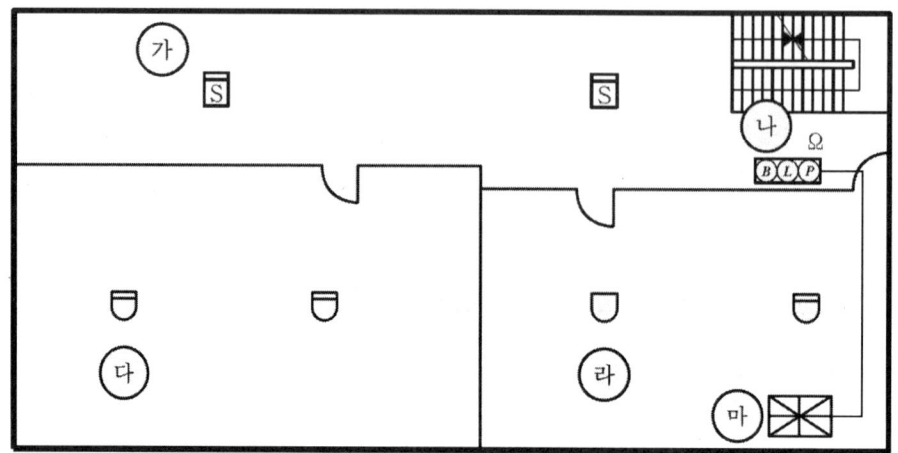

가) 위의 도면상에 표기된 감지기를 루프식 배선방식을 사용하여 발신기에 연결하고 배선가닥수를 표시하시오. 단, 계단 감지기는 수신기와 직접 배선한 것으로 한다.

해설 및 정답

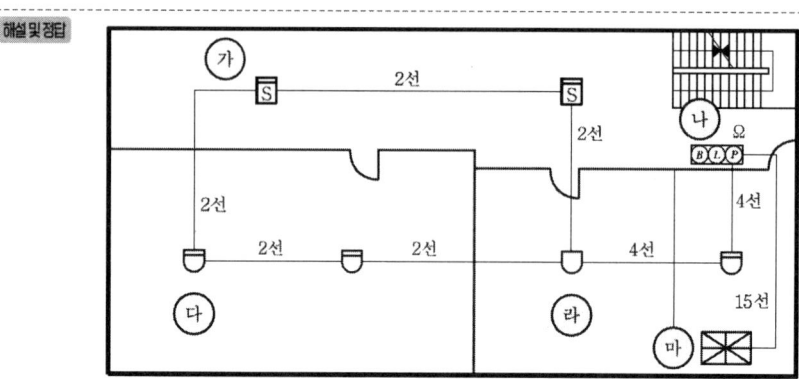

나) ㉮~㉲에 표기된 그림기호에 대한 명칭과 형별을 쓰시오.

항목	명칭	형별
㉮		
㉯	발신기	—
㉰		
㉱		
㉲	수신기	P형

해설및정답

항목	명칭	형별
㉮	연기감지기	스포트형
㉯	발신기	—
㉰	차동식감지기	스포트형
㉱	정온식감지기	스포트형
㉲	수신기	P형

다) 발신기와 수신기 사이의 배관길이가 20[m]일 경우 전선은 몇 [m]가 필요한지 소요량을 산출하시오(단, 전선의 할증률은 10[%]로 계상한다).

해설및정답 15가닥×20[m]×1.1＝330[m]

04 청각장애인용 시각경보장치의 설치기준을 3가지만 쓰시오(단, 화재안전기준 각 호의 내용을 1가지로 본다). 6점

해설및정답
1. 복도·통로·청각장애인용 객실 및 공용으로 사용하는 거실에 설치하며, 각 부분으로부터 유효하게 경보를 발할 수 있는 위치에 설치
2. 공연장·집회장·관람장 또는 이와 유사한 장소 시선이 집중되는 무대부 부분 등에 설치
3. 설치높이는 바닥으로부터 2[m] 이상 2.5[m] 이하 높이에 설치, 천장의 높이가 2[m] 이하인 경우에는 천장으로부터 0.15[m] 이내의 장소에 설치

기출문제

05 수신기로부터 배선거리 100[m]의 위치에 모터사이렌이 접속되어 있다. 이 모터사이렌이 명동될 때 사이렌의 단자전압을 구하시오(단, 수신기의 정전압 출력은 24[V], 전선의 굵기는 2.5[mm²]이며, 사이렌의 정격전력은 48[W]라 가정하고, 전압변동에 의한 부하전류의 변동은 무시한다. 또한 2.5[mm²] 동선의 1[km]당 전기저항은 8.75[Ω]으로 한다). **5점**

해설 및 정답

1. 전압강하 $e = 2IR = 2 \times \dfrac{48[W]}{24[V]} \times 8.75[\Omega/km] \times 0.1[km] = 3.5[V]$
2. 단자전압 = 공급전압 − 전압강하 = 24 − 3.5 = 20.5[V]

> **Reference**
>
> 1. 전압강하 $e = 2IR$
>   여기서, e : 전압강하[V], I : 전류[A], R : 전선의 저항[Ω]
> $\therefore e = 2 \times \dfrac{48[W]}{24[V]} \times 8.75[\Omega/km] \times 0.1[km] = 3.5[V]$
> 2. 단자전압 $V_R = V_S - e$
>   여기서, V_R : 부하전압(단자전압)[V]
> V_S : 수신기 공급전압[V]
> e : 전압강하[V]
> $\therefore V_R = V_S - e = 24 - 3.5 = 20.5[V]$

06 감지기 선로의 말단에는 종단저항을 접속하도록 규정하고 있다. 그 이유에 대하여 설명하고 감지기 배선을 송배선식으로 시공하는 이유에 대하여도 설명하시오. **11점**

가) 종단저항
나) 송배선식

해설 및 정답
가) 수신기에서 감지기 선로의 도통시험을 용이하게 하기 위하여
나) 감지기 선로의 도통시험을 미경계 부분 없이 하기 위하여

07 도면과 같은 회로를 누름버튼스위치 PB$_1$ 또는 PB$_2$ 중 먼저 ON 조작된 측의 램프만 점등되는 병렬우선회로가 되도록 고쳐서 그리시오(단, PB$_1$측의 계전기는 R$_1$, 램프는 L$_1$이며, PB$_2$측의 계전기는 R$_2$, 램프는 L$_2$이다. 또한 추가되는 접점이 있을 경우에는 최소수만 사용하여 그리도록 한다). 6점

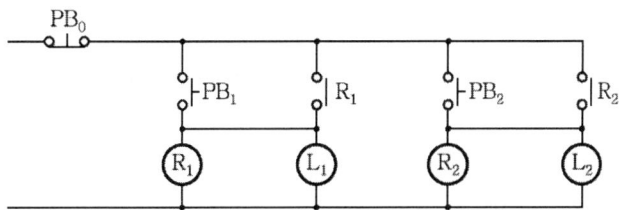

- 병렬우선회로

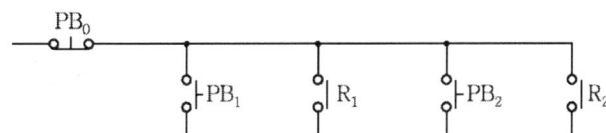

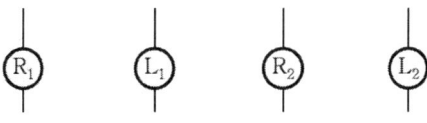

해설 및 정답

기출문제

08 도면은 옥내소화설비와 자동화재탐지설비를 겸용한 전기설비계통도의 일부분이다. 다음 조건을 보고 "①~⑦"까지의 최소 전선수를 산정하시오. **7점**

> **조건**
> - 건물의 규모는 지하 3층 지상 5층이며, 연면적은 4,000[m²]이다.
> - 선로의 수는 최소로 하고 공통선은 회로 공통선과 경종 표시등 공통선을 분리한다.
> - 옥내소화전설비는 기동용 수압개폐장치를 이용한 자동기동방식으로 한다.
> - 옥내소화전설비에 해당하는 가닥수도 포함하여 산정한다.

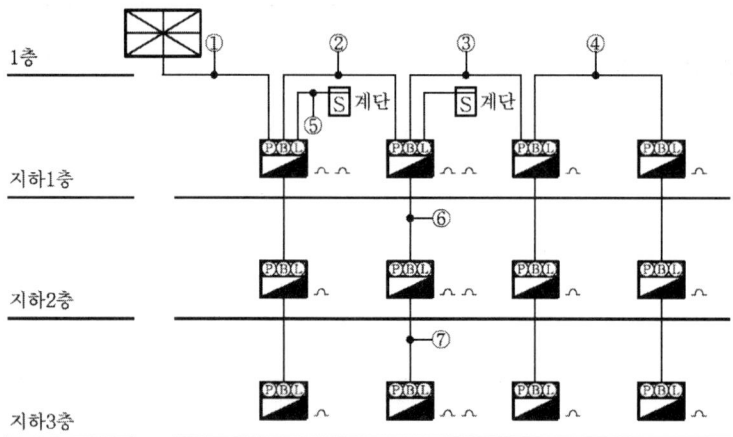

해설 및 정답

①	②	③	④	⑤	⑥	⑦
25	20	13	10	4	11	9

> **Reference** — 배선수 및 배선의 용도

구분	①	②	③	④	⑤	⑥	⑦
지구선	16	12	6	3		4	2
공통선	3	2	1	1		1	1
응답선	1	1	1	1		1	1
지구경종선	1	1	1	1		1	1
표시등선	1	1	1	1		1	1
지구경종·표시등공통선	1	1	1	1		1	1
감지기 지구선					2		
감지기 공통선					2		
소화전 기동확인선	2	2	2	2		2	2
계	25	20	13	10	4	11	9

1. 지구선 수 : 담당구역의 경계구역 수, 즉 종단저항의 수로 계산하면 된다.
2. 공통선 수 : 7경계구역마다 1선씩 배선한다.
3. 지구경종선 수 : 당해 건물은 발화층 및 직상층 우선경보방식으로 경보하여야 한다. 따라서, 지하층은 전층을 동시에 경보하게 되므로 지하층만의 지구경종선 수는 1선이다(지상층은 층마다 경종선 수를 1선씩 추가 배선한다).
4. ⓔ는 감지기만의 배선이므로 다른 간선과는 배선내역이 다르다.
5. 소화전 기동확인선 수 : 기동용 수압개폐방식이므로 2선이다.

소화전 기동방식	배선 수	배선의 용도(내역)
기동용 수압개폐방식	2	기동확인선 2
수동기동방식	5	ON, OFF, 공통, 기동확인선 2

09 옥내소화전설비의 비상전원의 설치기준을 5가지 쓰시오. [5점]

해설 및 정답

1. 점검에 편리하고 화재 및 침수 등의 재해로 인한 피해를 받을 우려가 없는 곳에 설치할 것
2. 옥내소화전설비를 유효하게 20분 이상 작동할 수 있어야 할 것
3. 상용전원으로부터 전력의 공급이 중단된 때에는 자동으로 비상전원으로부터 전력을 공급받을 수 있도록 할 것
4. 비상전원의 설치장소는 다른 장소와 방화구획 할 것
5. 비상전원을 실내에 설치하는 때에는 그 실내에 비상조명등을 설치할 것

! Reference — 비상전원

1. 비상전원의 종류 : 자가발전설비, 축전지설비, 전기저장장치
2. 비상전원의 설치기준
   ① 점검에 편리하고 화재 및 침수 등의 재해로 인한 피해를 받을 우려가 없는 곳에 설치할 것
   ② 옥내소화전설비를 유효하게 20분 이상 작동할 수 있어야 할 것
   ③ 상용전원으로부터 전력의 공급이 중단된 때에는 자동으로 비상전원으로부터 전력을 공급받을 수 있도록 할 것
   ④ 비상전원(내연기관의 기동 및 제어용 축전기를 제외)의 설치장소는 다른 장소와 방화구획할 것. 이 경우 그 장소에는 비상전원의 공급에 필요한 기구나 설비 외의 것(열병합발전설비에 필요한 기구나 설비는 제외)을 두어서는 아니 된다.
   ⑤ 비상전원을 실내에 설치하는 때에는 그 실내에 비상조명등을 설치할 것

기출문제

10 가스누설경보기 기술기준에 관련된 사항이다. 다음 물음에 답하시오. **7점**

가) 수신부는 수신개시로부터 가스누설 표시까지의 소요시간은 몇 초인가?

해설 및 정답 60초 이내

나) 경보장치의 음향설비는 무향실 내에서 정위치에 부착된 음향장치 중심으로부터 1[m] 떨어진 지점에서 주 음향장치용(공업용)과 고장표시 장치용은 각각 몇 [dB] 이상이어야 하는가?

해설 및 정답
- 주 음향장치용(공업용) : 90[dB] 이상
- 고장표시 장치용 : 60[dB] 이상

다) 경보기의 예비전원설비에 사용되는 축전지를 쓰시오.

해설 및 정답 경보기의 예비전원용 축전지

종류	알칼리계 2차 축전지	리튬계 2차 축전지	무보수밀폐형 연축전지
방전종지전압	1.0[V/Cell]	2.75[V/Cell]	1.75[V/Cell]

11 다음은 하나의 배선용 덕트에 소방용 배선과 다른 설비용 배선을 같이 수납한 경우이다. "가"와 "나"는 어느 정도의 크기 이상으로 하여야 하는지 쓰시오. **4점**

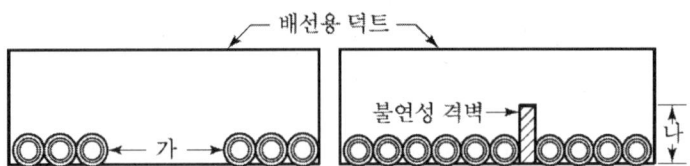

- 소방용 배선과 다른 설비용 배선의 이격거리는 (가)[cm] 이상
- 불연성 격벽의 높이는 가장 굵은 전선의 (나) 이상

해설 및 정답 가. 15   나. 1.5배

12. 다음은 통로유도등에 관한 사항이다. 다음 각 물음에 답하시오. [4점]

가) 빈칸 ㉮, ㉯, ㉰에 알맞은 내용을 쓰시오.

	복도통로유도등	거실통로유도등	계단통로유도등
설치장소	복도	㉮	계단
설치방법	구부러진 모퉁이 및 보행거리 20[m]마다 설치	㉯	각 층의 경사로참 또는 계단참
설치높이	㉰	바닥으로부터 높이 1.5[m] 이상	바닥으로부터 높이 1[m] 이하

해설 및 정답
㉮ 거실의 통로
㉯ 구부러진 모퉁이 및 보행거리 20[m]마다 설치
㉰ 바닥으로부터 높이 1[m] 이하

나) 벽면에 설치하는 복도통로유도등과 바닥에 매설하는 복도통로유도등의 조도의 측정방법과 조도 기준에 대하여 각각 쓰시오.

해설 및 정답
- 벽면 설치 복도통로유도등 : 바닥면으로부터 1[m] 높이에 설치하고 그 유도등의 중앙으로부터 0.5[m] 떨어진 위치의 바닥면 조도와 유도등의 전면 중앙으로부터 0.5[m] 떨어진 위치의 조도가 1[lx] 이상이어야 한다.
- 바닥면 설치 복도통로유도등 : 그 유도등의 바로 윗부분 1[m]의 높이에서 법선조도가 1[lx] 이상이어야 한다.

다) 통로유도등 표시면의 바탕색은?

해설 및 정답 백색

> **Reference** — 유도등 표시면의 색상

| 종류 | 피난구 유도등 | 통로유도등 | | | 객석유도등 |
		복도통로 유도등	거실통로 유도등	계단통로 유도등	
표시면 바탕색	녹색	백색	백색	백색	백색
표시면 글자색	백색	녹색	녹색	녹색	녹색

기출문제

13 소방시설용 비상전원수전설비에서 고압 또는 특고압으로 수전하는 도면을 보고 다음 물음에 답하시오. [6점]

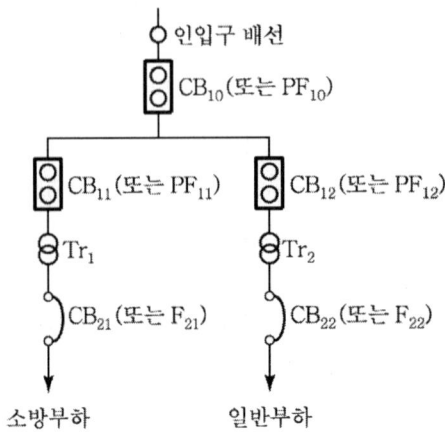

가) 도면에 표시된 약호에 대한 명칭을 쓰시오.

[해설 및 정답]

약호	명칭
CB	전력차단기
PF	전력퓨즈(고압 또는 특고압용)
F	퓨즈(저압용)
Tr	전력용 변압기

나) 일반회로에 과부하 또는 단락사고시에 CB_{10}(또는 PF_{10})은 무엇보다 먼저 차단되어서는 안 되는지 쓰시오.

[해설 및 정답] CB_{12}(또는 PF_{12}) 및 CB_{22}(또는 F_{22})

다) CB_{11}(또는 PF_{11})은 어느 것과 동등 이상의 차단용량이어야 하는지 쓰시오.

[해설 및 정답] CB_{12}(또는 PF_{12})

> **! Reference** ── 소방시설용 비상전원수전설비의 화재안전기준 ──
> 1) 전용의 전력용변압기에서 소방부하에 전원을 공급하는 경우
>   ① 일반회로의 과부하 또는 단락사고시에 CB_{10}(또는 PF_{10})이 CB_{12}(또는 PF_{12}) 및 CB_{22}(또는 F_{22})보다 먼저 차단되어서는 아니 된다.
>   ② CB_{11}(또는 PF_{11})은 CB_{12}(또는 PF_{12})와 동등 이상의 차단용량일 것

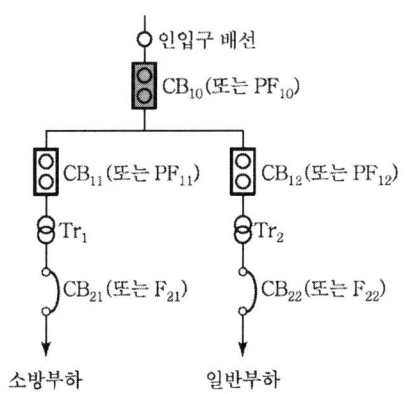

【 전용 변압기 사용 】

2) 공용의 전력용변압기에서 소방부하에 전원을 공급하는 경우
   ① 일반회로의 과부하 또는 단락사고시에 CB_{10}(또는 PF_{10})이 CB_{22}(또는 F_{22}) 및 CB(또는 F)보다 먼저 차단되어서는 아니 된다.
   ② CB_{21}(또는 F_{21})은 CB_{22}(또는 F_{22})와 동등 이상의 차단용량일 것

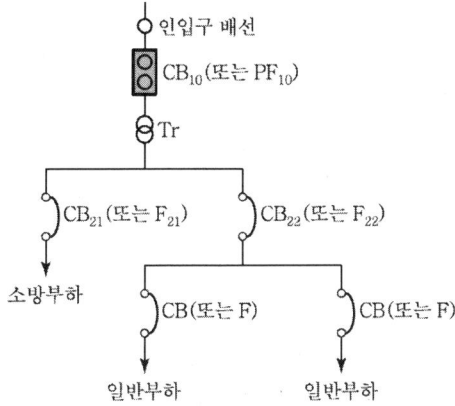

【 공용 변압기 사용 】

약호	명칭
CB	전력차단기
PF	전력퓨즈(고압 또는 특고압용)
F	퓨즈(저압용)
Tr	전력용 변압기

기출문제

14 주요구조부가 내화구조인 가로 35[m], 세로 20[m]인 곳에 다음과 같은 감지기를 설치하는 경우 감지기의 최소 개수를 구하시오(단, 감지기의 설치높이는 3[m]이다). **6점**

가) 차동식 스포트형 감지기(2종) 설치개수

해설 및 정답 $\dfrac{(35 \times 20)[\text{m}^2]}{70[\text{m}^2]} = 10$개

나) 보상식 스포트형 감지기(2종) 설치개수

해설 및 정답 $\dfrac{(35 \times 20)[\text{m}^2]}{70[\text{m}^2]} = 10$개

> **Reference** — 부착높이별 감지기의 설치기준

부착높이 및 특정소방대상물의 구분		감지기의 종류						
		차동식 스포트형		보상식 스포트형		정온식 스포트형		
		1종	2종	1종	2종	특종	1종	2종
4[m] 미만	주요구조부가 내화구조	90	70	90	70	70	60	20
	기타 구조	50	40	50	40	40	30	15
4[m] 이상 8[m] 미만	주요구조부가 내화구조	45	35	45	35	35	30	–
	기타 구조	30	25	30	25	25	15	–

15 차동식 스포트형 감지기의 구조를 나타낸 그림이다. 각 부분의 명칭(①~④)을 쓰고 ①의 기능에 대하여 간단히 설명하시오. **6점**

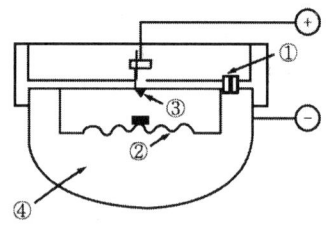

해설 및 정답 가) ①~④ 부분의 명칭
① 리크홀   ② 다이아프램   ③ 접점   ④ 감열실
나) ①의 기능: 온도상승률 검출 및 오동작 방지

소방설비기사[전기분야] 2차 실기

[2017년 11월 11일 시행]

01 누전경보기에서 CT 100/5[A], 50[VA]라고 쓰여져 있다. 다음 각 물음에 답하시오. 8점

가) CT의 우리말 명칭을 쓰시오.

해설및정답 계기용 변류기

나) 100/5[A]에서 100의 의미와 5의 의미를 설명하시오.

해설및정답 CT 1차측 전류 100[A], CT 2차측 전류 5[A]

다) 50[VA]는 CT에서 어떤 것을 의미하는지 설명하시오.

해설및정답 정격부담 50[VA]

> **! Reference**
> 가) CT(Current Transformer) : 계기용 변류기
>   계기용 변류기 → 1차측 전류를 변류비에 따라 2차측 전류로 변성하는 기기
> 나) 100/5[A] : 변류비(정격 1차 전류와 정격 2차 전류의 비)
> 다) 50[VA] : 정격부담
>   정격부담 → 변류기 2차 단자에 연결된 부하(전류계, 계전기 등)의 피상전력[VA]

02 40[W] 대형 피난구유도등 8개가 AC 220[V]에서 점등되었을 때 소요되는 전류는 몇 [A]인가? (단, 유도등의 역률은 60[%]이고, 충전되지 않은 상태이다) 4점

해설및정답 단상전력
$P = VI\cos\theta [W]$에서
$I = \dfrac{P}{V\cos\theta} = \dfrac{40 \times 8}{220 \times 0.6} \fallingdotseq 2.42[A]$

기출문제

03 다음 그림은 사무실 용도 건물의 자동화재탐지설비 1층 평면도이다. 이 건물은 지상 3층으로 각 층 평면이 1층과 동일하다고 할 때 평면도 및 주어진 조건을 이용하여 다음 각 물음에 답하시오. 10점

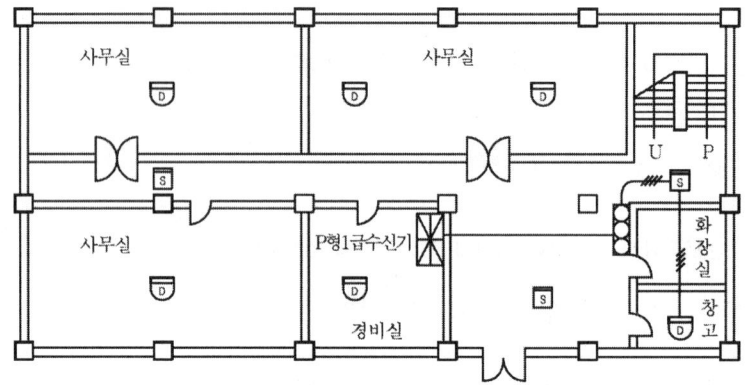

조건

- 계통도 작성시 각 층의 수동발신기는 1개씩 설치하는 것으로 한다.
- 계단실 감지기는 설치를 제외한다.
- 사용전선은 HFIX 2.5[mm²]이며, 공통선은 발신기공통 1선, 경종 및 표시등공통 1선을 각각 사용하는 것으로 한다.
- 계통도 작성시 전선 수는 최소로 한다.
- 각 실은 이중천장이 없는 구조이며, 천장에 감지기를 바로 취부한다.
- 각 실의 바닥에서 천장까지의 높이는 2.8[m]이다.
- 후강전선관의 굵기표는 다음과 같다.

도체 단면적 [mm²]	전선 본수									
	1	2	3	4	5	6	7	8	9	10
	전선관의 최소 굵기[mm]									
2.5	16	16	16	16	22	22	22	28	28	28
4	16	16	16	22	22	22	28	28	28	28
6	16	16	22	22	22	28	28	28	36	36
10	16	22	22	28	28	36	36	36	36	36

가) 도면의 P형 수신기는 최소 몇 회로용으로 사용하는가?

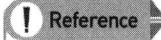 5회로(연결회로 수는 3회로)

> **! Reference**
> 경계구역 수(지구 수)는 3회로 따라서 P형 수신기는 5회로용 사용

나) 수신기에서 발신기세트까지의 배선 가닥 수는 몇 가닥이며, 여기에 사용되는 후강전선관은 몇 [mm]를 사용하는지 쓰시오.

해설및정답
1. 전선 가닥 수 : 8가닥
2. 배관 : 28[mm]

> **! Reference**
> 1. 배선 8가닥의 용도 : 지구 3선, 공통 1선, 응답 1선, 경종 1선, 경종 및 표시등 공통 1선, 표시등 1선
> 2. 전선관 굵기 : 표에서 HFIX 전선 2.5[mm^2]가 8가닥이므로 관경은 28[mm]로 선정

다) 연기감지기를 매입인 것으로 사용할 경우 그 그림기호를 그리시오.

해설및정답

[그림기호: 매입형 연기감지기 S]

> **! Reference**
>
> | 명 칭 | 그림기호 | 적 요 |
> |---|---|---|
> | 차동식스포트형 감지기 | ⌒ | 필요에 따라 종별을 방기한다. |
> | 연기감지기 | S | (1) 필요에 따라 종별을 방기한다.
(2) 점검박스 붙이인 경우는 S 로 한다.
(3) 매입인 것은 S 로 한다. |
>
> ※ 경우에 따라서는 다음의 배선기호를 사용하므로 숙지 요함
>
> | 명 칭 | 그림기호(표준) | 그림기호(출제자가 가끔 사용) |
> |---|---|---|
> | 차동식스포트형 감지기 | ⌒ | D 또는 D |
> | 정온식스포트형 감지기 | ⌒ | F 또는 F |
> | 연기감지기(스포트형) | S | S 또는 S |

기출문제

라) 주어진 평면도에 배관 및 배선을 하여 자동화재탐지설비의 도면을 완성하시오(단, 배선 가닥 수도 표기하시오).

해설 및 정답

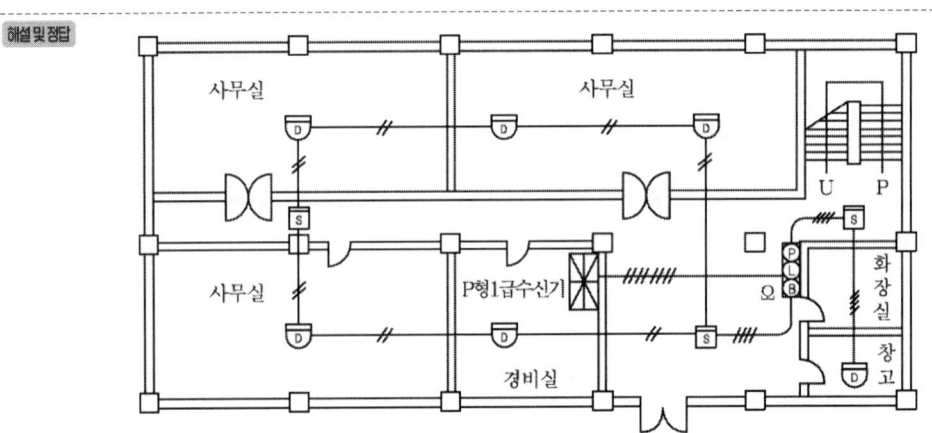

마) 본 설비에 대한 간선계통도를 그리시오(단, 계통도에 배선 가닥 수도 표기하시오).

해설 및 정답

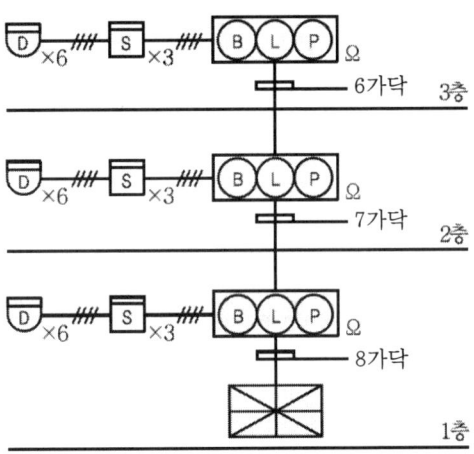

04 객석유도등을 설치하지 않아도 되는 장소 2곳을 쓰시오. [4점]

해설 및 정답
1. 주간에만 사용하는 장소로서 채광이 충분한 객석
2. 거실 등의 각 부분으로부터 하나의 거실출입구에 이르는 보행거리가 20[m] 이하인 객석의 통로로서 그 통로에 통로유도등이 설치된 객석

> **! Reference**
>
> 1. 피난구유도등을 설치하지 않아도 되는 장소
>   ① 바닥면적이 1,000[m²] 미만인 층으로서 옥내로부터 직접 지상으로 통하는 출입구(외부의 식별이 용이한 경우에 한한다)
>   ② 대각선 길이가 15[m] 이내인 구획된 실의 출입구
>   ③ 거실 각 부분으로부터 하나의 출입구에 이르는 보행거리가 20[m] 이하이고 비상조명등과 유도표지가 설치된 거실의 출입구
>   ④ 출입구가 3 이상 있는 거실로서 그 거실 각 부분으로부터 하나의 출입구에 이르는 보행거리가 30[m] 이하인 경우에는 주된 출입구 2개소외의 출입구(유도표지가 부착된 출입구를 말한다). 다만, 공연장·집회장·관람장·전시장·판매시설·운수시설·숙박시설·노유자시설·의료시설·장례식장의 경우에는 그러하지 아니하다.
> 2. 통로유도등을 설치하지 않아도 되는 장소
>   ① 구부러지지 아니한 복도 또는 통로로서 길이가 30[m] 미만인 복도 또는 통로
>   ② ①에 해당하지 않는 복도 또는 통로로서 보행거리가 20[m] 미만이고 그 복도 또는 통로와 연결된 출입구 또는 그 부속실의 출입구에 피난구유도등이 설치된 복도 또는 통로
> 3. 객석유도등을 설치하지 않아도 되는 장소
>   ① 주간에만 사용하는 장소로서 채광이 충분한 객석
>   ② 거실 등의 각 부분으로부터 하나의 거실출입구에 이르는 보행거리가 20[m] 이하인 객석의 통로로서 그 통로에 통로유도등이 설치된 객석
> 4. 유도표지를 설치하지 않아도 되는 장소
>   ① 유도등이 적합하게 설치된 출입구·복도·계단 및 통로
>   ② 위 1의 ①, ②와 2에 해당하는 출입구·복도·계단 및 통로

05 작동표시장치를 설치하지 않아도 되는 감지기 4가지를 쓰시오. [8점]

해설 및 정답
1. 방폭구조인 감지기
2. 정온식감지선형 감지기
3. 차동식분포형 감지기
4. 감지기가 작동한 경우 수신기에 그 감지기가 작동한 내용이 표시되는 감지기
5. 광전식 공기흡입형감지기

기출문제

06 비상콘센트설비에 대한 다음 각 물음에 답하시오. 7점

가) 전원회로의 종류와 전압 및 그 공급용량의 기준에 대하여 설명하시오.

해설및정답

전원회로의 종류	전압	공급용량
단상	220[V]	1.5[kVA] 이상

나) 비상콘센트설비의 절연저항측정 방법과 절연내력시험 방법 및 각각의 기준을 설명하시오.
  (1) 절연저항
    ① 측정 방법
    ② 기준
  (2) 절연내력
    ① 측정 방법
    ② 기준

해설및정답
(1) 절연저항
  ① 측정방법 : DC 500[V] 절연저항계로 전원부와 외함 사이를 측정한다.
  ② 기준 : 절연저항값이 20[MΩ] 이상일 것
(2) 절연내력
  ① 측정방법 : 정격전압이 150[V] 이하이면 1,000[V]의 실효전압을, 정격전압이 150[V] 초과시 1,000 + 정격전압×2[V]의 실효전압을 인가한다.
  ② 기준 : 1분 이상 견딜 것

다) 소방법에 따른 비상콘센트의 그림기호를 그리시오.

해설및정답

> **! Reference** ─── 전원회로의 종류와 전압 및 그 공급용량의 기준 ───
>
> 1. 비상콘센트의 전원회로
>
> | 구분 | 플러그접속기 | 전압 | 공급용량 |
> |---|---|---|---|
> | 단상 교류 | 접지형 2극 | 220[V] | 1.5[kVA] 이상 |
>
> 2. 비상콘센트의 전선용량
>
> | 전선이 용량[kVA] | 1개 설치 | 2개 설치 | 3~10개 설치 |
> |---|---|---|---|
> | 단상 | 1.5 | 3 | 4.5 |
>
> ※ 3개 이상이면 3개의 용량으로 한다.

07 그림은 6층 이상의 사무실 건물에 시설하는 제연창 설비로서 계통도 및 조건을 참고하여 배선수와 각 배선의 용도를 다음 표에 작성하시오. **10점**

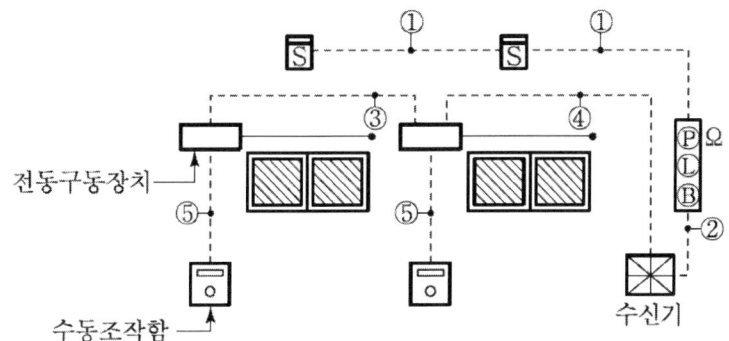

조건
- 전동구동장치는 솔레노이드식이다.
- 사용전선은 HFIX을 사용한다.
- 화재감지기가 작동되거나 수동조작함의 스위치를 ON시키면 동작되어 수신기에 동작상태를 표시하게 된다.
- 화재감지기는 자동화재탐지설비용 감지기를 겸용으로 사용한다.

기호	구분	배선 수	배선의 용도
①	감지기 ↔ 감지기 감지기 ↔ 발신기		
②	발신기 ↔ 수신기		
③	전동구동장치 ↔ 전동구동장치		
④	전동구동장치 ↔ 수신기		
⑤	전동구동장치 ↔ 수동조작함		

해설 및 정답

기호	구분	배선 수	배선의 용도
①	감지기 ↔ 감지기 감지기 ↔ 발신기	4	지구 2, 공통 2
②	발신기 ↔ 수신기	6	지구, 공통, 응답, 경종, 표시등, 경종 표시등 공통
③	전동구동장치 ↔ 전동구동장치	3	기동, 확인, 공통
④	전동구동장치 ↔ 수신기	5	기동 2, 확인 2, 공통
⑤	전동구동장치 ↔ 수동조작함	3	기동, 확인, 공통

기출문제

08 다음 표는 설비별로 사용할 수 있는 비상전원의 종류를 나타낸 것이다 각 설비별로 설치하여야 하는 비상전원을 찾아 빈칸에 ○표 하시오. [4점]

〈설비별 비상전원의 종류〉

설비명	자가발전설비	축전지설비	비상전원 수전설비	전기저장장치
옥내소화전설비, 물분무소화설비, CO₂ 소화설비, 할론 소화설비, 비상조명등, 제연설비, 연결송수관설비				
스프링클러설비, 포소화설비				
자동화재탐지설비, 비상경보설비, 비상방송설비				
비상콘센트설비				

해설 및 정답

설비명	자가발전설비	축전지설비	비상전원 수전설비	전기저장장치
옥내소화전설비, 물분무소화설비, CO₂ 소화설비, 할론 소화설비, 비상조명등, 제연설비, 연결송수관설비	○	○		○
스프링클러설비, 포소화설비	○	○	○	○
자동화재탐지설비, 비상경보설비, 비상방송설비		○		○
비상콘센트설비	○	○	○	○

---

09 시각경보기를 설치하여야 할 특정소방대상물 3가지를 쓰시오. [6점]

해설 및 정답
1. 근린생활시설
2. 종교시설
3. 판매시설

> **! Reference** ─── 자동화재탐지설비를 설치하여야 하는 특정소방대상물 중 다음에 해당하는 용도
> 1) 근린생활시설, 문화 및 집회시설, 종교시설, 판매시설, 운수시설, 운동시설, 위락시설, 창고시설 중 물류터미널
> 2) 의료시설, 노유자시설, 업무시설, 숙박시설, 발전시설 및 장례식장
> 3) 교육연구시설 중 도서관, 방송통신시설 중 방송국
> 4) 지하가 중 지하상가

10 도면을 이용하여 다음 각 물음에 답하시오. 8점

조건
- 전선의 가닥 수는 최소 가닥 수로 한다.
- 복구스위치 및 도어스위치는 없는 것으로 한다.
- 소화약제 방출지연기능이 없는 것으로 한다.

[도면]

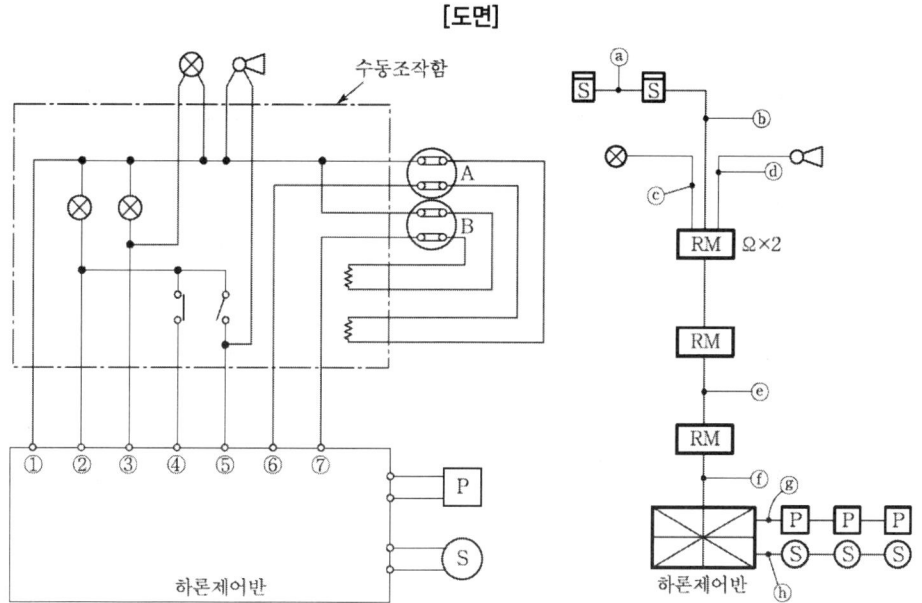

가) ①~⑦에 해당되는 전선의 용도에 대한 명칭을 쓰시오(단, 같은 용도의 전선이라도 구분이 가능한 것은 구체적인 구분을 하도록 하시오).

해설 및 정답
① 전원 ⊖　　② 전원 ⊕　　③ 방출표시등
④ 기동스위치　　⑤ 사이렌　　⑥ 감지기 A
⑦ 감지기 B

나) ⓐ~ⓗ에는 몇 가닥의 전선이 배선되는가?

해설 및 정답
ⓐ 4가닥　ⓑ 8가닥　ⓒ 2가닥　ⓓ 2가닥　ⓔ 12가닥
ⓕ 17가닥　ⓖ 4가닥　ⓗ 4가닥

기출문제

11 기동용 수압개폐장치를 사용하는 옥내소화전설비와 습식스프링클러설비가 설치된 지상 6층인 호텔의 계통도를 보고 물음에 답하시오(일제경보방식, SP의 경우 우선경보방식). **8점**

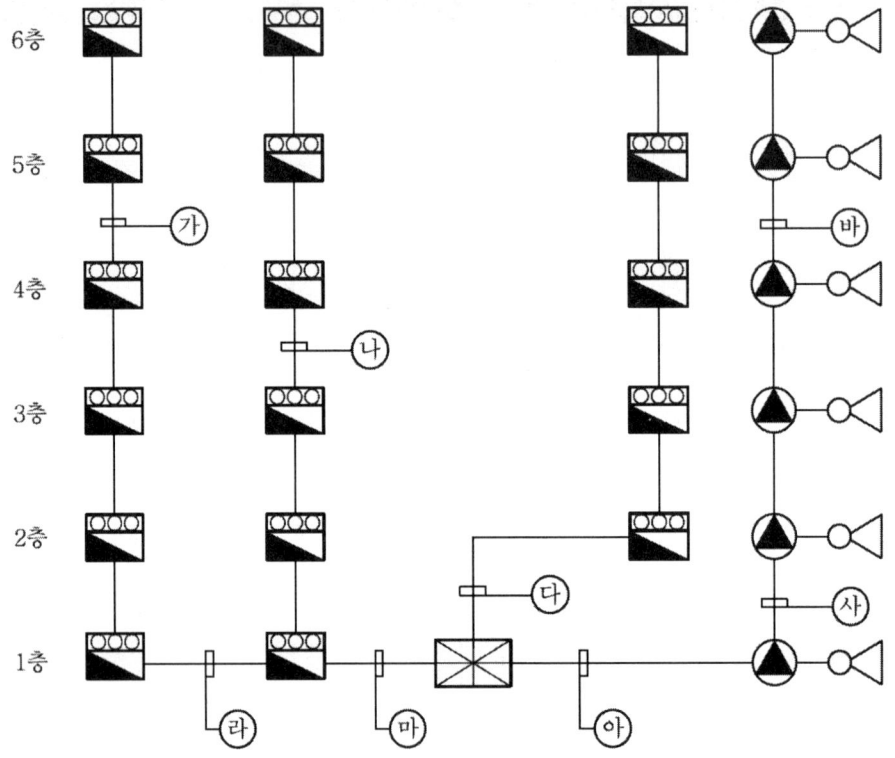

가) "㉮"~"㉰"까지의 최소 배선 가닥수를 표의 빈칸에 쓰시오.

㉮	㉯	㉰	㉱	㉲	㉳	㉴	㉵

해설및정답

㉮	㉯	㉰	㉱	㉲	㉳	㉴	㉵
9	10	12	13	20	7	16	19

나) 발신기 간 배선 중 7경계구역 당 1가닥씩 증가시켜야 하는 전선의 용도별 명칭을 쓰시오.

해설및정답 지구공통선

다) "㉲"에 필요한 지구선은 몇 가닥이 필요한지 쓰시오.

해설및정답 12가닥

라) "㉣"에 필요한 지구경종선은 몇 가닥이 필요한지 쓰시오.

해설및정답 1가닥

마) "㉤"에 필요한 지구경종선은 몇 가닥이 필요한지 쓰시오.

해설및정답 1가닥

> **! Reference**
>
> 본 문제의 경우, 자동화재탐지설비 및 스프링클러설비(4층 이상이고 바닥면적이 1천[m^2] 이상인 건축물에 설치)에 있어서 발화층 및 직상층 우선경보방식을 적용한다.
>
> | 기호 | 선수 | 자동화재탐지설비 | 옥내소화전 | 스프링클러설비 |
> |---|---|---|---|---|
> | ㉮ | 9 | 지구2, 공통, 응답, 지구경종, 표시등, 지구경종·표시등공통 | 기동 표시등2 | |
> | ㉯ | 10 | 지구3, 공통, 응답, 지구경종, 표시등, 지구경종·표시등공통 | 기동 표시등2 | |
> | ㉰ | 12 | 지구5, 공통, 응답, 지구경종, 표시등, 지구경종·표시등공통 | 기동 표시등2 | |
> | ㉱ | 13 | 지구6, 공통, 응답, 지구경종, 표시등, 지구경종·표시등공통 | 기동 표시등2 | |
> | ㉲ | 20 | 지구12, 공통2, 응답, 지구경종, 표시등, 지구경종·표시등공통 | 기동 표시등2 | |
> | ㉳ | 7 | | | 유수검지스위치2, 탬퍼스위치2, 사이렌2, 공통 |
> | ㉴ | 16 | | | 유수검지스위치5, 탬퍼스위치5, 사이렌5, 공통 |
> | ㉵ | 19 | | | 유수검지스위치6, 탬퍼스위치6, 사이렌6, 공통 |

기출문제

12 다음 도면과 같이 구획된 내화구조인 특정소방대상물의 높이가 5[m]일 때 자동화재탐지설비의 차동식스포트형 1종 감지기를 설치하고자 한다. 물음에 답하시오. **7점**

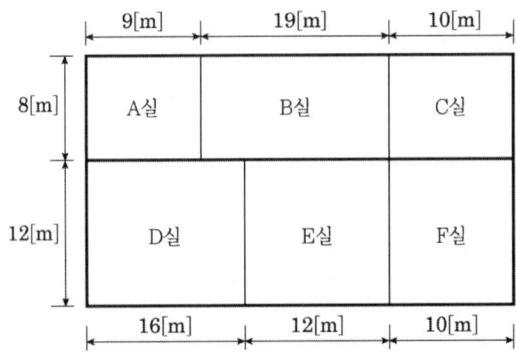

가. 아래 표를 이용하여 감지기의 개수를 구하시오.

구분	계산과정	감지기의 설치개수
A 구획		
B 구획		
C 구획		
D 구획		
E 구획		
F 구획		
합계		

해설 및 정답

구분	계산과정	감지기의 설치개수
A 구획	$\dfrac{(9\times 8)\mathrm{m}^2}{45\mathrm{m}^2}=1.6$	2개
B 구획	$\dfrac{(19\times 8)\mathrm{m}^2}{45\mathrm{m}^2}=3.38$	4개
C 구획	$\dfrac{(10\times 8)\mathrm{m}^2}{45\mathrm{m}^2}=1.78$	2개
D 구획	$\dfrac{(16\times 12)\mathrm{m}^2}{45\mathrm{m}^2}=4.27$	5개
E 구획	$\dfrac{(12\times 12)\mathrm{m}^2}{45\mathrm{m}^2}=3.2$	4개
F 구획	$\dfrac{(10\times 12)\mathrm{m}^2}{45\mathrm{m}^2}=2.67$	3개
합계		20개

나) 경계구역의 수를 산정하시오.

해설및정답

경계구역의 수 = $\dfrac{(38 \times 20)\text{m}^2}{600\text{m}^2} = 1.27$

∴ 2경계구역

13 자동화재탐지설비의 수신기에서 공통선을 시험하는 목적과 그 시험방법에 대하여 쓰시오.

해설및정답
1. 목적 : 하나의 공통선이 담당하고 있는 경계구역수의 적정 여부를 확인하기 위하여
2. 시험방법
   ① 수신기 내 접속단자의 공통선을 1선 제거한다.
   ② 회로도통시험의 예에 따라 회로선택스위치를 차례로 회전시킨다.
   ③ 시험용 계기의 지시등이 "단선"을 지시한 경계구역의 회선 수를 조사한다.
      (7개 이하인지 확인)

14 CO_2, 할론, 분말 소화설비의 배선 기준을 다음의 그림에 표시하시오. **5점**

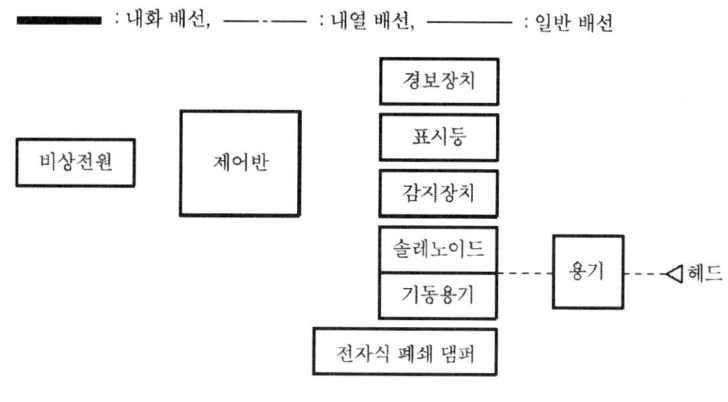

해설및정답

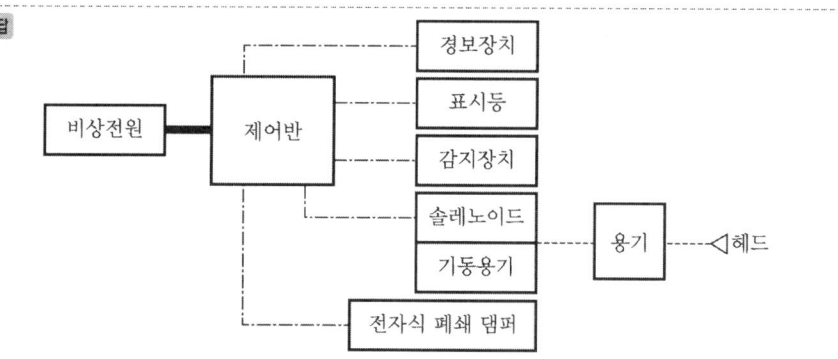

기출문제

15 자동화재탐지설비의 P형 수신기가 화재가 발생하지 않았는데도 화재표시등과 지구표시등이 점등되어 복구스위치를 눌렀는데도 복구되지 않았다면 그 이유라고 생각되는 것 3가지를 쓰시오(단, 복구스위치의 ON, OFF 스위치의 기능에는 문제가 없다). 5점

해설및정답
1. 화재표시등 및 지구표시등 배선불량
2. 복구스위치의 배선불량
3. 릴레이 자체 불량
4. 릴레이 배선 불량

2018년 제1회 소방설비기사[전기분야] 2차 실기

[2018년 4월 14일 시행]

01 비상콘센트설비를 설치하여야 할 특정소방대상물 3가지를 쓰시오.

해설및정답
1. 층수가 11층 이상인 특정소방대상물의 경우에는 11층 이상의 층
2. 지하층의 층수가 3층 이상이고 지하층의 바닥면적의 합계가 1,000[m^2] 이상인 것은 지하층의 모든 층
3. 지하가 중 터널로서 길이가 500[m] 이상인 것

02 P형 수신기의 예비전원을 시험하는 방법과 양부판단의 기준에 대하여 설명하시오.

해설및정답
1. 목적 : 예비전원의 전압, 용량, 절환상황 및 복구상황이 정상인지 확인
2. 시험방법
   ① 예비전원 시험스위치를 누른다(누르고 있어야 함).
   ② 교류전원이 개로되고 예비전원으로 절환되는 자동절환릴레이의 작동상태 확인 및 전압계 또는 표시등(LED)의 상태가 정상인지 확인한다.
   ③ 예비전원 시험스위치를 정상위치로 했을때 자동절환릴레이가 동작하여 교류전원이 폐로되어 전기가 정상적으로 공급되는지 확인(전압계 또는 표시등(LED)의 상태가 정상인지 확인 및 예비전원의 공급 중단을 확인한다)
3. 가부판정의 기준 : 예비전원의 전압, 용량, 절환상황 및 복구상황이 정상인지 확인

03 수신기의 공통선시험을 하는 목적과 시험방법을 설명하시오.

해설및정답
1. 목적 : 하나의 공통선이 담당하고 있는 경계구역이 7개 이하인지 확인
2. 시험방법
   ① 수신기 내 단자대에서 회로 공통선 1선 제거한다.
   ② 회로 도통시험 방법에 따라 도통시험 스위치를 누른 후 회로 선택스위치를 차례로 회전시킨다.
   ③ 전압계 또는 표시등(LED)의 단선이 표시되는 경계구역 수를 조사한다.
3. 가부판정의 기준 : 하나의 공통선이 담당하고 있는 경계구역이 7개 이하인지 확인한다.

04 휴대용비상조명등을 설치하여야 하는 특정소방대상물에 대한 사항이다. 다음 괄호 안에 알맞은 답을 쓰시오.

- (①) 시설
- 수용인원 (②) 명 이상의 영화상영관, 판매시설 중 (③), 철도 및 도시철도시설 중 지하역사, 지하가 중 (④)

해설 및 정답
① 숙박 ② 100
③ 대규모점포 ④ 지하상가

05 비상용 조명부하에 연축전지를 설치하고자 한다. 주어진 조건과 표, 그림을 참조하여 연축전지의 용량[Ah]을 구하시오.

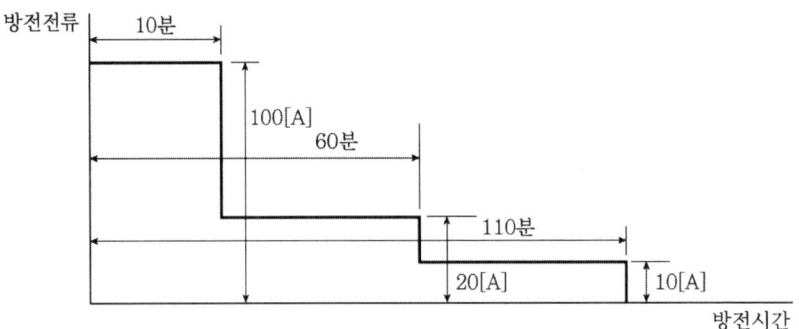

조건
- 허용전압 최고 : 120[V], 최저 88[V]
- 형식 : CS형
- 보수율 : 0.8
- 용량환산시간표
- 부하정격전압 : 100[V]
- 최저허용전압[V/셀] : 1.7[V/셀]
- 최저축전지온도 : 5[℃]

형식	온도 [℃]	10분			50분			100분		
		1.6[V]	1.7[V]	1.8[V]	1.6[V]	1.7[V]	1.8[V]	1.6[V]	1.7[V]	1.8[V]
CS	25	0.8	1.06	1.42	1.76	2.22	2.71	2.67	3.09	3.74
	5	1.1	1.3	1.8	2.35	2.55	3.42	3.49	3.65	4.68
	−5	1.25	1.5	2.25	2.71	3.04	4.32	4.08	4.38	5.98

	25	0.58	0.7	0.93	1.33	1.51	1.90	2.05	2.27	2.75
HS	5	0.62	0.74	1.05	1.43	1.61	2.13	2.21	2.43	3.07
	−5	0.68	0.82	1.15	1.54	1.79	2.33	2.39	2.69	3.35

해설 및 정답 110분, 60분에 해당하는 용량환산시간계수 K값이 주어지지 않았으므로 구간별로 10분, 50분, 50분의 용량환산시간계수를 이용하여 풀이함.

따라서

$$C[Ah] = \frac{1}{L}[K_1 I_1 + K_2 I_2 + K_3 I_3]$$

$$= \frac{1}{0.8}[1.3 \times 100 + 2.55 \times 20 + 2.55 \times 10] = 258.13[Ah]$$

06 다음 그림은 배연창설비이다. 계통도 및 조건을 보고 배선수와 각 배선의 용도를 다음 표에 작성하시오.

> **조건**
> - 전동구동장치는 솔레노이드방식이다.
> - 화재감지기가 작동되거나 수동조작함의 스위치를 동작시키면 배연창이 동작되어 수신기에 동작상태를 표시하게 된다.
> - 화재감지기는 자동화재탐지설비용 감지기를 겸용으로 사용한다.

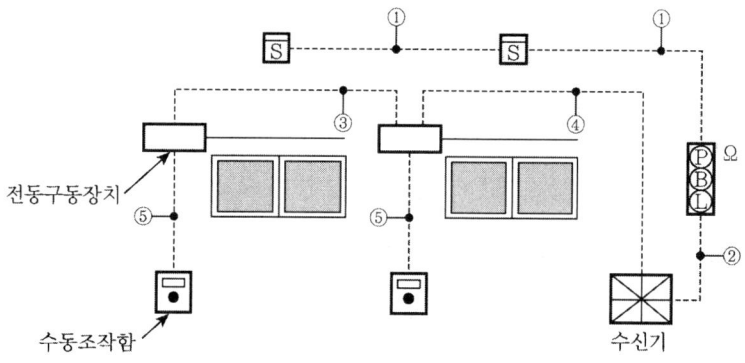

기출문제

기호	구 간	배선수	배선굵기	배선의 용도
Ⓐ	감지기 ↔ 감지기	4	1.5[mm²]	
Ⓑ	발신기 ↔ 수신기	6	2.5[mm²]	
Ⓒ	전동구동장치 ↔ 전동구동장치		2.5[mm²]	
Ⓓ	전동구동장치 ↔ 전원장치		2.5[mm²]	
Ⓔ	전동구동장치 ↔ 수동조작함	3	2.5[mm²]	공통, 기동, 기동확인

해설 및 정답

기호	구 간	배선수	배선굵기	배선의 용도
Ⓐ	감지기 ↔ 감지기	4	1.5[mm²]	감지기지구 2, 공통 2
Ⓑ	발신기 ↔ 수신기	6	2.5[mm²]	지구, 지구공통, 응답, 경종, 표시등, 경종표시등 공통
Ⓒ	전동구동장치 ↔ 전동구동장치	3	2.5[mm²]	기동, 기동확인, 공통
Ⓓ	전동구동장치 ↔ 전원장치	5	2.5[mm²]	기동 2, 기동확인 2, 공통
Ⓔ	전동구동장치 ↔ 수동조작함	3	2.5[mm²]	공통, 기동, 기동확인

07 가압송수장치를 기동용 수압개폐장치방식으로 사용하는 1층 공장 내부에 옥내소화전함과 발신기를 다음과 같이 설치하였다. 다음 각 물음에 답하시오.

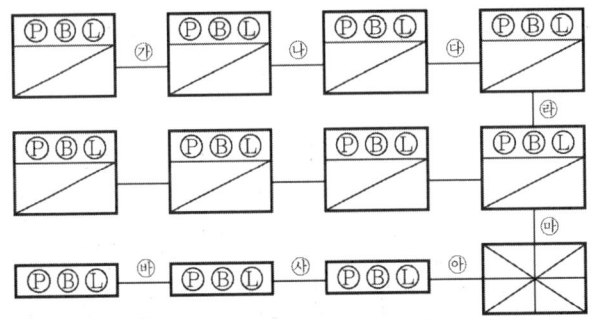

가) 기호 ㉮~㉳까지의 배선 가닥 수를 답하시오.

해설 및 정답 ㉮ 8 ㉯ 9 ㉰ 10 ㉱ 11 ㉲ 16
  ㉳ 6 ㉴ 7 ㉵ 8

나) 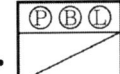 와 ⓟⓑⓛ 의 차이점과 각 함의 전면에 부착되는 전기적인 기기장치의 명칭을 모두 답하시오.

해설 및 정답

① 차이점
- ⓟⓑⓛ(사선) : 옥내소화전 겸용 발신기
- ⓟⓑⓛ : 단독 발신기세트

② 각 함의 전면에 부착되는 전기적인 기기장치의 명칭
- ⓟⓑⓛ(사선) : 발신기, 경종, 위치표시등, 기동확인표시등
- ⓟⓑⓛ : 발신기, 경종, 위치표시등

다) 발신기함의 상부에 설치하는 표시등의 색깔은?

해설 및 정답 적색

라) 발신기표시등의 불빛 식별조건을 쓰시오.

해설 및 정답 부착면으로부터 15° 이상의 범위 안에서 부착지점으로부터 10[m] 이내의 어느 곳에서도 쉽게 식별할 수 있는 적색등으로 할 것

08 특정소방대상물에 설치된 소방시설 등을 구성하는 전부 또는 일부를 개설, 이전 또는 정비하는 소방시설공사의 착공신고 대상 3가지를 쓰시오(단, 고장 또는 파손 등으로 인하여 작동시킬 수 없는 소방시설을 긴급히 교체하거나 보수하여야 하는 경우에는 신고하지 않을 수 있다).

해설 및 정답
1. 수신반
2. 소화펌프
3. 동력(감시)제어반

기출문제

09 자동화재탐지설비의 계통도와 주어진 조건을 이용하여 다음 각 물음에 답하시오.

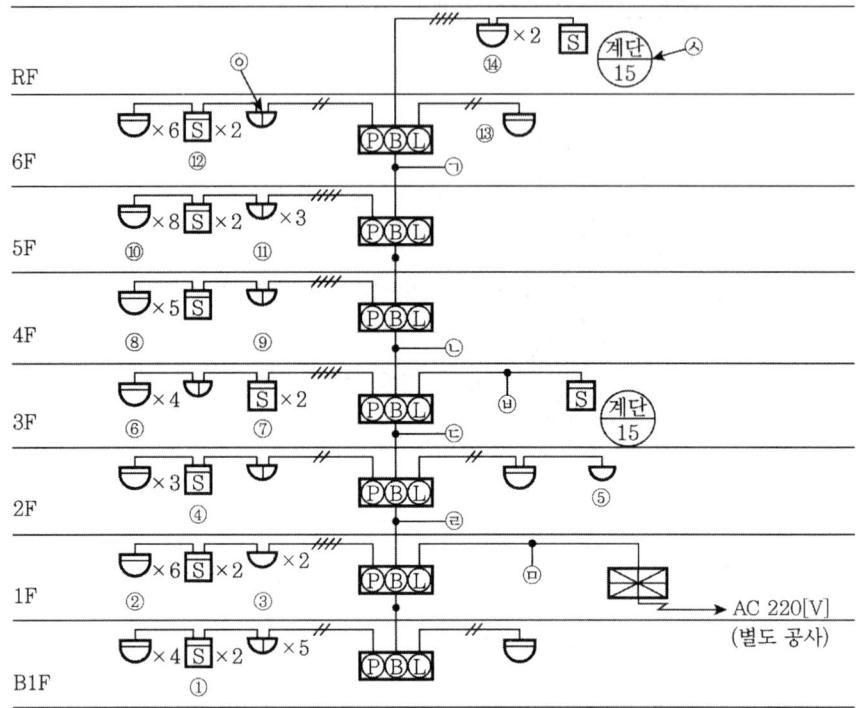

조건
- 발신기세트에는 경종, 표시등, 발신기 등을 수용한다.
- 경종은 일제경보방식이다.
- 종단저항은 감지기 말단에 설치한 것으로 한다.

가) ㉠ ~ ㉣ 개소에 해당되는 곳의 전선 가닥 수를 쓰시오.

해설및정답
㉠ 10(2.5[mm²] – 8, 1.5[mm²] – 2) ㉡ 14(2.5[mm²] – 12, 1.5[mm²] – 2)
㉢ 16(2.5[mm²] – 16) ㉣ 18(2.5[mm²] – 18)

나) ㉤ 개소의 전선 가닥 수에 대한 상세내역을 쓰시오.

해설및정답 지구공통선 – 3, 경종및표시등공통선 – 1, 경종선 – 1, 표시등선 – 1, 발신기선(응답선) – 1, 지구선 – 15

다) ㉥ 개소의 전선 가닥 수는 몇 가닥인가?

해설및정답 4가닥(1.5[mm²] – 4)

라) Ⓐ과 같은 그림기호의 의미를 상세히 기술하시오.

해설 및 정답 경계구역번호 15번, 수직경계구역, 계단

마) Ⓒ의 감지기는 어떤 종류의 감지기인지 그 명칭을 쓰시오.

해설 및 정답 ▽ 정온식스포트형감지기(방수형)

바) 본 도면의 설비에 대한 전체 회로수는 모두 몇 회로인가?

해설 및 정답 15회로

10 비상전원의 내화내열전선 사용범위 중 분말소화설비의 배선범위를 그림에 직접 표시하시오(단, ■■■ : 내화배선, ▨▨▨ : 내열배선, ──── : 일반배선, ‥‥‥ : 배관으로 표시한다).

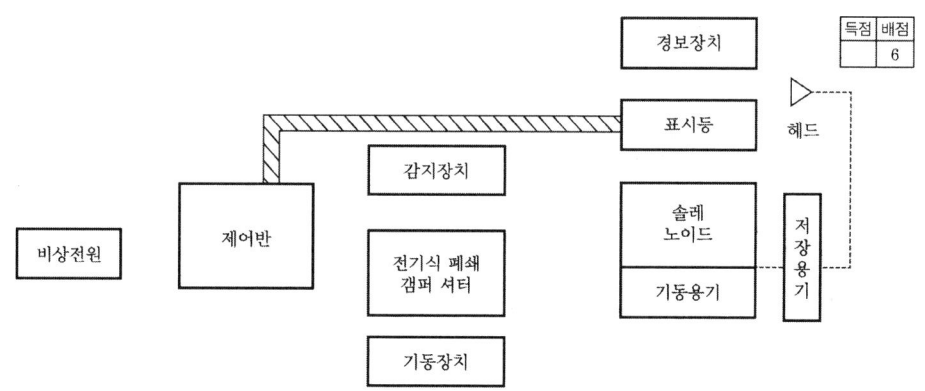

해설 및 정답

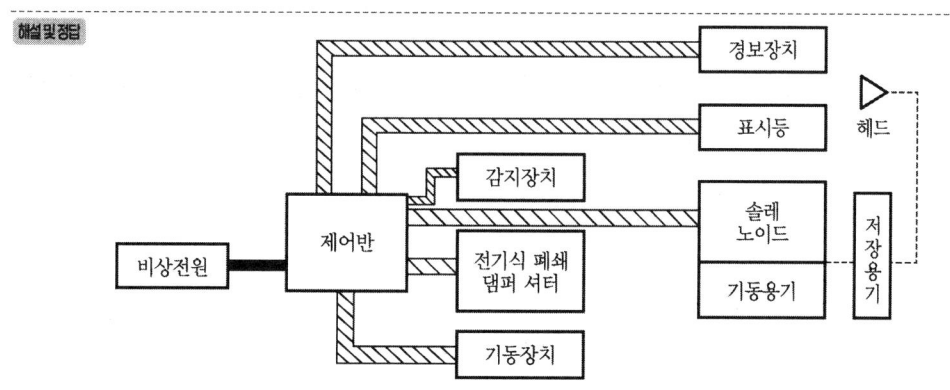

기출문제

> **! Reference**
> 감지기 상호간 또는 감지기로부터 수신기에 이르는 감지기회로의 배선은 다음 각 목의 기준에 따라 설치할 것
> 가. 아날로그식, 다신호식 감지기나 R형 수신기용으로 사용되는 것은 전자파 방해를 받지 아니하는 쉴드선 등을 사용하여야 하며, 광케이블의 경우에는 전자파 방해를 받지 아니하고 내열성능이 있는 경우 사용할 수 있다. 다만, 전자파 방해를 받지 아니하는 방식의 경우에는 그러하지 아니하다.
> 나. 가목 외의 일반배선을 사용할 때는 「옥내소화전설비의 화재안전기술기준(NFTC 102)」에 따른 내화배선 또는 내열배선으로 사용할 것

11 다음은 자동방화문설비의 자동방화문에서 R형 중계기까지의 결선도 및 계통도에 대한 것이다. 주어진 조건을 참조하여 각 물음에 답하시오.

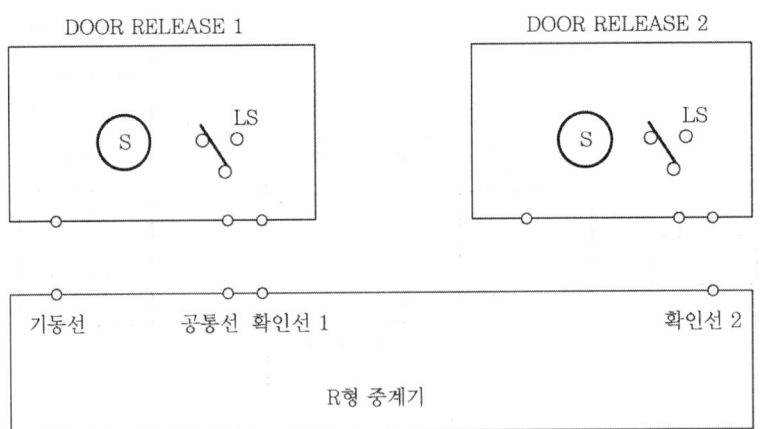

조건
- 전선의 가닥수는 최소한으로 한다.
- 방화문 감지기회로는 본 문제에서 제외한다.
- DOOR RELEASE 1에서 DOOR RELEASE 2의 확인선은 별도로 배선한다.

가) DOOR RELEASE의 설치목적은?

[해설및정답] 화재 시 감지기동작에 의해 자동으로 방화문을 닫아주는 장치

나) 미완성된 도면을 완성하시오.

해설및정답

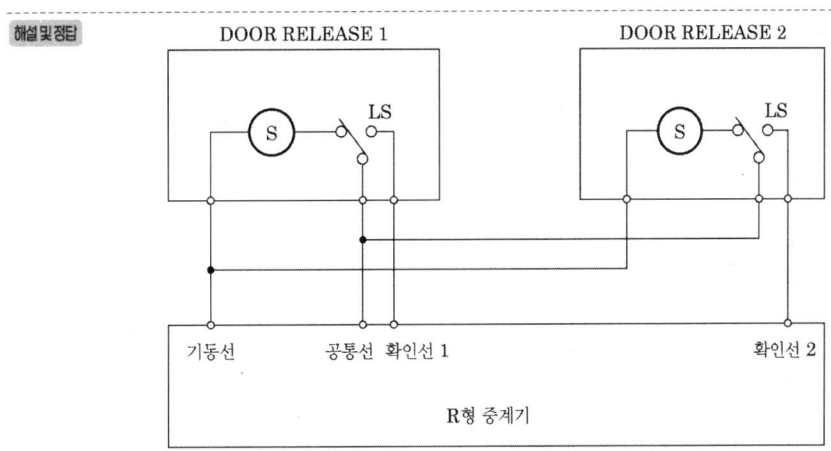

12 그림과 같은 건축물의 평면도에 객석유도등을 설치하고자 한다. 다음 각 물음에 답하시오.

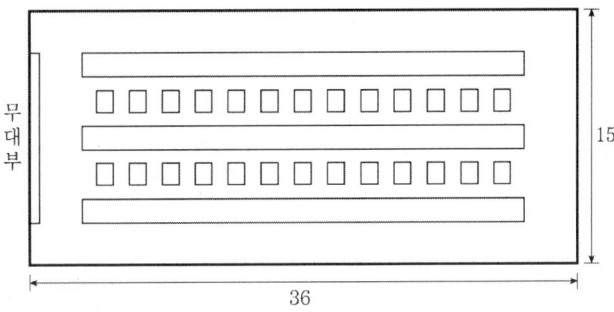

가) 설치하여야 할 객석유도등의 수량을 산출하시오.

해설및정답

계산과정 : $\frac{36}{4} - 1 = 8$ ∴ 8개×3=24개 ∴ 24개

나) 강당의 중앙 및 좌우 통로에 객석유도등을 설치하시오(단, 유도등 표시는 ●로 표기할 것).

해설및정답

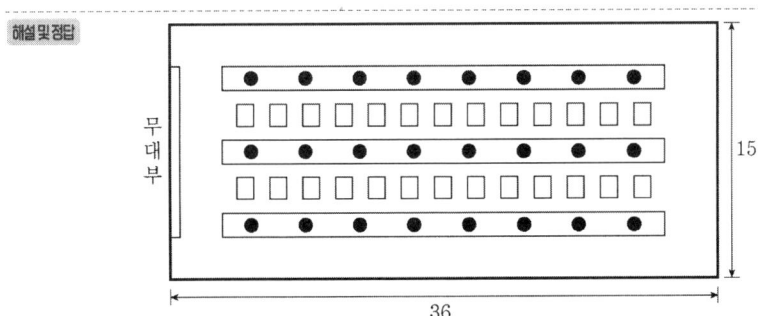

기출문제

13 자동화재탐지설비의 P형 수신기에 연결되는 발신기와 감지기의 미완성 결선도를 조건을 참조하여 완성하시오.

[조건]
- 발신기에 설치된 단자는 왼쪽부터 ① 응답, ② 지구, ③ 전화, ④ 지구공통이다.
- 종단저항은 감지기 내장형으로 설치한다.

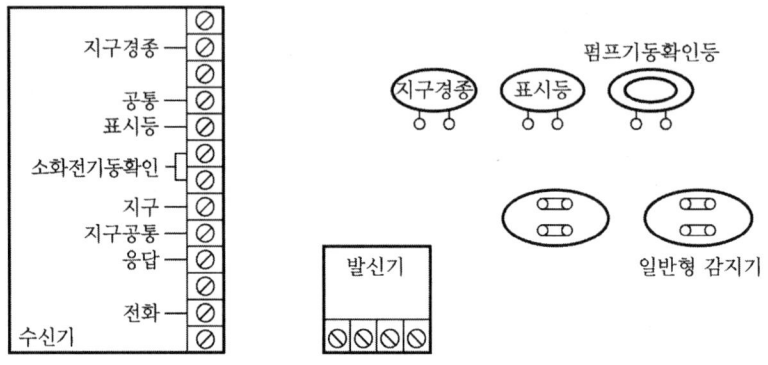

 [해설 및 정답]

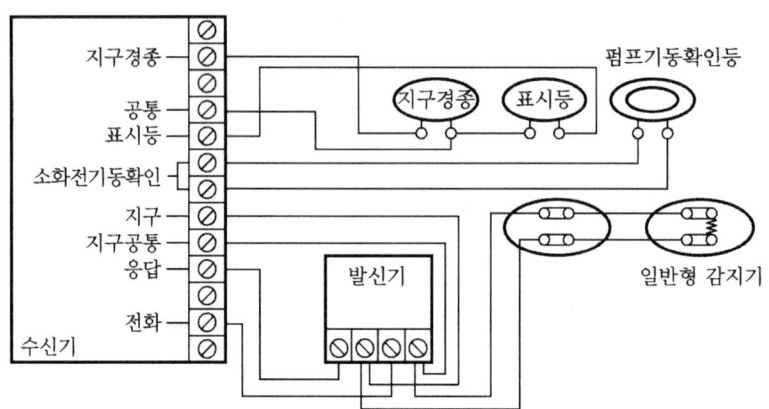

14 지하 3층, 지상 5층의 건물에 표와 같이 화재가 발생했을 경우 우선적으로 경보하여야 하는 층을 표시하시오(단, 연면적 3,000[m²]를 초과하는 건물이며, 경보표시는 ●를 사용한다).
[현행 삭제 문제]

5층					
4층					
3층					
2층	화재(●)				
1층		화재(●)			
지하 1층			화재(●)		
지하 2층				화재(●)	
지하 3층					화재(●)

해설 및 정답

5층					
4층					
3층	●				
2층	화재(●)	●			
1층		화재(●)	●		
지하 1층		●	화재(●)	●	●
지하 2층		●	●	화재(●)	●
지하 3층		●	●	●	화재(●)

(22. 12. 1. 이후 일제 경보)

기출문제

15 자동화재탐지설비의 발신기에서 표시등=30[mA/1개], 경종=50[mA/1]개로 1회로당 80[mA]의 전류가 소모되며, 지하 1층, 지상 5층의 각 층별 2회로씩 총 12회로인 공장에서 P형 수신반 최말단 발신기까지 500[m] 떨어진 경우 다음 각 물음에 답하시오(단, 직상층 우선경보방식인 경우이다). [현행 일제경보 예상문제]

가) 표시등 및 경종의 최대소요전류[A]와 총 소요전류[A]를 구하시오.

해설및정답
- 표시등의 최대소요전류 : 30[mA]×12=360[mA]=0.36[A]
- 경종의 최대소요전류 : 50[mA]×6=300[mA]=0.3[A]
- 총 소요전류 : 0.36+0.3=0.66[A]

나) 2.5[mm²]의 전선을 사용한 경우 최말단경종 동작시 전압강하[V]는 얼마인지 계산하시오.

해설및정답
- 계산과정 : $e = \dfrac{35.6LI}{1,000A} = \dfrac{35.6 \times 500 \times 0.46}{1,000 \times 2.5} = 3.275 ≒ 3.28[V]$

다) 나)의 계산에 의한 경종 작동 여부를 설명하시오.

해설및정답
- 이유 : $V_r = V_S - e = 24 - 3.28 = 20.72[V]$
  24[V]의 80[%]인 19.2[V]보다 크므로 정상작동가능

소방설비기사[전기분야] 2차 실기

[2018년 6월 30일 시행]

01 다음은 광전식 분리형 감지기에 대한 설치기준이다. 각 물음에 답하시오.

- 감지기의 송광부는 설치된 뒷벽으로부터 (①)[m] 이내 위치에 설치할 것
- 감지기의 광축길이는 (②) 범위 이내일 것
- 감지기의 수광부는 설치된 뒷벽으로부터 (③)[m] 이내 위치에 설치할 것
- 광축의 높이는 천장 등 높이의 (④)[%] 이상일 것
- 광축은 나란한 벽으로부터 (⑤)[m] 이상 이격하여 설치할 것

해설 및 정답 ① 1   ② 공칭감시거리   ③ 1   ④ 80   ⑤ 0.6

02 그림은 준비작동식 스프링클러설비의 전기적 계통도이다. Ⓐ~Ⓕ까지에 대한 다음 표의 빈칸에 알맞은 배선수와 배선의 용도를 작성하시오(단, 배선수는 운전조작상 필요한 최소전선수를 쓰도록 하시오, 우선경보방식).

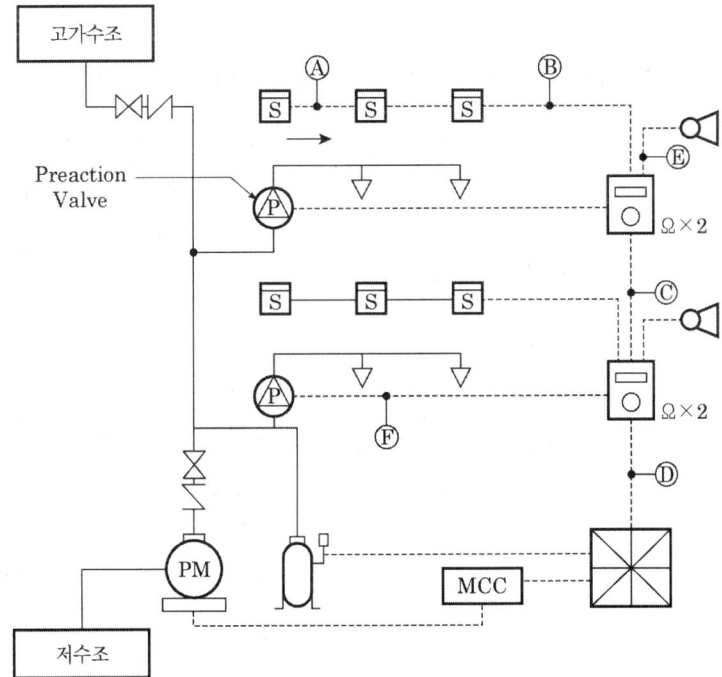

기출문제

기 호	구 분	배선수	배선 굵기	배선의 용도
A	감지기 ↔ 감지기		1.5[mm²]	
B	감지기 ↔ SVP		1.5[mm²]	
C	SVP ↔ SVP		2.5[mm²]	
D	2 Zone일 경우		2.5[mm²]	
E	사이렌 ↔ SVP		2.5[mm²]	
F	Preaction Valve ↔ SVP		2.5[mm²]	

해설 및 정답

기 호	구 분	배선수	배선 굵기	배선의 용도
A	감지기 ↔ 감지기	4	1.5[mm²]	지구, 공통 각 2가닥
B	감지기 ↔ SVP	8	1.5[mm²]	지구, 공통 각 4가닥
C	SVP ↔ SVP	9	2.5[mm²]	전원 ⊕·⊖, 전화, 감지기 A·B, 사이렌, 밸브기동, 밸브개방확인, 밸브주의
D	2 Zone일 경우	15	2.5[mm²]	전원 ⊕·⊖, 전화, (감지기 A·B, 사이렌, 밸브기동, 밸브개방확인, 밸브주의)×2
E	사이렌 ↔ SVP	2	2.5[mm²]	사이렌, 공통
F	Preaction Valve ↔ SVP	4	2.5[mm²]	밸브기동, 밸브개방확인, 밸브주의, 공통

03 다음은 할론(Halon)소화설비의 평면도이다. 다음 각 물음에 답하시오.

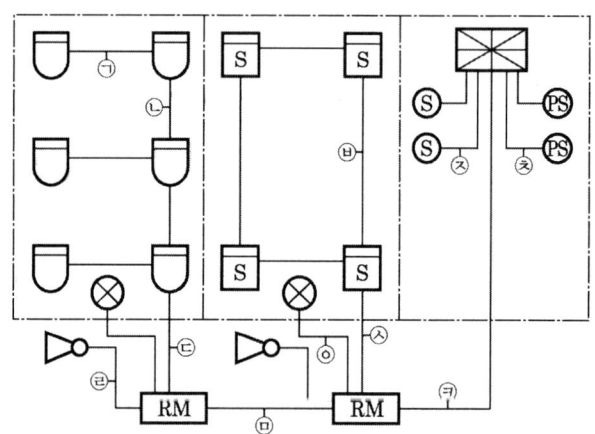

(가) ㉠~㉡까지의 가닥 수를 구하시오(단, 감지기는 별개의 공통선을 사용한다).

해설 및 정답 ㉠ 4   ㉡ 8   ㉢ 8   ㉣ 2   ㉤ 9   ㉥ 4   ㉦ 8   ㉧ 2   ㉨ 2
㉩ 2   ㉪ 14

(나) ⓜ의 배선의 용도를 쓰시오.

> **해설및정답** 전원+, 전원-, 감지기공통, 감지기A, 감지기B, 방출표시등, 사이렌, 기동스위치, 비상스위치

(다) ㉠에서 구역(Zone)이 추가됨에 따라 늘어나는 전선명칭을 적으시오.

> **해설및정답** 감지기A, 감지기B, 방출표시등, 사이렌, 기동스위치

04 피난구유도등의 설치 제외 장소에 대한 다음 ( ) 안을 완성하시오.

> ○ 바닥면적이 (①)[m²] 미만인 층으로서 옥내로부터 직접 지상으로 통하는 출입구(외부의 식별이 용이한 경우에 한한다)
> ○ 거실 각 부분으로부터 하나의 출입구에 이르는 보행거리가 (②)[m] 이하이고 비상조명등과 유도표지가 설치된 거실의 출입구
> ○ 출입구가 3 이상 있는 거실로서 그 거실 각 부분으로부터 하나의 출입구에 이르는 보행거리가 (③)[m] 이하인 경우에는 주된 출입구 2개소 외의 출입구(유도표지가 부착된 출입구를 말한다) 다만, 공연장, 집회장, 관람장, 전시장, 판매시설, 운수시설, 숙박시설, 노유자시설, 의료시설, 장례시설(장례식장)의 경우에는 그러하지 아니하다.
> ○ 대각선 길이가 15[m] 이내인 구획된 실의 출입구

> **해설및정답** ① 1,000 ② 20 ③ 30

05 감지기회로의 도통시험을 위한 종단저항의 설치기준 3가지를 쓰시오.

> **해설및정답**
> 1. 점검 및 관리가 쉬운 장소에 설치할 것
> 2. 전용함을 설치하는 경우 그 설치 높이는 바닥으로부터 1.5[m] 이내로 할 것
> 3. 감지기 회로의 끝 부분에 설치하며, 종단감지기에 설치할 경우에는 구별이 쉽도록 해당 감지기의 기판 등에 별도의 표시를 할 것

기출문제

06 지하주차장에 준비작동식 스프링클러설비를 설치하고, 차동식 스포트형 감지기 2종을 설치하여 소화설비와 연동하는 감지기를 배선하고자 한다. 미완성 평면도를 참고하여 다음 각 물음에 답하시오(단, 층고는 3.5m이며 내화구조이다).

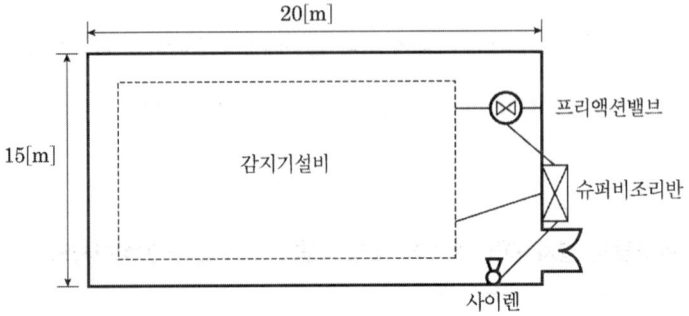

(가) 본 설비에 필요한 감지기 수량을 산출하시오.

해설 및 정답   부착높이 4[m] 미만, 차동식스포트형 2종, 내화구조이므로 $70[m^2]$마다 1개씩 설치

$$\frac{20[m] \times 15[m]}{70[m^2/개]} = 4.28 \quad \therefore \ 5개$$

교차회로방식이므로 5개×2=10개

(나) 각 설비 및 감지기 간 배선도를 평면도에 작성하고 배선에 필요한 가닥 수를 표시하시오 (단, SVP와 준비작동밸브 간의 공통선은 겸용으로 사용하지 않는다).

해설 및 정답

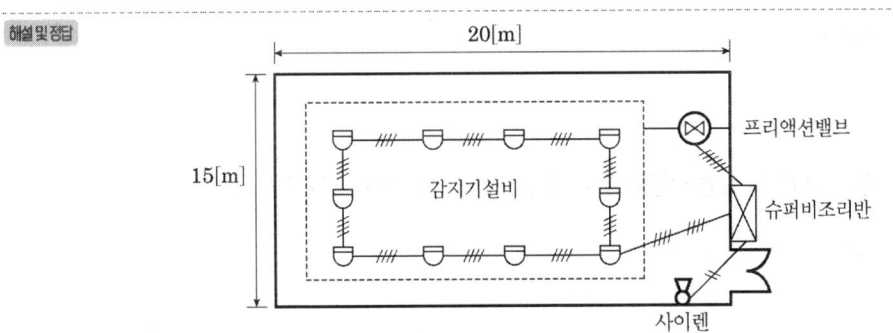

07 그림과 같이 사무실 용도로 사용되고 있는 건축물의 복도에 통로유도등을 설치하고자 한다. 다음 각 물음에 답하시오.

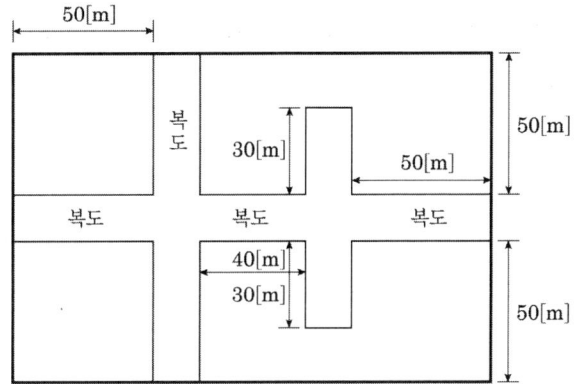

(가) 통로유도등을 설치하여야 할 곳을 작은 점(●)으로 표시하시오.

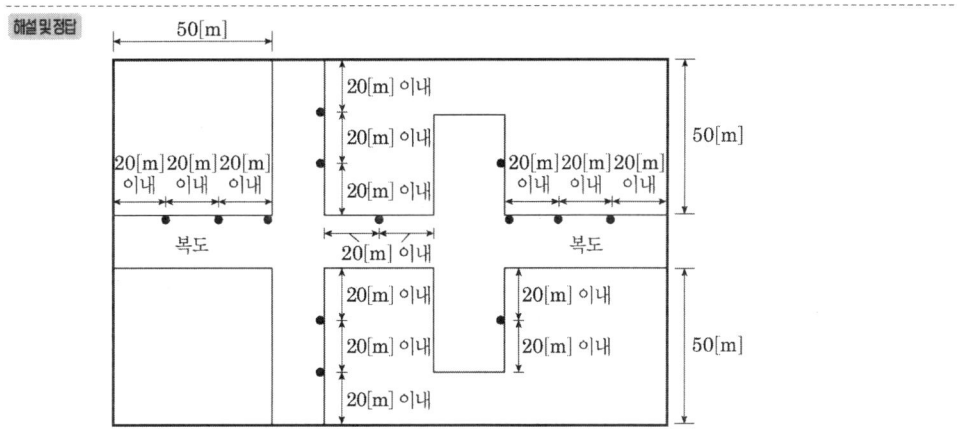

기출문제

(나) 통로유도등은 총 몇 개가 소요되는가?

해설 및 정답 13개

> **Reference — 유도등의 형식승인기준(조도시험)**
>
> 제23조(조도시험) 통로유도등 및 객석유도등은 그 유도등은 비상전원의 성능에 따라 유효점등시간 동안 등을 켠 후 주위조도가 0[lx]인 상태에서 다음과 같은 방법으로 측정하는 경우, 그 조도는 각각 다음 각 호에 적합하여야 한다.
> 1. 계단통로유도등은 바닥면 또는 디딤바닥 면으로부터 높이 2.5[m]의 위치에 그 유도등을 설치하고 그 유도등의 바로 밑으로부터 수평거리로 10[m] 떨어진 위치에서의 법선조도가 0.5[lx] 이상이어야 한다.
> 2. 복도통로유도등은 바닥면으로부터 1[m] 높이에, 거실통로유도등은 바닥면으로부터 2[m] 높이에 설치하고 그 유도등의 중앙으로부터 0.5[m] 떨어진 위치(그림1 또는 그림2에서 정하는 위치)의 바닥면 조도와 유도등의 전면 중앙으로부터 0.5[m] 떨어진 위치의 조도가 1[lx] 이상이어야 한다. 다만, 바닥면에 설치하는 통로유도등은 그 유도등의 바로 윗부분 1[m]의 높이에서 법선조도가 1[lx] 이상이어야 한다.

08 비상콘센트설비의 설치기준에 관해 다음 빈칸을 완성하시오.

○ 전원회로는 각 층에 있어서 (①)이 되도록 설치할 것. 다만, 설치하여야 할 층의 비상콘센트가 1개인 때에는 하나의 회로로 할 수 있다.
○ 전원회로는 (②)에서 전용회로로 할 것. 다만, 다른 설비의 회로의 사고에 따른 영향을 받지 아니하도록 되어 있는 것에 있어서는 그러하지 아니하다.
○ 콘센트마다 (③)를 설치하여야 하며, (④)가 노출되지 아니하도록 할 것
○ 하나의 전용회로에 설치하는 비상콘센트는 (⑤) 이하로 할 것

해설 및 정답 ① 2 이상 ② 주배전반 ③ 배선용차단기 ④ 충전부 ⑤ 10개

09 사무실(1동)과 공장(2동)으로 구분되어 있는 건물에 자동화재탐지설비의 P형 발신기세트와 습식 스프링클러설비를 설치하고, 수신기는 경비실에 설치하였다. 경보방식은 동별 구분경보방식을 적용하였으며, 옥내소화전의 가압송수장치는 기동용 수압개폐장치를 사용하는 방식인 경우에 다음 물음에 답하시오(전화기능 있는 것으로 함).

(가) 빈칸 ㉠, ㉡, ㉢, ㉣ 안에 전선가닥수 및 전선의 용도를 쓰시오(단, 스프링클러설비와 자동화재탐지설비의 공통선은 각각 별도로 사용하며, 전선은 최소 가닥수를 적용한다).

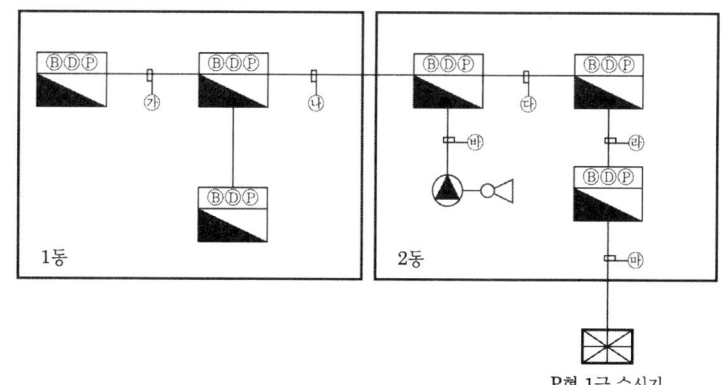

P형 1급 수신기

항목	가닥 수	자동화재탐지설비								스프링클러설비			
		용도1	용도2	용도3	용도4	용도5	용도6	용도7	용도8	용도1	용도2	용도3	용도4
㉮													
㉯	11	응답	지구3	전화	지구공통	경종	표시등	경종표시등공통	소화전기동확인2				
㉰													
㉱													
㉲													
㉳										압력스위치	탬퍼스위치	사이렌	공통

해설 및 정답

항목	가닥 수	자동화재탐지설비								스프링클러설비			
		용도1	용도2	용도3	용도4	용도5	용도6	용도7	용도8	용도1	용도2	용도3	용도4
㉮	9	응답	지구	전화	지구공통	경종	표시등	경종표시등공통	소화전기동확인2	–	–	–	–
㉯	11	응답	지구3	전화	지구공통	경종	표시등	경종표시등공통	소화전기동확인2				
㉰	17	응답	지구4	전화	지구공통	경종2	표시등	경종표시등공통	소화전기동확인2	압력스위치	탬퍼스위치	사이렌	공통
㉱	18	응답	지구5	전화	지구공통	경종2	표시등	경종표시등공통	소화전기동확인2	압력스위치	탬퍼스위치	사이렌	공통
㉲	19	응답	지구6	전화	지구공통	경종2	표시등	경종표시등공통	소화전기동확인2	압력스위치	탬퍼스위치	사이렌	공통
㉳	4	–	–	–	–	–	–	–	–	압력스위치	탬퍼스위치	사이렌	공통

기출문제

(나) 공장동에 설치한 폐쇄형 헤드를 사용하는 습식 스프링클러설비의 유수검지장치용 음향장치는 어떤 경우에 울리게 되는가?

해설 및 정답 화재로 폐쇄형 습식 스프링클러설비의 밸브(클래퍼)가 개방되어 일정량 이상의 유수의 흐름이 발생하는 경우 유수검지스위치(또는 압력스위치)가 작동됨과 동시에 경보(알람)가 울린다.

(다) 습식 스프링클러설비의 유수검지장치용 음향장치는 담당구역의 각 부분으로부터 하나의 음향장치까지의 수평거리를 몇 [m] 이하로 하여야 하는가?

해설 및 정답 25[m] 이하

10 자동화재탐지설비의 감지기회로 및 음향장치에 대한 사항이다. 다음 각 물음에 답하시오.

(가) 자동화재탐지설비의 감지기회로의 전로저항은 몇 [Ω] 이하가 되도록 하여야 하는가?

해설 및 정답 50[Ω]

(나) P형 수신기 및 GP형 수신기의 감지기회로의 배선에 있어서 하나의 공통선이 담당하는 구역은 몇 개 이하로 하여야 하는가?

해설 및 정답 7개

(다) 지구음향장치의 시험방법 및 판정기준을 쓰시오.

해설 및 정답
○ 시험방법 : 감지기 또는 발신기 동작 또는 수신기에서 동작시험을 실시하여 화재신호와 연동하여 음향장치가 정상적으로 작동하는지 여부 확인
○ 판정기준 : 음향장치가 정상적으로 작동하고 음량은 음향장치 중심에서 1[m] 떨어진 곳에서 90[dB] 이상일 것

11 어떤 건물에 대한 소방설비의 배선도면을 보고 다음 각 물음에 답하시오(단, 배선공사는 후강 전선관을 사용한다고 한다, 배관매입, 함노출시공).

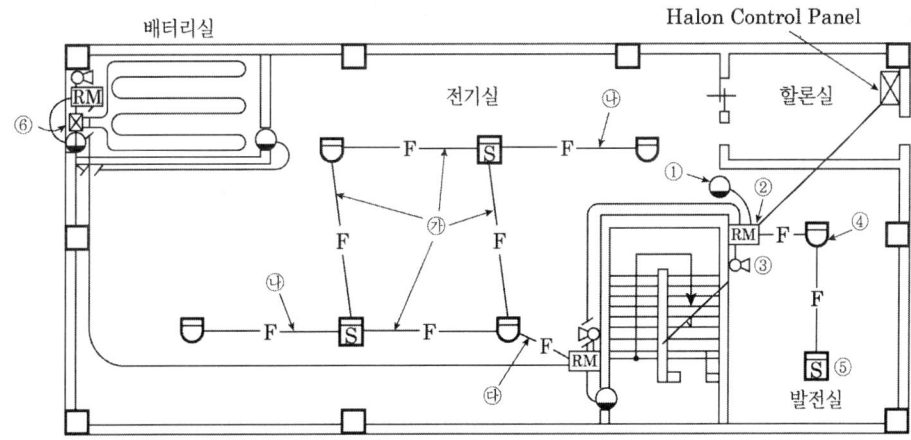

(가) 다음 표시된 그림기호의 명칭을 쓰시오.

해설 및 정답

① ◯ (방출표시등)   ② RM (수동조작함)   ③ ⊲ (사이렌)
④ ▽ (차동식스포트형감지기)   ⑤ S (연기감지기)   ⑥ ⋈ (차동식분포형감지기 검출부)

(나) 도면에서 ㉮~㉰의 배선가닥 수는?

해설 및 정답   ㉮ 4   ㉯ 4   ㉰ 8

(다) 도면에서 물량을 산출할 때 어떤 박스를 몇 개 사용하여야 하는지 각각 구분하여 답하시오.

해설 및 정답   8각박스 : 16개(감지기, 방출표시기등, 사이렌, 검출부)
4각박스 : 4개(기기수용 상자 매입 시 Box 미설치)

(라) 부싱은 몇 개가 소요되겠는가?

해설 및 정답   40개

기출문제

12 비상용 조명부하가 40[W] 120등, 60[W] 50등이 있다. 방전시간은 30분이며 연축전지 HS형 54셀, 허용최저전압 90[V], 최저축전지온도 5[℃]일 때 다음 각 물음에 답하시오[연축전지의 용량환산시간 K(상단은 900~2,000[Ah], 하단은 900[Ah]이다)].

형식	온도[℃]	10분			30분		
		1.6[V]	1.7[V]	1.8[V]	1.6[V]	1.7[V]	1.8[V]
CS	25	0.9 0.8	1.15 1.06	1.6 1.42	1.41 1.34	1.6 1.55	2.0 1.88
	5	1.15 1.1	1.35 1.25	2.0 1.8	1.75 1.75	1.85 1.8	2.45 2.35
	−5	1.35 1.25	1.6 1.5	2.65 2.25	2.05 2.05	2.2 2.2	3.1 3.0
HS	25	0.58	0.7	0.93	1.03	1.14	1.38
	5	0.62	0.74	1.05	1.11	1.22	1.54
	−5	0.68	0.82	1.15	1.15	1.35	1.68

(가) 축전지용량[Ah]을 구하시오(단, 전압은 100[V]이며 연축전지의 용량환산시간 K는 표와 같으며 보수율은 0.8이라고 한다).

해설 및 정답

$$I = \frac{40 \times 120 + 60 \times 50}{100} = 78[A]$$

$$\frac{90}{54} = 1.67[V/cell] \qquad \therefore 1.7[V/cell] \text{ 선정}$$

$$\therefore K = 1.22 \text{ 적용}$$

$$C = \frac{1}{0.8} \times 1.22 \times 78 = 118.95[Ah]$$

(나) 자기방전량만 충전하는 방식은?

해설 및 정답 세류충전방식

(다) 연축전지와 알칼리축전지의 공칭전압은?

해설 및 정답
- 연축전지 : 2[V/cell]
- 알칼리축전지 : 1.2[V/cell]

13 자동화재탐지설비에 대한 다음 각 물음에 답하시오.

(가) P형 5회로 수신기와 수동발신기, 경종, 표시등 사이를 결선하시오(단, 방호대상물은 2,500[m²]인 지하 1층, 지상 3층 건물임).

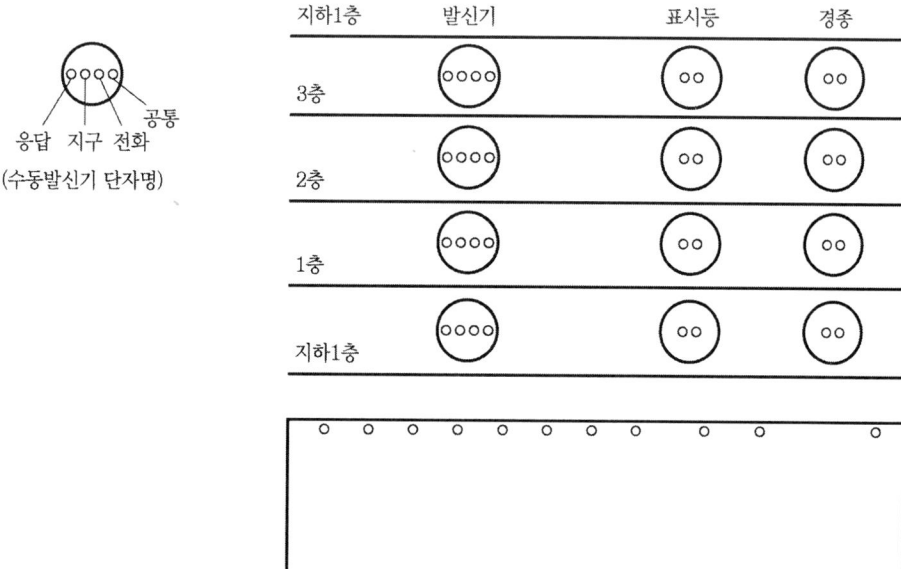

해설 및 정답

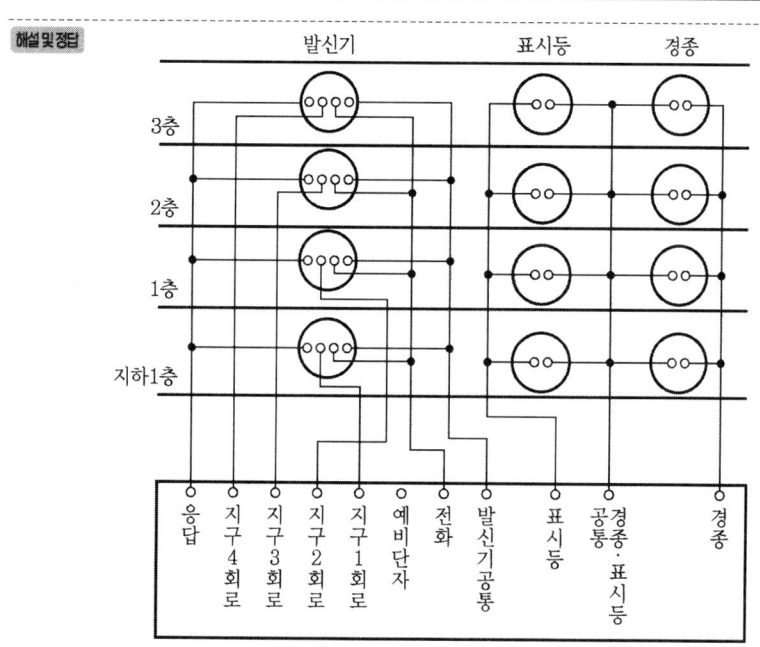

기출문제

(나) 종단저항은 어느 선과 어느 선 사이에 연결하여야 하는가?

해설및정답 지구선과 지구공통선

(다) 발신기함의 상부에 설치하는 표시등의 색깔은?

해설및정답 적색

(라) 발신기표시등의 점멸상태는 어떻게 되어 있어야 하는지 그 상태를 설명하시오.

해설및정답 상시 점등

(마) 발신기표시등은 그 불빛의 부착면으로부터 몇 도 이상의 범위 안에서 몇 [m]의 거리에서 식별할 수 있어야 하는가?

해설및정답 15° 이상 범위에서 10[m] 거리에서 식별할 수 있어야 한다.

2018년 제4회 소방설비기사[전기분야] 2차 실기

[2018년 11월 10일 시행]

01 지상 20[m]되는 500[m³]의 저수조에 양수하는 데 15[kW] 용량의 전동기를 사용한다면 몇 분 후에 저수조에 물이 가득 차겠는지 쓰시오(단, 전동기의 효율은 70%이고 여유계수는 1.2이다).

 $t = \dfrac{9.8 \times Q \times H}{P \times \eta} \times K = \dfrac{9.8 \times 500 \times 20}{15 \times 0.7} \times 1.2 = 11{,}200[\sec] = 186.67[\min]$

∴ 186.67분

02 제1종 연기감지기의 설치기준에 대하여 다음 (   ) 안의 빈칸을 채우시오.

- 계단 및 경사로에 있어서는 수직거리 (①)[m] 마다 1개 이상으로 할 것
- 복도 및 통로에 있어서는 보행거리 (②)[m] 마다 1개 이상으로 할 것
- 감지기는 벽 또는 보로부터 (③)[m] 이상 떨어진 곳에 설치할 것
- 천장 또는 반자 부근에 (④)가 있는 경우에는 그 부근에 설치할 것

① 15 ② 30 ③ 0.6 ④ 배기구

03 비상방송설비에 대한 설치기준으로 다음 (   ) 안에 알맞은 말 또는 수치를 쓰시오.

- 확성기의 음성입력은 실내에 설치하는 것에 있어서는 (①)[W] 이상일 것
- 음량조절기를 설치하는 경우 음량조절기의 배선은 (②)으로 할 것
- 조작부의 조작스위치는 바닥으로부터 (③)[m] 이상 (④)[m] 이하의 높이에 설치할 것
- 확성기는 각 층마다 설치하되, 그 층의 각 부분으로부터 하나의 확성기까지의 수평거리가 (⑤)[m] 이하가 되도록 할 것

① 1 ② 3선식 ③ 0.8 ④ 1.5 ⑤ 25

기출문제

04 가압송수장치를 기동용 수압개폐방식으로 사용하는 1, 2, 3동의 공장 내부에 옥내소화전함과 자동화재탐지설비용 발신기를 다음과 같이 설치하였다. 다음 각 물음에 답하시오(동별구분 경보).

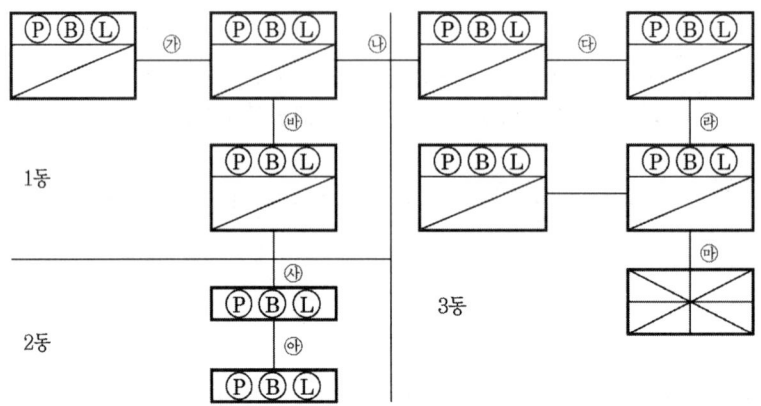

(가) 기호 ㉮~㉺의 전선 가닥 수를 표시한 도표이다. 전선 가닥 수를 표 안에 숫자로 쓰시오 (단, 가닥수가 필요없는 곳은 공란으로 둘 것).

해설 및 정답

기호	회로선	회로 공통선	경종선	경종표시등 공통선	표시 등선	응답선	기동확인 표시등	합계
㉮	1	1	1	1	1	1	2	8
㉯	5	1	2	1	1	1	2	13
㉰	6	1	3	1	1	1	2	15
㉱	7	1	3	1	1	1	2	16
㉲	9	2	3	1	1	1	2	19
㉳	3	1	2	1	1	1	2	11
㉴	2	1	1	1	1	1	–	7
㉵	1	1	1	1	1	1	–	6

(나) 도면의 P형 수신기는 최소 몇 회로용을 사용하여야 하는가? (단, 회로수 산정 시 10[%]의 여유를 둔다)

해설 및 정답 10회로용

(다) 수신기를 설치하여야 하지만, 상시근무자가 없는 곳이다. 이때의 수신기의 설치장소는?

해설 및 정답 관계인이 쉽게 접근할 수 있고 관리가 용이한 장소

(라) 수신기가 설치된 장소에는 무엇을 비치하여야 하는가?

해설및정답 경계구역일람도

05
P형 수신기와 감지기와의 배선회로에서 종단저항은 11[kΩ], 배선저항은 50[Ω], 릴레이저항은 550[Ω]이며 회로전압이 DC 24[V]일 때 다음 각 물음에 답하시오.

(가) 평소 감시전류는 몇 [mA]인가?

해설및정답
$$감시전류 = \frac{회로전압}{배선저항 + 종단저항 + 릴레이저항}$$
$$= \frac{24}{50 + 11,000 + 550} = 0.002068[A] ≒ 2.07[mA]$$

(나) 감지기가 동작할 때(화재 시)의 전류는 몇 [mA]인가? (단, 배선저항은 무시한다)

해설및정답
$$동작전류 = \frac{회로전압}{릴레이저항} = \frac{24}{550} = 0.043636[A] ≒ 43.64[mA]$$

06
소방관련법상 사용하는 비상전원의 종류 4가지를 쓰시오.

해설및정답
1. 자가발전설비
2. 축전지설비
3. 전기저장장치
4. 비상전원수전설비

07
무선통신보조설비의 분배기 설치기준에 대하여 3가지를 쓰시오.

해설및정답 분배기・분파기 및 혼합기 등의 설치기준
1. 먼지・습기 및 부식 등에 따라 기능에 이상을 가져오지 아니하도록 할 것
2. 임피던스는 50[Ω]의 것으로 할 것
3. 점검에 편리하고 화재 등의 재해로 인한 피해의 우려가 없는 장소에 설치할 것

기출문제

08 복도통로유도등의 설치기준을 4가지 쓰시오.

해설 및 정답
1. 복도에 설치하되 옥내로부터 직접 주된 출입구로 향하는 피난구유도등 또는 계단실, 부속실로 향하는 피난구유도등에 따라 피난구유도등이 설치된 출입구의 맞은편 복도에는 입체형으로 설치하거나, 바닥에 설치할 것
2. 구부러진 모퉁이 및 위 1에 따라 설치된 통로유도등을 기점으로 보행거리 20[m]마다 설치할 것
3. 바닥으로부터 높이 1[m] 이하의 위치에 설치할 것. 다만, 지하층 또는 무창층의 용도가 도매시장·소매시장·여객자동차터미널·지하역사 또는 지하상가인 경우에는 복도·통로 중앙부분의 바닥에 설치해야 한다.
4. 바닥에 설치하는 통로유도등은 하중에 따라 파괴되지 않는 강도의 것으로 할 것

> **! Reference ─ 통로유도등 설치기준**
>
> 통로유도등은 특정소방대상물의 각 거실과 그로부터 지상에 이르는 복도 또는 계단의 통로에 다음의 기준에 따라 설치해야 한다.
> ① 복도통로유도등은 다음의 기준에 따라 설치할 것
>   1. 복도에 설치할 것
>   2. 구부러진 모퉁이 및 보행거리 20[m]마다 설치할 것
>   3. 바닥으로부터 높이 1[m] 이하의 위치에 설치할 것. 다만, 지하층 또는 무창층의 용도가 도매시장·소매시장·여객자동차터미널·지하역사 또는 지하상가인 경우에는 복도·통로 중앙부분의 바닥에 설치하여야 한다.
>   4. 바닥에 설치하는 통로유도등은 하중에 따라 파괴되지 아니하는 강도의 것으로 할 것
> ② 거실통로유도등은 다음의 기준에 따라 설치할 것
>   1. 거실의 통로에 설치할 것. 다만, 거실의 통로가 벽체 등으로 구획된 경우에는 복도통로유도등을 설치할 것
>   2. 구부러진 모퉁이 및 보행거리 20[m]마다 설치할 것
>   3. 바닥으로부터 높이 1.5[m] 이상의 위치에 설치할 것. 다만, 거실통로에 기둥이 설치된 경우에는 기둥 부분의 바닥으로부터 높이 1.5[m] 이하의 위치에 설치할 수 있다.
> ③ 계단통로유도등은 다음의 기준에 따라 설치할 것
>   1. 각 층의 경사로 참 또는 계단참마다(1개 층에 경사로 참 또는 계단참이 2 이상 있는 경우에는 2개의 계단참마다) 설치할 것
>   2. 바닥으로부터 높이 1[m] 이하의 위치에 설치할 것
> ④ 통행에 지장이 없도록 설치할 것
> ⑤ 주위에 이와 유사한 등화광고물·게시물 등을 설치하지 않을 것

09 화재에 의한 열, 연기 또는 불꽃(화염) 이외의 요인에 의하여 자동화재탐지설비가 작동하여 화재경보를 발하는 것을 "비화재보(Unwanted Alarm)"라 한다. 즉, 자동화재탐지설비가 정상적으로 작동하였다고 하더라도 화재가 아닌 경우의 경보를 "비화재보"라 하며 비화재보의 종류는 다음과 같이 구분할 수 있다.

> (가) 설비 자체의 결함이나 오동작 등에 의한 경우(False Alarm)
>   ① 설비 자체의 기능상 결함
>   ② 설비의 유지관리 불량
>   ③ 실수나 고의적인 행위가 있을 때
> (나) 주위상황이 대부분 순간적으로 화재와 같은 상태(실제 화재와 유사한 환경이나 상황)로 되었다가 정상상태로 복귀하는 경우(일과성 비화재보 : Nuisance Alarm)

위 설명 중 "(나)"항의 일과성 비화재보로 볼 수 있는 Nuisance Alarm에 대한 방지책을 5가지만 쓰시오.

해설 및 정답
1. 다음과 같은 일과성 비화재보의 방지기능을 갖는 감지기를 설치한다.
   [불꽃감지기, 분포형감지기, 정온식 감지선형 감지기, 광전식 분리형 감지기, 축적형 감지기, 복합형 감지기, 다신호식 감지기, 아날로그식 감지기]
2. 환경적응성이 있는 감지기를 설치한다.
3. 감지기 설치수를 최소로 한다.
4. 연기감지기 설치를 지양한다.
5. 경년변화에 따른 유지보수를 한다.

기출문제

10 도면은 Y-△ 기동회로의 미완성 회로이다. 이 회로를 보고 다음 각 물음에 답하시오.

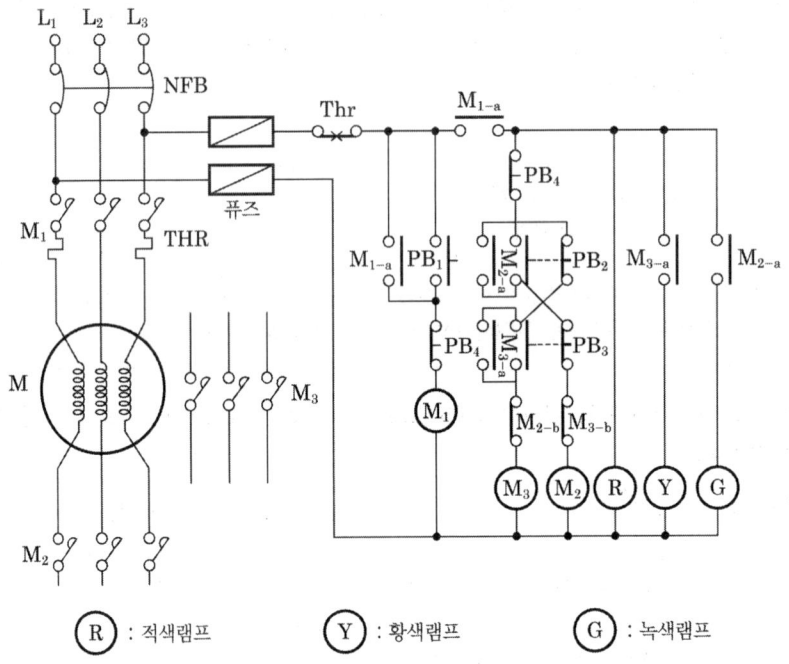

(가) 주회로부분의 미완성된 Y-△ 회로를 완성하시오.

해설 및 정답

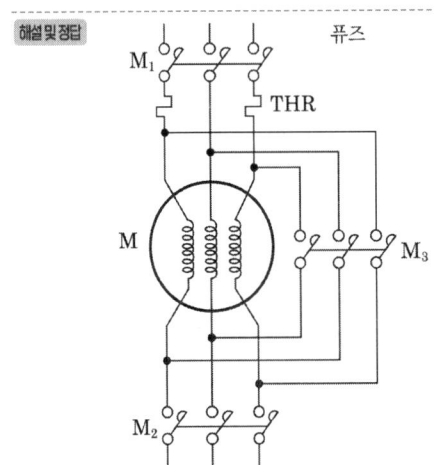

(나) 누름버튼스위치 PB1을 누르면 어느 램프가 점등되는가?

해설및정답   Ⓡ

(다) 전자개폐기 Ⓜ₁이 동작되고 있는 상태에서 다음 표에 있는 버튼을 눌렀을 때 점등되는 램프를 쓰시오.

해설및정답

PB₂	PB₃
Ⓖ	Ⓨ

(라) 제어회로의 Thr은 무엇을 나타내는가?

해설및정답   열동계전기

(마) MCCB의 우리말 명칭은?

해설및정답   배선용차단기

11
3선식 배선에 의하여 상시 충전되는 유도등의 전기회로에 점멸기를 설치하는 경우에는 어느 때에 점등되도록 하여야 하는지 그 기준을 5가지 쓰시오.

해설및정답
1. 자동화재탐지설비의 감지기 또는 발신기가 작동되는 때
2. 비상경보설비의 발신기가 작동되는 때
3. 상용전원이 정전되거나 전원선이 단선되는 때
4. 방재업무를 통제하는 곳 또는 전기실의 배전반에서 수동으로 점등하는 때
5. 자동소화설비가 작동되는 때

12
비상방송설비가 설치된 지하 2층, 지상 16층, 연면적 4,500[m²]의 특정소방대상물이 있다. 다음의 층에서 화재가 발생했을 때 우선적으로 경보할 층을 쓰시오.

해설및정답
  ○ 2층 : 2층, 3층, 4층, 5층, 6층
  ○ 지하 1층 : 1층, 지하 1층, 지하 2층

기출문제

13 누전경보기에 관해 다음 각 물음에 답하시오.

(가) 1급 누전경보기와 2급 누전경보기를 구분하는 전류[A]기준은?

> **해설및정답** 60[A] 초과 시 1급, 60[A] 이하 시 1급 또는 2급

(나) 전원은 분전반으로부터 전용회로로 하고 각 극에 각 극을 개폐할 수 있는 무엇을 설치해야 하는가? (단, 배선용 차단기는 제외한다)

> **해설및정답** 개폐기 및 15[A] 이하의 과전류차단기

(다) ZCT의 명칭과 기능을 쓰시오.

> **해설및정답**
> ○ 명칭 : 영상변류기
> ○ 기능 : 누설전류 검출

14 길이 20[m]의 통로에 객석유도등을 설치하려고 한다. 이때 필요한 객석유도등의 수량은 최소 몇 개인가?

> **해설및정답**
> $\dfrac{20}{4} - 1 = 4$
> ∴ 4개

15 감지기의 형식승인 및 제품검사기술수준에서 아날로그식 분리형 광전식 감지기의 시험방법에 대해 다음 (　) 안을 완성하시오.

> ○ 공칭감시거리는 (①)[m] 이상 (②)[m] 이하로 하여 (③)[m] 간격으로 한다.

> **해설및정답** ① 5   ② 100   ③ 5

16 주어진 동작설명에 적합하도록 미완성된 시퀀스회로를 완성하시오(단, 각 접점 및 스위치의 명칭을 기입하시오).

[동작설명]
- MCCB를 투입하면 표시램프 GL이 점등되도록 한다.
- 전동기 운전용 누름버튼스위치 PBS-on을 누르면 전자접촉기 MC가 여자되고 MC-a 접점에 의해 자기유지되며 전동기가 기동되고, 동시에 전자접촉기 보조 a접점인 MC-a 접점에 의하여 전동기 운전등인 RL이 점등된다.
- 이때 전자접촉기 보조접점 MC-b에 의하여 GL이 소등된다.
- 전동기가 정상운전 중 정지용 누름버튼스위치 PBS-off를 누르면 PBS-on을 누르기 전의 상태로 된다.
- 전동기에 과전류가 흐르면 열동계전기 접점인 THR에 의하여 전동기는 정지하고 모든 접점은 최초의 상태로 복귀한다.

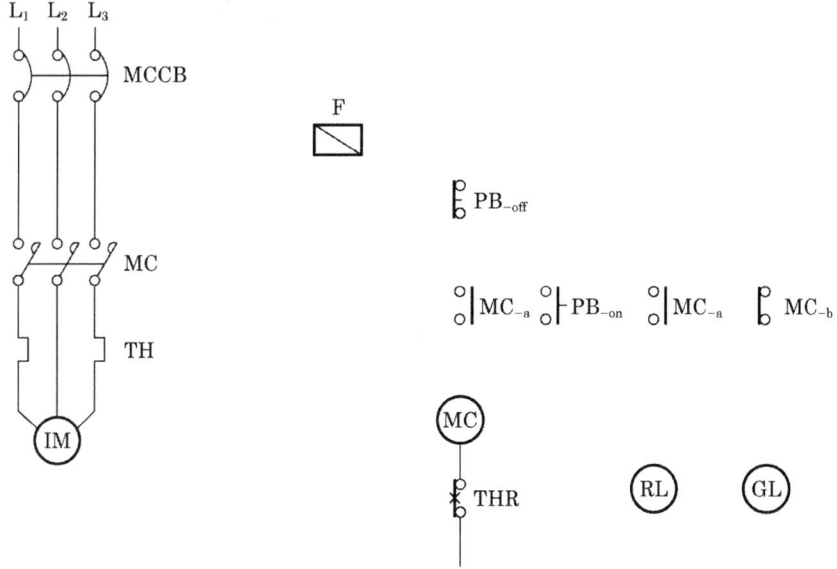

기출문제

해설 및 정답

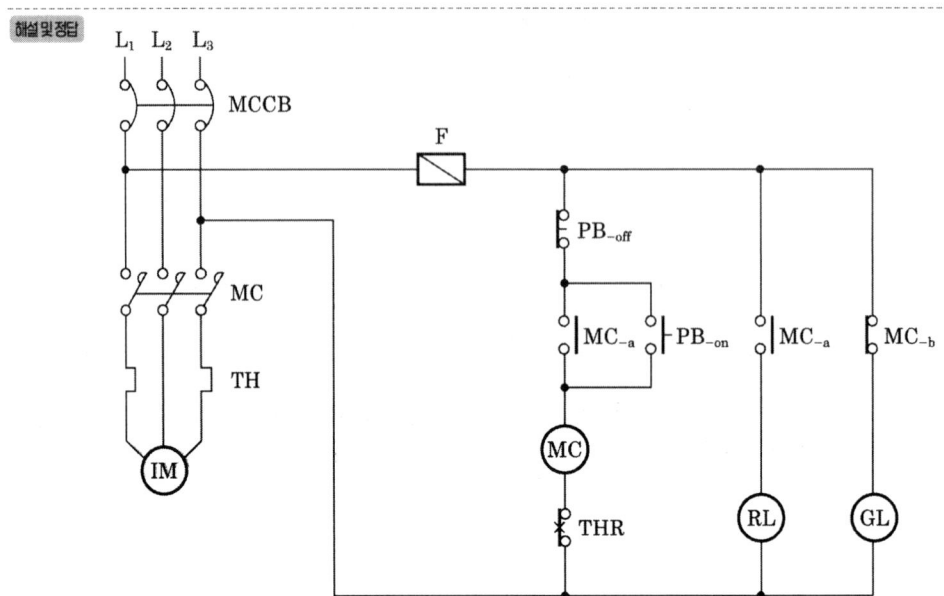

소방설비기사[전기분야] 2차 실기

[2019년 4월 14일 시행]

01 접지공사에서 접지봉과 접지선을 연결하는 방법을 3가지 쓰고, 그 중 내구성이 가장 양호한 방법이 어느 방법인지를 쓰시오. [4점]

(가) 접지봉과 접지선을 연결하는 방법

> 해설및정답   ① 용융접속   ② 납땜접속   ③ 전극접지용 슬리브를 이용한 압착접속

(나) 내구성이 가장 양호한 방법

> 해설및정답   용융접속

02 공사비 산출내역서 작성 시 표준 품셈표에서 정하는 공구손료는 직접노무비의 몇 (①)[%] 이내로 적용할 수 있고, 소모 잡자재비는 전선과 배관자재의 몇 (②)[%] 이내로 적용할 수 있는지 쓰시오. [5점]

> 해설및정답   ① 3   ② 2~5

03 비상콘센트설비의 전원회로에 대한 다음 표를 완성하시오. [2점]

전원회로	전압[V]	공급용량[kVA]
단상교류	①	②

> 해설및정답   ① 220[V]   ② 1.5[kVA] 이상

기출문제

04 국가화재안전기준에서 정하는 누전경보기의 용어 정의를 설명한 것이다. ( )에 알맞은 용어를 쓰시오. 5점

(가) ( )란 내화구조가 아닌 건축물로서 벽, 바닥 또는 천장의 전부나 일부를 불연재료 또는 준불연재료가 아닌 재료에 철망을 넣어 만든 건물의 전기설비로부터 누설전류를 탐지하여 경보를 발하며 변류기와 수신부로 구성된 것을 말한다.

해설 및 정답 누전경보기

(나) ( )란 변류기로부터 검출된 신호를 수신하여 누전의 발생을 해당 특정소방대상물의 관계인에게 경보하여 주는 것(차단기구를 갖는 것을 포함)을 말한다.

해설 및 정답 수신부

(다) ( )란 경계전로의 누설전류를 자동적으로 검출하여 이를 누전경보기의 수신부에 송신하는 것을 말한다.

해설 및 정답 변류기

05 다음은 국가화재안전기준에서 정하는 감지기 설치기준에 관련된 사항이다. 다음 물음에 답하시오. 4점

(가) 감지기(차동식 분포형 제외)는 실내로의 공기유입구로부터 몇 [m] 이상 떨어져 있어야 하는가?

해설 및 정답 1.5[m]

(나) 보상식 스포트형 감지기는 정온점이 감지기 주위의 평상시 최고 온도보다 몇 [℃] 이상 높은 것으로 설치하여야 하는가?

해설 및 정답 20[℃]

(다) 스포트형 감지기의 설치 경사는 몇 도 이상이면 안 되는가?

해설 및 정답 45도

(라) 주방 및 보일러실 등의 다량의 화기를 단속적으로 취급하는 장소에 설치해야 하는 감지기는?

해설 및 정답 정온식 감지기

06 자동화재탐지설비와 관련된 다음 각 물음의 ( )에 알맞은 내용을 쓰시오. [9점]

(가) ( )란 감지기 또는 발신기로부터 발하여지는 신호를 직접 또는 중계기를 통하여 공통신호로서 수신하여 화재의 발생을 당해 소방대상물의 관계자에게 경보하여 주는 것을 말한다.

해설 및 정답 P형 수신기

(나) ( )란 감지기 또는 발신기로부터 발하여지는 신호를 직접 또는 중계기를 통하여 고유신호로서 수신하여 화재의 발생을 당해 소방대상물의 관계자에게 경보하여 주는 것을 말한다.

해설 및 정답 R형 수신기

(다) ( )란 감지기·발신기 또는 전기적 접점 등의 작동에 따른 신호를 받아 이를 수신기의 제어반에 전송하는 장치를 말한다.

해설 및 정답 중계기

(라) ( )란 자동화재탐지설비에서 발하는 화재신호를 시각경보기에 전달하여 청각장애인에게 점멸형태의 시각경보를 하는 것을 말한다.

해설 및 정답 시각경보장치

(마) ( )란 감지기 또는 발신기로부터 발하여지는 신호를 직접 또는 중계기를 통하여 공통신호로서 수신하여 화재의 발생을 당해 소방대상물의 관계자에게 경보하여 주고 자동 또는 수동으로 옥내·외소화전설비, 스프링클러설비, 물분무소화설비, 포소화설비, 이산화탄소소화설비, 할로겐화물소화설비, 분말소화설비, 배연설비 등의 가압송수장치 또는 기동장치 등을 제어하는(이하 "제어기능"이라 한다) 것을 말한다.

해설 및 정답 P형 복합형 수신기

(바) ( )란 감지기 또는 발신기로부터 발하여지는 신호를 직접 또는 중계기를 통하여 고유신호로서 수신하여 화재의 발생을 당해 소방대상물의 관계자에게 경보하여 주고 제어기능을 수행하는 것을 말한다.

해설 및 정답 R형 복합형 수신기

(사) ( )란 화재발생 신호를 수신기에 수동으로 발신하는 장치를 말한다.

해설 및 정답 발신기

(아) ( )란 화재 시 발생하는 열, 연기, 불꽃 또는 연소생성물을 자동적으로 감지하여 수신기에 발신하는 장치를 말한다.

해설 및 정답 감지기

기출문제

(자) (　　)이란 특정소방대상물 중 화재신호를 발신하고 그 신호를 수신 및 유효하게 제어할 수 있는 구역을 말한다.

해설및정답　경계구역

07 국가화재안전기준에서 정하는 옥내소화전설비의 전원 및 비상전원 설치기준에 대한 설명이다. (　　)에 알맞은 용어를 쓰시오. 6점

(가) 비상전원은 옥내소화전설비를 유효하게 (　　)분 이상 작동할 수 있어야 한다.

해설및정답　20분

(나) 비상전원을 실내에 설치하는 때에는 그 실내에 (　　)을(를) 설치하여야 한다.

해설및정답　비상조명등

(다) 상용전원이 저압수전인 경우에는 (　　)의 직후에서 분기하여 전용 배선으로 하여야 한다.

해설및정답　인입개폐기

08 자동화재탐지설비의 P형 수신기 전면에 있는 스위치주의등에 대하여 물음에 답하시오. 4점

(가) 도통시험스위치 조작 시 스위치주의등 점등 여부를 쓰시오.

해설및정답　점등

(나) 예비전원시험스위치 조작 시 스위치주의등 점등 여부를 쓰시오.

해설및정답　소등

> ! Reference ── 스위치주의등이 점멸하는 경우[음향정지 및 시험스위치 동작 시]
> 1. 주경종 정지 스위치 ON 시
> 2. 지구경종 정지 스위치 ON 시
> 3. 화재작동시험 스위치 ON 시
> 4. 회로도통시험 스위치 ON 시
> 5. 자동복구버튼 ON 시
>   (예비전원시험스위치는 원버튼스위치로서 누르는 동안 예비전원으로 전환하는 스위치로서 떼면 자동으로 복구되므로 스위치주의등은 점멸하지 않는다. 복구스위치도 마찬가지로 누른다고 해서 스위치주의등이 점멸하지 않는다)

09 11층 이상인 건물의 소방대상물에 옥내소화전설비를 설치하였다. 이 설비를 작동시키기 위한 전원 중 비상전원으로 설치할 수 있는 설비의 종류 3가지를 쓰시오. [4점]

해설및정답 ① 자가발전설비 ② 축전지설비 ③ 전기저장장치

〈비상전원의 종류〉

설비명	비상전원	비상전원 설치대상	
옥내소화전	-자가발전설비 -축전지설비 -전기저장장치	-지하층을 제외한 층수가 7층 이상으로서 연면적이 2,000[m²] 이상인 특정소방대상물 -지하층 바닥면적 합계가 3,000[m²] 이상인 특정소방대상물	
스프링클러	표준형	-자가발전설비 -축전지설비 -전기저장장치	-S/P설비 설치장소
		-자가발전설비 -축전지설비 -전기저장장치 -비상전원수전설비	-차고·주차장으로서 스프링클러설비가 설치된 부분의 바닥면적(포소화설비가 설치된 차고·주차장의 바닥면적을 포함)합계가 1,000[m²] 미만인 특정소방대상물
	간이	-비상전원수전설비	-간이 S/P설비 설치장소
	화재 조기진압용	-자가발전설비 -축전지설비 -전기저장장치	-화재조기진압용 S/P설비 설치장소
물분무	-자가발전설비 -축전지설비 -전기저장장치	-물분무설비 설치장소	
포	-자가발전설비 -축전지설비 -전기저장장치	-포소화설비 설치장소	
	-자가발전설비 -축전지설비 -비상전원수전설비 -전기저장장치	-호스릴포소화설비 또는 포소화전만을 설치한 차고, 주차장 -포헤드설비 또는 고정포방출설비가 설치된 부분의 바닥면적(스프링클러설비가 설치된 차고·주차장의 바닥면적 포함)합계가 1,000[m²] 미만인 특정소방대상물	
이산화탄소	-자가발전설비 -축전지설비 -전기저장장치	-CO_2 소화설비(호스릴방식은 제외) 설치장소	
할론	-자가발전설비 -축전지설비 -전기저장장치	-할론 소화설비(호스릴방식은 제외) 설치장소	
할로겐 화합물 및 불활성기체	-자가발전설비 -축전지설비 -전기저장장치	-할로겐화합물 및 불활성기체 소화설비 설치장소	
분말	-자가발전설비 -축전지설비 -전기저장장치	-분말소화설비 설치장소	

기출문제

비상경보	−축전지설비 −전기저장장치	−비상경보설비 설치장소
비상방송	−축전지설비 −전기저장장치	−비상방송설비 설치장소
자동화재 탐지설비	−축전지설비 −전기저장장치	−자동화재탐지설비 설치장소
유도등	−축전지설비	−유도등설비 설치장소
비상조명등	−자가발전설비 −축전지설비 −전기저장장치	−내부에 예비전원을 내장하지 않은 경우
제연	−자가발전설비 −축전지설비 −전기저장장치	−제연설비 설치장소
연결송수관	−자가발전설비 −축전지설비 −전기저장장치	−높이 70[m] 이상의 특정소방대상물
비상콘센트	−자가발전설비 −축전지설비 −비상전원수전설비 −전기저장장치	−지하층을 제외한 층수가 7층 이상으로서 연면적이 2,000[m²] 이상인 특정소방대상물 −지하층 바닥면적 합계가 3,000[m²] 이상인 특정소방대상물
무선통신 보조설비	−축전지설비 −전기저장장치	−증폭기 및 무선이동중계기 설치장소

10 20[W], 중형 피난구유도등 10개가 AC 220[V] 상용전원에 연결되어 점등되고 있다. 전원으로부터 공급되는 전류[A]를 구하시오(단, 유도등의 역률은 0.5이며, 유도등 배터리의 충전전류는 무시한다). 3점

해설 및 정답

$$I = \frac{P}{V \times \cos\theta} = \frac{20[W] \times 10}{220[V] \times 0.5} = 1.82[A]$$

11 비상용 전원설비로 축전지 설비를 하고자 한다. 이때 다음 각 물음에 답하시오. 6점

(가) 연축전지의 정격용량이 100[Ah]이고, 상시부하가 15[kW], 표준전압 100[V]인 부동충전방식 충전기의 2차 충전전류값[A]을 구하시오(단, 상시부하의 역률은 1로 본다).

해설 및 정답 충전기의 2차 충전전류 $I = \dfrac{100}{10} + \dfrac{15 \times 10^3}{100} = 160[A]$

> **! Reference**
> 축전지의 2차 충전전류 = $\dfrac{\text{축전지 정격용량[Ah]}}{\text{축전지 정격방전율[h]}} + \dfrac{\text{상시부하[W]}}{\text{표준전압[V]}}$

(나) 축전지에 수명이 있고 또한 그 말기에 있어서도 부하를 만족하는 용량을 결정하기 위한 계수로 보통 0.8로 하는 것을 무엇이라 하는지 쓰시오.

해설 및 정답 보수율

(다) 축전지의 과방전 및 설페이션(Sulphation) 현상 등이 생겼을 때 기능 회복을 위하여 실시하는 충전방식의 명칭을 쓰시오.

해설 및 정답 회복충전방식

12 주어진 도면은 유도전동기 기동·정지회로의 미완성 도면이다. 다음 각 물음에 답하시오. 8점

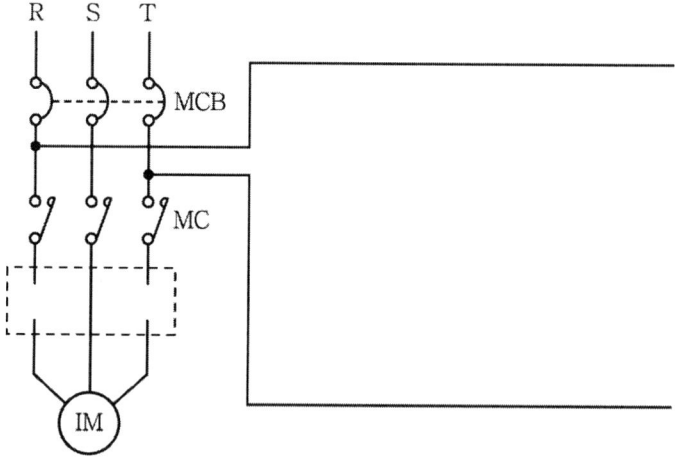

기출문제

(가) 다음과 같이 주어진 기구를 이용하여 제어회로 부분의 미완성 회로를 완성하시오(단, 기동운전 시 자기유지가 되어야 하며, 기구의 개수 및 접점 등은 최소 개수를 사용하도록 한다).

- 전자접촉기 MC
- 정지표시등 RL
- 누름버튼스위치 OFF용
- 기동표시등 GL
- 누름버튼스위치 ON용
- 열동계전기 THR

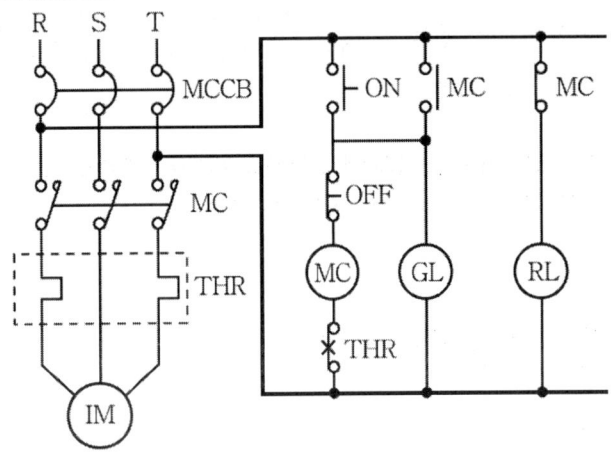

(나) 주회로에 대한 점선의 내부를 주어진 도면에 완성하고 이것은 어떤 경우에 작동하는지 그 경우를 2가지만 쓰시오.

해설 및 정답
1. 전동기에 과부하가 걸릴 때
2. 전류조정 다이얼 세팅치가 적정 전류보다 낮게 세팅되었을 때

13 비상콘센트를 보호하기 위한 비상콘센트보호함의 설치기준이다. ( ) 안에 알맞은 내용을 쓰시오. 5점

- 보호함에는 쉽게 개폐할 수 있는 (①)을(를) 설치할 것
- 보호함 (②)에 "비상콘센트"라고 표시한 표지를 할 것
- 보호함 상부에 (③)색의 (④)을(를) 설치할 것
  (다만, 비상콘센트 보호함을 옥내소화전함 등과 접속하여 설치하는 경우에는 (⑤) 등의 표시등과 겸용할 수 있다)

해설 및 정답 ① 문 ② 표면 ③ 적 ④ 표시등 ⑤ 옥내소화전함

14 비상방송설비의 확성기(Speaker) 회로에 음량조절기를 설치하고자 한다. 미완성 결선도를 완성하시오. 5점

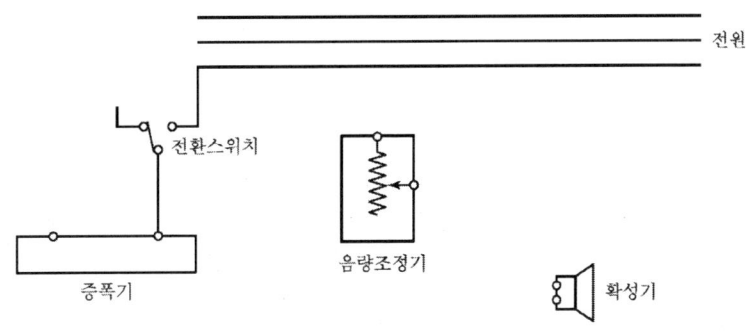

해설및정답
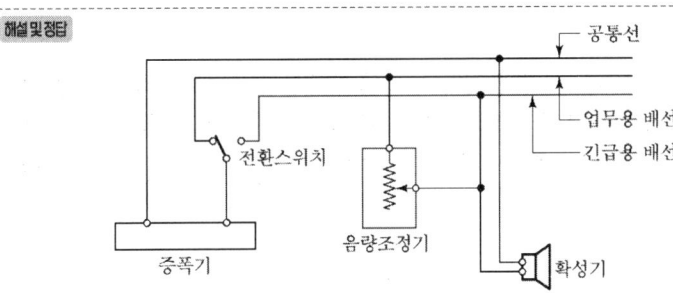

15 비상콘센트설비에 대한 다음 각 물음에 답하시오. 5점

(가) 설치목적을 쓰시오.

해설및정답 소방대의 소방활동에 필요한 전원을 공급하기 위하여

(나) 접지공사의 종류를 쓰시오.

해설및정답 제3종 접지공사(현행 보호접지)

(다) 접지선을 포함해서 최소 배선 가닥 수를 쓰시오.

해설및정답 3가닥

(라) 220[V] 전원에 1[kW] 송풍기를 연결 운전하는 경우 회로에 흐르는 전류[A]를 구하시오(단, 역률은 90[%]이다).

해설및정답 $I = \dfrac{P}{V \times \cos\theta} = \dfrac{1,000[\text{W}]}{220[\text{V}] \times 0.9} = 5.05[\text{A}]$

기출문제

16 국가화재안전기준에서 정하는 청각장애인용 시각경보장치의 설치기준 4가지를 쓰시오. 9점

해설 및 정답
1. 복도·통로·청각장애인용 객실 및 공용으로 사용하는 거실에 설치하며, 각 부분으로부터 유효하게 경보를 발할 수 있는 위치에 설치할 것
2. 공연장·집회장·관람장 또는 이와 유사한 장소에 설치하는 경우에는 시선이 집중되는 무대부 부분 등에 설치할 것
3. 설치높이는 바닥으로부터 2[m] 이상 2.5[m] 이하의 장소에 설치할 것 다만, 천장의 높이가 2m 이하인 경우에는 천장으로부터 0.15[m] 이내의 장소에 설치하여야 한다.
4. 시각경보장치의 광원은 전용의 축전지설비 또는 전기저장장치에 의하여 점등되도록 할 것. 다만, 시각경보기에 작동전원을 공급할 수 있도록 형식승인을 얻은 수신기를 설치한 경우에는 그러하지 아니하다.

17 도면은 전실 급·배기 댐퍼를 나타낸 것이다. 다음 도면을 보고 다음 각 물음에 답하시오(단, 댐퍼는 모터식이며, 복구는 자동복구이고, 전원은 제연설비반에서 공급하고, 수동기동확인 및 기동은 동시에 기동하되 감지기 공통은 전원 ⊖와 공용으로 사용하는 조건이다). 8점

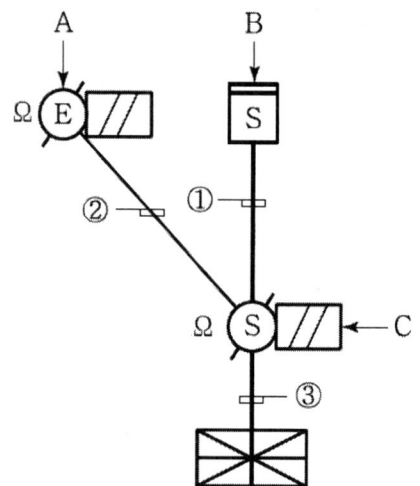

(가) 도면의 A, B, C는 무엇을 나타내는지 그 명칭을 쓰시오.

해설 및 정답   A : 배기댐퍼   B : 연기감지기   C : 급기댐퍼

(나) ①~③에 해당되는 전선의 가닥 수를 쓰시오.

해설및정답
① 4가닥
② 4가닥
③ 6가닥

번호	가닥 수	용도
①	4가닥	지구 2, 공통 2
②	4가닥	전원 ⊕·⊖, 기동, 기동 확인
③	6가닥	전원 ⊕·⊖, 지구, 기동, 기동 확인 2

(다) 댐퍼 수동조작함의 설치 높이는 어느 위치에 설치하여야 하는지 그 설치에 대한 기준을 쓰시오.

해설및정답 바닥으로부터 0.8[m] 이상 1.5[m] 이하

18 도면은 지하 3층, 지상 7층으로서 연면적 5,000[m²](1개 층의 면적은 500[m²])인 사무실 건물에 자동화재탐지설비를 설치한 계통도이다. 다음 도면을 보고 다음 각 물음에 답하시오(단, 지상 각 층의 높이는 3[m]이고, 지하 각 층의 높이는 3.1[m]이다. 일제경보방식). **7점**

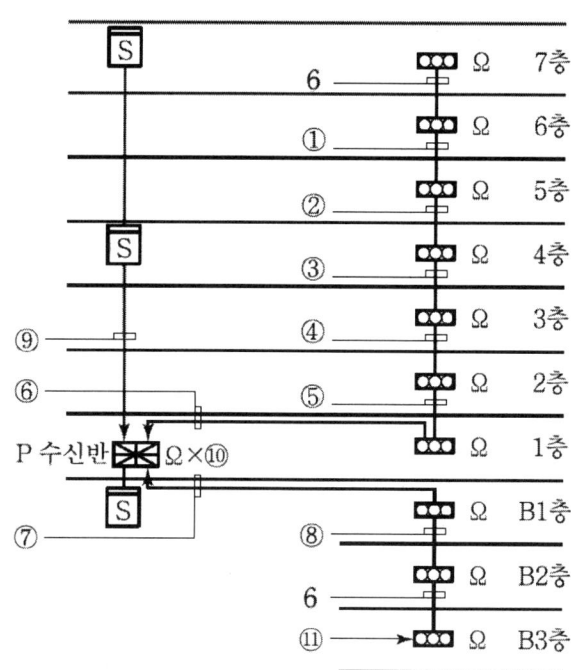

기출문제

(가) 자동화재탐지설비를 안정적으로 운영하기 위하여 ①~⑨까지 배선되는 배선 가닥 수는 최소 몇 가닥이 필요한가?

해설 및 정답
① 7가닥　② 8가닥　③ 9가닥　④ 10가닥
⑤ 11가닥　⑥ 12가닥　⑦ 8가닥　⑧ 7가닥
⑨ 4가닥

! Reference

번호	가닥수	배선의 용도
①	7가닥	회로 2, 공통, 경종, 경종표시등공통, 응답, 표시등
②	8가닥	회로 3, 공통, 경종, 경종표시등공통, 응답, 표시등
③	9가닥	회로 4, 공통, 경종, 경종표시등공통, 응답, 표시등
④	10가닥	회로 5, 공통, 경종, 경종표시등공통, 응답, 표시등
⑤	11가닥	회로 6, 공통, 경종, 경종표시등공통, 응답, 표시등
⑥	12가닥	회로 7, 공통, 경종, 경종표시등공통, 응답, 표시등
⑦	8가닥	회로 3, 공통, 경종, 경종표시등공통, 응답, 표시등
⑧	7가닥	회로 2, 공통, 경종, 경종표시등공통, 응답, 표시등
⑨	4가닥	지구 2, 공통 2

(나) ⑩에는 종단저항이 몇 개가 필요한가?

해설 및 정답　2개

(다) ⑪의 명칭은 무엇인가?

해설 및 정답　발신기 세트

소방설비기사[전기분야] 2차 실기

[2019년 6월 29일 시행]

01 피난구유도등의 2선식 배선방식과 3선식 배선방식의 미완성 결선도를 완성하고, 배선방식의 차이점을 2가지만 쓰시오. 6점

(가) 미완성 결선도

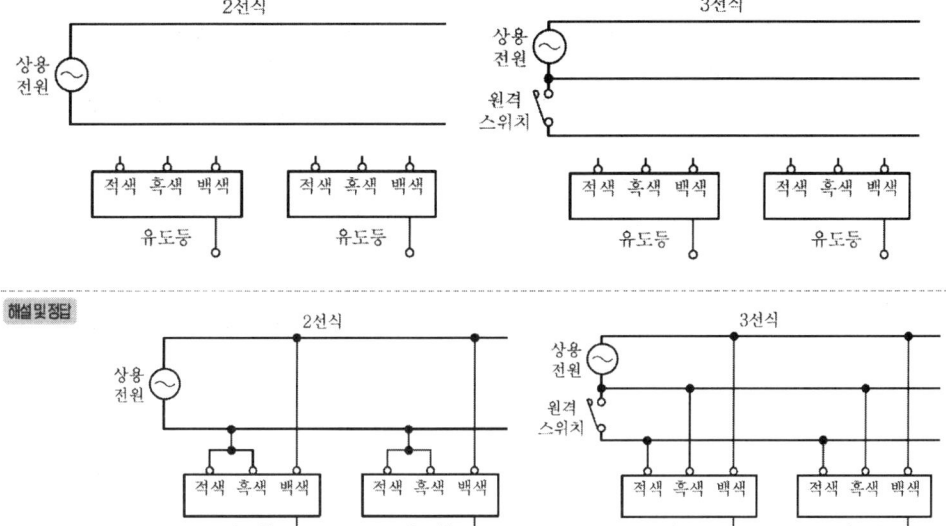

해설 및 정답

(나) 배선방식의 차이점

	2선식	3선식
점등상태		
충전상태		

해설 및 정답

	2선식	3선식
점등상태	평상시 : 점등 비상시 : 점등	평상시 : 소등 비상시 : 점등
충전상태	평상시 : 충전 정전시 : 방전	평상시 : 충전 정전시 : 방전

기출문제

02 국가화재안전기준에서 정하는 무선통신보조설비용 무선기기 접속단자의 설치기준을 3가지만 쓰시오. 6점 [현행 삭제]

해설및정답
1. 화재층으로부터 지면으로 떨어지는 유리창 등에 의한 지장을 받지 않고 지상에서 유효하게 소방활동을 할 수 있는 장소 또는 수위실 등 상시 사람이 근무하고 있는 장소에 설치할 것
2. 단자는 한국산업규격에 적합한 것으로 하고, 바닥으로부터 높이 0.8[m] 이상 1.5[m] 이하의 위치에 설치할 것
3. 지상에 설치하는 접속단자는 보행거리 300[m] 이내마다 설치하고, 다른 용도로 사용되는 접속단자에서 5[m] 이상의 거리를 둘 것
4. 지상에 설치하는 단자를 보호하기 위하여 견고하고 함부로 개폐할 수 없는 구조의 보호함을 설치하고, 먼지·습기 및 부식 등에 따라 영향을 받지 아니하도록 조치할 것
5. 단자의 보호함 표면에 "무선기 접속단자"라고 표시한 표지를 할 것

> **Reference** — 옥외안테나 설치기준
>
> 1. 건축물, 지하가, 터널 또는 공동구의 출입구(「건축법 시행령」제39조에 따른 출구 또는 이와 유사한 출입구를 말한다) 및 출입구 인근에서 통신이 가능한 장소에 설치할 것
> 2. 다른 용도로 사용되는 안테나로 인한 통신장애가 발생하지 않도록 설치할 것
> 3. 옥외안테나는 견고하게 설치하며 파손의 우려가 없는 곳에 설치하고 그 가까운 곳의 보기 쉬운 곳에 "무선통신보조설비 안테나"라는 표시와 함께 통신 가능거리를 표시한 표지를 설치할 것
> 4. 수신기가 설치된 장소 등 사람이 상시 근무하는 장소에는 옥외 안테나의 위치가 모두 표시된 옥외안테나 위치표시도를 비치할 것

03 R형 자동화재탐지설비의 구성요소 중 중계기의 종류에 대한 특징을 기술하여 다음 표를 완성하시오. 4점

구분	집합형	분산형
입력전원		
전원공급		전원 및 비상전원은 수신기를 이용한다.
회로수용능력		소용량(대부분 5회로 미만)
전원공급사고	내장된 예비전원에 의해 정상적인 동작을 수행	중계기 전원선로의 사고 시 해당 계통 전체 시스템 마비
설치적용	• 전압강하가 우려되는 장소 • 수신기와 거리가 먼 초고층 빌딩	• 전기피트가 좁은 장소 • 아날로그식 감지기를 객실별로 설치하는 호텔

해설및정답

구분	집합형	분산형
입력전원	교류 220[V]	직류 24[V]
전원공급	• 외부 전원을 이용 • 비상전원 내장	수신기의 비상전원을 이용
회로수용능력	대용량(30~40회로)	소용량(대부분 5회로 미만)
전원공급사고	내장된 예비전원에 의해 정상적인 동작을 수행	중계기 전원선로의 사고 시 해당 계통 전체시스템 마비
설치적용	• 전압강하가 우려되는 장소 • 수신기와 거리가 먼 초고층 빌딩	• 전기피트가 좁은 장소 • 아날로그식 감지기를 객실별로 설치하는 호텔

04 철근콘크리트 구조의 건물로서 사무실 바닥면적이 500[m²]이고, 천장높이가 3.5[m]이다. 이 사무실에 차동식 스포트형(2종) 감지기를 설치하려고 한다. 최소 몇 개가 필요한지 구하시오. **4점**

해설및정답

감지기 설치개수 $= \dfrac{500[m^2]}{70[m^2]} = 7.14$

∴ 8개

! Reference ― 감지기 1개의 설치기준 면적

(단위 : m²)

부착높이 및 소방대상물의 구분		감지기의 종류				
		차동식 스포트형	보상식 스포트형	정온식 스포트형		
		1종	2종	1종	2종	3종
4[m] 미만	내화구조	90	70	70	60	20
	기타구조	50	40	40	30	15
4[m] 이상 8[m] 미만	내화구조	45	35	35	30	·
	기타구조	30	25	25	15	·

기출문제

05 그림과 같은 회로를 보고 다음 각 물음에 답하시오.

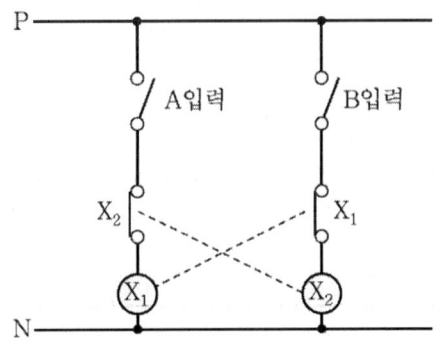

(가) 주어진 회로에 대한 논리회로를 완성하시오.

해설 및 정답

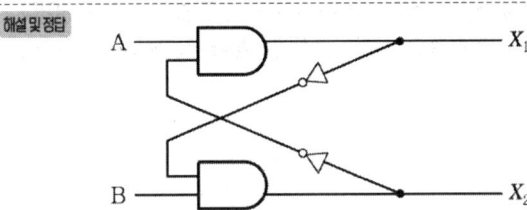

(나) 회로의 동작 상황을 타임차트로 그리시오.

해설 및 정답

(다) 주어진 회로에서 접점 X_1과 X_2의 관계를 무엇이라 하는가?

해설 및 정답 인터록(Interlock)

> **! Reference**
>
> 논리식 ① $X_1 = A \cdot \overline{X_2}$ ② $X_2 = B \cdot \overline{X_1}$
> 선입력 우선회로로서 입력 A, B 중 먼저 투입된 것이 일단 동작하면 나중에 투입하는 입력은 동작하지 않는다.

06 광전식 분리형 감지기의 설치기준 중 ( ) 안에 알맞은 내용을 쓰시오. [5점]

- 감지기의 (①)은 햇빛을 직접 받지 않도록 설치할 것
- 광축은 나란한 벽으로부터 (②) 이상 이격하여 설치할 것
- 감지기의 송광부와 수광부는 설치된 (③)으로부터 1[m] 이내 위치에 설치할 것
- 광축의 높이는 천장 등 높이의 (④) 이상일 것
- 감지기의 광축의 길이는 (⑤) 범위 이내일 것

해설및정답
① 수광면　　② 0.6[m]
③ 뒷벽　　④ 80[%]
⑤ 공칭감시거리

> **! Reference ── 광전식 분리형 감지기의 설치기준**
>
> 1. 감지기의 수광면은 햇빛을 직접 받지 않도록 설치할 것
> 2. 광축(송광면과 수광면의 중심을 연결한 선)은 나란한 벽으로부터 0.6[m] 이상 이격하여 설치할 것
> 3. 감지기의 송광부와 수광부는 설치된 뒷벽으로부터 1[m] 이내 위치에 설치할 것
> 4. 광축의 높이는 천장 등(천장의 실내에 면한 부분 또는 상층의 바닥하부면을 말한다) 높이의 80[%] 이상일 것
> 5. 감지기의 광축의 길이는 공칭감시거리 범위 이내일 것
> 6. 그 밖의 설치기준은 형식승인 내용에 따르며 형식승인 사항이 아닌 것은 제조사의 시방에 따라 설치할 것

07 풍량이 720[m³/min]이며, 전풍압이 100[mmHg]인 제연설비용 송풍기를 설치할 경우, 이 송풍기를 운전하는 전동기의 소요 출력[kW]을 구하시오(단, 송풍기의 효율은 55[%]이며, 여유계수 k는 1.21이다). [4점]

해설및정답
$P = 100[\text{mmHg}]$

$\therefore \dfrac{100[\text{mmHg}]}{760[\text{mmHg}]} \times 10{,}332[\text{kgf/m}^2] = 1{,}359.47[\text{kgf/m}^2] = 1{,}359.47[\text{mmAg}]$

$Q = 720[\text{m}^3]/60[\text{sec}] = 12[\text{m}^3/\text{sec}]$

송풍기 전동기 소요출력 $(\text{kW}) = \dfrac{P \times Q}{102 \times \eta} \times K$

$\therefore \text{kW} = \dfrac{1{,}359.47[\text{kgf/m}^2] \times 12[\text{m}^3/\text{sec}]}{0.55 \times 102} \times 1.21 = 351.86[\text{kW}]$

기출문제

08 자동화재탐지설비의 음향장치에 대한 구조 및 성능기준을 3가지만 쓰시오. [4점]

해설 및 정답
1. 정격전압의 80[%] 전압에서 음향을 발할 수 있는 것으로 할 것. 다만, 건전지를 주전원으로 사용하는 음향장치는 그러하지 아니하다.
2. 음량은 부착된 음향장치의 중심으로부터 1[m] 떨어진 위치에서 90[dB] 이상이 되는 것으로 할 것
3. 감지기 및 발신기의 작동과 연동하여 작동할 수 있는 것으로 할 것

09 매분 15[m³]의 물을 높이 18[m]인 물탱크에 양수하려고 한다. 주어진 조건을 이용하여 다음 각 물음에 답하시오. [5점]

[조건]
- 펌프와 전동기의 합성효율은 60[%]이다.
- 전동기의 전부하 역률은 80[%]이다.
- 펌프의 축동력은 15[%]의 여유를 둔다고 한다.

(가) 필요한 전동기의 용량은 몇 [kW]인가?

해설 및 정답 전동기 용량
$$P = \frac{9.8QH}{\eta}K = \frac{9.8 \times \left(\frac{15}{60}\right) \times 18}{0.6} \times 1.15 = 84.525 \fallingdotseq 84.53 [\text{kW}]$$

(나) 부하용량[kVA]을 구하시오.

해설 및 정답 부하용량 $P_a = \dfrac{P}{\cos\theta} = \dfrac{84.53}{0.8} \fallingdotseq 105.66 [\text{kVA}]$

(다) 전력공급은 단상변압기 2대를 사용하여 V결선으로 공급한다면 변압기 1대의 용량[kVA]을 구하시오.

해설 및 정답 변압기 1대의 용량 $P = \dfrac{P_v}{\sqrt{3}} = \dfrac{P_a}{\sqrt{3}} = \dfrac{105.66}{\sqrt{3}} = 61.00 [\text{kVA}]$

10 비상방송설비의 화재안전기준에 관한 것이다. 다음 각 물음에 답하시오(단, 본 건물은 지하 2층, 지상 10층의 내화구조로 되어 있는 업무용 건물이다). **6점**

(가) 확성기의 음성입력은 몇 [W] 이상인가?

> **해설 및 정답** 3[W](옥내용은 1[W]) 이상

(나) 기동장치에 의한 화재신고를 수신한 후 필요한 음량으로 방송이 개시될 때까지의 소요시간은 몇 초 이하로 하여야 하는가?

> **해설 및 정답** 10초 이하

(다) 경보방식은 어떤 방식으로 하여야 하는지 그 방식을 쓰고, 그 방식의 발화층에 대한 경보층의 구체적인 경우를 3가지로 구분하여 설명하시오. [22. 12. 1. 이후 개정]
　① 경보방식
　② 발화층에 대한 경보층의 구체적인 경우 [현행 삭제]

발화층	경보를 발하는 층
2층 이상	
1층	
지하층	

> **해설 및 정답**
> 1. 발화층 및 직상층 우선경보방식
> 2.
>
> | 발화층 | 경보를 발하는 층 |
> |---|---|
> | 2층 이상 | 발화층 및 그 직상층 |
> | 1층 | 발화층, 그 직상층 및 지하층 |
> | 지하층 | 발화층, 그 직상층 및 기타 지하층 |
>
> **! Reference — 우선경보 개정**
> 층수가 11층(공동주택의 경우에는 16층) 이상의 특정소방대상물은 다음의 기준에 따라 경보를 발할 수 있도록 할 것
> ① 2층 이상의 층에서 발화한 때에는 발화층 및 그 직상 4개 층에 경보를 발할 것
> ② 1층에서 발화한 때에는 발화층·그 직상 4개 층 및 지하층에 경보를 발할 것
> ③ 지하층에서 발화한 때에는 발화층·그 직상층 및 기타의 지하층에 경보를 발할 것

11 옥내소화전 펌프용 3상 유도전동기의 기동방식을 2가지만 쓰시오. **4점**

> **해설 및 정답**
> 1. Y-△ 기동법
> 2. 기동보상기법

기출문제

12 국가화재안전기준에서 정하는 불꽃감지기의 설치기준을 6가지만 쓰시오. [6점]

해설 및 정답
1. 공칭감시거리 및 공칭시야각은 형식승인 내용에 따를 것
2. 감지기는 공칭감시거리와 공칭시야각을 기준으로 감시구역이 모두 포용될 수 있도록 설치할 것
3. 감지기는 화재감지를 유효하게 감지할 수 있는 모서리 또는 벽 등에 설치할 것
4. 감지기를 천장에 설치하는 경우에는 바닥을 향하여 설치할 것
5. 수분이 많이 발생할 우려가 있는 장소에는 방수형으로 설치할 것
6. 그 밖의 설치기준은 형식승인 내용에 따르며 형식승인 사항이 아닌 것은 제조사의 시방에 따라 설치할 것

13 다음은 습식 스프링클러설비의 계통도를 보여주고 있다. 각 유수검지장치에는 밸브 개폐감시용 스위치가 부착되어 있지 않았으며, 사용전선은 HFIX 전선을 사용하고 있다. ①~⑤의 최소 전선 수와 용도를 쓰시오(우선경보). [10점]

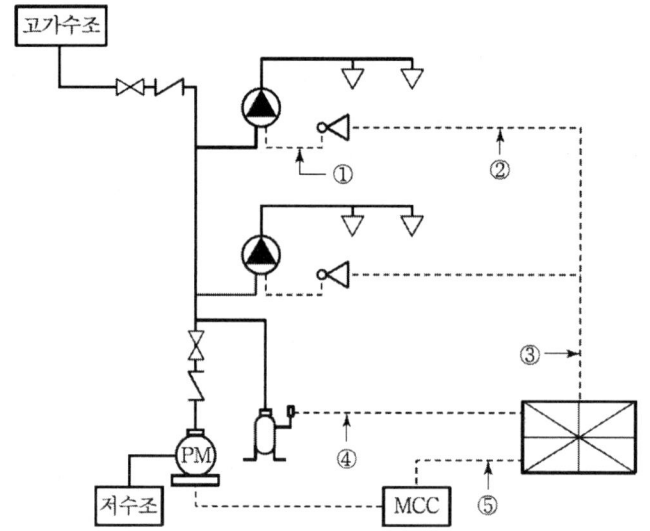

구분	배선 가닥 수	배선의 용도
①		
②		
③		
④		
⑤		

해설 및 정답

구분	배선 가닥 수	배선의 용도
①	2	공통, 유수검지스위치(압력스위치)
②	3	유수검지스위치(압력스위치), 사이렌, 공통
③	5	유수검지스위치(압력스위치) 2, 사이렌 2, 공통
④	2	공통, 압력스위치
⑤	5	기동, 정지, 공통, 정지확인, 기동확인

14 저압 옥내배선의 금속관 공사에 있어서 금속관과 박스 그 밖의 부속품은 다음 각 호에 의하여 시설하여야 한다. (   ) 안에 알맞은 내용을 쓰시오. 5점

- 금속관을 구부릴 때 금속관의 단면이 심하게 변형되지 아니하도록 구부려야 하며, 그 안측의 (①)은 관 안지름의 (②)배 이상이 되어야 한다.
- 아웃렛 박스(Outlet Box) 사이 또는 전선인입구가 있는 기구 사이의 금속관은 (③)개소를 초과하는 직각 또는 직각에 가까운 굴곡개소를 만들어서는 아니 된다. 굴곡개소가 많은 경우 또는 관의 길이가 (④)[m]를 넘는 경우에는 (⑤)를 설치하는 것이 바람직하다.

해설 및 정답 ① 반지름 ② 6 ③ 3 ④ 30 ⑤ 풀박스

> **! Reference** — 금속관공사방법
>
> 1. 관 상호 간 및 관과 박스 기타의 부속품과는 나사접속, 기타 이와 동등 이상의 효력이 있는 방법에 의하여 견고하고 또한 전기적으로 완전하게 접속할 것
> 2. 관의 끝 부분에는 전선의 피복을 손상하지 아니하도록 적당한 구조의 부싱을 사용할 것
> 3. 습기가 많은 장소 또는 물기가 있는 장소에 시설하는 경우에는 방습장치를 할 것
> 4. 저압 옥내배선의 사용 전압이 400[V] 미만인 경우 관에는 제3종 접지공사를 할 것
> 5. 저압 옥내배선의 사용 전압이 400[V] 이상인 경우 관에는 특별 제3종 접지공사를 할 것
> 6. 수납하는 전선은 절연전선(옥외용 비닐절연전선[OW]은 제외)일 것
> 7. 전선은 단면적이 10[mm^2](알루미늄전선의 경우 16[mm^2])를 초과할 경우는 연선일 것(단, 관의 길이가 1[m] 이하인 것은 적용 제외)
> 8. 관내에는 전선의 접속점이 없도록 할 것
> 9. 금속관을 구부릴 때 금속관 단면이 심하게 변형되지 않도록 하며, 그 안측의 반지름은 관 안지름의 6배 이상이 되도록 할 것
> 10. 아웃렛 박스 사이 또는 전선 인입구를 가지는 기구 사이의 금속관에는 3개소를 초과하는 직각 또는 직각에 가까운 굴곡개소를 만들어서는 아니되며, 굴곡개소가 많은 경우 또는 관의 길이가 30[m]를 초과하는 경우에는 풀박스(Pull Box)를 설치한다.

기출문제

15 상용전원으로부터 전력의 공급이 중단된 때에는 자동으로 비상전원으로부터 전력을 공급받을 수 있도록 자가발전설비, 축전지설비 또는 전기저장장치를 설치하여야 한다. 상용전원이 정전되어 비상전원이 자동으로 기동되는 경우, 옥내소화전설비 등과 같은 비상용 부하에 전력을 공급하기 위해 사용되는 스위치의 명칭을 쓰시오. [3점]

해설및정답 자동절환스위치

16 다음은 상용전원 정전 시 예비전원으로 절환되고 상용전원 복구 시 자동으로 예비전원에서 상용전원으로 절환되는 시퀀스제어회로의 미완성도이다. 다음의 제어동작에 적합하도록 시퀀스 제어도를 완성하시오. [6점]

① MCCB를 투입한 후 PB1을 누르면 MC1이 여자되고 주접점 MC-1이 닫히고 상용전원에 의해 전동기 M이 회전되고 표시등 RL이 점등된다. 또한 보조접점 MC1a가 폐로되어 자기유지회로가 구성되고 MC1b가 개로되어 MC2가 작동하지 못한다.
② 상용전원으로 운전 중 PB3를 누르면 MC1이 소자되어 전동기는 정지하고 상용전원 운전표시등 RL은 소등된다.
③ 상용전원의 정전 시 PB2를 누르면 MC2가 여자되고 주접점 MC-2가 닫혀 예비전원에 의해 전동기 M이 회전하고 표시등 GL이 점등된다. 또한 보조접점 MC2a가 폐로되어 자기유지회로가 구성되고 MC2b가 개로되어 MC1이 작동하지 못한다.
④ 예비전원으로 운전 중 PB4를 누르면 MC2가 소자되어 전동기는 정지하고 예비전원 운전표시등 GL은 소등된다.

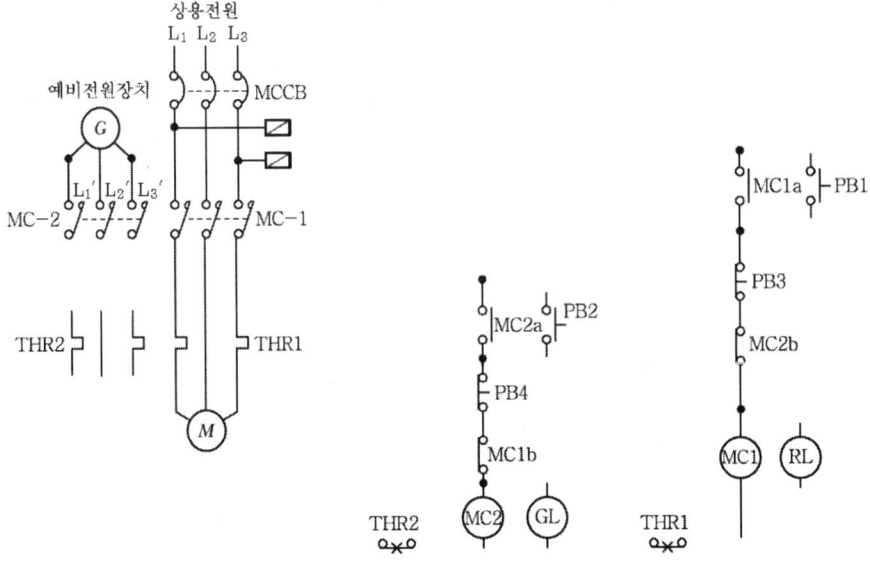

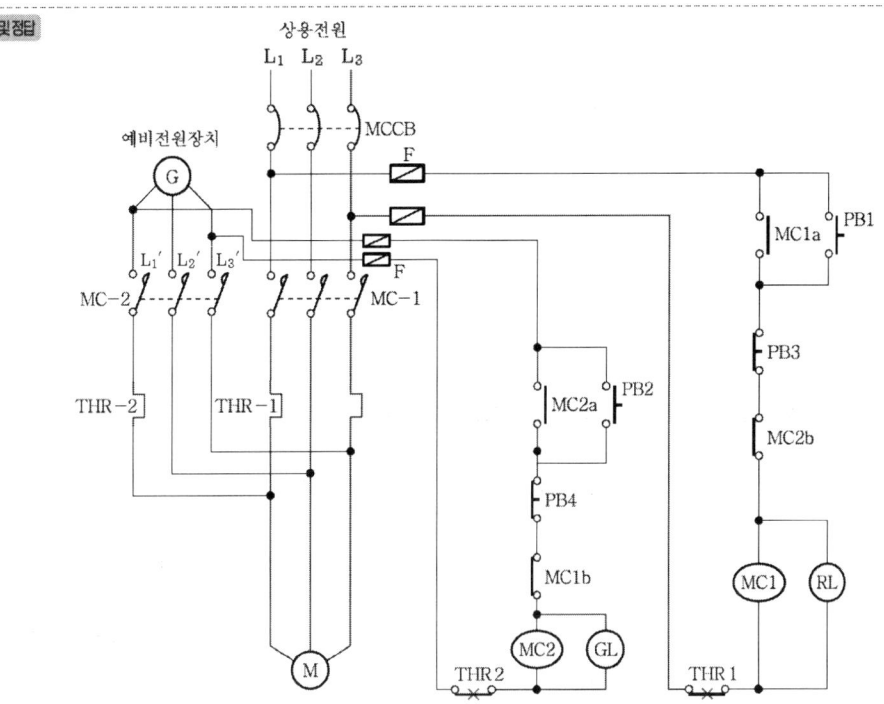

17 다음은 어떤 현상을 설명한 것인지 쓰시오. 3점

① 전기제품 등에서 충전전극 간의 절연물 표면에 어떤 원인(경년변화, 먼지, 기타 오염물질 부착, 습기, 수분의 영향)으로 탄화 도전로가 형성되어 결국은 지락, 단락으로 발전하여 발화하는 현상
② 전기절연재료의 절연성능의 열화 현상
③ 화재원인 조사 시 전기기계 기구에 의해 나타난 경우

해설 및 정답   트래킹 현상

18 이산화탄소 소화설비의 제어반에서 수동으로 기동스위치를 조작하였으나 기동용기가 개방되지 않았다. 기동용기가 개방되지 않은 이유에 대하여 전기적 원인 4가지만 쓰시오(단, 제어반의 회로기판은 정상이다). 4점

해설 및 정답
1. 제어반에 공급되는 전원의 차단
2. 기동스위치 접점 불량
3. 기동용 시한계전기(타이머) 불량
4. 제어반에서 기동용 솔레노이드에 연결된 배선의 단선

기출문제

> **! Reference** ── 기동용기 미개방원인
>
> 1. 제어반에 공급되는 전원의 차단
> 2. 기동스위치 접점 불량
> 3. 기동용 시한계전기(타이머) 불량
> 4. 제어반에서 기동용 솔레노이드에 연결된 배선의 단선
> 5. 제어반에서 기동용 솔레노이드에 연결된 배선의 오접속
> 6. 기동용 솔레노이드 코일의 단선
> 7. 기동용 솔레노이드 코일의 절연 불량

19 국가화재안전기준에서 정하는 비상조명등 설치기준을 3가지만 쓰시오. [6점]

해설및정답
1. 특정소방대상물의 각 거실과 그로부터 지상에 이르는 복도·계단 및 그 밖의 통로에 설치할 것
2. 조도는 비상조명등이 설치된 장소의 각 부분의 바닥에서 1[lx] 이상이 되도록 할 것
3. 예비전원을 내장하는 비상조명등에는 평상시 점등 여부를 확인할 수 있는 점검스위치를 설치하고 해당 조명등을 유효하게 작동시킬 수 있는 용량의 축전지와 예비전원 충전장치를 내장할 것

> **! Reference** ── 기타 기준
>
> ④ 예비전원을 내장하지 아니하는 비상조명등의 비상전원은 자가발전설비, 축전지설비 또는 전기저장장치(외부 전기에너지를 저장해 두었다가 필요한 때 전기를 공급하는 장치)를 다음 각 목의 기준에 따라 설치하여야 한다.
>   가. 점검에 편리하고 화재 및 침수 등의 재해로 인한 피해를 받을 우려가 없는 곳에 설치할 것
>   나. 상용전원으로부터 전력의 공급이 중단된 때에는 자동으로 비상전원으로부터 전력을 공급받을 수 있도록 할 것
>   다. 비상전원의 설치장소는 다른 장소와 방화구획 할 것. 이 경우 그 장소에는 비상전원의 공급에 필요한 기구나 설비 외의 것(열병합발전설비에 필요한 기구나 설비는 제외한다)을 두어서는 아니 된다.
>   라. 비상전원을 실내에 설치하는 때에는 그 실내에 비상조명등을 설치할 것
> ⑤ 제3호와 제4호에 따른 비상전원은 비상조명등을 20분 이상 유효하게 작동시킬 수 있는 용량으로 할 것. 다만, 다음 각 목의 특정소방대상물의 경우에는 그 부분에서 피난층에 이르는 부분이 비상조명등을 60분 이상 유효하게 작동시킬 수 있는 용량으로 하여야 한다.
>   가. 지하층을 제외한 층수가 11층 이상의 층
>   나. 지하층 또는 무창층으로서 용도가 도매시장·소매시장·여객자동차터미널·지하역사 또는 지하상가

소방설비기사[전기분야] 2차 실기

[2019년 11월 9일 시행]

01 자동화재탐지설비에 사용되는 감지기의 절연저항시험을 하려고 한다. 다음 각 물음에 답하시오(단, 정온식 감지선형은 제외). **6점**

(가) 측정개소

해설및정답 절연된 단자와 단자 간, 단자와 외함 간

(나) 측정기기

해설및정답 직류 500[V] 절연저항계

(다) 판정기준

해설및정답 50[MΩ] 이상일 것

02 무선통신보조설비에 사용되는 분배기, 분파기, 혼합기의 기능에 대하여 설명하시오. **6점**

해설및정답
- 분배기 : 신호의 전송로가 분기되는 장소에 설치하는 것으로 임피던스 매칭(Matching)과 신호 균등분배의 기능을 수행
- 분파기 : 서로 다른 주파수의 합성된 신호를 분리하는 기능
- 혼합기 : 두 개 이상의 입력신호를 원하는 비율로 조합하여 출력을 발생시키는 기능

> **! Reference — 용어정의**
> - 누설동축케이블 : 동축케이블의 외부도체에 가느다란 홈(Slot)을 만들어서 전파가 외부로 새어나갈 수 있도록 한 케이블
> - 분배기 : 신호의 전송로가 분기되는 장소에 설치하는 것으로 임피던스 매칭(Matching)과 신호 균등분배를 위해 사용하는 장치
> - 분파기 : 서로 다른 주파수의 합성된 신호를 분리하기 위해서 사용하는 장치
> - 혼합기 : 두 개 이상의 입력신호를 원하는 비율로 조합한 출력이 발생하도록 하는 장치
> - 증폭기 : 신호 전송 시 신호가 약해져 수신이 불가능해지는 것을 방지하기 위해서 증폭하는 장치

기출문제

03 다음은 비상조명등의 설치기준에 관한 사항이다. ( ) 안을 채우시오. [5점]

> (가) 예비전원을 내장하는 비상조명등에는 평상시 점등 여부를 확인할 수 있는 (①)를 설치하고 해당 조명등을 유효하게 작동시킬 수 있는 용량의 축전지와 예비전원 충전장치를 내장할 것
> (나) 예비전원을 내장하지 아니하는 비상조명등의 비상전원은 자가발전설비, (②) 또는 (③)(외부 전기에너지를 저장해 두었다가 필요한 때 전기를 공급하는 장치)를 기준에 따라 설치하여야 한다.
> (다) 비상전원은 비상조명등을 (④) 이상 유효하게 작동시킬 수 있는 용량으로 할 것. 다만, 다음 각 목의 특정소방대상물의 경우에는 그 부분에서 피난층에 이르는 부분의 비상조명등을 (⑤) 이상 유효하게 작동시킬 수 있는 용량으로 하여야 한다.
>   가. 지하층을 제외한 층수가 11층 이상의 층
>   나. 지하층 또는 무창층으로서 용도가 도매시장·소매시장·여객자동차터미널·지하역사 또는 지하상가

해설 및 정답 ① 점검스위치 ② 축전지설비 ③ 전기저장장치
 ④ 20분 ⑤ 60분

04 다음 그림을 보고 물음에 답하시오. [4점]

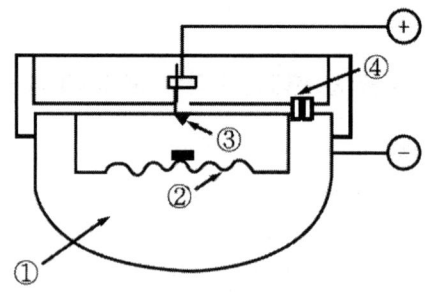

(가) 감지기의 명칭은 무엇인가?

해설 및 정답 차동식 스포트형 감지기

(나) ①의 명칭은 무엇인가?

해설 및 정답 감열실(또는 공기실)

(다) ②~④의 명칭과 역할은 무엇인가?

해설 및 정답 ② 명칭 : 다이어프램, 역할 : 화재 시 감열실의 공기 팽창에 의해 접점 붙임
 ③ 명칭 : 접점, 역할 : 화재 시 다이어프램이 팽창될 때 붙음으로써 수신기로 화재신호 발신
 ④ 명칭 : 리크홀, 역할 : 평상시에 감열실의 팽창공기를 배출함으로써 접점이 붙지 않도록 감열실 내압을 적정하게 유지(오동작 방지)

05 감지기회로의 배선에 대한 다음 각 물음에 답하시오. [6점]

(가) 송배선식에 대하여 설명하시오.

해설 및 정답 보내기배선방식이라고도 하며, 하나의 경계구역 안에서 종단저항에 이르기까지 병렬분기하지 않는 회로방식을 말한다. 이는 감지기 회로의 도통시험을 누락부분 없이 하기 위한 배선방식이다.

(나) 송배선식의 적용설비 2가지만 쓰시오.

해설 및 정답 자동화재탐지설비의 감지기회로, 제연설비의 감지기회로

(다) 교차회로방식에 대하여 설명하시오.

해설 및 정답 하나의 방호구역에 2개 이상의 화재감지기 회로를 설치하고 인접한 2개 이상의 감지기가 동시에 화재를 감지하는 때에 설비를 연동시키는 방식(감지기 오작동으로 인한 설비 오동작방지)

(라) 교차회로방식의 적용설비 5가지만 쓰시오.

해설 및 정답 스프링클러소화설비(준비작동식 유수검지장치, 일제개방밸브를 사용하는 설비), 이산화탄소소화설비, 할론소화설비, 할로겐화합물 및 불활성기체 소화설비, 분말소화설비

06 자동화재탐지설비의 구성요소인 감지기의 설치 개략도이다. 그림을 참고하여 다음 문제에 답하시오. [5점]

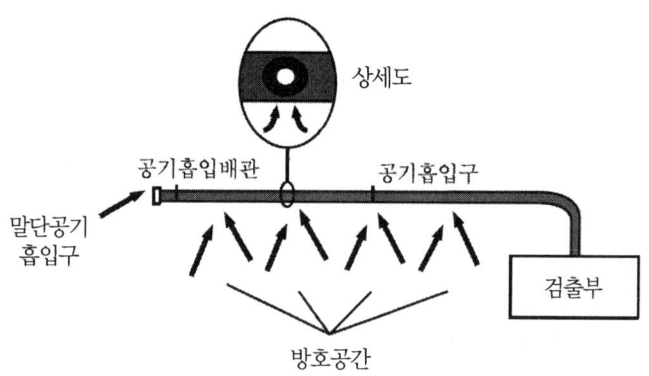

(가) 감지기의 명칭은 무엇인가?

해설 및 정답 광전식 공기흡입형 연기감지기

기출문제

(나) 이 감지기는 연소생성물 중 무엇을 감지하는가?

해설및정답   연기

(다) 이 감지기의 주요 설치장소는 어떤 곳인가?

해설및정답   전산실, 반도체공장 등

(라) 이 감지기에서 공기흡입 배관망에 설치된 가장 먼 공기흡입지점(말단 공기흡입구)에서 감지부분(수신기)까지 몇 초 이내에 연기를 이송할 수 있는 성능이 있어야 하는가?

해설및정답   120초 이내

07 내화구조로 된 사무실 건물에 자동화재탐지설비의 차동식 스포트형(1종) 감지기를 설치하고자 한다. 설치하여야 할 감지기의 최소개수는 몇 개인가? (단, 사무실 높이는 4.5[m], 바닥면적은 500[m²]이다) 4점

해설및정답

감지기 설치개수 $= \dfrac{500[\text{m}^2]}{45[\text{m}^2]} = 11.11$

[차동식스포트형1종, 부착높이 4[m] 이상 8[m] 미만이므로 45[m²]마다 1개 설치]

∴ 12개

08 저압옥내배선의 금속관공사에 이용되는 부품의 명칭을 쓰시오. 3점

(가) 전선의 절연피복을 보호하기 위하여 금속관 끝에 취부하여 사용되는 부품

해설및정답   부싱

(나) 금속관과 박스를 서로 접속할 때 금속관이 움직이지 못하도록 고정하기 위하여 박스 안팎에 사용되는 부품

해설및정답   로크너트

(다) 금속전선관 상호 간을 접속하는 데 사용되는 부품

해설및정답   커플링

09 다음 기계기구의 용어를 문자기호로 쓰시오. 4점

① 누전차단기
② 누전경보기
③ 영상변류기
④ 전자접촉기

해설 및 정답
① 누전차단기 : ELB
② 누전경보기 : ELD
③ 영상변류기 : ZCT
④ 전자접촉기 : MC

> **Reference**
> 1. 누전차단기 : ELB(Earth Leakage Breaker)
> 2. 누전경보기 : ELD(Earth Leakage Detector)
> 3. 영상변류기 : ZCT(Zero-Phase Current Transformer)
> 4. 전자접촉기 : MC(Magnet Contact)
> 5. 배선용 차단기 : MCCB(Molded Case Circuit Breaker)
> 6. 전력용 콘덴서 : SC(Static Condenser)
> 7. 열동계전기 : THR(Thermal Heater Relay)

10 공기관식 차동식 분포형 감지기의 설치기준이다. 각 물음에 답하시오. 10점

(가) 노출 시공길이는 몇 [m]로 하는가?

해설 및 정답 20[m] 이상

(나) 하나의 검출부에 접속하는 공기관의 길이는 몇 [m]인가?

해설 및 정답 100[m] 이하

(다) 비내화구조에서 공기관 상호 간의 거리는 몇 [m] 이내로 하는가?

해설 및 정답 6[m] 이내

(라) 공기관과 각 변의 수평거리는 몇 [m] 이하로 하는가?

해설 및 정답 1.5[m] 이하

기출문제

(마) 공기관의 두께 및 외경은 각각 몇 [mm] 이상으로 하는가?

해설및정답
1. 공기관의 두께 : 0.3[mm] 이상
2. 외경 : 1.9[mm] 이상

> **! Reference ── 공기관식 차동식분포형감지기 설치기준 ──**
> 1. 공기관의 노출부분은 감지구역마다 20[m] 이상이 되도록 할 것
> 2. 공기관과 감지구역의 각 변과의 수평거리는 1.5[m] 이하가 되도록 하고, 공기관 상호 간의 거리는 6[m](주요 구조부를 내화구조로 한 특정소방대상물 또는 그 부분에 있어서는 9[m]) 이하가 되도록 할 것
> 3. 공기관은 도중에서 분기하지 아니하도록 할 것
> 4. 하나의 검출부분에 접속하는 공기관의 길이는 100[m] 이하로 할 것
> 5. 검출부는 5° 이상 경사되지 아니하도록 부착할 것
> 6. 검출부는 바닥으로부터 0.8[m] 이상 1.5[m] 이하의 위치에 설치할 것

11 자동화재탐지설비 수신기의 동시작동시험의 목적을 쓰시오.

해설및정답 5회선을 동시 작동시킨 경우 기능에 이상이 없는지를 확인한다.

12 자동화재탐지설비의 수신기에서 공통선을 시험하는 목적과 그 시험방법에 대하여 쓰시오. **6점**

해설및정답
1. 목적 : 공통선이 담당하고 있는 경계구역의 적정 여부를 확인하기 위하여
2. 시험방법
    ① 수신기 내 접속단자의 공통선을 1선 제거한다.
    ② 회로도통시험의 예에 따라 회로 선택스위치를 차례로 회전시킨다.
    ③ 시험용 계기의 지시등이 "단선"을 지시한 경계구역의 회선 수를 조사한다.

13 스프링클러 프리액션밸브를 연동시키기 위한 간선계통이다. 각 물음에 답하시오(단, 감지기공통선과 전원공통선은 분리해서 사용하고, 프리액션밸브용 압력스위치, 탬퍼스위치 및 솔레노이드 밸브용 공통선은 1가닥을 사용하는 조건임). **7점**

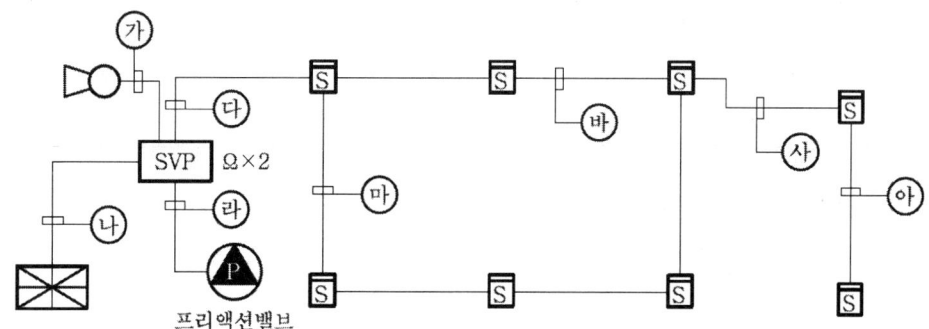

(가) "㉮"~"㉰"까지의 배선 가닥 수를 쓰시오.

㉮	㉯	㉰	㉱	㉲	㉳	㉴	㉵

해설및정답

㉮	㉯	㉰	㉱	㉲	㉳	㉴	㉵
2	10	8	4	4	4	8	4

(나) "㉯"에 소요되는 배선의 수와 그 용도를 쓰시오.

가닥 수	배선의 용도

해설및정답

가닥 수	배선의 용도
10	전원+, 전원−, 전화, 감지기A, 감지기 B, 감지기공통, 압력스위치, 탬퍼스위치, 솔레노이드밸브, 사이렌

기출문제

14 다음은 자동화재탐지설비의 P형 수신기와 R형 수신기의 차이점을 나열하기 위한 것이다. 빈칸을 채우시오. [6점]

구분	P형 수신기	R형 수신기
신호전달방식	1 : 1 접점신호	①
신호의 종류	공통신호	②
수신소요시간	5초 이내	③

해설 및 정답
① 다중전송방식
② 고유신호
③ 5초 이내

> **! Reference**
>
> | 구분 | P형 수신기 | R형 수신기 |
> |---|---|---|
> | 신호전달방식 | 1 : 1 접점신호 | 다중전송방식 |
> | 신호의 종류 | 공통신호 | 고유신호 |
> | 수신소요시간 | 5초 이내 | 5초 이내 |
> | 자기진단기능 | 없음 | 있음 |
> | 선로 수 | 많다. | 적다. |
> | 유지관리 | 어렵다. | 쉽다. |

15 도면은 자동화재탐지설비의 수신기와 수동발신기 세트 간의 결선을 나타낸 것이다. 이 도면과 조건을 참조하여 ①~⑩까지 각각의 총 전선 가닥 수 및 용도별 전선 가닥 수를 쓰시오. 10점

[조건]
1. 건물은 지상 6층, 지하 1층으로서 연면적이 8,000[m²]이다(일체경보방식).
2. 배선은 실무적으로 사용되고 있는 최소 선수로 표시한다.
3. 수동발신기 및 경종·표시등의 공통선은 6경계구역 초과 시 별도로 결선한다.
4. 수신기는 P형 1급 30회로용이며, 지상 1층에 설치한다.

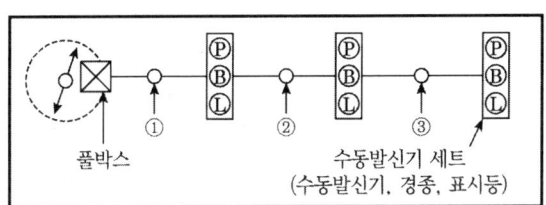

[평면도]

(가) 평면도의 ①~③에 배선되어야 할 전선 가닥 수는 최소 몇 본인가? (잔화기능 없음)

해설 및 정답   ① 8본   ② 7본   ③ 6본

(나) 간선계통도를 보고 입상 입하하는 간선 및 전선의 용도를 답란에 기입하시오.

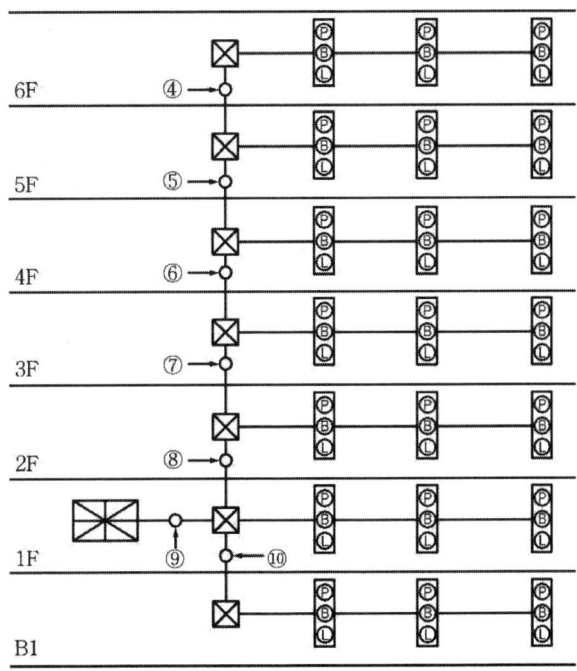

[간선계통도]

기출문제

번호	전선 수	배선의 굵기	배선의 용도
④		2.5[mm²]	회로선( ), 수동발신기 공통선( ), 응답선( ), 경종선( ), 경종표시등 공통선( ), 표시등선( )
⑤		2.5[mm²]	회로선( ), 수동발신기 공통선( ), 응답선( ), 경종선( ), 경종표시등 공통선( ), 표시등선( )
⑥		2.5[mm²]	회로선( ), 수동발신기 공통선( ), 응답선( ), 경종선( ), 경종표시등 공통선( ), 표시등선( )
⑦		2.5[mm²]	회로선( ), 수동발신기 공통선( ), 응답선( ), 경종선( ), 경종표시등 공통선( ), 표시등선( )
⑧		2.5[mm²]	회로선( ), 수동발신기 공통선( ), 응답선( ), 경종선( ), 경종표시등 공통선( ), 표시등선( )
⑨		2.5[mm²]	회로선( ), 수동발신기 공통선( ), 응답선( ), 경종선( ), 경종표시등 공통선( ), 표시등선( )
⑩		2.5[mm²]	회로선( ), 수동발신기 공통선( ), 응답선( ), 경종선( ), 경종표시등 공통선( ), 표시등선( )

해설 및 정답

번호	전선 수	배선의 굵기	배선의 용도
④	8	2.5[mm²]	회로선(3), 수동발신기 공통선(1), 응답선(1), 경종선(1), 경종표시등 공통선(1), 표시등선(1)
⑤	11	2.5[mm²]	회로선(6), 수동발신기 공통선(1), 응답선(1), 경종선(1), 경종표시등 공통선(1), 표시등선(1)
⑥	16	2.5[mm²]	회로선(9), 수동발신기 공통선(2), 응답선(1), 경종선(1), 경종표시등 공통선(2), 표시등선(1)
⑦	19	2.5[mm²]	회로선(12), 수동발신기 공통선(2), 응답선(1), 경종선(1), 경종표시등 공통선(2), 표시등선(1)
⑧	24	2.5[mm²]	회로선(15), 수동발신기 공통선(3), 응답선(1), 경종선(1), 경종표시등 공통선(3), 표시등선(1)
⑨	32	2.5[mm²]	회로선(21), 수동발신기 공통선(4), 응답선(1), 경종선(1), 경종표시등 공통선(4), 표시등선(1)
⑩	8	2.5[mm²]	회로선(3), 수동발신기 공통선(1), 응답선(1), 경종선(1), 경종표시등 공통선(1), 표시등선(1)

16

그림은 플로우트스위치에 의한 펌프모터의 레벨제어에 대한 미완성 도면이다. 이 도면과 작동 조건, 기구 및 접점 사용조건 등을 이용하여 각 물음에 답하시오. [7점]

[작동조건]
- 전원이 인가되면 (GL)램프가 작동된다.
- 자동일 경우 플로우트스위치가 붙으면(작동) (RL)램프가 점등되고, 전자접촉기 (88)이 여자되어 (GL)램프가 소등되며, 펌프모터가 작동된다.
- 수동일 경우 누름버튼스위치 PB-ON을 ON시키면 전자접촉기 (88)이 여자되어 (RL)램프가 점등되고 (GL)램프가 소등되며, 펌프모터가 작동된다.
- 수동일 경우 누름버튼스위치 PB-OFF를 OFF시키거나 계전기 THR이 작동하면 (RL)램프가 소등되고, (GL)램프가 점등되어, 펌프모터가 정지된다.

※ 기구 및 접점 사용조건
(88) 1개, 88-a 접점 1개, 88-b 접점 1개, PB-ON 접점 1개, PB-OFF 접점 1개, (RL) 램프 1개, (GL) 램프 1개, 계전기 THR의 b 접점, 플로우트스위치 FS 1개-심벌 ⓢ

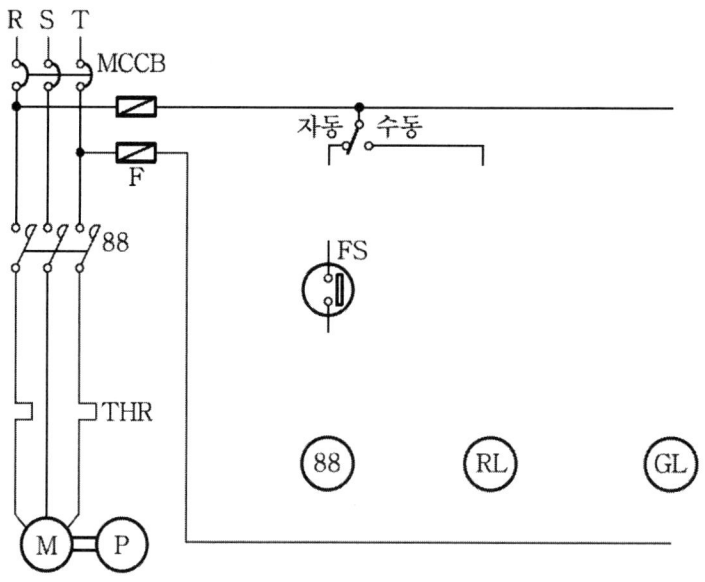

기출문제

(가) 주어진 작동조건을 이용하여 시퀀스 제어의 미완성 도면을 완성하시오.

해설및정답

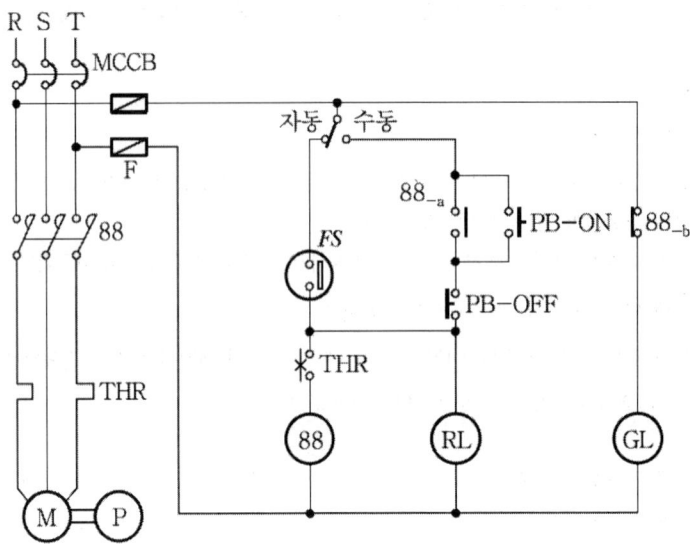

(나) 계전기 THR과 MCCB의 우리말 명칭을 구체적으로 쓰시오.

해설및정답
① THR : 열동계전기(Thermal Heat Relay)
② MCCB : 배선용 차단기(Molded Case Circuit Breaker)

17 다음 그림은 옥내소화전설비의 블록선도이다. 각 구성요소 간에 내화, 내열, 일반배선으로 배선하시오(단, 내화배선 : ■■, 내열배선 : ▨▨, 일반배선 : ══). 5점

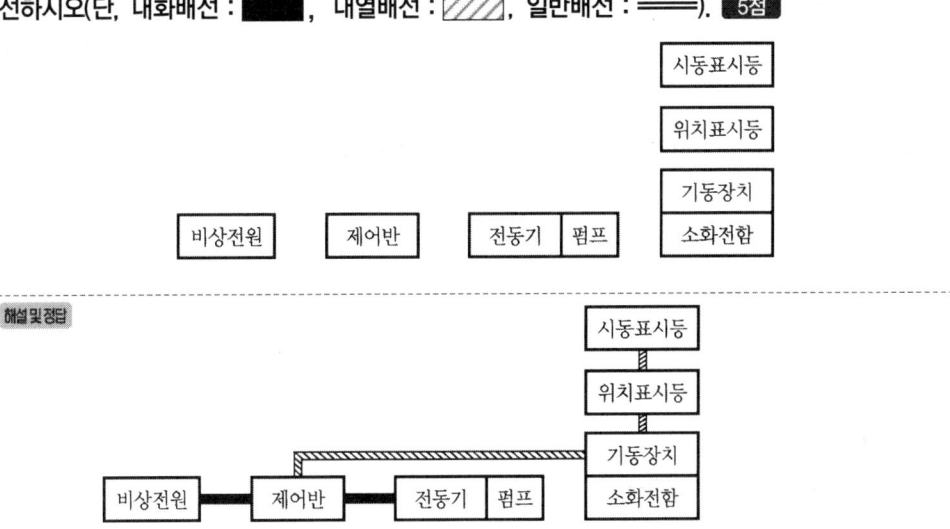

18 3상 380[V], 30[kW] 스프링클러 펌프용 유도전동기가 있다. 기동방식은 일반적으로 어떤 방식이 이용되며, 전동기의 역률이 60[%]일 때 역률을 90[%]로 개선할 수 있는 전력용 콘덴서의 용량은 몇 [kVA]이겠는가? 3점

해설및정답 ① Y-△방식

② 콘덴서 용량 $= P\left(\dfrac{\sqrt{1-\cos\theta_1^2}}{\cos\theta_1} - \dfrac{\sqrt{1-\cos\theta_2^2}}{\cos\theta_2}\right)$

콘덴서 용량[kVA] $= 30 \times \left(\dfrac{\sqrt{1-0.6^2}}{0.6} - \dfrac{\sqrt{1-0.9^2}}{0.9}\right) = 25.47[\text{kVA}]$

∴ 25.47[kVA]

2020년 제1회 소방설비기사[전기분야] 2차 실기

[2020년 5월 24일 시행]

01 다음 그림의 논리회로를 참고하여 각 물음에 답하시오.

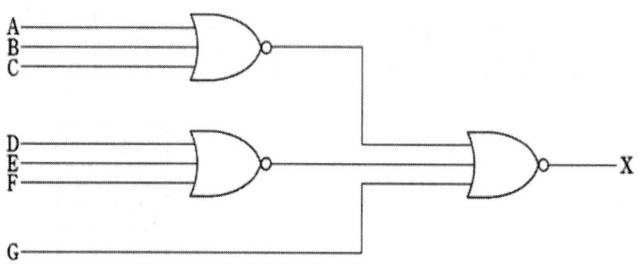

(가) 논리식으로 나타내시오.

해설및정답 $\overline{\overline{A+B+C}+\overline{D+E+F}+G} = X$

(나) AND, OR, NOT 회로를 이용하여 간소화한 후 등가회로로 나타내시오.

해설및정답 간소화 : $\overline{\overline{A+B+C}} \cdot \overline{\overline{D+E+F}} \cdot \overline{G} = X$

$(A+B+C) \cdot (D+E+F) \cdot \overline{G} = X$

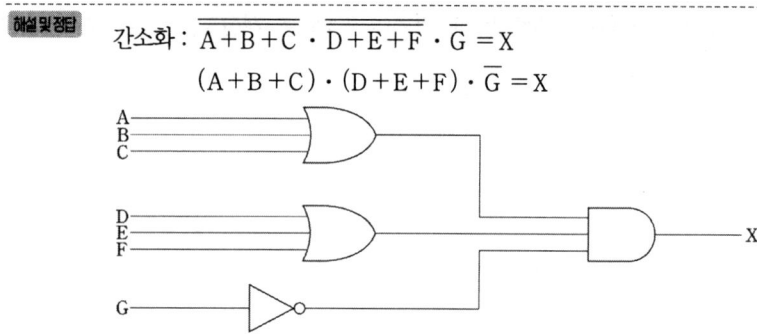

(다) 유접점(릴레이) 회로로 나타내시오.

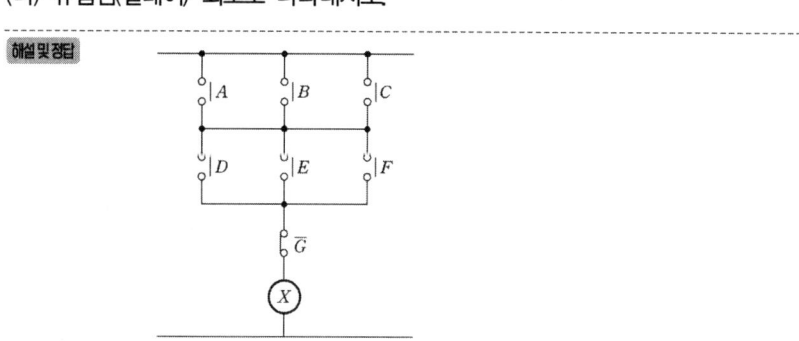

02 유량이 1.6[m³/min]이고, 양정이 80[m]인 옥내소화전설비의 펌프 전동기 용량은 몇 [kW]인가? (단, 효율은 75[%]이고, 여유율은 10[%]이다)

해설 및 정답

$$P = \frac{9.8 \times Q \times H}{\eta} \times K = \frac{9.8 \times \left(\frac{1.6}{60}\right) \times 80}{0.75} \times 1.1 = 30.663 [\text{kW}] \fallingdotseq 30.66 [\text{kW}]$$

∴ 30.66[kW]

03 비상방송설비의 음향장치는 정격전압의 몇 [%]의 전압에서 음향을 발할 수 있는 것으로 하여야 하는가?

해설 및 정답 80[%]

04 P형 수신기의 1 경계구역에 대한 결선도를 참고하여 답안지에 미완성된 결선도를 완성하시오.

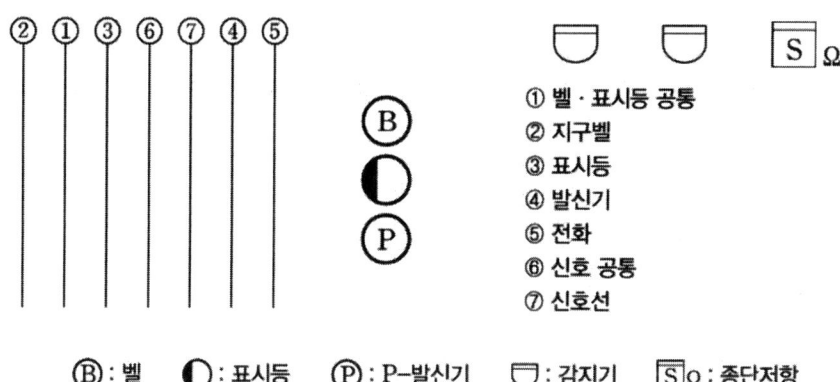

해설 및 정답

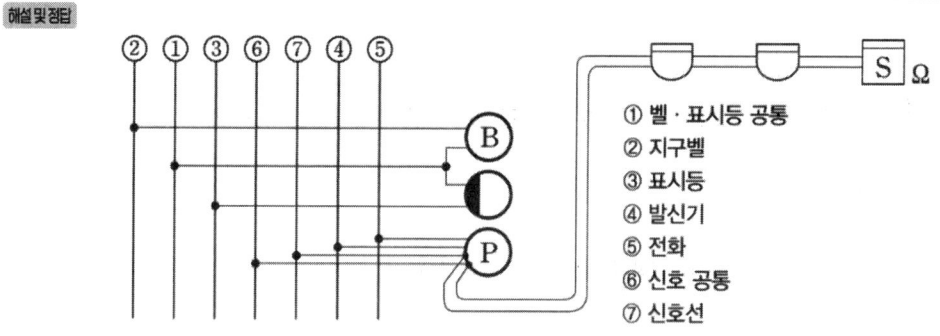

기출문제

05 누전경보기의 구성요소 4가지와 기능을 쓰시오.

해설 및 정답

구성요소	기능
변류기	경계전로의 누설전류를 검출하여 수신부로 송신한다.
수신기	변류기로부터 수신된 누설전류를 증폭시킨다.
음향장치	누설전류 발생 시 경보한다.
차단기구	누설전류 발생 시 전원을 차단한다.

06 자동화재탐지설비의 공기관식 차동식 분포형감지기의 설치기준에 대한 다음 각 물음에 답하시오(단, 주요구조부는 비내화구조이다).

(가) 공기관의 노출부분은 감지구역마다 몇 [m] 이상으로 하여야 하는가?

해설 및 정답   20[m]

(나) 하나의 검출부분에 접속하는 공기관의 길이는 몇 [m] 이하로 하여야 하는가?

해설 및 정답   100[m]

(다) 공기관과 감지구역의 각 변과의 수평거리는 몇 [m] 이하로 하여야 하는가?

해설 및 정답   1.5[m]

(라) 공기관 상호간의 거리는 몇 [m] 이하로 하여야 하는가?

해설 및 정답   6[m]

(마) 공기관의 두께와 외경(바깥지름)은 각각 몇 [mm] 이상인가?

해설 및 정답   공기관의 두께 : 0.3[mm], 공기관의 외경(바깥지름) : 1.9[mm]

07 자동화재탐지설비의 차동식 분포형 감지기의 종류 3가지를 쓰시오.

해설 및 정답
1. 차동식 분포형 공기관식 감지기
2. 차동식 분포형 열전대식 감지기
3. 차동식 분포형 열반도체식 감지기

08 200[V]용 소방 설비에 사용 가능한 접지선의 굵기와 접지저항 값은?

해설 및 정답

① 접지선의 굵기 : 2.5[mm²] 이상
② 접지저항 : 100[Ω] 이하

21. 12 전기설비 기술 기준 개정
[보호 접지]
구리 6[mm²] 이상(피뢰접지 시 16[mm²] 이상)

접지저항 : 변압기 2차측 경우 = $\dfrac{150[\Omega]}{1선지락전류}$

09 다음 도면은 PB-ON 스위치를 ON한 후 일정 시간이 지난 다음에 MC가 동작하여 전동기 M이 운전되는 회로이다. 여기에 사용한 타이머 T는 입력 신호를 소멸했을 때 열려서 이탈되는 형식인데 전동기가 회전하면 릴레이 X가 복구되어 타이머에 입력 신호가 소멸되고 전동기는 계속 회전할 수 있도록 할 때 이 회로를 수정하여 완성하시오.

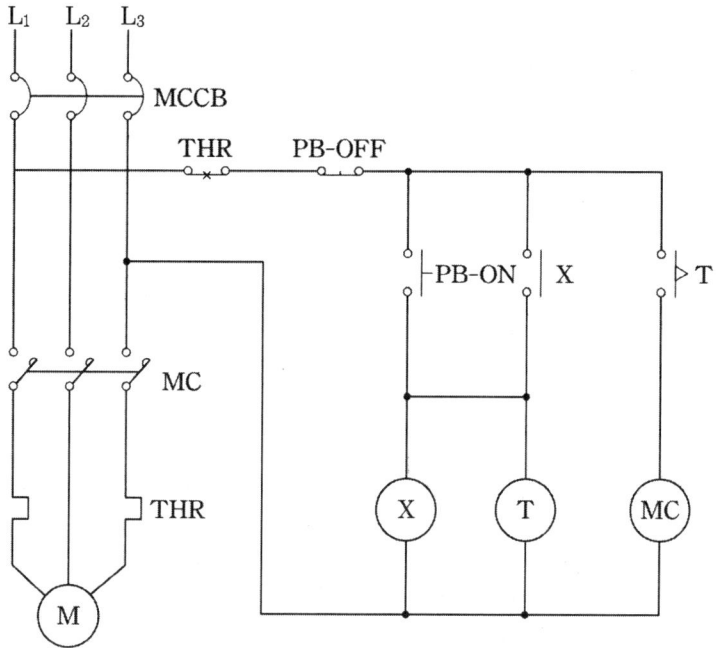

기출문제

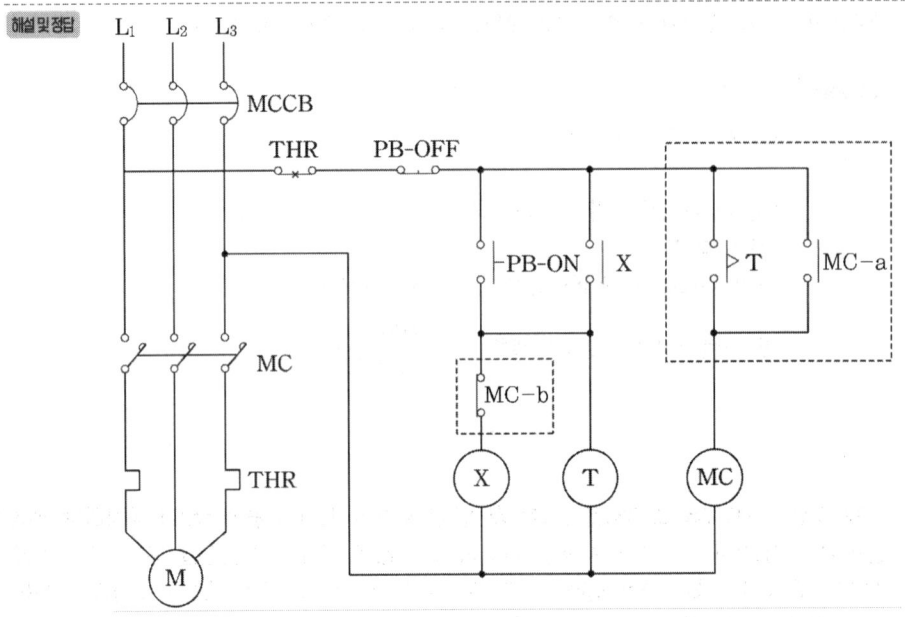

10 청각장애인용 시각경보장치의 설치기준 4가지를 쓰시오.

1. 복도·통로·청각장애인용 객실 및 공용으로 사용하는 거실(로비, 회의실, 강의실, 식당, 휴게실, 오락실, 대기실, 체력단련실, 접객실, 안내실, 전시실, 기타 이와 유사한 장소를 말한다)에 설치하며, 각 부분으로부터 유효하게 경보를 발할 수 있는 위치에 설치할 것
2. 공연장·집회장·관람장 또는 이와 유사한 장소에 설치하는 경우에는 시선이 집중되는 무대부 부분 등에 설치할 것
3. 설치높이는 바닥으로부터 2[m] 이상 2.5[m] 이하의 장소에 설치할 것 다만, 천장의 높이가 2[m] 이하인 경우에는 천장으로부터 0.15[m] 이내의 장소에 설치하여야 한다.
4. 시각경보장치의 광원은 전용의 축전지설비 또는 전기저장장치(외부 전기에너지를 저장해 두었다가 필요한 때 전기를 공급하는 장치)에 의하여 점등되도록 할 것. 다만, 시각경보기에 작동전원을 공급할 수 있도록 형식승인을 얻은 수신기를 설치한 경우에는 그러하지 아니하다.

11 차동식 스포트형·보상식 스포트형·정온식 스포트형 감지기는 그 부착 높이 및 소방대상물에 따라 다음 표에 따른 바닥면적마다 1개 이상을 설치하여야 한다. 다음 표의 빈칸에 들어갈 내용을 쓰시오.

(단위 : [m²])

부착높이 및 특정소방대상물의 구분		감지기의 종류						
		차동식 스포트형		보상식 스포트형		정온식 스포트형		
		1종	2종	1종	2종	특종	1종	2종
4[m] 미만	주요구조부가 내화구조	90	70	①	70	②	60	20
	기타 구조	③	40	50	④	40	30	15
4[m] 이상 8[m] 미만	주요구조부가 내화구조	45	35	45	35	⑤	⑥	—
	기타 구조	30	⑦	30	25	25	⑧	—

해설 및 정답
① 90　　② 70　　③ 50　　④ 40
⑤ 35　　⑥ 30　　⑦ 25　　⑧ 15

기출문제

12 다음과 같이 주어진 도면은 수동발신기의 미완성 도면이다. 이 도면을 보고 다음 각 물음에 답하시오.

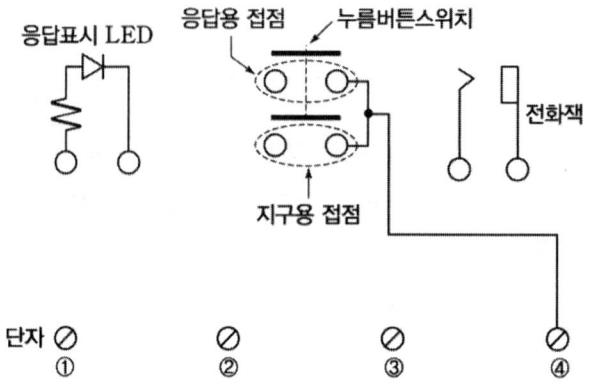

(가) 응답표시 LED, 누름버튼 스위치, 전화잭의 기능에 대해 간략하게 설명하시오.

해설 및 정답
1. 응답표시 LED : 누름버튼 스위치 조작 시 수동발신기의 화재신호가 수신기에 전달되었는지 확인시키는 램프
2. 누름버튼 스위치 : 수동 조작에 의하여 화재신호를 수신기로 전달하기 위한 스위치
3. 전화잭 : 화재발생 시 전화기를 사용하여 수신기와 연락이 필요할 때 전화플러그를 꽂아 사용하는 잭(22. 5. 9. 이후 삭제)

(나) ①부터 ④에 해당되는 각 단자의 명칭은 무엇인가?

해설 및 정답
① 발신기응답선 단자 ② 발신기지구선 단자
③ 발신기전화선 단자 ④ 발신기공통선 단자

(다) 내부결선의 미완성된 부분을 주어진 도면에 완성하시오.

해설 및 정답

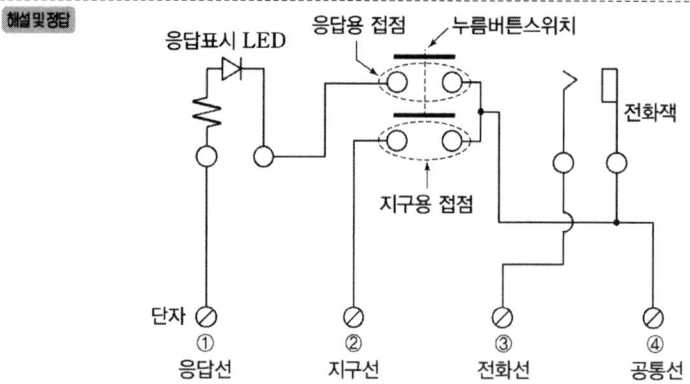

13
자동화재탐지설비와 스프링클러설비 프리액션밸브의 간선계통도이다. 다음 각 물음에 답하시오.

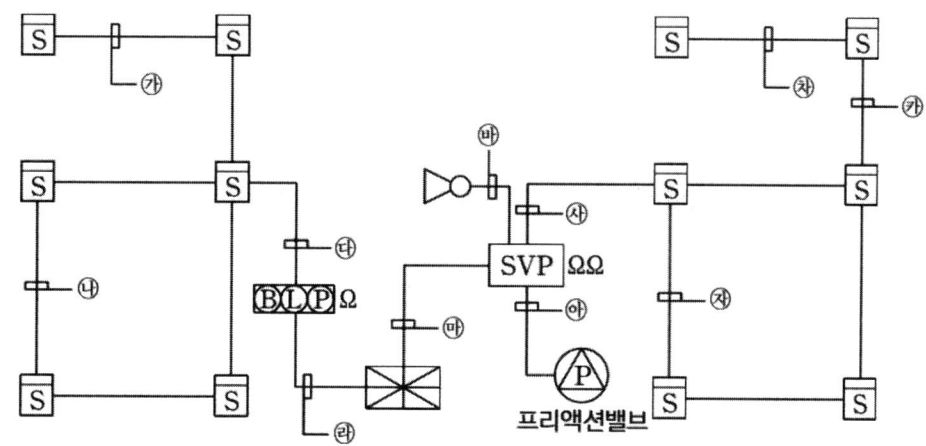

(가) ㉮~㉷까지의 배선 가닥 수를 쓰시오(단, 프리액션밸브용 감지기공통선과 전원 공통선은 분리해서 사용하고, 압력스위치, 탬퍼스위치 및 솔레노이드밸브용 공통선은 1가닥을 사용하는 조건이다).

해설 및 정답

답란	㉮	㉯	㉰	㉱	㉲	㉳	㉴	㉵	㉶	㉷	㉸
	4	2	4	6	10	2	8	4	4	4	8

(나) ㉲의 배선별 용도를 쓰시오(단, 해당 가닥수까지만 기록).

해설 및 정답

번호	배선의 용도	번호	배선의 용도
1	전원 +	6	밸브개방확인(PS)
2	전원 -	7	밸브주의(TS)
3	전화	8	감지기지구A
4	(경보)사이렌	9	감지기지구B
5	밸브기동(SV)	10	감지기공통

기출문제

14 다음 자동방화문의 결선도 및 계통도와 조건을 참고하여 각 물음에 답하시오.

[조건]
① 전선의 가닥 수는 최소로 한다.
② 자동방화문은 층 별로 구획되어 설치되어 있다.
③ 자동방화문의 감지기 회로는 무시한다.

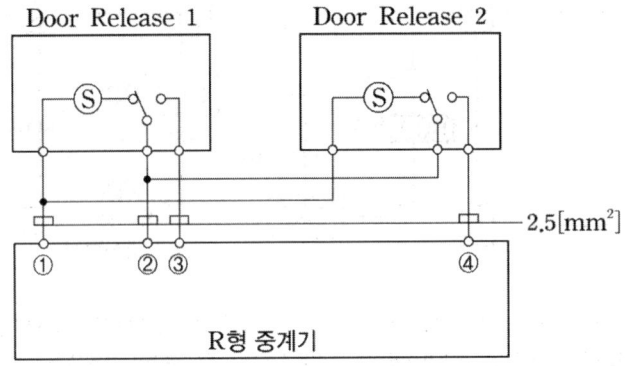

[결선도]

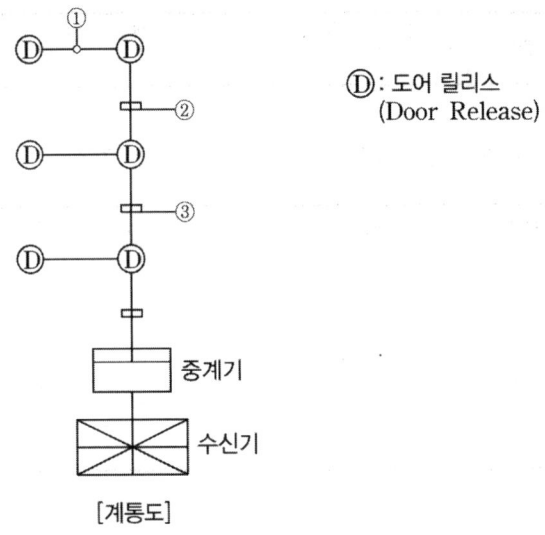

[계통도]

(가) 결선도에서 ①~④의 명칭을 쓰시오.

해설 및 정답 ① 기동   ② 공통   ③ 확인 1   ④ 확인 2

(나) 계통도에서 ①~③의 가닥수와 용도를 쓰시오.

해설및정답

기호	배선수	용도
①	3	공통, 기동, 확인
②	4	공통, 기동, 확인2
③	7	공통, 기동2, 확인4

15 다음의 그림과 같이 1개의 전등을 2개소에서 점멸이 가능하도록 할 경우 각 물음에 답하시오.

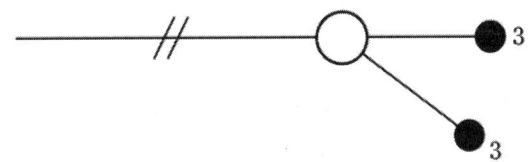

(가) ●₃의 명칭을 구체적으로 쓰시오.

해설및정답 3로 점멸기

(나) 도면에 배선 가닥수를 표기하시오.

해설및정답

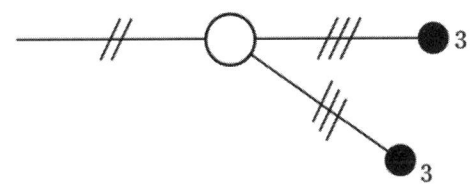

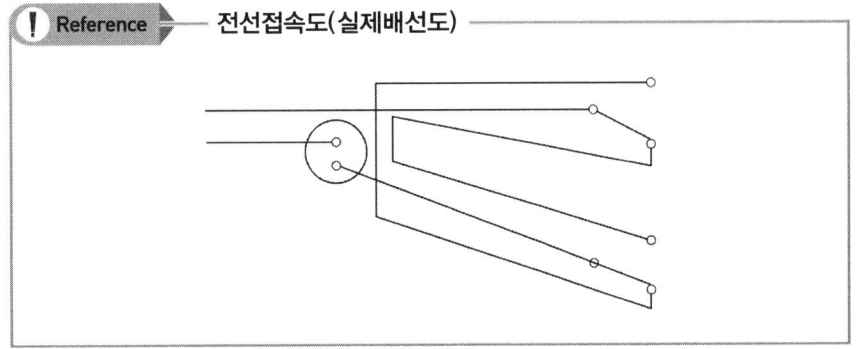

전선접속도(실제배선도)

기출문제

16 무선통신보조설비의 누설동축케이블에 표기되어 있는 기호의 의미를 보기에서 찾아 「예」를 참조하여 쓰시오.

$$\text{LCX} - \text{FR} - \text{SS} - 20\,\text{D} - 14\ 6$$
$$\quad ① \quad\quad ② \quad\quad ③ \quad\quad ④\,⑤ \quad\quad ⑥⑦$$

「예」 ⑦ : 결합손실표시(6dB)

[보기]
절연체 외경(mm), 자기지지, 누설동축케이블, 특성임피던스, 사용주파수, 난연성(내열성)

해설 및 정답
① 누설동축케이블　② 난연성(내열성)
③ 자기지지　　　　④ 절연체 외경(mm)
⑤ 특성임피던스　　⑥ 사용주파수

---

17 다음 물음에 답하시오.

(가) 연축전지의 정격용량이 200[Ah]이고, 상시부하가 3[kW], 표준전압이 100[V]인 부동충전방식인 충전기의 2차 충전전류 값은 몇 [A]인가? (단, 상시부하의 역률은 1로 본다)

해설 및 정답

충전기 2차 충전전류 $= \dfrac{\text{정격용량}}{\text{정격방전율}} + \dfrac{\text{상시부하}}{\text{표준전압}} = \dfrac{200}{10} + \dfrac{3{,}000}{100} = 50[A]$

∴ 50[A]

(나) 납축전지를 방전상태로 오랫동안 방치하였을 때 극판의 황산납이 회백색으로 바뀌고 내부저항이 대단히 상승하여 전해액의 온도상승이 증가하고 황산의 비중이 낮으며 가스가 심하게 발생하고 축전지의 용량감퇴 및 수명이 단축되는 현상은 무엇인가?

해설 및 정답 설페이션(Sulfation)현상

(다) (나)번과 같은 현상이 발생될 때 생성되는 가스는 무엇인가?

해설 및 정답 수소가스

18 P형 수신기와 감지기 사이의 배선회로에서 감지기의 작동전류는 몇 [mA]인가? (단, 감시전류는 1.15[mA], 릴레이 저항은 500[Ω], 종단저항은 20[kΩ]이다)

해설및정답

$$감시전류 = \frac{회로전압}{릴레이\ 저항 + 배선저항 + 종단저항}$$

$$0.00115 = \frac{24}{500 + x + 20{,}000}$$

x(배선저항) $= 369.565 ≒ 369.57[Ω]$

$$작동전류 = \frac{수신기\ 전압}{릴레이\ 저항 + 배선저항}$$

$$= \frac{24}{500 + 369.57} = 0.0276[A] = 27.6[mA]$$

∴ 27.6[mA]

소방설비기사[전기분야] 2차 실기

[2020년 8월 9일 시행]

01 지상 100[m] 되는 곳에 수조가 있다. 이 수조에 2,400[LPM]의 물을 양수하는 펌프용 전동기를 설치하여 3상 전력을 공급하려고 한다. 펌프 효율이 60[%]이고, 펌프 축동력에 10[%]의 여유를 둔다고 할 때 펌프의 용량[Hp]를 구하시오(단, 펌프용 3상 농형 유도전동기의 역률은 100[%]로 가정한다). **3점**

해설및정답 전동기 용량

$$P = \frac{9.8\,QHK}{\eta}[\text{kW}] = \frac{9.8\,QHK}{\eta \times 0.746}[\text{Hp}] \text{에서}$$

여기서, Q : 양수량[m³/sec]
  H : 전양정[m]
  K : 여유계수
  η : 전동기 효율

전동기 용량 $P = \dfrac{9.8\,QHK}{\eta \times 0.746} = \dfrac{9.8 \times \left(\dfrac{2.4}{60}\right) \times 100 \times 1.1}{0.6 \times 0.746} ≒ 96.336[\text{Hp}]$

∴ 96.34[Hp]

> **Reference**
>
> 1. 양수량(펌프 토출량)
>
> $Q = 2,400[\text{LPM}] = 2,400[\text{L/min}] = 2.4[\text{m}^3/\text{min}] = \dfrac{2.4}{60}[\text{m}^3/\text{sec}]$
>
>   ※ LPM=Liter per Minute
>
> 2. $1[\text{kW}] = \dfrac{1}{0.746}[\text{Hp}]$ 또는 $1[\text{Hp}] = 0.746[\text{kW}]$

02 다음은 자동화재탐지설비 중계기의 설치기준이다. (   ) 안에 알맞은 내용을 쓰시오. 4점

가) 수신기에서 직접 감지기회로의 (①)을 행하지 아니하는 것에 있어서는 수신기와 감지기 사이에 설치할 것
나) 조작 및 점검에 편리하고 화재 및 침수 등의 재해로 인한 피해를 받을 우려가 없는 장소에 설치할 것
다) 수신기에 따라 감시되지 아니하는 배선을 통하여 전력을 공급받는 것에 있어서는 전원입력 측의 배선에 (②)를 설치하고 해당 전원의 정전이 즉시 수신기에 표시되는 것으로 하며, (③) 및 (④)의 시험을 할 수 있도록 할 것

해설및정답
① 도통시험
② 과전류차단기
③ 상용전원
④ 예비전원

> **! Reference — 자동화재탐지설비 중계기 설치기준**
>
> 1. 수신기에서 직접 감지기회로의 도통시험을 행하지 아니하는 것에 있어서는 수신기와 감지기 사이에 설치할 것
> 2. 조작 및 점검에 편리하고 화재 및 침수 등의 재해로 인한 피해를 받을 우려가 없는 장소에 설치할 것
> 3. 수신기에 따라 감시되지 아니하는 배선을 통하여 전력을 공급받는 것에 있어서는 전원입력 측의 배선에 과전류 차단기를 설치하고 해당 전원의 정전이 즉시 수신기에 표시되는 것으로 하며, 상용전원 및 예비전원의 시험을 할 수 있도록 할 것

03 통로의 길이가 25[m]인 통로에 객석유도등을 설치하려고 할 때 객석유도등의 최소수량은 몇 개인가? 3점

해설및정답

$$\text{객석유도등의 설치개수} = \frac{\text{객석통로의 직선부분의 길이}}{4[m]} - 1$$

$$= \frac{25[m]}{4[m]} - 1 = 5.25\,\text{개}$$

∴ 6개

기출문제

04 배선용 차단기의 심벌이다. 기호 ①~③이 의미하는 바를 쓰시오.

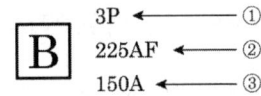

해설 및 정답
① 극수(3극)
② 프레임의 크기(225[A])
③ 정격전류(150[A])

명칭	그림기호	적요
개폐기	S	(1) 상자들이인 경우는 상자의 재질 등을 방기한다. (2) 극수, 정격전류, 퓨즈 정격전류 등을 방기한다. [보기] S 2P30A f15A (3) 전류계붙이는 S 를 사용하고 전류계의 정격전류를 방기한다. [보기] S 3P30A f15A A5
배선용 차단기	B	(1) 상자들이인 경우는 상자의 재질 등을 방기한다. (2) 극수, 프레임의 크기, 정격전류 등을 방기한다. [보기] B 3P 225AF 150A (3) 모터브레이커를 표시하는 경우는 B 를 사용한다. (4) B 를 B_MCB 로서 표시하여도 좋다.
누전 차단기	E	(1) 상자들이인 경우는 상자의 재질 등을 방기한다. (2) 과전류 소자붙이는 극수, 프레임의 크기, 정격전류, 정격 감도 전류 등 과전류 소자 없음은 극수, 정격전류, 정격 감도전류 등을 방기한다. 과전류 소자붙이의 보기: E 2P 30AF 10A 30mA 과전류 소자없음의 보기: E 2P 15A 30mA (3) 과전류 소자붙이는 BE 를 사용하여도 좋다. (4) E 를 S_MCB 로 표시하여도 좋다.

05
그림은 $Y-\Delta$ 시동제어회로의 미완성 도면이다. 이 도면과 주어진 조건을 이용하여 다음 각 물음에 답하시오. **6점**

[조건]
Ⓐ : 전류계　　　　　ⓅⓁ : 표시등　　　　　Ⓣ : 스타델타타이머
19-1 : 전자접촉기(Y)　　　　　　　　　　　19-2 : 전자접촉기(Δ)

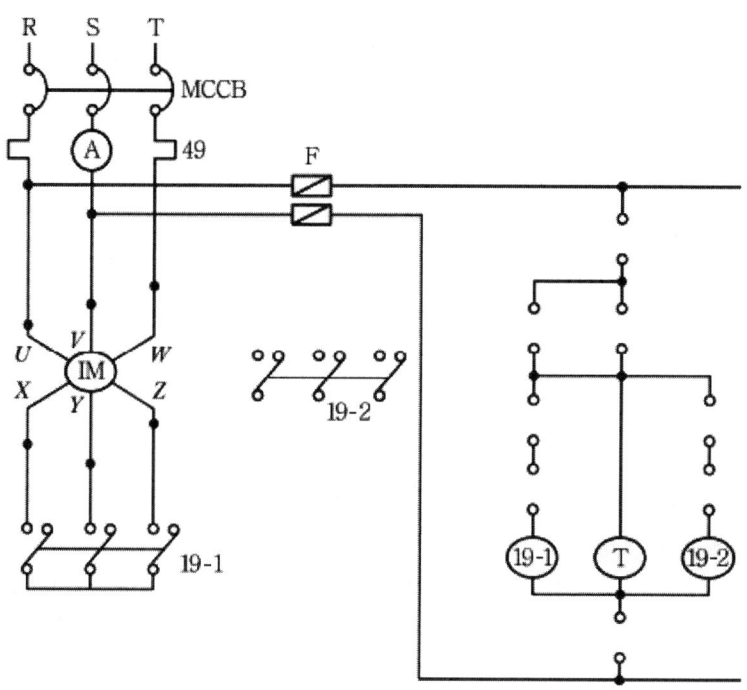

가) $Y-\Delta$ 운전이 가능하도록 주회로 도면을 완성하시오.
나) $Y-\Delta$ 운전이 가능하도록 보조회로(제어회로) 도면을 완성하시오.
다) MCCB를 투입하면 표시등이 점등되도록 미완성 도면에 회로를 구성하시오.

기출문제

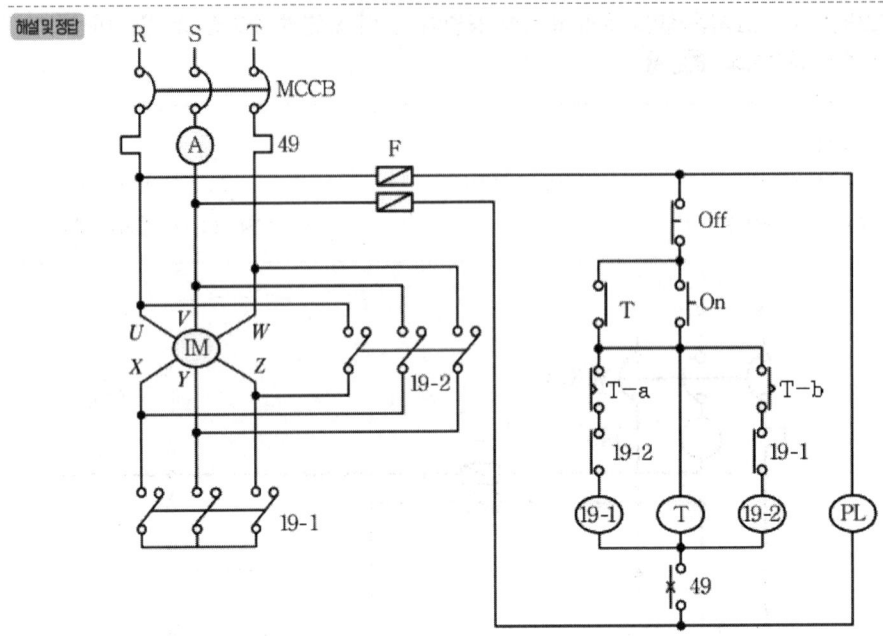

06 다음은 자동화재속보설비의 절연저항시험에 대한 내용이다. ( ) 안에 알맞은 내용을 쓰시오. [6점]

가) 절연된 (①)와 외함 간의 절연저항은 직류 (②)[V]의 절연저항계로 측정한 값이 (③)[MΩ](교류입력 측과 외함 간에는 (④)[MΩ]) 이상이어야 한다.

나) 절연된 선로 간의 절연저항은 직류 (⑤)[V]의 절연저항계로 측정한 값이 (⑥)[MΩ] 이상이어야 한다.

해설 및 정답 ① 충전부 ② 500 ③ 5 ④ 20 ⑤ 500 ⑥ 20

07 다음 그림은 사무실 용도 건물의 자동화재탐지설비 1층 평면도이다. 이 건물은 지상 3층으로 각 층 평면이 1층과 동일하다고 할 때 평면도 및 주어진 조건을 이용하여 다음 각 물음에 답하시오. 10점

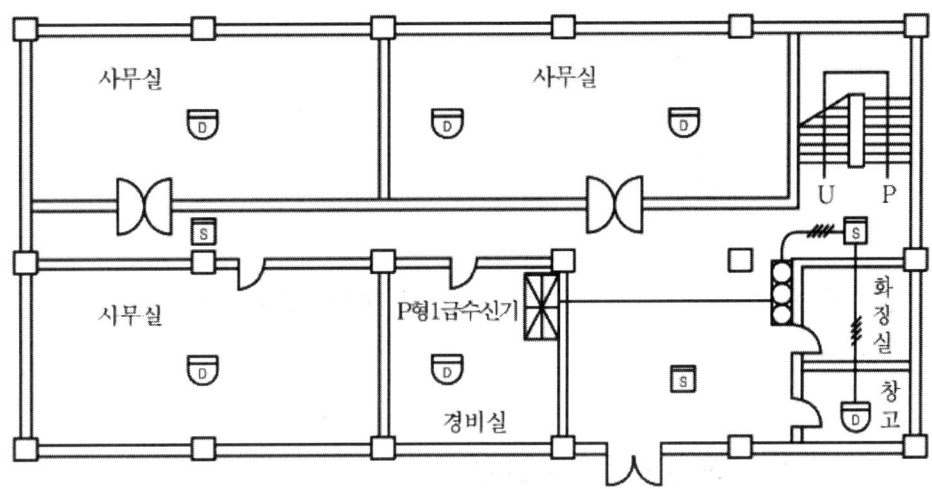

[조건]
- 계통도 작성 시 각 층의 수동발신기는 1개씩 설치하는 것으로 한다.
- 계단실 감지기는 설치를 제외한다.
- 사용전선은 HFIX 2.5[mm²]이며, 공통선은 발신기공통 1선, 경종 및 표시등공통 1선을 각각 사용하는 것으로 한다.
- 계통도 작성 시 전선 수는 최소로 한다.
- 각 실은 이중천장이 없는 구조이며, 천장에 감지기를 바로 취부한다.
- 각 실의 바닥에서 천장까지의 높이는 2.8[m]이다.
- 후강전선관의 굵기표는 다음과 같다.

도체 단면적 [mm²]	전선 본수									
	1	2	3	4	5	6	7	8	9	10
	전선관의 최소 굵기[mm]									
2.5	16	16	16	16	22	22	22	28	28	28
4	16	16	16	22	22	22	28	28	28	28
6	16	16	22	22	22	28	28	28	36	36
10	16	22	22	28	28	36	36	36	36	36

가) 도면의 P형 수신기는 최소 몇 회로용으로 사용하는가?

해설 및 정답 5회로용(연결회로 수는 3회로)

기출문제

나) 수신기에서 발신기세트까지의 배선 가닥 수는 몇 가닥이며, 여기에 사용되는 후강전선관은 몇 [mm]를 사용하는지 쓰시오.

해설 및 정답
1. 전선 가닥 수 : 8가닥
2. 배관 : 28[mm]

> **Reference** — 전
> 1. 배선 8가닥의 용도 : 지구 3선, 공통 1선, 응답 1선, 경종 1선, 경종 및 표시등 공통 1선, 표시등 1선
> 2. 전선관 굵기 : 표에서 HFIX 전선 2.5[mm^2]가 8가닥이므로 관경은 28[mm]로 선정

다) 연기감지기를 매입인 것으로 사용할 경우 그 그림기호를 그리시오.

해설 및 정답

⌒
|S|

> **Reference** — 옥내배선기호
>
> | 명칭 | 그림기호 | 적요 |
> |---|---|---|
> | 차동식 스포트형 감지기 | ▽ | 필요에 따라 종별을 방기한다. |
> | 연기감지기 | S | (1) 필요에 따라 종별을 방기한다.
(2) 점검박스붙이인 경우는 Ⓢ로 한다.
(3) 매입인 것은 ⌒S로 한다. |
>
> ※ 경우에 따라서는 다음의 배선기호를 사용하므로 숙지할 것
>
> | 명칭 | 그림기호(표준) | 그림기호(출제자가 가끔 사용) |
> |---|---|---|
> | 차동식 스포트형 감지기 | ▽ | Ⓓ 또는 D |
> | 정온식 스포트형 감지기 | ▽ | Ⓕ 또는 F |
> | 연기감지기 | S | Ⓢ 또는 S |

라) 주어진 평면도에 배관 및 배선을 하여 자동화재탐지설비의 도면을 완성하시오(단, 배선 가닥 수도 표기하시오).

해설및정답

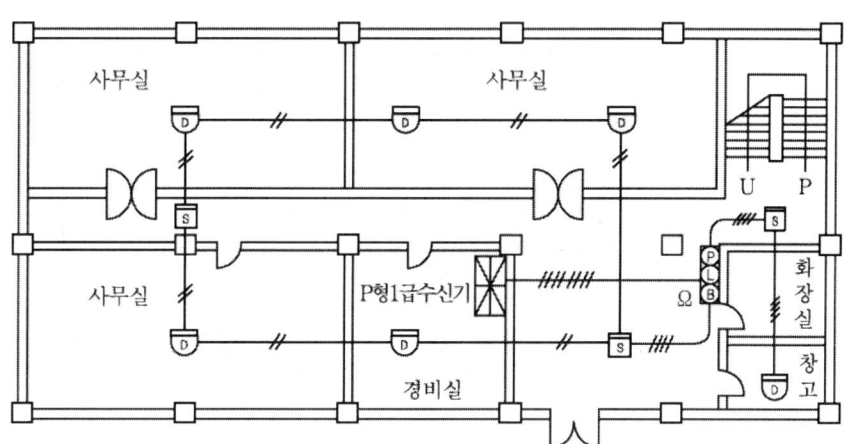

마) 본 설비에 대한 간선계통도를 그리시오(단, 계통도에 배선 가닥 수도 표기하시오).

해설및정답

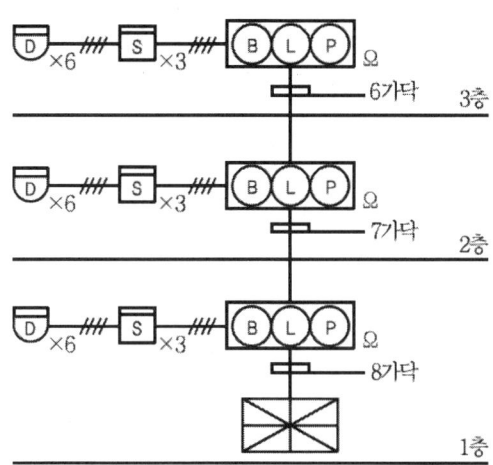

기출문제

08 공기관식 차동식 분포형 감지기의 설치도면이다. 다음 각 물음에 답하시오(단, 주요 구조부를 내화구조로 한 소방대상물인 경우이다). **10점**

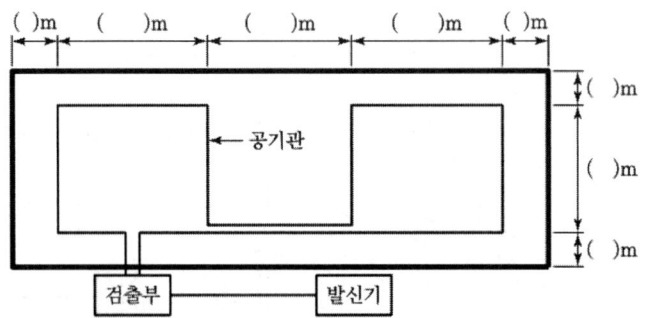

가. 내화구조일 경우의 공기관 상호 간의 거리와 감지구역의 각 변과의 거리는 몇 [m] 이하가 되도록 하여야 하는지 도면의 ( ) 안에 쓰시오.

해설 및 정답

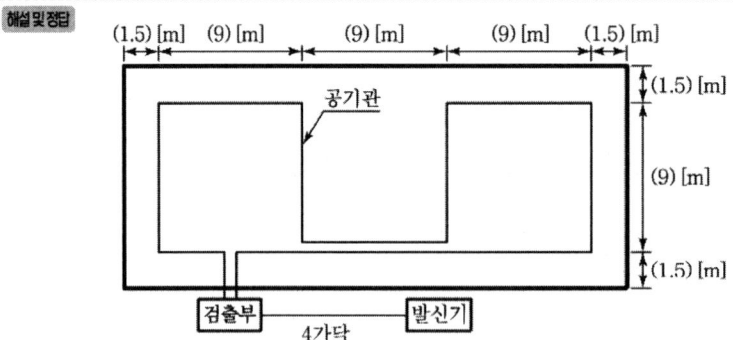

나. 공기관의 노출부분의 길이는 몇 [m] 이상이 되어야 하는지 쓰시오.

해설 및 정답 20[m] 이상

다. 종단저항을 발신기에 설치할 경우 차동식 분포형 감지기의 검출기와 발신기간에 연결해야 하는 전선의 가닥수를 도면에 표기하시오.

해설 및 정답 4가닥

라. 검출부의 설치높이를 쓰시오.

해설 및 정답 바닥으로부터 0.8[m] 이상 1.5[m] 이하

마. 검출부분에 접속하는 공기관의 길이는 몇 [m] 이하로 하여야 하는지 쓰시오.

해설 및 정답 100[m] 이하

바. 공기관의 재질을 쓰시오.

해설 및 정답 구리(동관 또는 중공동관)

사. 검출부의 경사도는 몇 도 이하이어야 하는지 쓰시오.

해설 및 정답 5도 이하

> **Reference — 공기관식 차동식 분포형 감지기 설치기준(화재안전기준)**
> ① 공기관의 노출부분은 감지구역마다 20[m] 이상이 되도록 할 것
> ② 공기관과 감지구역의 각 변과의 수평거리는 1.5[m] 이하가 되도록 하고, 공기관 상호 간의 거리는 6[m](주요 구조부를 내화구조로 한 소방대상물 또는 그 부분에 있어서는 9[m]) 이하가 되도록 할 것
> ③ 공기관은 도중에서 분기하지 아니하도록 할 것
> ④ 하나의 검출부분에 접속하는 공기관의 길이는 100[m] 이하로 할 것
> ⑤ 검출부는 5° 이상 경사되지 아니하도록 부착할 것
> ⑥ 검출부는 바닥으로부터 0.8[m] 이상 1.5[m] 이하의 위치에 설치할 것

09 미완성 배선 도면을 보고 다음 각 물음에 답하시오. [10점]

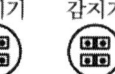

기출문제

가) 각 기기장치를 수신기의 단자에 알맞게 연결하시오(단, 발신기에 설치된 단자는 왼쪽으로부터 응답, 지구, 전화, 공통이다).

해설 및 정답

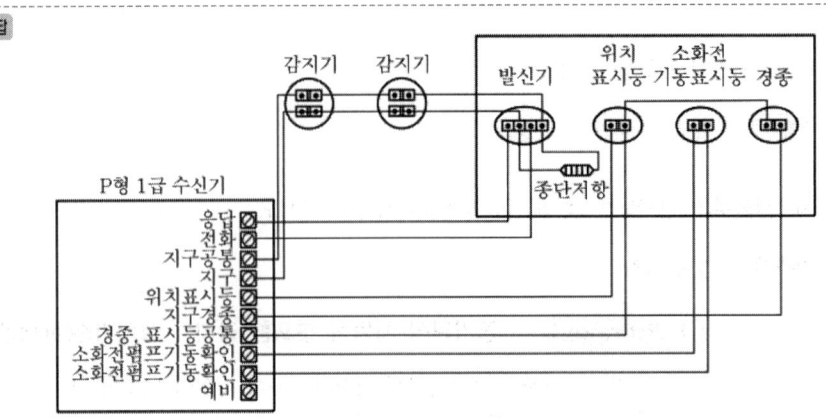

나) 종단저항을 연결해야 하는 기기의 명칭과 단자의 명칭을 쓰시오.

해설 및 정답
① 기기 명칭 : 발신기
② 단자 명칭 : 지구, 공통

다) 소화전 기동표시등의 색깔을 쓰시오.

해설 및 정답   적색

라) 발신기의 위치표시등에 대하여 다음 각 항목의 물음에 답하시오.
① 불빛의 식별범위
② 표시등의 색깔

해설 및 정답
① 부착면으로부터 15° 이상의 범위 안에서 부착지점으로부터 10[m] 이내
② 적색

> **Reference** — 발신기의 위치표시등(옥내소화전설비의 위치표시등과 겸용)의 설치 기준
>
> 1. 함의 상부에 설치하되, 그 불빛은 부착면으로부터 15° 이상의 범위 안에서 부착지점으로부터 10[m] 이내의 어느 곳에서도 쉽게 식별할 수 있는 적색등으로 할 것
> 2. 적색등은 사용전압의 130[%]인 전압을 20시간 연속하여 가하는 경우에도 단선, 현저한 광속변화, 전류변화 등의 현상이 발생되지 아니할 것

10 차동식 스포트형 감지기의 리크구멍이 확장된 경우와 축소된 경우의 작동특성을 쓰시오. [3점]

해설 및 정답 리크구멍이 확장되면 감지기 작동이 지연되며, 리크구멍이 축소되면 감지기 작동이 빨라진다.

11 예비전원설비에 대한 각 물음에 답하시오. [5점]

가) 부동충전방식에 대한 회로(개략적인 그림)를 그리시오.

해설 및 정답

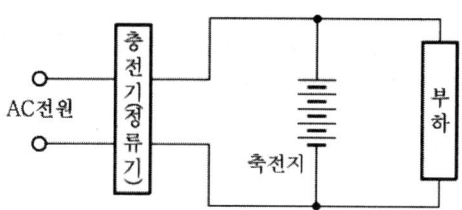

> **! Reference** ── 축전지의 충전방식 ──
> 1. 부동충전 : 충전장치를 축전지와 부하에 병렬로 연결하여 전지의 자기 방전을 보충함과 동시에 상용부하에 대한 전력공급은 충전기가 부담하고 충전기가 부담하기 어려운 대전류 부하는 축전지가 부담하게 하는 충전방식
> 2. 균등충전 : 전지를 장시간 사용하는 경우 단전지들의 전압이 불균일하게 되는 때 일정 시간 과충전을 계속하여 각 전해조의 전압을 균일하게 하는 충전방식
> 3. 회복충전 : 축전지를 과방전 또는 방치상태에서 기능회복을 위하여 실시하는 충전방식

나) 축전지를 과방전 또는 방치상태에서 기능회복을 위하여 실시하는 충전방식은?

해설 및 정답 회복충전방식

다) 연축전지 정격용량은 250[Ah]이고 상시부하가 8[kW]이며 표준전압이 100[V]인 부동충전방식의 충전기 2차 충전전류는 몇 [A]인가?

해설 및 정답 충전기의 2차 충전전류 $I = \dfrac{250}{10} + \dfrac{8 \times 10^3}{100} = 105[A]$

∴ 105[A]

기출문제

> **! Reference** ── 충전기의 2차 충전전류 ──
>
> I = 축전지 충전전류 + 부하전류
>
> $= \dfrac{축전지\ 정격용량[Ah]}{축전지\ 정격방전율[h]} + \dfrac{상시부하[kW]}{표준전압[V]}$
>
> 1. 연축전지의 정격 방전율 : 10[h]
> 2. 알칼리 축전지의 정격 방전율 : 5[h]

12 비상콘센트설비를 설치하여야 하는 특정소방대상물(위험물 저장 및 처리 시설 중 가스시설 또는 지하구는 제외한다)에 대한 각 물음에 답하시오. **5점**

가) 다음은 비상콘센트설비 설치대상이다. (   ) 안에 알맞은 내용을 쓰시오.

> ㉮ 층수가 (①) 이상인 특정소방대상물의 경우에는 (②) 이상의 층
> ㉯ 지하층의 층수가 (③) 이상이고 지하층의 바닥면적의 합계가 (④)[m²] 이상인 것은 지하층의 모든 층

해설및정답   ① 11층 ② 11층 ③ 3층 ④ 1,000

나) 지하 4층, 지상 12층의 특정소방대상물에 설치하여야 할 비상콘센트의 설치개수는 최소 몇 개인가? (단, 지하 각 층의 바닥면적은 300[m²]이다)

해설및정답   6개
∴ 설치해야 할 층 : 지하 1층 ~ 4층, 11층, 12층

13 다음은 자동화재탐지설비의 경계구역에 관한 내용이다. (   ) 안에 알맞은 내용을 쓰시오. **9점**

가) 하나의 경계구역이 (①) 이상의 건축물에 미치지 아니하도록 할 것
나) 하나의 경계구역이 (②) 이상의 층에 미치지 아니하도록 할 것. 다만, (③)[m²] 이하의 범위안에서는 (④)의 층을 하나의 경계구역으로 할 수 있다.
나) 하나의 경계구역의 면적은 (⑤)[m²] 이하로 하고 한 변의 길이는 (⑥)[m] 이하로 할 것. 다만, 해당 특정소방대상물의 주된 출입구에서 그 내부 전체가 보이는 것에 있어서는 한 변의 길이가 (⑦)[m]의 범위 내에서 (⑧)[m²] 이하로 할 수 있다.

라) 터널의 경우 하나의 경계구역의 길이는 (⑨)[m] 이하로 할 것

해설 및 정답
① 2개 ② 2개 ③ 500 ④ 2개 ⑤ 600
⑥ 50 ⑦ 50 ⑧ 1,000 ⑨ 100

14 통로유도등 설치제외 장소 2가지를 쓰시오. 4점

해설 및 정답
① 구부러지지 아니한 복도 또는 통로로서 길이가 30[m] 미만인 복도 또는 통로
② 위 ①에 해당하지 않는 복도 또는 통로로서 보행거리가 20[m] 미만이고 그 복도 또는 통로와 연결된 출입구 또는 그 부속실의 출입구에 피난구유도등이 설치된 복도 또는 통로

15 다음 진리표를 논리식으로 나타내고, 유접점회로와 무접점회로를 그리시오. 6점

입력			출력
A	B	C	X
0	0	0	0
0	0	1	0
0	1	0	1
0	1	1	0
1	0	0	1
1	0	1	1
1	1	0	1
1	1	1	0

가) 논리식을 간소화하여 나타내시오.

해설 및 정답
$$X = AB\overline{C} + \overline{A}B\overline{C} + A\overline{B}\,\overline{C} + A\overline{B}C$$
$$= (A+\overline{A})B\overline{C} + A\overline{B}(\overline{C}+C)$$
$$= A\overline{B} + B\overline{C}$$

기출문제

나) 유접점회로

해설 및 정답

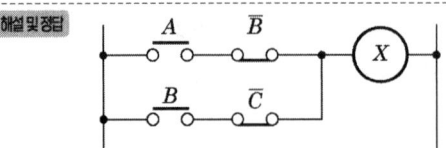

다) 무접점회로

해설 및 정답

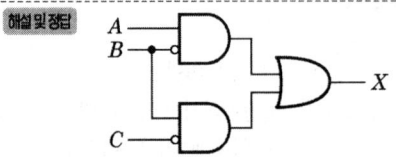

16 40[W] 대형 피난구유도등 8개가 AC 220[V]에서 점등되었을 때 소요되는 전류는 몇 [A]인가? (단, 유도등의 역률은 60[%]이고, 충전되지 않은 상태이다) 3점

해설 및 정답

단상전력

$P = VI\cos\theta$[W]에서

$I = \dfrac{P}{V\cos\theta} = \dfrac{40 \times 8}{220 \times 0.6} ≒ 2.42$[A]

∴ 2.42[A]

> ! Reference — 단상전력
>
> $P = VI\cos\theta$[W]
> 여기서, P : 소비전력[W], V : 정격전압[V], I : 소비전류[A], $\cos\theta$: 역률

17 주파수가 50[Hz]이고, 극수가 4인 유도전동기의 회전수가 1,440[rpm]이다. 이 전동기를 주파수 60[Hz]로 운전하는 경우 회전수[rpm]는 얼마가 되는지 구하시오(단, 슬립은 50[Hz]에서와 같다) 3점

해설 및 정답

전동기 회전수 $N = \dfrac{120f}{P}(1-s) \propto f$ 이므로

주파수 50[Hz]일 때 회전수가 1,440[rpm]이면, 주파수가 60[Hz]일 때의 회전수는

$N_2 = \dfrac{f_2}{f_1} \times N_1 = \dfrac{60}{50} \times 1,440 = 1,728$[rpm]

∴ 1,728[rpm]

> **! Reference** ─ 전동기 회전수 ─
>
> $N = \dfrac{120f}{P}(1-s)$
>
> 여기서, f : 주파수, P : 극수, s : 슬립
>
> 극수와 슬립이 같을 때 회전수는 주파수와 비례한다.
> $N = \dfrac{120f}{P}(1-s) \propto f$
> 즉, $N_1 : N_2 = f_1 : f_2$

18 다음은 옥내소화전설비 비상전원에 관한 내용이다. ( ) 안에 알맞은 내용을 쓰시오. **7점**

가) 비상전원을 설치해야 하는 경우

> 1. 층수가 7층 이상으로서 연면적이 (①)[m²] 이상인 것
> 2. 제1호에 해당하지 아니하는 특정소방대상물로서 지하층의 바닥면의 합계가 (②)[m²] 이상인 것

나) 비상전원 설치기준

> 1. 점검에 편리하고 화재 및 (③) 등의 재해로 인한 피해를 받을 우려가 없는 곳에 설치할 것
> 2. 옥내소화전설비를 유효하게 (④)분 이상 작동할 수 있어야 할 것
> 3. 상용전원으로부터 전력의 공급이 중단된 때에는 (⑤)으로 비상전원으로부터 전력을 공급받을 수 있도록 할 것
> 4. 비상전원(내연기관의 기동 및 제어용 축전기를 제외한다)의 설치장소는 다른 장소와 (⑥) 할 것. 이 경우 그 장소에는 비상전원의 공급에 필요한 기구나 설비 외의 것(열병합발전설비에 필요한 기구나 설비는 제외한다)을 두어서는 아니 된다.
> 5. 비상전원을 실내에 설치하는 때에는 그 실내에 (⑦)을 설치할 것

해설 및 정답
① 2,000 ② 3,000 ③ 침수 ④ 20
⑤ 자동 ⑥ 방화구획 ⑦ 비상조명등

소방설비기사[전기분야] 2차 실기

[2020년 10월 17일 시행]

01 지상 15층, 지하 5층 연면적 7,000[m²]의 특정소방대상물에 자동화재탐지설비의 음향장치를 설치하고자 한다. 다음 각 물음에 답하시오. **6점**

(가) 11층에서 발화한 경우 경보를 발하여야 하는 층

> **해설 및 정답** 11층, 12층, 13층, 14층, 15층

(나) 1층에서 발화한 경우 경보를 발하여야 하는 층

> **해설 및 정답** 지하 1, 2, 3, 4, 5층, 지상 1층, 2층, 3층, 4층, 5층

(다) 지하 1층에서 발화한 경우 경보를 발하여야 하는 층

> **해설 및 정답** 지하 1, 2, 3, 4, 5층, 지상 1층

> **! Reference — 우선경보방식**
>
> 층수가 11층(공동주택의 경우에는 16층) 이상의 특정소방대상물은 다음의 기준에 따라 경보를 발할 수 있도록 할 것
> ① 2층 이상의 층에서 발화한 때에는 발화층 및 그 직상 4개 층에 경보를 발할 것
> ② 1층에서 발화한 때에는 발화층·그 직상 4개 층 및 지하층에 경보를 발할 것
> ③ 지하층에서 발화한 때에는 발화층·그 직상층 및 기타의 지하층에 경보를 발할 것

02 복도통로유도등에 관한 다음 물음에 답하시오. **6점**

(가) 복도의 길이가 31[m]인 곳에 복도통로유도등을 설치하려 할 때 최소 설치개수는 몇 개인가? (단, 복도는 구부러진 부분이 없다)

> **해설 및 정답** 복도통로유도등 설치개수 = $\dfrac{31[m]}{20[m/개]} - 1 = 0.55$
>
> ∴ 1개

(나) 복도통로유도등의 설치기준을 4가지만 쓰시오

해설및정답
1. 복도에 설치하되 옥내로부터 직접 주된출입구로 향하는 피난구유도등 또는 계단실, 부속실로 향하는 피난구유도등에 따라 피난구유도등이 설치된 출입구의 맞은편 복도에는 입체형으로 설치하거나, 바닥에 설치할 것
2. 구부러진 모퉁이 및 위 1.에 따라 설치된 통로유도등을 기점으로 보행거리 20[m]마다 설치할 것
3. 바닥으로부터 높이 1[m] 이하의 위치에 설치할 것. 다만, 지하층 또는 무창층의 용도가 도매시장·소매시장·여객자동차터미널·지하역사 또는 지하상가인 경우에는 복도·통로 중앙부분의 바닥에 설치해야 한다.
4. 바닥에 설치하는 통로유도등은 하중에 따라 파괴되지 않는 강도의 것으로 할 것

03
P형 수신기와 감지기의 배선회로에서 종단저항은 11[kΩ], 릴레이 저항은 550[Ω], 배선회로의 저항은 50[Ω]이다. 회로전압이 24[V]일 때 각 물음에 답하시오. **6점**

(가) 감시 상태 시 감시전류는 몇 [mA]인가?

해설및정답
$$I = \frac{회로전압}{종단저항 + 릴레이저항 + 배선저항}$$
$$= \frac{24}{11 \times 10^3 + 550 + 50} \times 10^3 = 2.068$$
∴ 2.07[mA]

$$감시전류 = \frac{회로전압}{종단저항 + 릴레이저항 + 배선저항}$$

(나) 감지기가 작동할 때의 전류는 몇 [mA]인가? (단, 감지기의 작동 시 배선저항은 무시한다)

해설및정답
$$I = \frac{회로전압}{릴레이저항} = \frac{24}{550} \times 10^3 = 43.636$$
∴ 43.64[mA]

! Reference

$$감지기 작동 시 전류 = \frac{회로전압}{릴레이저항 + 배선저항}$$

※ "배선저항은 무시한다."는 문제 조건에 주의한다.

기출문제

04 자동화재탐지설비 화재안전기준에 관한 다음 물음에 답하시오. [8점]

(가) 감지기회로의 도통시험을 위한 종단저항 설치기준 3가지를 쓰시오.

해설 및 정답
1. 점검 및 관리가 쉬운 장소에 설치할 것
2. 전용함을 설치하는 경우 그 설치 높이는 바닥으로부터 1.5[m] 이내로 할 것
3. 감지기회로의 끝부분에 설치하며, 종단감지기에 설치할 경우에는 구별이 쉽도록 해당 감지기의 기판 및 감지기 외부 등에 별도의 표시를 할 것

(나) 전원회로의 전로와 대지 사이 및 배선 상호 간의 절연저항은 감지기회로 및 부속회로의 전로와 대지 사이 및 배선 상호 간의 절연저항은 1경계구역마다 직류 250[V]의 절연저항측정기를 사용하여 측정한 절연저항이 몇 [MΩ] 이상이 되어야 하는가?

해설 및 정답   0.1[MΩ]

(다) P형 수신기 및 GP형 수신기의 감지기회로의 배선에 있어서 하나의 공통선에 접속할 수 있는 경계구역의 수는 몇 개인가?

해설 및 정답   7개 이하

(라) 자동화재탐지설비의 감지기회로의 전로저항은 몇 [Ω] 이하이어야 하는가?

해설 및 정답   50[Ω]

> **! Reference** ─── 자동화재탐지설비 배선의 설치기준 ───
> 1. 전원회로의 배선은 내화배선에 따르고, 그 밖의 배선(감지기 상호 간 또는 감지기로부터 수신기에 이르는 감지기회로의 배선을 제외한다)은 「옥내소화전설비의 화재안전기술기준(NFTC 102)」에 따른 내화배선 또는 내열배선에 따라 설치할 것
> 2. 감지기 상호 간 또는 감지기로부터 수신기에 이르는 감지기회로의 배선은 다음 기준에 따라 설치할 것
>   가. 아날로그식, 다신호식 감지기나 R형 수신기용으로 사용되는 것은 전자파 방해를 받지 아니하는 쉴드선 등을 사용하여야 하며, 광케이블의 경우에는 전자파 방해를 받지 아니하고 내열성능이 있는 경우 사용할 수 있다. 다만, 전자파 방해를 받지 아니하는 방식의 경우에는 그러하지 아니하다.
>   나. 가목 외의 일반배선을 사용할 때는 「옥내소화전설비의 화재안전기술기준(NFTC 102)」에 따른 내화배선 또는 내열배선으로 사용할 것
> 3. 감지기회로의 도통시험을 위한 종단저항은 다음의 기준에 따를 것
>   가. 점검 및 관리가 쉬운 장소에 설치할 것
>   나. 전용함을 설치하는 경우 그 설치 높이는 바닥으로부터 1.5[m] 이내로 할 것
>   다. 감지기 회로의 끝부분에 설치하며, 종단감지기에 설치할 경우에는 구별이 쉽도록 해당 감지기의 기판 및 감지기 외부 등에 별도의 표시를 할 것

4. 감지기 사이의 회로의 배선은 송배선식으로 할 것
5. 전원회로의 전로와 대지 사이 및 배선 상호 간의 절연저항은 「전기사업법」 제67조에 따른 기술기준이 정하는 바에 의하고, 감지기회로 및 부속회로의 전로와 대지 사이 및 배선 상호 간의 절연저항은 1경계구역마다 직류 250[V]의 절연저항측정기를 사용하여 측정한 절연저항이 0.1[MΩ] 이상이 되도록 할 것
6. 자동화재탐지설비의 배선은 다른 전선과 별도의 관·덕트(절연효력이 있는 것으로 구획한 때에는 그 구획된 부분은 별개의 덕트로 본다)·몰드 또는 풀박스 등에 설치할 것. 다만, 60[V] 미만의 약전류회로에 사용하는 전선으로서 각각의 전압이 같을 때에는 그러하지 아니하다.
7. P형 수신기 및 GP형 수신기의 감지기회로의 배선에 있어서 하나의 공통선에 접속할 수 있는 경계구역은 7개 이하로 할 것
8. 자동화재탐지설비의 감지기회로의 전로저항은 50[Ω] 이하가 되도록 하여야 하며, 수신기의 각 회로별 종단에 설치되는 감지기에 접속되는 배선의 전압은 감지기 정격전압의 80[%] 이상이어야 할 것

05
3상 380[V], 주파수 60[Hz], 극수 4P, 75마력의 전동기가 있다. 다음 각 물음에 답하시오(단, 슬립은 5%이다). **6점**

(가) 동기속도는 얼마인가?

해설 및 정답

동기속도 $N_S = \dfrac{120f}{P}$ [rpm]

여기서, f : 주파수, P : 극수

동기속도 $N_S = \dfrac{120f}{P} = \dfrac{120 \times 60}{4} = 1,800$ [rpm]

∴ 1,800[rpm]

(나) 회전속도는 얼마인가?

해설 및 정답

회전속도 $N = N_s(1-S)$ [rpm]

여기서, N_s : 동기속도, S : 슬립

회전속도 $N = N_s(1-S) = 1,800 \times (1-0.05) = 1,710$ [rpm]

∴ 1,710[rpm]

기출문제

06 다음 그림은 습식 스프링클러설비의 전기계통도이다. 다음 조건에 따라 A에서 E까지의 배선 수와 배선의 용도를 빈칸의 ①~⑦에 쓰시오. [7점]

[조건]
- 각 유수검지장치에는 밸브개폐감시용 스위치는 부착되어 있지 않은 것으로 한다.
- 사용전선은 450/750[V] 저독성 난연 가교 폴리올레핀 절연전선이다.
- 배선 수는 운전조작상 필요한 최소 전선 수를 쓰도록 한다.
- 층별 구분경보방식으로 한다.

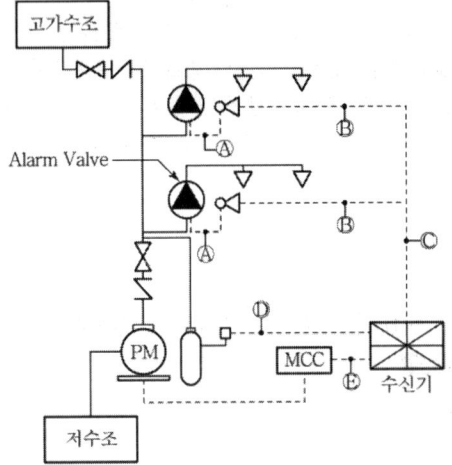

기호	구분	배선 수	배선 굵기	배선의 용도
A	알람밸브-사이렌	①	2.5[mm^2]	-
B	사이렌-수신기	②	2.5[mm^2]	⑥
C	2개 구역일 경우	③	2.5[mm^2]	-
D	압력탱크-수신기	④	2.5[mm^2]	⑦
E	MCC-수신기	⑤	2.5[mm^2]	-

해설 및 정답 ① 2   ② 3   ③ 5   ④ 2   ⑤ 5
⑥ 유수검지스위치, 사이렌, 공통
⑦ 공통, 압력스위치

기호	구분	배선 수	배선 굵기	배선의 용도
A	알람밸브-사이렌	2	2.5[mm²]	유수검지스위치, 공통
B	사이렌-수신기	3	2.5[mm²]	유수검지스위치, 사이렌, 공통
C	2개 구역일 경우	5	2.5[mm²]	유수검지스위치 2, 사이렌 2, 공통
D	압력탱크-수신기	2	2.5[mm²]	압력스위치, 공통
E	MCC-수신기	5	2.5[mm²]	기동, 정지, 공통, 정지확인, 기동확인

※ 조건에서 탬퍼스위치(밸브개폐감시용 스위치)는 부착되지 않았다고 한 점에 주의할 것
탬퍼스위치(밸브개폐감시용 스위치)는 소방법상 반드시 설치되어야 하므로 이것이 설치된 경우의 가닥수는 다음과 같다.

기호	구분	배선수	배선 굵기	배선의 용도
A	알람밸브-사이렌	3	2.5[mm²]	유수검지스위치, 탬퍼스위치, 공통
B	사이렌-수신기	4	2.5[mm²]	유수검지스위치, 탬퍼스위치, 사이렌, 공통
C	2개 구역일 경우	7	2.5[mm²]	유수검지스위치 2, 탬퍼스위치 2, 사이렌 2, 공통
D	압력탱크-수신기	2	2.5[mm²]	압력스위치, 공통
E	MCC-수신기	5	2.5[mm²]	기동, 정지, 공통, 정지확인, 기동확인

07 내화구조의 특정소방대상물 바닥면적이 700[m²]인 곳에 차동식 스포트형 감지기 2종을 설치하려고 할 때 감지기의 최소 개수를 구하시오(단, 천장의 높이는 4m이다). **4점**

해설 및 정답

$$\frac{700[m^2]}{35[m^2/개]} = 20개$$

∴ 20개

Reference — 부착높이별 감지기 설치기준

(단위 : m²)

부착높이 및 소방대상물의 구분		감지기의 종류				
		차동식 스포트형, 보상식 스포트형		정온식 스포트형		
		1종	2종	특종	1종	2종
4[m] 미만	내화구조	90	70	70	60	20
	기타구조	50	40	40	30	15
4[m] 이상 8[m] 미만	내화구조	45	35	35	30	·
	기타구조	30	25	25	15	·

기출문제

08 그림은 플로트스위치에 의한 펌프모터의 레벨제어에 대한 미완성 도면이다. 이 도면과 작동조건, 기구 및 접점 사용조건 등을 이용하여 각 물음에 답하시오. **4점**

[작동조건]
- 전원이 인가되면 (GL)램프가 작동된다.
- 자동일 경우 플로우트스위치가 붙으면(작동) (RL)램프가 점등되고, 전자접촉기 (88)이 여자되어 (GL)램프가 소등되며, 펌프모터가 작동된다.
- 수동일 경우 누름버튼스위치 PB-ON을 ON시키면 전자접촉기 (88)이 여자되어 (RL)램프가 점등되고 (GL)램프가 소등되며, 펌프모터가 작동된다.
- 수동일 경우 누름버튼스위치 PB-OFF를 OFF시키거나 계전기 THR이 작동하면 (RL)램프가 소등되고, (GL)램프가 점등되어, 펌프모터가 정지된다.

※ 기구 및 접점 사용조건
(88) 1개, 88-a 접점 1개, 88-b 접점 1개, PB-ON 접점 1개, PB-OFF 접점 1개, (RL) 램프 1개, (GL) 램프 1개, 계전기 THR의 b 접점, 플로우트스위치 FS 1개-심벌 ⊕

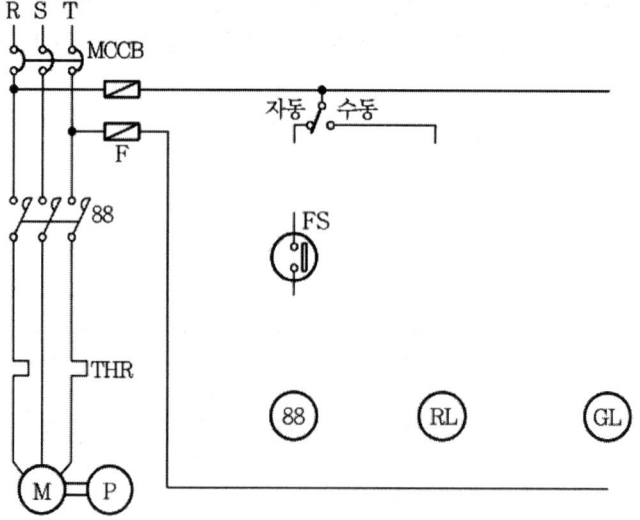

(가) 주어진 작동조건을 이용하여 시퀀스 제어의 미완성 도면을 완성하시오.

해설및정답

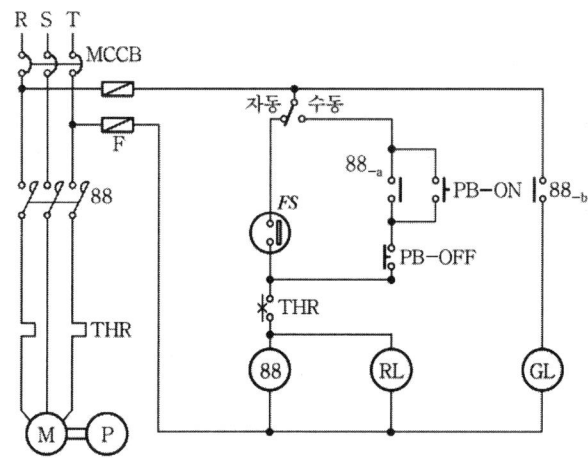

(나) 계전기 THR과 MCCB의 우리말 명칭을 구체적으로 쓰시오.

해설및정답
① THR : 열동계전기(Thermal Heat Relay)
② MCCB : 배선용 차단기(Molded Case Circuit Breaker)

! Reference — 제어기구

약어	원어	번호	명칭
THR	Thermal Heat Relay	49	열동계전기(회전기 온도계전기)
MCCB	Molded Case Circuit Breaker	52	배선용 차단기(교류차단기)
MC	Magnetic Contactor	88	전자접촉기(보기용 접촉기)

09 휴대용 비상조명등을 설치하여야 하는 특정소방대상물 중 ( ) 안에 알맞은 내용을 쓰시오. 5점

(가) (①)시설
(나) 수용인원 (②)명 이상의 (③), 판매시설 중 (④), 철도 및 도시철도 시설 중 지하역사, 지하가 중 (⑤)

해설및정답 ① 숙박 ② 100 ③ 영화상영관 ④ 대규모점포 ⑤ 지하상가

기출문제

10 공기관식 감지기 시험방법에 대한 설명 중 ①과 ②에 알맞은 내용을 쓰시오. [4점]

- 검출부의 시험공 또는 공기관의 한쪽 끝에 (①)을(를) 접속하고 시험코크 등을 유통시험 위치에 맞춘 후 다른 끝에 (②)을(를) 접속시킨다.
- (①)(으)로 공기를 주입하고 (②) 수위를 눈금의 0점으로부터 100[mm] 상승시켜 수위를 정지시킨다.
- 시험코크 등에 의해 송기구를 개방하여 상승수위의 1/2까지 내려가는 시간(유통시간)을 측정한다.

해설및정답
① 테스트펌프(또는 공기주입시험기)
② 마노미터

> **Reference — 공기관의 유통시험**
>
> 1. 시험의 목적
>   ① 공기관의 유통상태
>   ② 공기관의 적정 시공길이
> 2. 시험 방법
>   ① 검출부의 시험공에는 테스트펌프(Test Pump, 공기주입시험기)를, 공기관 한쪽 끝에는 마노미터(Manometer)를 접속한다.
>   ② 절환레버를 유통시험 위치로 돌린다.
>   ③ 테스트펌프로 공기를 주입하여 마노미터 수치가 100[mm]가 되게 한다.
>   ④ 마노미터 수치가 100[mm]가 되면 공기주입을 중지한다. 이때 수위가 안정되면 정상, 감소하면 누설로 판정한다.
>   ⑤ 정상인 경우, 시험공에서 테스트펌프를 분리하면 시험공으로 공기가 누설되면서 마노미터 수위가 감소하는데, 이때 수위가 100[mm]에서 50[mm]로 될 때까지의 시간을 측정한다.

11 지상 20[m] 높이에 500[m³]의 수조가 있다. 이 수조에 소화용수를 양수하고자 할 때 15[kW]의 전동기를 사용한다면 몇 분 후에 수조에 물이 가득 차겠는지 구하시오(단, 펌프의 효율은 70[%]이고, 여유계수는 1.2이다). [5점]

해설및정답
전동기 용량 $P(\text{kW}) = \dfrac{9.8 \times Q \times H}{\eta \times t} \times K$

여기서, Q : 유량(m³), H : 양정(m), η : 효율, t : 시간(sec), K : 여유계수

$t = \dfrac{9.8\,QHK}{P\eta} = \dfrac{9.8 \times 500[\text{m}^3] \times 20[\text{m}] \times 1.2}{15[\text{kW}] \times 0.7} = 11,200[\text{sec}] ≒ 186.7[\text{min}]$

∴ 약 187분

12 다음은 자동화재탐지설비의 평면도이다. 도면을 보고 다음 각 물음에 답하시오(단, 모든 배관은 슬라브 내 매입배관이며, 이중천장이 없는 구조이다). **10점**

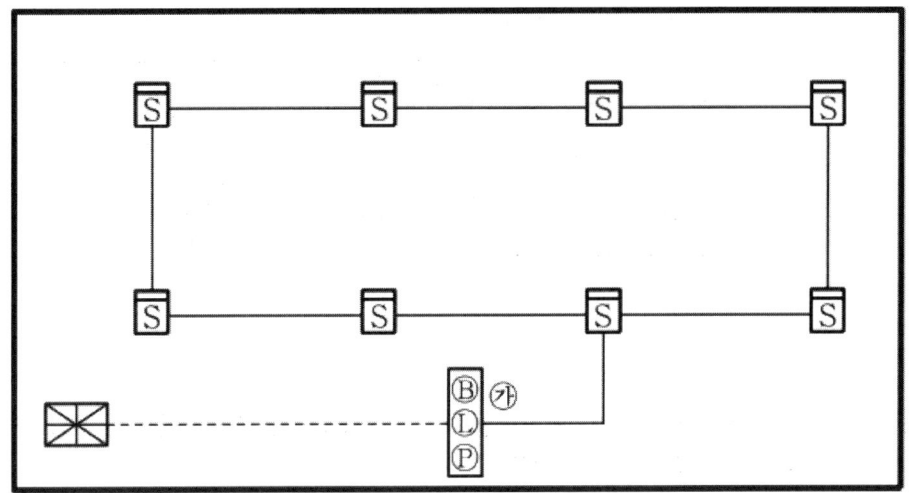

(가) 도면의 각 배선(점선 및 실선)에 전선 가닥 수를 표기하시오.

해설및정답

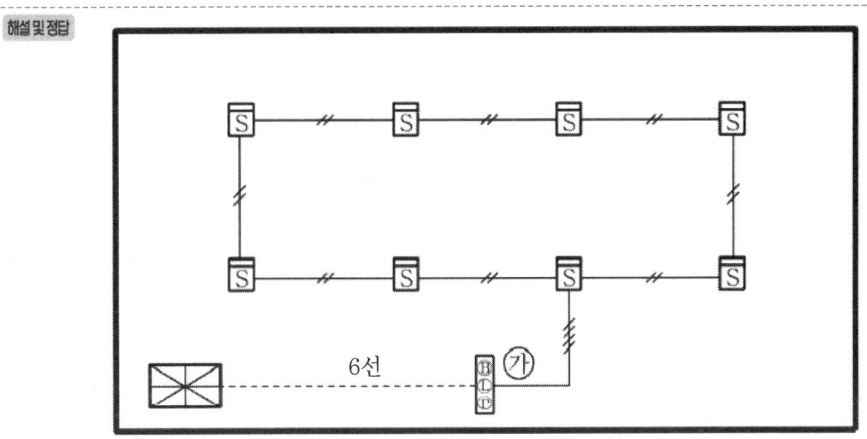

(나) 수동발신기 세트 ㉮와 이에 접속된 감지기 사이의 전선관 관경은 최소 몇 [mm]인가?

해설및정답   16[mm]

기출문제

(다) 수동발신기 세트 ㉮에 내장된 것 4가지를 쓰시오.

해설및정답 수동발신기, 지구경종, 표시등, 종단저항

> **Reference** ─ 구간별 배선 가닥수, 관경 및 배선의 용도

구간	가닥수(관경)	배선의 용도
감지기 상호 간	1.5[mm²] - 2(16)	감지기지구, 감지기공통
감지기와 발신기세트 간	1.5[mm²] - 4(16)	감지기지구 2, 감지기공통 2
수신기와 발신기 간	2.5[mm²] - 6(22)	지구, 공통, 응답, 경종, 표시등, 경종·표시등공통

13 3상 교류 380[V] 비상콘센트 플러그접속기의 칼받이의 접지극에 시행하여야 할 접지공사의 종류와 접지저항 값을 쓰시오. **4점**

① 접지공사의 종류
② 접지저항 값

해설및정답
① 제3종 접지공사
② 100[Ω] 이하

> **Reference** ─ 비상콘센트설비의 전원회로

교류회로(전압)	접지공사 종류	접지저항 값	플럭접속기
단상교류(220[V])	제3종 접지공사	100[Ω] 이하	접지형 2극

14 거실의 높이 20[m] 이상 되는 곳에 설치할 수 있는 감지기를 2가지 쓰시오. **4점**

해설및정답
① 불꽃감지기
② 광전식(분리형, 공기흡입형) 중 아날로그 방식

> **Reference** ─ 부착높이에 따른 감지기 ─

부착높이	감지기의 종류
8[m] 이상 15[m] 미만	• 차동식 분포형 • 이온화식 1종 또는 2종 • 광전식(스포트형, 분리형, 공기흡입형) 1종 또는 2종 • 연기복합형 • 불꽃감지기
15[m] 이상 20[m] 미만	• 이온화식 1종 • 광전식(스포트형, 분리형, 공기흡입형) 1종 • 연기복합형 • 불꽃감지기
20[m] 이상	• 불꽃감지기 • 광전식(분리형, 공기흡입형) 중 아날로그 방식

비고) 1) 감지기별 부착높이 등에 대하여 별도로 형식승인 받은 경우에는 그 성능 인정범위 내에서 사용할 수 있다.
2) 부착높이 20[m] 이상에 설치되는 광전식 중 아날로그 방식의 감지기는 공칭감지농도 하한값이 감광률 5[%/m] 미만인 것으로 한다.

15 비상용 전원설비로 축전지설비를 하려고 한다. 사용되는 부하의 방전전류와 시간특성곡선이 그림과 같을 때 다음 각 물음에 답하시오(단, 축전지의 용량환산 시간계수 K는 주어진 표에 의한다). **6점**

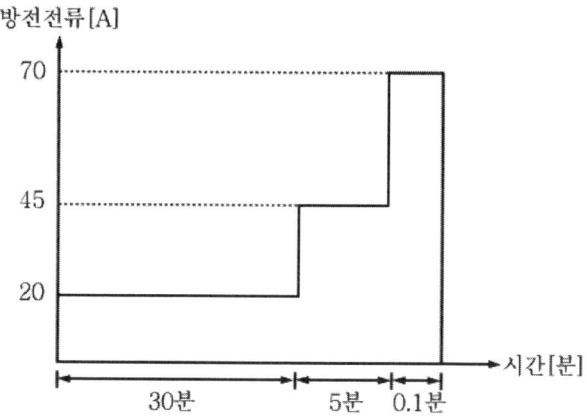

기출문제

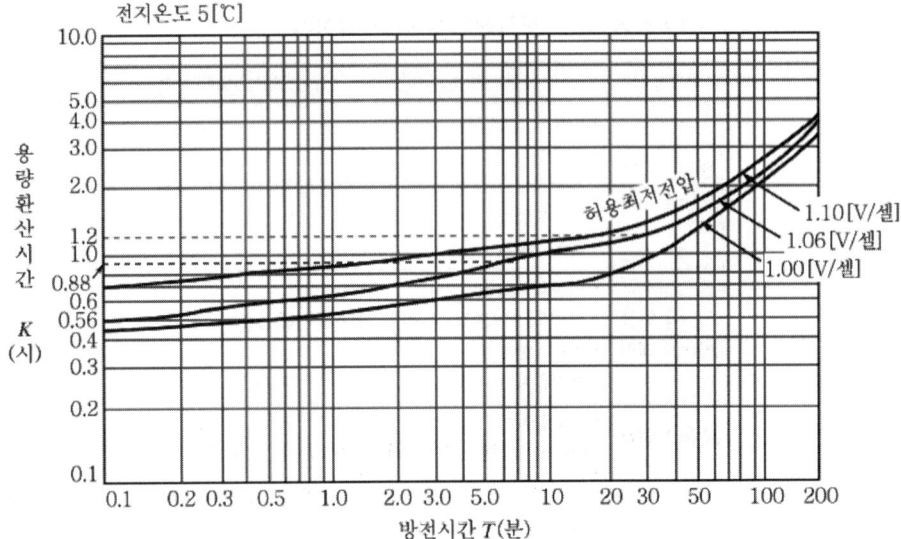

(가) 축전지에 수명이 있고 그 말기에 있어서도 부하를 만족시키는 용량을 결정하기 위한 계수로서 보통 그 값을 0.8로 하는 것을 무엇이라고 하는가?

해설및정답 보수율 : 축전지의 경년변화에 따른 용량변화를 고려한 용량환산계수(보통 0.8)

(나) 단위 전지의 방전종지전압(최저 사용전압)이 1.06[V]일 때 축전지 용량은 몇 [Ah]가 필요한가?

해설및정답 $C = \dfrac{1}{L}[K_1 I_1 + K_2 I_2 + K_3 I_3] = \dfrac{1}{0.8}[1.2 \times 20 + 0.88 \times 45 + 0.56 \times 70] = 128.5[Ah]$

∴ 128.5[Ah]

> **! Reference** ── 축전지의 용량 ──
>
> $C = \dfrac{1}{L}[K_1 I_1 + K_2 I_2 + K_3 I_3 + \cdots + K_n I_n][Ah]$
>
> 여기서, L : 보수율(용량저하율)
> K : 용량환산시간[h](K_1=1.2, K_2=0.88, K_3=0.56)
> I : 방전전류[A](I_1=20[A], I_2=45[A], I_3=70[A])

(다) 연축전지와 알칼리축전지의 공칭전압은 각각 몇 [V]인가?

해설및정답 연축전지 : 2.0[V], 알칼리축전지 : 1.2[V]

! Reference ── 연축전지와 알칼리 축전지의 비교

구분	연(납)축전지	알칼리 축전지
공칭용량	10[Ah]	5[Ah]
충전시간	길다.	짧다.
공칭전압	2.0[V]	1.2[V]
기전력	2.05~2.08[V]	1.32[V]
기계적 강도	약하다.	강하다.
내온도특성	약하다.	강하다.
충방전특성	나쁘다.	우수하다.
수명	짧다(5~10년).	길다(15~30년).
가격	싸다.	비싸다.
종류	클래드식, 페이스트식	포켓식, 소결식

16 다음 그림은 3상 교류회로에 설치된 누전경보기의 결선도이다. 정상상태와 누전 발생 시 a점, b점 및 c점에서 키르히호프의 제1법칙을 적용하여 선전류 I_1, I_2, I_3 및 선전류의 벡터합 계산과 관련된 각 물음에 답하시오. 8점

- 정상상태

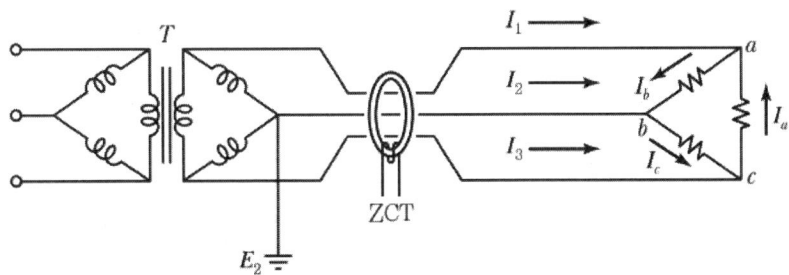

가. 정상상태 시 선전류
 a점 : I_1 =(   ) b점 : I_2 =(   ) c점 : I_3 =(   )

나. 정상상태 시 선전류의 벡터 합
 $I_1 + I_2 + I_3$ =(   )

기출문제

- 누전상태

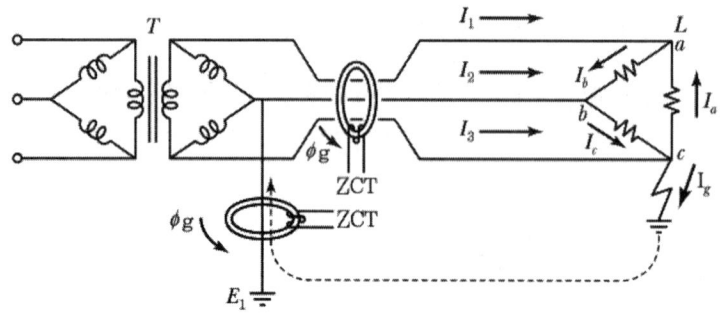

다. 누전 시 선전류
a점: $I_1 = (\ )$ b점: $I_2 = (\ )$ c점: $I_3 = (\ )$

라. 누전 시 선전류의 벡터 합
$I_1 + I_2 + I_3 = (\ )$

해설 및 정답
가. $I_b - I_a$, $I_c - I_b$, $I_a - I_c$
나. 0
다. $I_b - I_a$, $I_c - I_b$, $I_a - I_c + I_g$
라. I_g

17 3개의 입력 A, B, C 중 어느 것이나 먼저 들어간 입력이 우선 동작하고, 출력 X_A, X_B, X_C를 발생시킨다. 그 다음에 들어가는 신호는 먼저 들어간 신호에 의해서 Lock되어 출력이 없다고 할 때, 그림과 같은 타임차트를 보고 다음 각 물음에 답하시오. [7점]

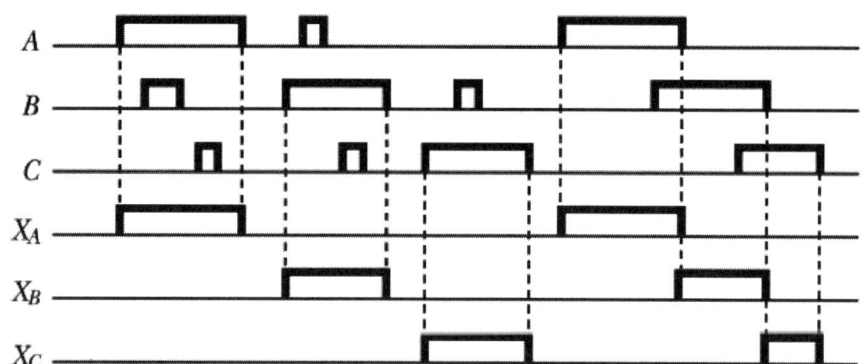

(가) 타임차트를 이용하여 출력 X_A, X_B, X_C에 대한 논리식을 설정하시오.

해설및정답
1. $X_A = A \cdot \overline{X_B} \cdot \overline{X_C}$
2. $X_B = B \cdot \overline{X_A} \cdot \overline{X_C}$
3. $X_C = C \cdot \overline{X_A} \cdot \overline{X_B}$

(나) 타임차트와 같은 동작이 이루어지도록 유접점회로 및 무접점회로를 그리시오.

해설및정답 ① 유접점회로　　　　　　② 무접점(논리)회로

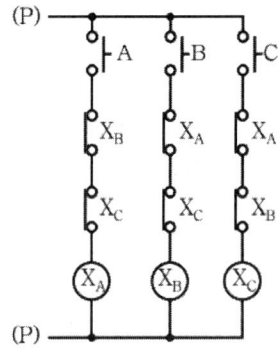
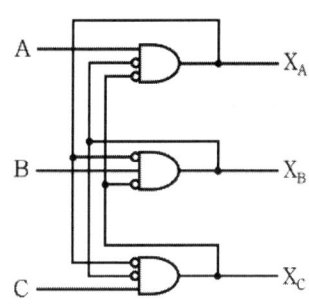

2020년 제4회 소방설비기사[전기분야] 2차 실기

[2020년 11월 15일 시행]

01 청각장애인용 시각경보장치의 설치기준에 대한 내용이다. ( ) 안에 알맞은 내용을 쓰시오. 3점

(가) 공연장·집회장·관람장 또는 이와 유사한 장소에 설치하는 경우에는 시선이 집중되는 (①) 부분 등에 설치할 것

해설및정답 ① 무대부

(나) 설치높이는 바닥으로부터 (②)의 장소에 설치할 것. 다만, 천장의 높이가 (③)[m] 이하인 경우에는 천장으로부터 0.15[m] 이내의 장소에 설치하여야 한다.

해설및정답 ② 2[m] 이상 2.5[m] 이하
③ 2

> **Reference — 청각장애인용 시각경보장치의 설치기준**
> 1. 복도·통로·청각장애인용 객실 및 공용으로 사용하는 거실에 설치하며, 각 부분으로부터 유효하게 경보를 발할 수 있는 위치에 설치할 것
> 2. 공연장·집회장·관람장 또는 이와 유사한 장소에 설치하는 경우에는 시선이 집중되는 무대부 부분 등에 설치할 것
> 3. 설치높이는 바닥으로부터 2[m] 이상 2.5[m] 이하의 장소에 설치할 것
> 4. 시각경보장치의 광원은 전용의 축전지설비 또는 전기저장장치(외부 전기에너지를 저장해 두었다가 필요한 때 전기를 공급하는 장치)에 의하여 점등되도록 할 것

02 굴곡개소가 많거나 금속관 공사의 시공이 곤란한 경우 전동기와 옥내배선을 연결할 때 사용하는 공사방법을 쓰시오. 3점

해설및정답 가요전선관공사

> **Reference — 가요전선관(Flexible Conduit)공사의 시공장소**
> 1. 굴곡개소가 많은(구부러진) 장소
> 2. 진동이 심한 장소

03 P형 수신기와 R형 수신기의 특성비교에 대한 빈칸을 채우시오. [6점]

구분	P형 수신기	R형 수신기
신호전달방식	①	②
신호의 종류	③	④
중계기 설치	⑤	⑥

해설 및 정답

① 개별신호 방식
② 다중신호 방식
③ 전체회로의 공통신호 방식
④ 각 회로마다의 고유신호 방식
⑤ 불필요
⑥ 필요

! Reference — P형 수신기와 R형 수신기의 특성 비교

구분	P형 수신기	R형 수신기
적용	중·소형 특정소방대상물	다수동·대형 특정소방대상물·대단위 단지
신호전달방식	개별신호 방식	다중신호 방식
신호의 종류	전체회로의 공통신호 방식	각 회로마다의 고유신호 방식
중계기	불필요	반드시 필요
도통시험	수신기와 말단감지기 사이	• 수신기와 중계기 사이 • 수신기와 말단감지기 사이 • 중계기와 말단감지기 사이
경제성	• 수신기 자체는 저가 • 배관, 간선수가 많아 전체 시스템비용 및 인건비가 많이 들고, 증설의 난점 등에 따라 경제성 낮음	• 수신기 자체는 고가 • 배관, 간선수가 적고 증설, 이설 등의 용이성을 고려하면 경제적임
설치공간	충분한 공간이 필요	최소한의 공간 필요
System의 신뢰성	수신반의 고장 시 System이 마비	특정 중계기가 고장 나도 기타 중계기는 정상 동작하므로 전체 System은 정상 가동
유지관리	간선의 배수가 많으므로 유지관리가 어려우며 수신반 내부회로 연결이 복잡하여 수리가 어려움	간선수가 적으므로 유지관리가 쉽고 내부부품이 Module화되어 있어 수리가 용이
회로의 증설·변경	• 회로증설 시 기기와 수신반 간의 배선, 배관을 추가 공사 • 회로증가 시 별도의 수신반 추가 공사	회로증설 시 중계기의 예비회로 또는 중계기만 신규로 설치하여 기설치된 중계기에서 신호선만 분기 → 건축물을 손상 않고 간단히 회로 증설

기출문제

04 통로의 길이가 60m인 통로에 객석유도등을 설치하려고 할 때 객석유도등의 최소수량은 몇 개인가? [4점]

해설 및 정답 객석유도등의 설치개수 = $\dfrac{\text{객석통로의 직선부분의 길이}}{4[\text{m}]} - 1 = \dfrac{60[\text{m}]}{4[\text{m}]} - 1 = 14$개

∴ 14개

05 미완성 배선 도면을 보고 다음 각 물음에 답하시오. [10점]

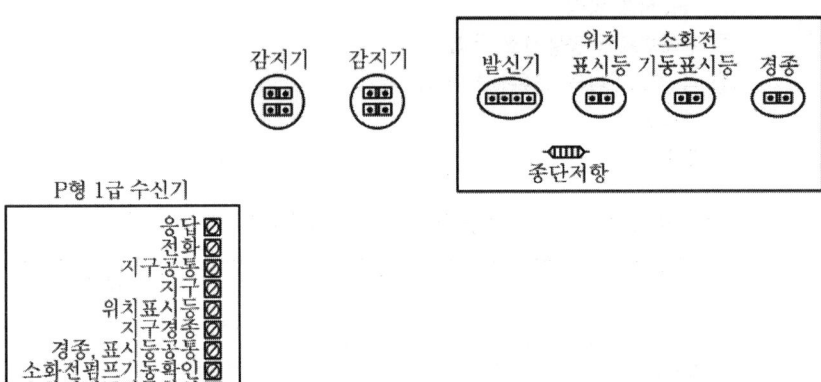

(가) 각 기기장치를 수신기의 단자에 알맞게 연결하시오(단, 발신기에 설치된 단자는 왼쪽으로부터 응답, 지구, 전화, 공통이다).

해설 및 정답

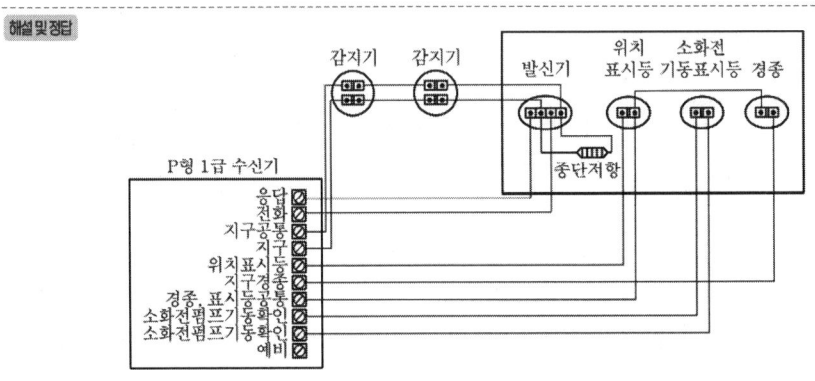

(나) 종단저항을 연결해야 하는 기기의 명칭과 단자의 명칭을 쓰시오.

해설 및 정답
① 기기 명칭 : 발신기
② 단자 명칭 : 지구, 공통

> **! Reference** ── **종단저항의 설치위치**
> 감지기회로의 끝부분(말단감지기, 종단저항 전용함, 발신기 등)에 설치한다.
> → 본 문제의 경우 발신기의 지구 및 지구공통 단자에 연결한다.

(다) 소화전 기동표시등의 색깔을 쓰시오.

해설 및 정답 적색

(라) 발신기의 위치표시등에 대하여 다음 각 항목의 물음에 답하시오.

해설 및 정답
① 불빛의 식별범위 : 부착면으로부터 15° 이상의 범위 안에서 부착지점으로부터 10[m] 이내
② 표시등의 색깔 : 적색

06 정온식 감지선형 감지기에 대한 다음 각 물음에 답하시오(단, 건축물 구조는 내화구조이다). 6점

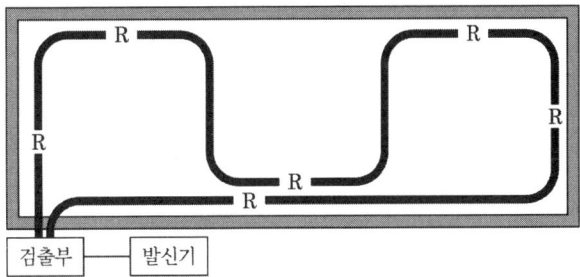

(가) 감지구역 각 부분으로부터 감지기(1종)까지의 수평거리는 몇 [m] 이내로 하여야 하는가?

해설 및 정답 4.5[m] 이하

(나) 시공현장에서 감지기가 늘어지지 않도록 하기 위하여 일정한 간격마다 고정하여야 하는데 이때 고정장치로 사용하는 것 2가지를 쓰시오.

해설 및 정답
• 보조선
• 고정금구

기출문제

(다) 굴곡부의 곡률반경은 몇 [cm] 이상으로 하여야 하는가?

해설및정답 5[cm] 이상

(라) 감지기를 분전반에 설치할 경우 무엇을 이용하여 바닥에 돌기를 고정시키는가?

해설및정답 접착제

(마) 그림에서 "R"은 무엇인가?

해설및정답 정온식 감지선형 감지기의 감지선

(바) 발신기와 감지기 단자 사이에 연결할 전선수는 몇 가닥인가?

해설및정답 4가닥

07 상온 20[°C]에서 저항온도계수 $\alpha_{20} = 0.00393$을 갖는 경동선의 저항이 100[Ω]이다. 화재로 인하여 온도가 100[°C]로 상승하였을 때 경동선의 저항은 몇 [Ω]이 되겠는가? **4점**

해설및정답

$R_2 = R_1[1 + \alpha_{t1}(t_2 - t_1)]\,[\Omega]$

여기서, R_1 : 온도 t_1에서의 저항[Ω]

R_2 : 온도 t_2에서의 저항[Ω]

α_{t1} : 온도 t_1에서의 저항온도계수[1/°C]

t_1 : 처음의 온도[°C]

t_2 : 변화된 온도[°C]

t_2에서 저항 $= 100 \times [1 + 0.00393 \times (100 - 20)] = 131.44\,[\Omega]$

∴ 131.44[Ω]

※ $\alpha_{t1} = \dfrac{1}{234.5 + t_1}$ 이므로 $\alpha_{20} = \dfrac{1}{234.5 + 20} ≒ 0.00393\,[1/°C]$

08 광전식 분리형 감지기의 설치기준을 5가지만 쓰시오. **5점**

해설및정답
1. 감지기의 수광면은 햇빛을 직접 받지 않도록 설치할 것
2. 광축(송광면과 수광면의 중심을 연결한 선)은 나란한 벽으로부터 0.6[m] 이상 이격하여 설치할 것
3. 감지기의 송광부와 수광부는 설치된 뒷벽으로부터 1[m] 이내 위치에 설치할 것

4. 광축의 높이는 천장 등(천장의 실내에 면한 부분 또는 상층의 바닥하부면을 말한다) 높이의 80[%] 이상일 것
5. 감지기의 광축의 길이는 공칭감시거리 범위 이내일 것

09 다음 표는 어느 건물의 자동화재탐지설비 공사에 소요되는 자재물량이다. 주어진 품셈을 이용하여 내선전공의 노임요율과 공량의 빈칸을 채우고 인건비를 산출하시오. 12점

[조건]
1. 공구손료는 인건비의 3[%], 내선전공의 M/D는 100,000원을 적용한다.
2. 콘크리트박스는 매입을 원칙으로 하며, 박스커버의 내선전공은 적용하지 않는다.
3. 빈칸에 숫자를 적을 필요가 없는 부분은 공란으로 남겨 둔다.

• 내선전공의 노임요율 및 공량

품명	규격	단위	수량	노임요율	공량
수신기	P형 5회로	EA	1		
발신기	P-1	EA	5		
경종	DC-24[V]	EA	5		
표시등	DC-24[V]	EA	5		
차동식 감지기	스포트형	EA	60		
전선관(후강)	steel 16호	[m]	70		
전선관(후강)	steel 22호	[m]	100		
전선관(후강)	steel 28호	[m]	400		
전선	1.5[mm^2]	[m]	10,000		
전선	2.5[mm^2]	[m]	15,000		
콘크리트 박스	4각	EA	5		
콘크리트 박스	8각	EA	55		
박스커버	4각	EA	5		
박스커버	8각	EA	55		
합계					

• 인건비

품명	단위	공량	단가(원)	금액(원)
내선전공	인			
공구손료	식			
계				

기출문제

⟨전선관 배관⟩ (m당)

합성수지 전선관		금속(후강) 전선관		금속가요전선관	
14	0.04	—	—	—	—
16	0.05	16	0.08	16	0.044
22	0.06	22	0.11	22	0.059
28	0.08	28	0.14	28	0.072
36	0.10	36	0.20	36	0.087
42	0.13	42	0.25	42	0.104
54	0.19	54	0.34	54	0.136
70	0.28	70	0.44	70	0.156

⟨박스(Box) 신설⟩ (개당)

종별	내선전공	종별	내선전공
8각 Concrete Box	0.12	1개용 Switch Box	0.20
4각 Concrete Box	0.12	2~3개용 Switch Box	0.20
8각 Outlet Box	0.20	4~5개용 Switch Box	0.25
중형 4각 Outlet Box	0.20	노출형 Box(콘크리트 노출기준)	0.29
대형 4각 Outlet Box	0.20	플로어박스	0.20

⟨옥내배선⟩ (m당, 직종 : 내선전공)

규격	관내배선	규격	관내배선
6[mm²] 이하	0.010	120[mm²] 이하	0.077
16[mm²] 이하	0.023	150[mm²] 이하	0.088
38[mm²] 이하	0.031	200[mm²] 이하	0.107
50[mm²] 이하	0.043	250[mm²] 이하	0.130
60[mm²] 이하	0.052	300[mm²] 이하	0.148
70[mm²] 이하	0.061	325[mm²] 이하	0.160
100[mm²] 이하	0.064	400[mm²] 이하	0.197

⟨자동화재 경보장치 설치⟩

공종	단위	내선전공	비고
Spot형 감지기(차동식, 정온식, 보상식) 노출형	개	0.13	(1) 천장높이 4[m] 기준 1[m] 증가 시마다 5[%] 가산 (2) 매입형 또는 특수구조인 경우 조건에 따라 선정
시험기(공기관 포함)	개	0.15	(1) 상동 (2) 상동
분포형의 공기관	[m]	0.025	(1) 상동 (2) 상동

검출기	개	0.30	
공기관식의 Booster	개	0.10	
발신기 P-1	개	0.30	1급(방수형)
발신기 P-1	〃	0.30	2급(보통형)
발신기 P-1	〃	0.20	3급(푸시버튼만으로 응답확인 없는 것)
회로시험기	개	0.10	
수신기 P-1(기본공수) (회선수 공수 산출 가산요)	대	6.0	[회선수에 대한 산정] 매1회선에 대해서
수신기 P-2(기본공수) (회선수 공수 산출 가산요)	대	4.0	
부수신기(기본공수)	대	3.0	※ R형은 수신반 인입강 시 회선수 기준 [참고] 산정 예: [P-1의 10회분 기본공수는 6인, 회선당 할증수는 (10×0.3)≒3] ∴ 6+3=9인
소화전 기동 릴레이	대	1.5	
경종	개	0.15	
표시등	개	0.20	
표지판	개	0.15	

형식\직종	내선전공
P-1	0.3
P-2	0.2
R형	0.2

해설 및 정답 내선전공의 노임요율 및 공량

노임요율	공량
6.0+(0.3×5)	7.5
0.3	1.5
0.15	0.75
0.2	1
0.13	7.8
0.08	5.6
0.11	11
0.14	56
0.01	100
0.01	150
0.12	0.6
0.12	6.6
0	0
0	0
	348.35

기출문제

인건비

공량	단가(원)	금액(원)
348.35	100,000	34,835,000
348.35	100,000×0.03=3,000	1,045,050
		35,880,050

10 지하층·무창층 등으로서 환기가 잘되지 아니하거나 실내면적이 40[m²] 미만인 장소, 감지기의 부착면과 실내바닥과의 거리가 2.3[m] 이하인 곳으로서 일시적으로 발생한 열·연기 또는 먼지 등으로 인하여 화재신호를 발신할 우려가 있는 장소에 설치할 수 있는 감지기를 5가지만 쓰시오(단, 감지기는 축적기능이 있는 수신기와 접속하지 않았다). 8점

해설및정답
① 불꽃감지기
② 정온식 감지선형 감지기
③ 분포형 감지기
④ 복합형 감지기
⑤ 광전식 분리형 감지기
⑥ 아날로그 방식의 감지기
⑦ 다신호 방식의 감지기
⑧ 축적 방식의 감지기

11 제어반으로부터 전선 간 거리가 90[m] 떨어진 위치에 이산화탄소 소화설비의 기동용 솔레노이드 밸브가 있다. 제어반 출력단자에서의 전압은 24[V]이고 전압강하가 없다고 가정할 경우 이 솔레노이드 밸브가 기동할 때 솔레노이드의 단자전압[V]을 구하시오(단, 솔레노이드의 정격전류는 2.0[A]이고, 배선의 1[m]당 전기저항의 값은 0.008[Ω]이다). 4점

해설및정답
1. 전압강하 $e = 2IR$[V]
   여기서, I : 전류, R : 전선 1선의 저항(0.008[Ω/m]×90[m]=0.72[Ω])
   전압강하 $= 2 \times 2.0 \times (0.008 \times \times 90) = 2.88$[V]
2. 단자전압
   $V_R = V_S - e$[V]
   여기서, V_R : 부하 측(솔레노이드) 단자전압, V_S : 공급 측 전압(=24[V])
   솔레노이드 단자전압 $= 24 - 2.88 = 21.12$[V]
   ∴ 21.12[V]

12 브리지 정류 다이오드 회로를 완성하시오. 6점

(가) 그림을 완성하시오

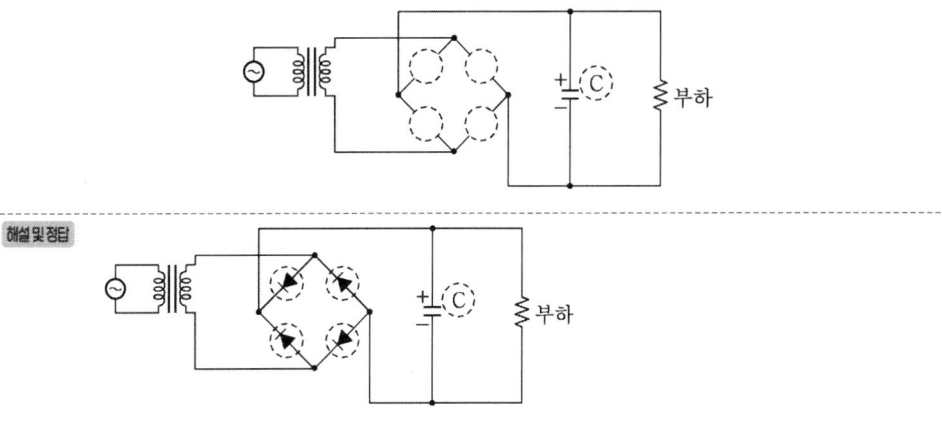

해설 및 정답

(나) C의 용도(역할)는?

해설 및 정답 직류전압을 일정하게 유지시키기 위하여

13 자동화재탐지설비의 음향장치의 설비기준에 대한 사항이다. 5층(지하층을 제외한다) 이상으로 연면적이 3,000[m²]를 초과하는 소방대상물 또는 그 부분에 있어서 화재발생으로 인하여 경보가 발하여야 하는 층을 찾아 빈칸에 표시하시오(단, 경보 표시는 ●를 사용한다). 6점

5층					
4층					
3층					
2층	화재발생, ●				
1층		화재발생, ●			
지하 1층			화재발생, ●		
지하 2층				화재발생, ●	
지하 3층					화재발생, ●

[현행 삭제된 문제]

5층					
4층					
3층	●				
2층	화재발생, ●	●			
1층		화재발생, ●	●		
지하 1층		●	화재발생, ●	●	●
지하 2층		●	●	화재발생, ●	●
지하 3층			●	●	화재발생, ●

> **Reference** ─ 우선경보 개정
>
> 층수가 11층(공동주택의 경우에는 16층) 이상의 특정소방대상물은 다음의 기준에 따라 경보를 발할 수 있도록 할 것
> ① 2층 이상의 층에서 발화한 때에는 발화층 및 그 직상 4개 층에 경보를 발할 것
> ② 1층에서 발화한 때에는 발화층·그 직상 4개 층 및 지하층에 경보를 발할 것
> ③ 지하층에서 발화한 때에는 발화층·그 직상층 및 기타의 지하층에 경보를 발할 것

14 그림과 같은 유접점 시퀀스 회로에 대해 다음 각 물음에 답하시오. **4점**

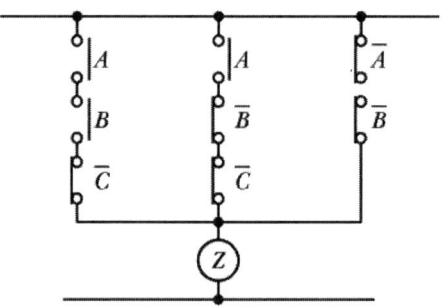

(가) 그림의 시퀀스도를 가장 간략화한 논리식으로 표현하시오(단, 최초의 논리식을 쓰고 이것을 간략화하는 과정을 기술하시오).

해설 및 정답
$Z = AB\overline{C} + A\overline{B}\,\overline{C} + \overline{A}\,\overline{B}$
  $= A\overline{C}(B + \overline{B}) + \overline{A}\,\overline{B}$
  $= A\overline{C} + \overline{A}\,\overline{B}$

(나) '가'항에서 가장 간략화한 논리식을 무접점 논리회로로 그리시오.

해설 및 정답
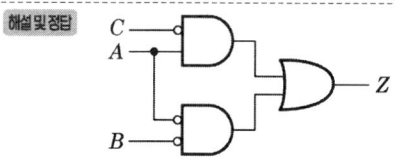

15 유도등의 전원에 관한 다음 물음에 답하시오. 4점

(가) 유도등에 사용하는 전원의 종류를 모두 쓰시오.

해설 및 정답   축전지, 전기저장장치, 교류전압의 옥내간선

(나) 유도등에 사용하는 비상전원의 종류를 모두 쓰시오.

해설 및 정답   축전지

16 비상콘센트설비 화재안전기준에 관한 다음 물음에 답하시오. 4점

(가) 하나의 전용회로에 설치하는 비상콘센트는 최대 몇 개인가?

해설 및 정답   10개

(나) 비상콘센트용의 풀박스 등은 방청도장을 한 것으로서, 두께 몇 [mm] 이상의 철판으로 하여야 하는가?

해설 및 정답   1.6[mm]

(다) 전원부와 외함 사이의 절연저항은 전원부와 외함 사이를 500[V] 절연저항계로 측정할 때 몇 [MΩ] 이상이어야 하는가?

해설 및 정답   20[MΩ]

(라) 절연내력은 전원부와 외함 사이에 정격전압이 150[V] 이하인 경우에는 1,000[V]의 실효전압을, 정격전압이 150[V] 이상인 경우에는 그 정격전압에 2를 곱하여 1,000을 더한 실효전압을 가하는 시험에서 몇 분 이상 견디어야 하는가?

해설 및 정답   1분

17 3상 유도전동기의 전전압 기동방식회로의 미완성 도면이다. 이 도면을 주어진 조건과 부품들을 사용하여 완성하시오(단, 조작회로는 220[V]로 구성하며, 누름버튼 스위치는 ON용 1개, OFF용 1개를 사용한다). **5점**

[조건]
- 전자개폐기 (MC) 및 그 보조접점을 사용한다.
- 정지표시등 (GL)은 전원표시으로 사용하며, 전동기 운전 시에는 소등되도록 한다.
- 운전표시등 (RL)은 운전 시의 표시등으로 사용한다.
- 퓨즈의 심벌은 ▱ 으로 표현된다.
- 부저 [BZ]는 열동계전기가 동작된 다음에 리셋 버튼을 누를 때까지 계속 울리도록 C접점을 사용해서 그리도록 한다.

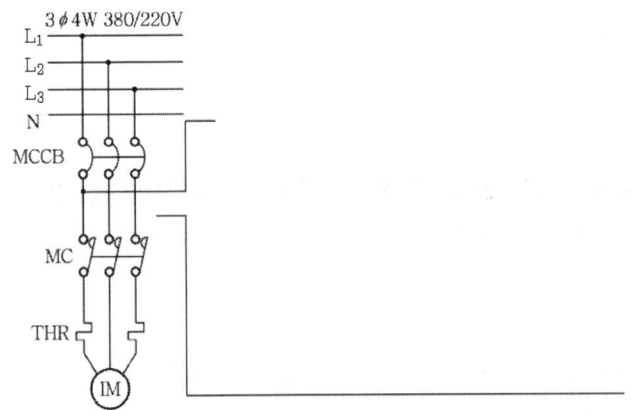

해설 및 정답

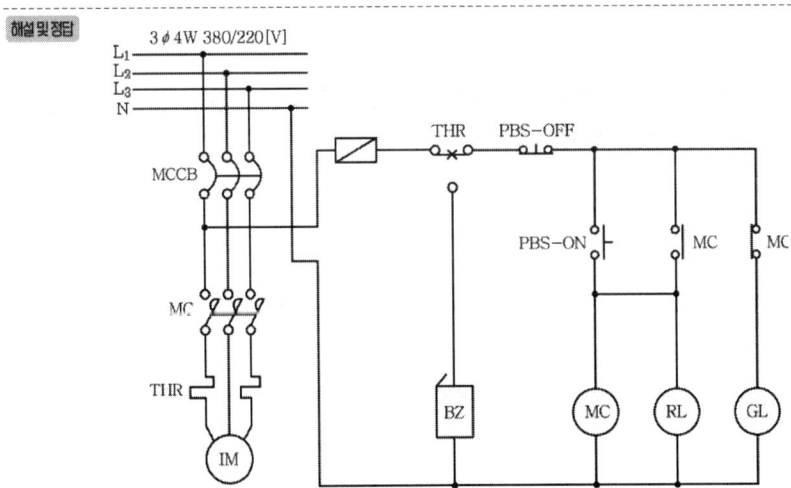

18 지상 31[m] 되는 곳에 수조가 있다. 이 수조에 분당 12[m³]의 물을 양수하는 펌프용 전동기를 설치하여 3상전력을 공급하려고 한다. 펌프 효율이 65[%]이고, 펌프 축동력에 10[%]의 여유를 둔다고 할 때 다음 각 물음에 답하시오(단, 펌프용 3상농형 유도전동기의 역률은 100[%]로 가정한다). **6점**

(가) 펌프용 전동기의 용량은 몇 [kW]인가?

해설 및 정답

$$P = \frac{9.8\,QHK}{\eta} = \frac{9.8 \times \frac{12}{60} \times 31 \times 1.1}{0.65} = 102.824 ≒ 102.82[\text{kW}]$$

∴ 102.82[kW]

(나) 3상전력을 공급하고자 단상변압기 2대를 V결선하여 이용하고자 한다. 단상변압기 1대의 용량은 몇 [kVA]인가?

해설 및 정답

① 변압기 부하용량 $P_a = \dfrac{P[\text{kW}]}{\cos\theta} = \dfrac{102.82[\text{kW}]}{1} = 102.82[\text{kVA}]$

② V결선 시 변압기 출력 $P_V = P_a = \sqrt{3}\,P[\text{kVA}]$

∴ V결선 시의 단상변압기 1대의 용량

$$P = \frac{P_V}{\sqrt{3}} = \frac{102.82[\text{kVA}]}{\sqrt{3}} = 59.363 ≒ 59.36[\text{kVA}]$$

∴ 59.36[kVA]

2021년 제1회 소방설비기사[전기분야] 2차 실기

[2021년 4월 25일 시행]

01 다음은 어느 특정소방대상물의 평면도이다. 건축물의 구조는 비내화구조이고, 층간 높이는 3.8[m]일 때 다음 각 물음에 답하시오(단, 설치하여야 할 감지기는 1종을 설치한다). **7점**

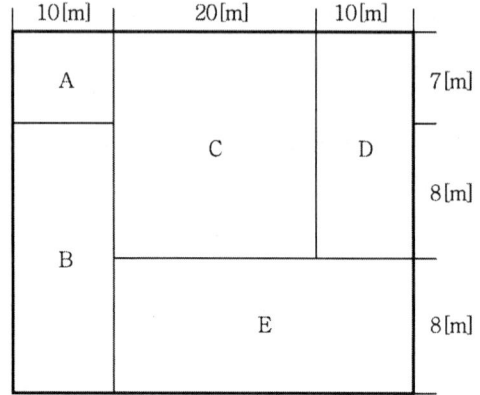

(가) 차동식 스포트형 감지기 1종을 설치할 경우 각 실에 설치되는 감지기의 개수를 구하시오.

해설 및 정답

A실 $\dfrac{10m \times 7m}{50m^2} = 1.4$ ∴ 2개

B실 $\dfrac{10m \times 16m}{50m^2} = 3.2$ ∴ 4개

C실 $\dfrac{20m \times 15m}{50m^2} = 6$ ∴ 6개

D실 $\dfrac{10m \times 15m}{50m^2} = 3$ ∴ 3개

E실 $\dfrac{30m \times 8m}{50m^2} = 4.8$ ∴ 5개

(나) 해당 특정소방대상물의 경계구역수를 구하시오.

해설 및 정답

경계구역수 $= \dfrac{\text{바닥면적}[m^2]}{600[m^2]} = \dfrac{40[m] \times 23[m]}{600[m^2]} = 1.53$ ∴ 2개

02 다음은 스프링클러 설비의 블록다이어그램이다. 각 구성요소 간 배선을 내화배선, 내열배선, 일반배선으로 구분하여, 블록다이어 그램을 완성하시오(단, ■■■ : 내화배선, ▨▨▨ : 내화 또는 내열배선, ──── : 일반배선). **5점**

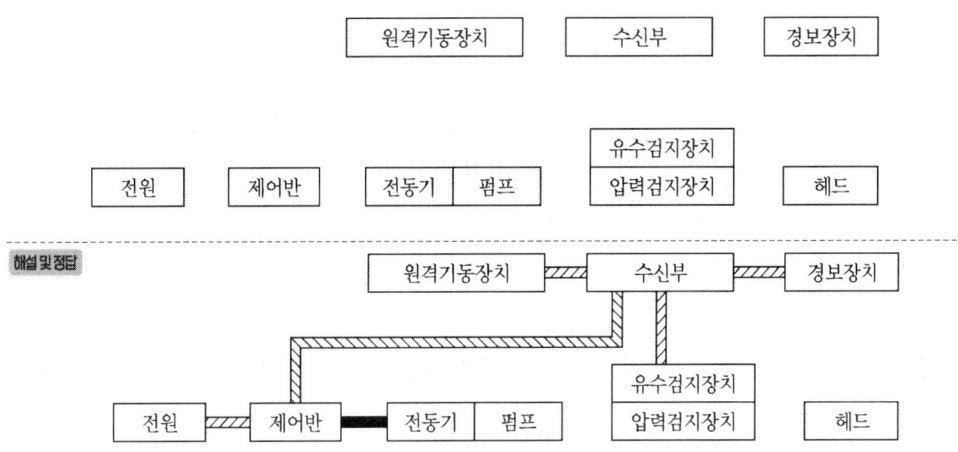

03 P형 발신기를 손으로 눌러서 경보를 발생시킨 뒤 수신기에서 복구스위치를 눌렀는데도 화재 신호가 복구되지 않았다. 그 원인과 해결방법을 쓰시오. **3점**

해설 및 정답
1. 원인 – 발신기의 수동스위치를 수동으로 복구시키지 않았다.
2. 해결방법 – 발신기의 수동스위치를 수동으로 복구시킨 후 수신기의 복구스위치를 누른다.

04 3상, 380[V], 100[HP] 스프링클러펌프용 유도전동기이다. 전동기의 역률이 60[%]일 때 역률을 90[%]로 개선할 수 있는 전력용 콘덴서의 용량은 몇 [kVA]인지 구하시오. **4점**

해설 및 정답

$$100[\text{HP}] \times \frac{0.746[\text{kW}]}{1[\text{HP}]} = 74.6[\text{kW}]$$

$$Q_c = P\left[\frac{\sqrt{1-\cos^2\theta_1}}{\cos\theta_1} - \frac{\sqrt{1-\cos^2\theta_2}}{\cos\theta_2}\right]$$

$$= 74.6 \times \left[\frac{\sqrt{1-0.6^2}}{0.6} - \frac{\sqrt{1-0.9^2}}{0.9}\right] = 63.336 \fallingdotseq 63.34[\text{kVA}]$$

기출문제

05 유도등에 대한 다음 각 물음에 답하시오. [4점]

(가) 거실통로유도등의 설치 높이를 바닥으로부터 1.5[m] 이하의 위치에 설치할 수 있는 경우에 대하여 쓰시오.

해설 및 정답 거실통로유도등을 기둥에 설치하는 경우

(나) 피난구유도등과 복도통로유도등의 표시면의 색은 무엇인지 쓰시오.

해설 및 정답 피난구유도등의 표시면의 색상 – 녹색바탕, 백색문자
복도통로유도등의 표시면의 색상 – 백색바탕, 녹색문자

06 자동화재탐지설비의 배선의 공사방법 중 내화배선의 공사방법에 대한 다음 (   )를 완성하시오. [7점]

> 금속관·(①) 또는 (②)에 수납하여 (③)로 된 벽 또는 바닥 등에 벽 또는 바닥의 표면으로부터 (④)의 깊이로 매설하여야 한다.
> 가. 배선을 내화성능을 갖는 배선전용실 또는 배선용 샤프트·피트·덕트 등에 설치하는 경우
> 나. 배선전용실 또는 배선용 샤프트·피트·덕트 등에 다른 설비의 배선이 있는 경우에는 이로부터 15[cm] 이상 떨어지게 하거나 소화설비의 배선과 이웃하는 다른 설비의 배선 사이에 배선지름(배선의 지름이 다른 경우에는 지름이 가장 큰 것을 기준으로 한다)의 1.5배 이상의 높이의 불연성 격벽을 설치하는 경우

해설 및 정답
① 2종 금속제 가요전선관
② 합성수지관
③ 내화구조
④ 25[mm] 이상

07 다음의 조건에서 설명하는 감지기의 명칭을 쓰시오(단, 종별은 제외한다). [2점]

> 〈조건〉
> ① 공칭 작동 온도 : 75[℃]
> ② 작동방식 : 반전바이메탈식, 60[V], 0.1[A]
> ③ 부착높이 : 8[m] 미만

해설 및 정답 정온식스포트형감지기

08 다음은 자동화재탐지설비의 계통도이다. 주어진 조건을 참조하여 다음 각 물음에 답하시오. 10점

〈조건〉
① 설비의 설계는 경제성을 고려하여 산정한다.
② 건물의 연면적은 5,000m²이다(일제경보).
③ 감지기 공통선은 별도로 한다.

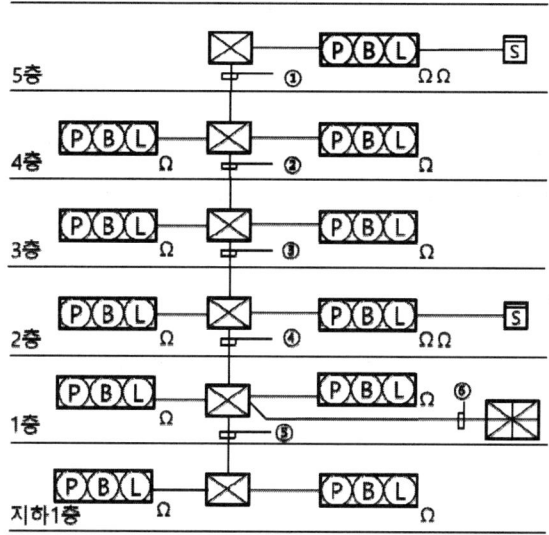

(가) 도면에서 ①~⑥의 전선 가닥 수를 각각 구하시오.

해설 및 정답
① 7가닥   ② 9가닥
③ 11가닥   ④ 15가닥
⑤ 7가닥   ⑥ 19가닥

구분	지구공통선	경종및표시등공통선	경종선	표시등선	응답선	지구선
①	1	1	1	1	1	2
②	1	1	1	1	1	4
③	1	1	1	1	1	6
④	2	1	1	1	1	9
⑤	1	1	1	1	1	2
⑥	2	1	1	1	1	13

기출문제

(나) 발신기세트에 기동용 수압개폐장치를 사용하는 옥내소화전이 설치될 경우 추가되는 전선의 가닥 수와 배선의 명칭을 쓰시오.

해설 및 정답 2가닥, 소화전기동확인표시등 2

(다) 발신기세트에 ON-OFF방식의 옥내소화전이 설치될 경우 소화전에 소요되는 가닥 수는 총 몇 가닥인가? (단, 스위치 공통선과 표시등 공통선을 별도로 사용한다)

해설 및 정답 5가닥[공통, 기동, 정지, 기동확인표시등2]

09 이산화탄소소화설비의 음향경보장치에 관한 내용이다. 다음 각 물음에 답하시오. **4점**

(가) 방호구역 또는 방호대상물이 있는 구획의 각 부분으로부터 하나의 확성기까지의 수평거리는 몇 [m] 이하로 하여야 하는가?

해설 및 정답 25[m] 이하

(나) 소화약제의 방사개시 후 몇 분 이상 경보를 발하여야 하는가?

해설 및 정답 1분 이상

10 20[W] 중형 피난구 유도등 30개가 AC 220[V]에서 점등되었다면 소요되는 전류는 몇 [A]인가? (단, 유도등의 역률은 70[%]이고 충전되지 않은 상태이다) **4점**

해설 및 정답 $I = \dfrac{P}{V \cos\theta} = \dfrac{20 \times 30}{220 \times 0.7} = 3.896 ≒ 3.9[A]$

11 3개의 입력 A, B, C가 주어졌을 때 출력 X_A, X_B, X_C의 논리식이 다음과 같이 주어져 있다. 주어진 논리식을 참고하여 다음 각 물음에 답하시오. **9점**

> - $X_A = A \cdot \overline{X_B} \cdot \overline{X_C}$
> - $X_B = B \cdot \overline{X_A} \cdot \overline{X_C}$
> - $X_C = C \cdot \overline{X_A} \cdot \overline{X_B}$

(가) 논리식을 참고하여 동일한 동작이 되도록 유접점회로를 그리시오.

해설 및 정답

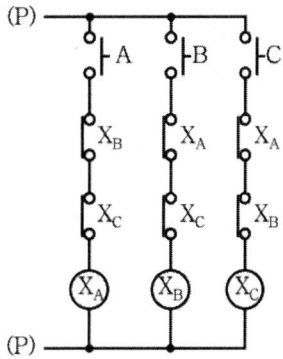

(나) 논리식을 참고하여 동일한 동작이 되도록 무접점회로를 그리시오.

해설 및 정답

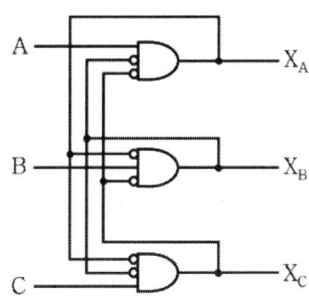

(다) 논리식을 참고하여 타임차트를 완성하시오.

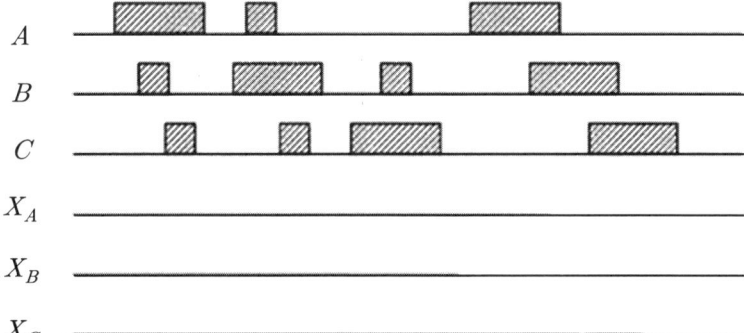

기출문제

해설 및 정답

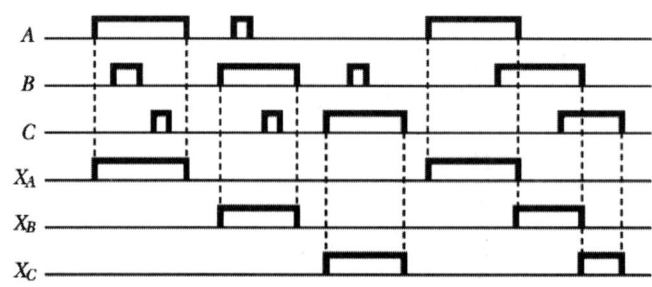

12 비상콘센트설비를 설치하여야 할 특정소방대상물 3가지를 쓰시오. **6점**

해설 및 정답
1. 층수가 11층 이상인 특정소방대상물의 경우에는 11층 이상의 층
2. 지하층의 층수가 3층 이상이고 지하층의 바닥면적의 합계가 1천[m²] 이상인 것은 지하층의 모든 층
3. 지하가 중 터널로서 길이가 500[m] 이상인 것

13 다음은 Y-△기동에 대한 시퀀스회로도이다. 그림을 보고 미완성 도면을 완성하시오. **5점**

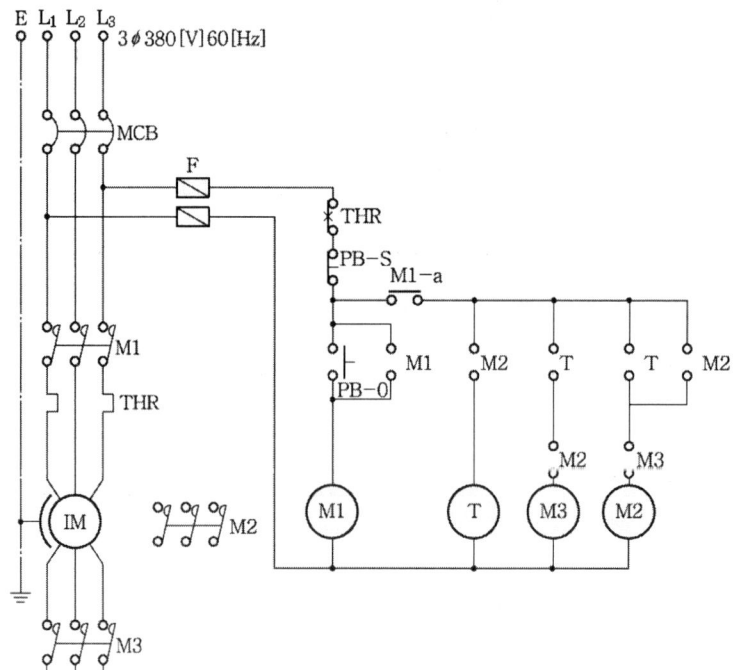

해설 및 정답

3φ 220[V] 60[Hz]

기출문제

14 그림의 도면은 타이머에 의한 전동기 M_1, M_2를 교대운전이 가능하도록 설계된 전동기의 시퀀스 회로이다. 이 도면을 이용해 다음 각 물음에 답하시오. **6점**

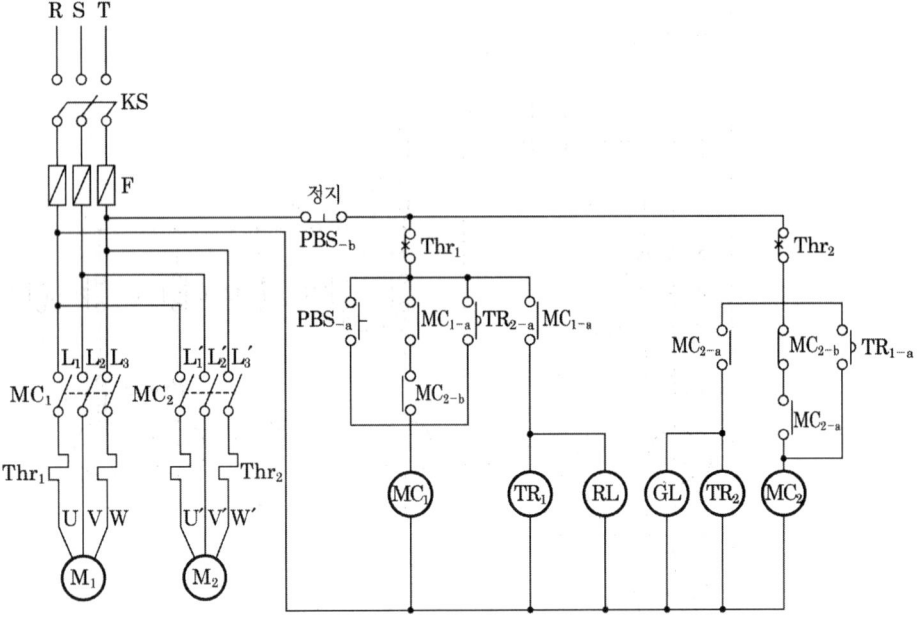

(가) 제어회로 중에 잘못된 부분을 지적하고 어떻게 고쳐야 하는지 쓰시오.

> **해설및정답** MC_1과 MC_2의 자기유지회로에 인터록 접점이 삽입되어야 한다. 따라서 MC_2의 자기유지회로의 MC_{2-b}를 MC_{1-b}로 교체하면 된다.

(나) 타이머 TR_1이 2시간, 타이머 TR_2가 4시간으로 각각 세팅이 되어 있다면 하루에 전동기 M_1과 M_2는 몇 시간씩 운전되는지 쓰시오.

> **해설및정답** M_1 : 2시간×4회=8시간
> M_2 : 4시간×4회=16시간

(다) 도면의 나이프 스위치 KS와 퓨즈 F가 합쳐진 기능을 갖는 것을 사용하려고 한다. 어느 사용하면 되는지 한 가지만 쓰시오

> **해설및정답** MCCB

15 도면은 할론(halon)소화설비의 수동조작함에서 할론 제어반까지의 결선도 및 계통도(3zone)이다. 주어진 도면과 조건을 이용하여 다음 각 물음에 답하시오. **8점**

〈 조건 〉
- 전선의 가닥수는 최소 가닥 수로 한다.
- 복구 스위치 및 도어 스위치는 없는 것으로 한다.
- ④ 단자는 방출지연스위치이다.

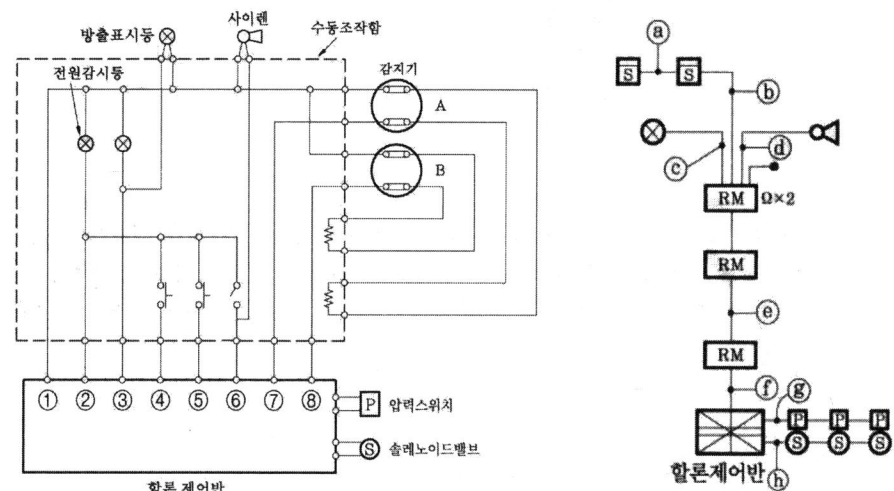

(가) ①~⑧의 전선명칭을 쓰시오

해설 및 정답
① 전원 −
② 전원 +
③ 방출표시등
④ 방출지연스위치
⑤ 기동스위치
⑥ 사이렌
⑦ 감지기A
⑧ 감지기B

기출문제

(나) ⓐ ~ ⓗ의 전선가닥 수를 구하시오.

해설 및 정답
ⓐ 4가닥 [공통2, 감지기2]
ⓑ 8가닥 [공통4, 감지기4]
ⓒ 2가닥 [공통, 방출표시등]
ⓓ 2가닥 [공통, 사이렌]
ⓔ 13가닥 [전원+, 전원−, 방출지연스위치, (감지기A, 감지기B, 기동스위치, 사이렌, 방출표시등) × 2]
ⓕ 18가닥 [전원+, 전원−, 방출지연스위치, (감지기A, 감지기B, 기동스위치, 사이렌, 방출표시등) × 3]
ⓖ 4가닥 [공통1, 압력스위치3]
ⓗ 4가닥 [공통1, 솔레노이드밸브3]

16 지상 31[m]가 되는 곳에 수조가 있다. 이 수조에 분당 12[m³]의 물을 양수하는 펌프용 전동기를 설치하여 3상 전력을 공급하려고 한다. 펌프효율이 65[%]이고, 펌프축동력에 10[%]의 여유를 둔다고 할 때 다음 각 물음에 답하시오(단, 펌프용 3상 농형 유도전동기의 역률은 1로 가정한다). **6점**

(가) 펌프용 전동기의 용량은 몇 [kW]인지 구하시오.

해설 및 정답
$$P(kW) = \frac{9.8\,QH}{\eta}K = \frac{9.8 \times \frac{12}{60} \times 31}{0.65} \times 1.1 = 102.824 \fallingdotseq 102.82\,\mathrm{kW}$$

(나) 3상 전력을 공급하고자 단상변압기 2대를 V결선하여 이용하고자 한다. 단상변압기 1대의 용량은 몇 [kVA]인지 구하시오.

해설 및 정답
역률 1이므로 $Pa = 102.82[\mathrm{kVA}]$
$102.82[\mathrm{kVA}] = \sqrt{3}\,P_1$ ∴ $P_1 = 59.363 \fallingdotseq 59.36[\mathrm{kVA}]$

17 화재안전기준에 따른 경계구역, 감지기, 시각경보장치의 용어의 정의에 대하여 쓰시오. **6점**

해설 및 정답
1. "경계구역"이란 특정소방대상물 중 화재신호를 발신하고 그 신호를 수신 및 유효하게 제어할 수 있는 구역을 말한다.
2. "감지기"란 화재시 발생하는 열, 연기, 불꽃 또는 연소생성물을 자동적으로 감지하여 수신기에 발신하는 장치를 말한다.
3. "시각경보장치"란 자동화재탐지설비에서 발하는 화재신호를 시각경보기에 전달하여 청각장애인에게 점멸형태의 시각경보를 하는 것을 말한다.

18 공기관식 차동식 분포형 감지기의 공기관 길이가 370[m]이다. 검출부의 수량을 구하시오(단, 하나의 검출부에 접속하는 공기관의 길이는 최대길이를 적용할 것). 4점

해설및정답 검출부수 = $\dfrac{길이[m]}{100[m]} = \dfrac{370[m]}{100[m]} = 3.7$ ∴ 4개

하나의 검출부에 접속하는 공기관의 길이는 최소 20[m] 이상, 최대 100[m] 이하

소방설비기사[전기분야] 2차 실기

[2021년 7월 10일 시행]

01 일시적으로 발생된 열, 연기 또는 먼지 등으로 연기감지기가 화재신호를 발신할 우려가 있는 곳에 축적기능 등이 있는 자동화재탐지설비의 수신기를 설치하여야 한다. 이 경우에 해당하는 장소 3가지를 쓰시오(단, 축적형 감지기가 설치되지 아니한 장소이다).

> **해설 및 정답**
> 1. 지하층·무창층 등으로 환기가 잘되지 아니하는 장소
> 2. 실내면적이 40[m²] 미만인 장소
> 3. 감지기의 부착면과 실내 바닥과 거리가 2.3[m] 이하인 장소

02 비상방송설비의 설치기준에 대한 다음 각 물음에 답하시오.

(가) 기동장치에 따른 화재신고를 수신한 후 필요한 음량으로 화재발생 상황 및 피난에 유효한 방송이 자동으로 개시될 때까지의 소요시간은 몇 초 이하로 하여야 하는가?

> **해설 및 정답** 10초

(나) 지상 10층, 연면적 3,000[m²]를 초과하는 특정소방대상물에 자동화재탐지설비 음향장치를 설치하고자 한다. 이 건물의 지상 5층에서 화재가 발생한 경우 경보를 하여야 하는 층을 쓰시오.

> **해설 및 정답** 전층(일제경보)

(다) 실내에 설치하는 확성기는 몇 [W] 이상으로 하여야 하는가?

> **해설 및 정답** 1[W]

(라) 조작부의 조작스위치는 바닥으로부터 몇 [m] 이상 몇 [m] 이하의 높이에 설치하여야 하는가?

> **해설 및 정답** 0.8[m] 이상 1.5[m] 이하

(마) 음향장치는 정격전압의 몇 % 전압에서 음향을 발할 수 있어야 하는가?

> **해설 및 정답** 80[%]

03 자동화재탐지설비를 설치하여야 할 특정소방대상물(연면적, 바닥면적 등의 기준)에 대한 다음 ( ) 안을 완성하시오(단, 전부 필요한 경우는 '전부'라고 쓰고, 필요 없는 경우에는 '필요 없음'이라고 답할 것).

설치대상	조건
근린생활시설(목욕장은 제외한다)	
근린생활시설 중 목욕장	
의료시설(정신의료기관 또는 요양병원은 제외한다)	
정신의료기관(창살 등은 설치되어 있지 않다)	
요양병원(정신병원과 의료재활시설은 제외한다)	

해설 및 정답

설치대상	조건
근린생활시설(목욕장은 제외한다)	연면적 600[m²] 이상
근린생활시설 중 목욕장	연면적 1,000[m²] 이상
의료시설(정신의료기관 또는 요양병원은 제외한다)	연면적 600[m²] 이상
정신의료기관(창살 등은 설치되어 있지 않다)	바닥면적 합계 300[m²] 이상
요양병원(정신병원과 의료재활시설은 제외한다)	전부

04 다음은 국가화재안전기준에서 정하는 감지기의 설치기준이다. ( ) 안에 들어갈 내용을 쓰시오.

(가) 감지기(차동식 분포형의 것을 제외한다)는 실내로의 공기유입구로부터 ( )[m] 이상 떨어진 위치에 설치할 것

해설 및 정답 1.5

(나) 보상식 스포트형 감지기는 정온점이 감지기 주위의 평상시 최고온도보다 ( )[℃] 이상 높은 것으로 설치할 것

해설 및 정답 20

(다) 정온식 감지기는 주방·보일러실 등으로서 다량의 화기를 취급하는 장소에 설치하되, 공칭작동온도가 최고주위온도보다 ( )[℃] 이상 높은 것으로 설치할 것

해설 및 정답 20

(라) 스포트형 감지기는 ( )도 이상 경사되지 아니하도록 부착할 것

해설 및 정답 45

기출문제

05 주어진 진리표를 보고 다음 각 물음에 답하시오.

A	B	C	Y_1	Y_2
0	0	0	1	0
0	0	1	0	1
0	1	0	1	1
0	1	1	0	1
1	0	0	1	0
1	0	1	0	1
1	1	0	0	1
1	1	1	0	1

(가) 가장 간략화된 논리식으로 표현하시오.

해설 및 정답
① $Y_1 = \overline{A} \cdot \overline{B} \cdot \overline{C} + \overline{A} \cdot B \cdot \overline{C} + A \cdot \overline{B} \cdot \overline{C} = \overline{C}(\overline{A}+\overline{B})$
② $Y_2 = \overline{A} \cdot \overline{B} \cdot C + \overline{A} \cdot B \cdot \overline{C} + \overline{A} \cdot B \cdot C + A \cdot \overline{B} \cdot C + A \cdot B \cdot \overline{C} + A \cdot B \cdot C$
  $= B + C$

(나) (가)의 논리식을 무접점회로로 그리시오.

해설 및 정답
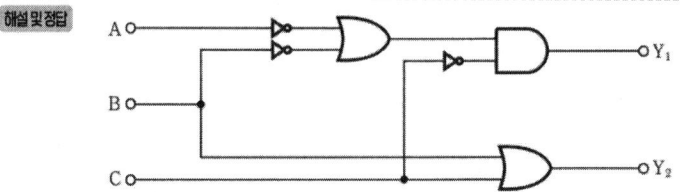

(다) (가)의 논리식을 유접점회로로 그리시오.

해설 및 정답
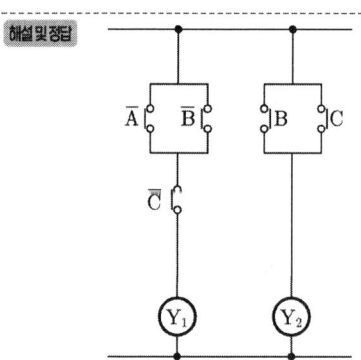

06 누전경보기에 관한 다음 각 물음에 답하시오.

(가) 1급 누전경보기와 2급 누전경보기를 구분하는 전류[A]기준은?

해설및정답 60[A]

(나) 전원은 분전반으로부터 전용회로로 하고 각 극에 각 극을 개폐할 수 있는 무엇을 설치해야 하는가? (단, 배선용 차단기 제외한다)

해설및정답 개폐기 및 15[A] 이하 과전류차단기

(다) 변류기 용어의 정의를 쓰시오.

해설및정답 경계전로의 누설전류를 자동적으로 검출하여 이를 누전경보기의 수신부에 송신하는 것

07 사무실(1동), 공장(2동), 공장(3동)으로 구분되어 있는 건물에 자동화재탐지설비의 P형 발신기 세트와 옥내소화전설비를 설치하고, 수신기는 경비실에 설치하였다. 경보방식은 동별 구분 경보방식을 적용하였으며 옥내소화전의 가압송수장치는 기동용 수압개폐장치를 사용하는 방식인 경우에 다음 물음에 답하시오.

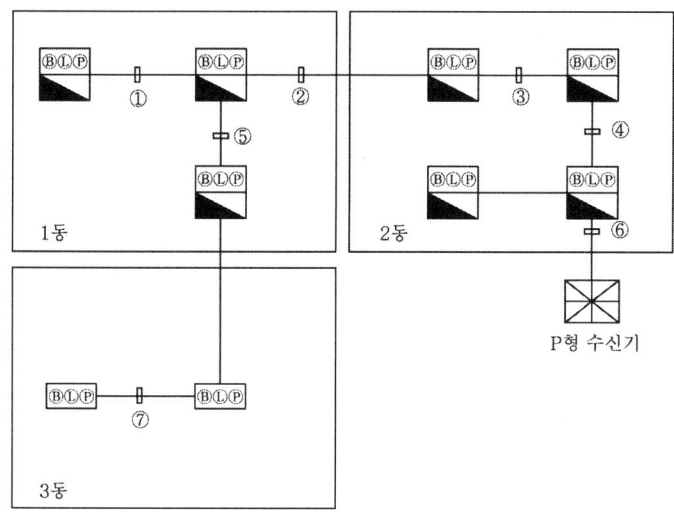

(가) 기호 ①~⑦의 가닥수를 쓰시오(빈칸을 채우시오).

해설및정답

기호	지구선	경종선	지구공통선	기호	지구선	경종선	지구공통선
①	1	1	1	⑤	3	2	1
②	5	2	1	⑥	9	3	2
③	6	3	1	⑦	1	1	1
④	7	3	1	-	-	-	-

기출문제

(나) 자동화재탐지설비 수신기의 설치기준이다. 다음 빈칸을 채우시오.
  ○ 수신기가 설치된 장소에는 (①)를 비치할 것
  ○ 수신기의 (②)는 그 음량 및 음색이 다른 기기의 소음 등과 명확히 구별될 수 있는 것으로 할 것
  ○ 수신기는 (③), (④) 또는 (⑤)가 작동하는 경계구역을 표시할 수 있는 것으로 할 것

해설 및 정답 ① 경계구역 일람도 ② 음향기구 ③ 감지기 ④ 중계기 ⑤ 발신기

08 무선통신보조설비에 사용되는 무반사 종단저항의 설치위치 및 설치목적을 쓰시오.
  ○ 설치위치 :
  ○ 설치목적 :

해설 및 정답
  ○ 설치위치 : 누설동축케이블의 끝부분
  ○ 설치목적 : 전송로로 전송되는 전자파가 전송로의 종단에서 반사되어 교신을 방해하는 것을 막기 위함

09 단독경보형 감지기의 설치기준 중 ( ) 안에 알맞은 내용을 쓰시오.
  (가) 각 실마다 설치하되, 바닥면적이 (①)[m²]를 초과하는 경우에는 (②)[m²]마다 1개 이상 설치하여야 한다.

해설 및 정답 ① 150 ② 150

  (나) 이웃하는 실내의 바닥면적이 각각 30[m²] 미만이고, 벽체 상부의 전부 또는 일부가 개방되어 이웃하는 실내와 공기가 상호 유통되는 경우에는 이를 (③)의 실로 본다.

해설 및 정답 ③ 한 개

  (다) 건전지를 주전원으로 사용하는 단독경보형 감지기는 정상적인 (④)를 유지할 수 있도록 건전지를 교환할 것

해설 및 정답 ④ 작동상태

  (라) 상용전원을 주전원으로 사용하는 단독경보형 감지기의 (⑤)는 제품검사에 합격한 것을 사용할 것

해설 및 정답 ⑤ 2차전지

10 다음은 브리지 정류회로(전파정류회로)의 미완성 도면이다. 다음 각 물음에 답하시오(단, 입력은 상용전원이고 권수비는 1 : 1이며, 평활회로는 없는 것으로 한다).

(가) 미완성 도면을 완성하시오.

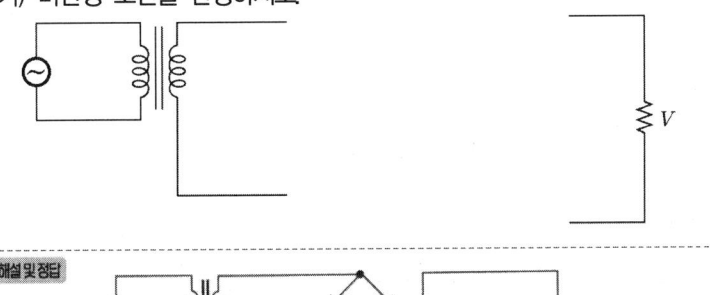

해설 및 정답

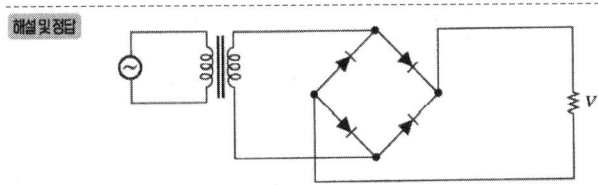

(나) 그림은 정류 전의 출력전압파형이다. 정류 후의 출력전압파형을 그리시오.

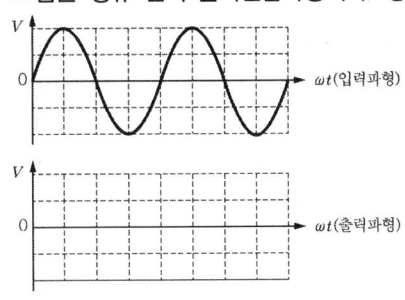

해설 및 정답

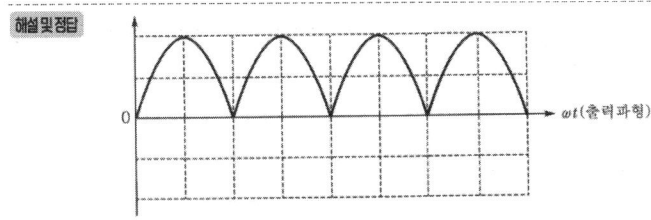

기출문제

11 다음의 전선관 부속품에 대한 용도를 간단하게 설명하시오.

(가) 부싱 :

해설및정답 전선의 절연피복 보호용

(나) 유니온 커플링 :

해설및정답 전선관 상호 접속용(관이 고정되어 있을 때)

(다) 유니버설 엘보우 :

해설및정답 관을 직각으로 굽히는 곳에 사용(노출배관)

12 다음은 어느 특정소방대상물의 평면도이다. 건축물의 주요구조부는 내화구조이고 층의 높이는 4.2[m]일 때 다음 각 물음에 답하시오(단, 차동식 스포트형 감지기 1종을 설치한다).

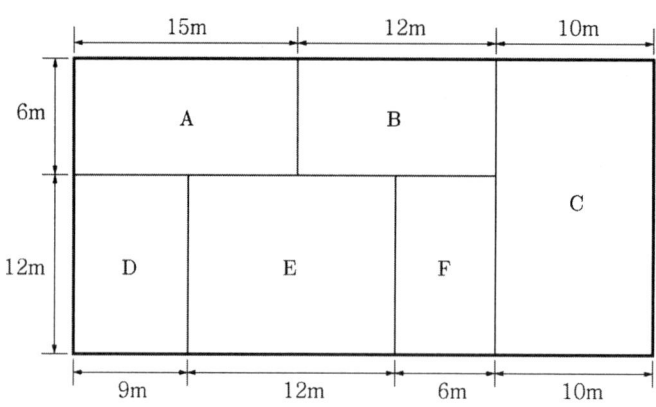

(가) 각 실별로 설치하여야 할 감지기수를 구하시오.

구분	계산과정	답
A		
B		
C		
D		
E		
F		

해설 및 정답

구분	계산과정	답
A	$\frac{15\times6}{45}=2$개	2개
B	$\frac{12\times6}{45}=1.6≒2$개	2개
C	$\frac{10\times(6+12)}{45}=4$개	4개
D	$\frac{9\times12}{45}=2.4≒3$개	3개
E	$\frac{12\times12}{45}=3.2≒4$개	4개
F	$\frac{6\times12}{45}=1.6≒2$개	2개

(나) 총 경계구역수를 구하시오.

해설 및 정답 $\frac{(15+12+10)\times(6+12)}{600}=1.1≒2$경계구역

∴ 2경계구역

13 청각장애인용 시각경보장치의 설치기준을 3가지만 쓰시오(단, 화재안전기준 각 호의 내용을 1가지로 본다).

해설 및 정답
1. 복도·통로·청각장애인용 객실 및 공용으로 사용하는 거실에 설치하며, 각 부분에서 유효하게 경보를 발할 수 있는 위치에 설치
2. 공연장·집회장·관람장 또는 이와 유사한 장소에 설치하는 경우에는 시선이 집중되는 무대부 부분 등에 설치
3. 바닥에서 2[m] 이상 2.5[m] 이하의 높이에 설치(단, 천장높이가 2[m] 이하는 천장에서 0.15[m] 이내의 장소에 설치)

14 지상 31층 건물에 비상콘센트를 설치하려고 한다. 각 층에 하나의 비상콘센트만 설치한다면 최소 몇 회로가 필요한지 쓰시오.

해설 및 정답 $\frac{21개소}{10개/1회로}=2.1$ ∴ 3회로

기출문제

15 유도전동기(IM)을 현장측과 제어측 어느 쪽에서도 기동 및 정지제어가 가능하도록 배선하시오 [단, 푸시버튼스위치 기동용(PB-ON) 2개, 정지용(PB-OFF) 2개, 열동계전기(THR-b) 1개 전자접촉기 a접점 1개(자기유지용)를 사용할 것].

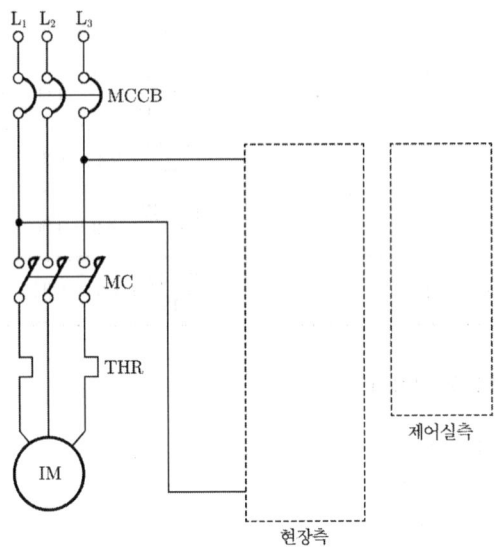

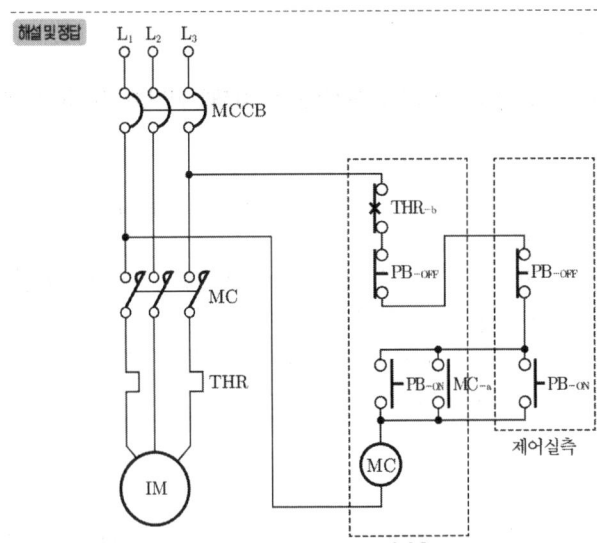

16 P형 수신기와 감지기와의 배선회로에서 P형 수신기 종단저항은 11[kΩ], 감시전류는 2[mA], 릴레이저항은 950[Ω], DC 24[V]일 때 다음 각 물음에 답하시오.

(가) 배선저항을 구하시오.

해설및정답

$$2 \times 10^{-3} = \frac{24}{11,000 + 950 + \chi}$$

$$\chi = \frac{24}{2 \times 10^{-3}} - 11,000 - 950 = 50[\Omega]$$

∴ 50[Ω]

(나) 감지기가 동작할 때(화재시) 전류는 몇 [mA]인지 구하시오.

해설및정답

$$\frac{24}{950 + 50} = 0.024[A] = 24[mA]$$

∴ 24[mA]

17 비상방송설비의 확성기(speaker) 회로에 음량조절기를 설치하고자 한다. 미완성 결선도를 완성하시오.

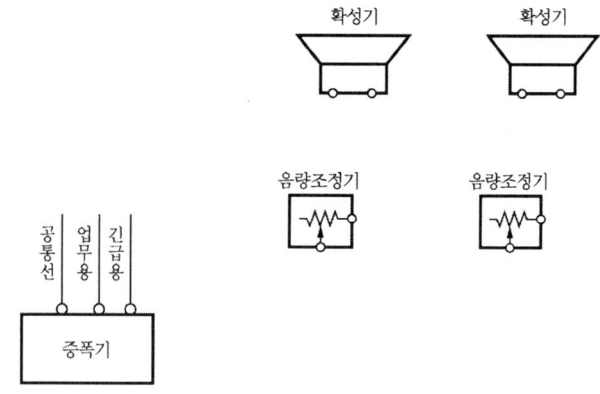

기출문제

해설 및 정답

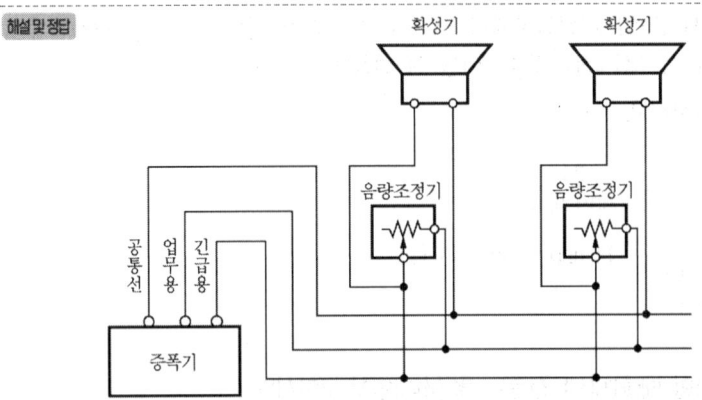

18 다음 소방시설 도시기호 각각의 명칭을 쓰시오.

해설 및 정답
(가) 감지선
(나) 정온식 스포트형 감지기
(다) 중계기
(라) 비상벨

소방설비기사[전기분야] 2차 실기

[2021년 11월 13일 시행]

01 비상용 전원설비로서 축전지설비를 계획하고자 한다. 사용부하의 방전전류-시간특성곡선이 다음 그림과 같다면 이론상 축전지의 용량은 어떻게 산정하여야 하는지 각 물음에 답하시오(단, 축전지 개수는 83개이며, 단위전지 방전종지전압은 1.06[V]로 하고 축전지 형식은 AH형을 채택하며 또한 축전지 용량은 다음과 같은 일반식에 의하여 구한다).

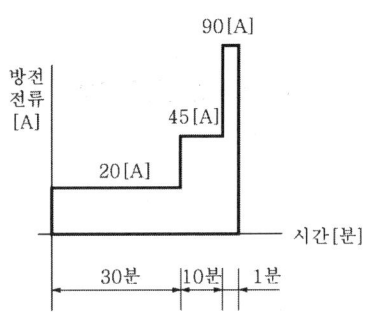

【 용량환산시간 계수 K(온도 5℃에서) 】

형식	최저허용전압[V/셀]	0.1분	1분	5분	10분	20분	30분	60분	120분
AH	1.10	0.30	0.46	0.56	0.66	0.87	1.04	1.56	2.60
	1.06	0.24	0.33	0.45	0.53	0.70	0.85	1.40	2.45
	1.00	0.20	0.27	0.37	0.45	0.60	0.77	1.30	2.30

(가) 축전지 용량 C는 이론상 몇 [Ah] 이상의 것을 선정하여야 하는가?(L=0.8)

해설및정답
$\frac{1}{0.8}(0.85 \times 20 + 0.53 \times 45 + 0.33 \times 90) = 88.187 ≒ 88.19[Ah]$

∴ 88.19[Ah]

(나) 축전지의 전해액이 변색되고, 충전 중이 아닌 정지상태에서도 다량으로 가스가 발생하는 원인은 무엇인지 쓰시오.

해설및정답 불순물 혼입

(다) 부동충전방식을 정류기, 연축전지, 부하를 포함하여 그림을 그리시오.

해설및정답

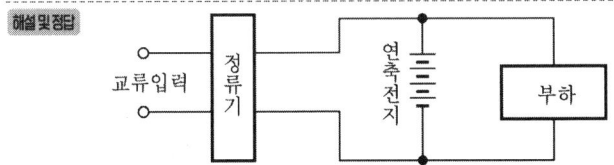

기출문제

02 3선식 배선에 의하여 상시 충전되는 유도등의 전기회로에 점멸기를 설치하는 경우에는 어느 때에 점등되도록 하여야 하는지 그 기준을 5가지 쓰시오.

해설 및 정답
1. 자동화재탐지설비의 감지기 또는 발신기가 작동되는 때
2. 비상경보설비의 발신기가 작동되는 때
3. 상용전원이 정전되거나 전원선이 단선되는 때
4. 방재업무를 통제하는 곳 또는 전기실의 배전반에서 수동으로 점등하는 때
5. 자동소화설비가 작동되는 때

03 할론 1301 설비에 설치되는 사이렌과 방출등의 설치위치와 설치목적을 간단하게 설명하시오.

(가) 사이렌
  ○ 설치위치 :
  ○ 설치목적 :

해설 및 정답
  ○ 설치위치 : 실내
  ○ 설치목적 : 실내 인명대피

(나) 방출등
  ○ 설치위치 :
  ○ 설치목적 :

해설 및 정답
  ○ 설치위치 : 실외 출입구 위
  ○ 설치목적 : 실내 출입금지

04 누전경보기에 대한 공칭작동전류의 용어를 설명하고 그 전류치는 몇 [mA] 이하로 하는지를 쓰시오.

(가) 공칭작동전류 :

해설 및 정답 누전경보기를 작동시키기 위하여 필요한 누설전류의 값

(나) 전류치 :

해설 및 정답 200[mA] 이하

05 어느 건물에 자동화재탐지설비의 P형 수신기를 보니 예비전원표시등이 점등되어 있었다. 어떤 경우에 점등되는지 예상원인 4가지를 쓰시오.

해설및정답
① 퓨즈 단선
② 충전 불량
③ 배터리 소켓 접속 불량
④ 배터리의 완전방전

06 감지기 회로의 도통시험을 위한 종단저항의 설치기준 3가지를 쓰시오.

해설및정답
① 점검 및 관리가 쉬운 장소에 설치할 것
② 전용함 설치시 바닥에 1.5[m] 이내의 높이에 설치
③ 감지기회로의 끝부분에 설치하고 종단감지기에 설치시 구별이 쉽도록 해당 기판 및 감지기 외부 등에 표시

07 피난유도선은 햇빛이나 전등불에 따라 축광하거나 전류에 따라 빛을 발하는 유도체로서, 어두운 상태에서 피난을 유도할 수 있도록 띠형태로 설치되는 피난유도시설이다. 축광방식의 피난유도선의 설치기준 3가지를 쓰시오.

해설및정답
① 구획된 각 실로부터 주출입구 또는 비상구까지 설치할 것
② 바닥으로부터 높이 50[cm] 이하의 위치 또는 바닥면에 설치할 것
③ 부착대에 의하여 견고하게 설치할 것

08 두 입력상태가 같을 때 출력이 없고 두 입력상태가 다를 때 출력이 생기는 회로를 배타적 논리합(exclusive OR)회로라 한다. 그림과 같은 배타적 논리합회로에서 다음 각 물음에 답하시오.

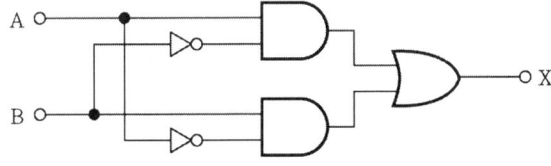

(가) 이 회로의 논리식을 쓰시오.

해설및정답
$X = A\overline{B} + \overline{A}B$

기출문제

(나) 이 회로에 대한 유접점 릴레이회로를 그리시오.

해설 및 정답
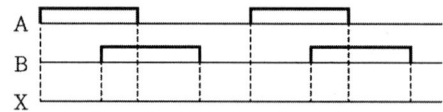

(다) 이 회로의 타임차트를 완성하시오.

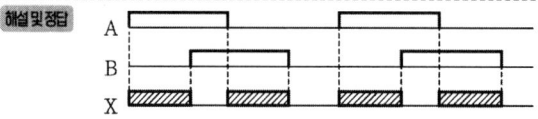

해설 및 정답

(라) 이 회로의 진리표를 완성하시오.

A	B	X

해설 및 정답

A	B	X
0	0	0
0	1	1
1	0	1
1	1	0

09 각 층의 높이가 4[m]인 지하 2층, 지상 4층 소방대상물에 자동화재탐지설비의 경계구역을 설정하는 경우에 대하여 다음 물음에 답하시오.

(가) 층별 바닥면적이 그림과 같을 경우 자동화재탐지설비 경계구역은 최소 몇 개로 구분하여야 하는지 산출식과 경계구역수를 빈칸에 쓰시오(단, 경계구역은 면적기준만을 적용하며 계단, 경사로 및 피트 등의 수직경계구역의 면적을 제외한다).

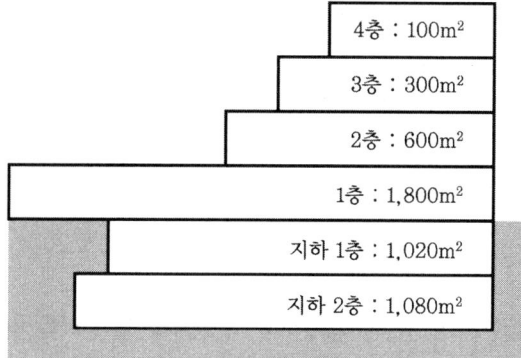

층	산출식	경계구역수
4층		
3층		
2층		
1층		
지하 1층		
지하 2층		
경계구역의 합계		

해설및정답

층	산출식	경계구역수
4층 3층	$\dfrac{100+350}{500}=0.9 ≒ 1$	1경계구역
2층	$\dfrac{600}{600}=1$	1경계구역
1층	$\dfrac{1,800}{600}=3$	3경계구역
지하 1층	$\dfrac{1,020}{600}=1.7 ≒ 2$	2경계구역
지하 2층	$\dfrac{1,080}{600}=1.8 ≒ 2$	2경계구역
경계구역의 합계		9경계구역

기출문제

(나) 본 소방대상물에 계단과 엘리베이터가 각각 1개씩 설치되어 있는 경우 P형 수신기는 몇 회로용을 설치해야 하는지 구하시오.

해설 및 정답 각 층 : 9경계구역

계단 : 지상층 $\dfrac{16}{45} = 0.35 ≒ 1$경계구역

지하층 $\dfrac{8}{45} = 0.17 ≒ 1$경계구역

엘리베이터 : 1경계구역

∴ 9+1+1+1=12경계구역

∴ 15회로용

10 도면은 Y-△ 기동회로의 미완성 회로이다. 이 회로를 보고 다음 각 물음에 답하시오.

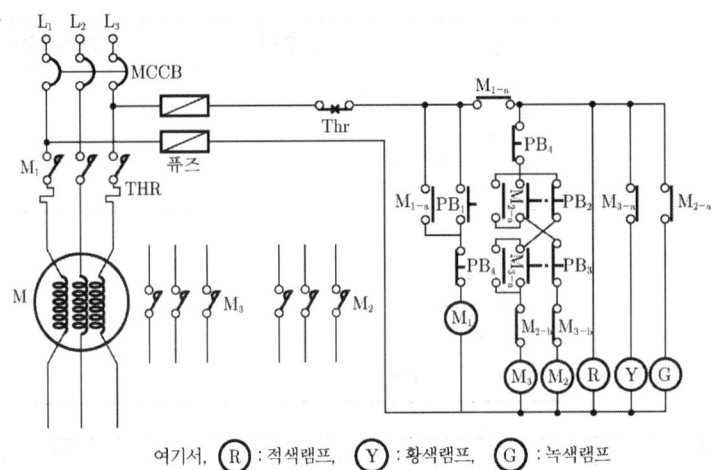

여기서, Ⓡ : 적색램프, Ⓨ : 황색램프, Ⓖ : 녹색램프

(가) 주회로 부분의 미완성된 Y-△ 회로를 완성하시오.

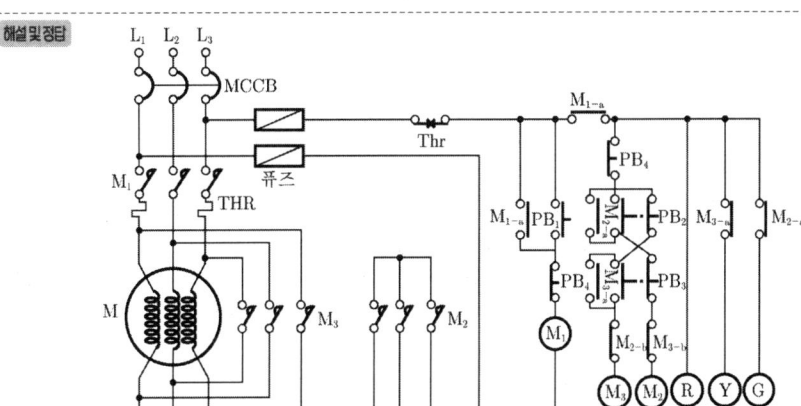

여기서, Ⓡ : 적색램프, Ⓨ : 황색램프, Ⓖ : 녹색램프

(나) 회로에서 표시등 Ⓡ, Ⓨ, Ⓖ는 각각 어떤 상태를 나타내는지 쓰시오.

해설 및 정답
Ⓡ : 전동기 전원 투입
Ⓨ : △ 운전
Ⓖ : Y기동

11 P형 수신기와 감지기 사이에 연결된 선로에 배선저항 10[Ω], 릴레이저항 950[Ω], 종단저항 10[kΩ]이고 감시전류가 2.4[mA]일 때, 수신기의 단자전압[V]과 동작전류[mA]를 구하시오.

(가) 단자전압[V]

해설 및 정답
$$2.4 \times 10^{-3} = \frac{회로전압}{10,000 + 950 + 10}$$
∴ 회로전압 = 26.304 ≒ 26.3[V]
∴ 26.3[V]

(나) 동작전류[mA]

해설 및 정답
$$\frac{26.3}{950 + 10} = 0.027395[A] = 27.395[mA] ≒ 27.4[mA]$$
∴ 27.4[mA]

기출문제

12 다음은 화재안전기준에 따른 내화배선의 공사방법에 관한 사항이다. ( ) 안에 알맞은 말을 쓰시오.

> 금속관·2종 금속제 가요전선관 또는 합성수지관에 수납하여 내화구조로 된 벽 또는 바닥 등에 바닥의 표면으로부터 (①)[mm] 이상의 깊이로 매설하여야 한다.
> 다만, 다음의 기준에 적합하게 설치하는 경우에는 그러하지 아니하다.
> ○ 배선을 (②)을 갖는 배선전용실 또는 배선용 샤프트·피트·덕트 등에 설치하는 경우
> ○ 배선전용실 또는 배선용 샤프트·피트·덕트 등에 다른 설비의 배선이 있는 경우에는 이로부터 (③)[cm] 이상 떨어지게 하거나 소화설비의 배선과 이웃하는 다른 설비의 배선 사이에 배선지름(배선의 지름이 다른 경우에는 가장 큰 것을 기준으로 한다)의 (④)배 이상의 높이의 (⑤)을 설치하는 경우

해설 및 정답
① 25
② 내화성능
③ 15
④ 1.5
⑤ 불연성 격벽

13 자동화재탐지설비의 평면을 나타낸 도면이다. 이 도면을 보고 각 물음에 답하시오(단, 각 실은 이중천장이 없는 구조이며, 전선관은 16[mm] 후강스틸전선관을 사용 콘크리트 내 매입 시공한다).

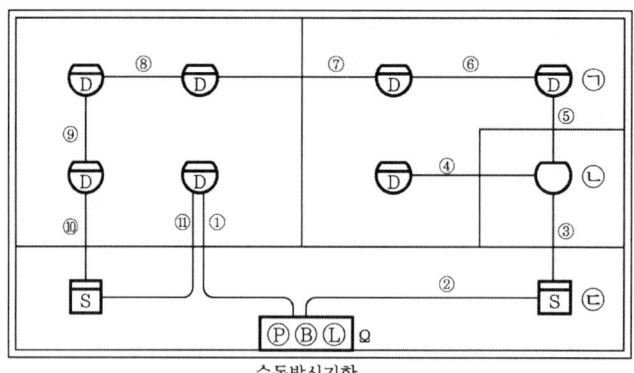

(가) 시공에 소요되는 로크너트와 부싱의 소요개수는?
○ 로크너트 :
○ 부싱 :

해설 및 정답
○ 로크너트 : 44개
○ 부싱 : 22개

(나) 각 감지기 간과 감지기와 수동발신기세트(①~⑪) 간에 배선되는 전선의 가닥수는?

①   ②   ③   ④
⑤   ⑥   ⑦   ⑧
⑨   ⑩   ⑪

해설 및 정답
① 2가닥 ② 2가닥 ③ 2가닥 ④ 4가닥
⑤ 2가닥 ⑥ 2가닥 ⑦ 2가닥 ⑧ 2가닥
⑨ 2가닥 ⑩ 2가닥 ⑪ 2가닥

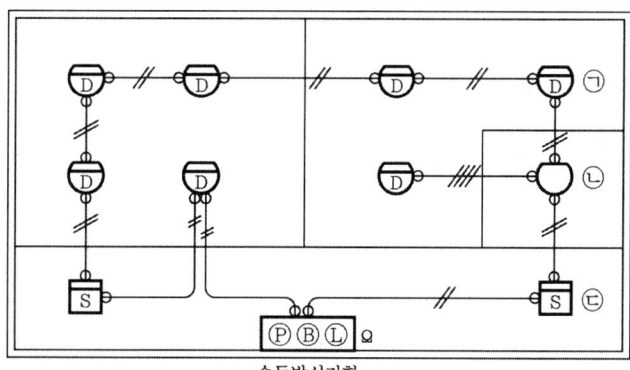

(다) 도면에 그려진 심벌 ㉠~㉢의 명칭은?

㉠ :
㉡ :
㉢ :

해설 및 정답
㉠ : 차동식 스포트형 감지기
㉡ : 정온식 스포트형 감지기
㉢ : 연기감지기

기출문제

14 다음과 같은 장소에 차동식 스포트형 감지기 2종을 설치하는 경우와 광전식 스포트형 2종을 설치하는 경우 최소 감지기 소요개수를 산정하시오(단, 주요구조부는 내화구조, 감지기의 설치 높이는 6[m]이다).

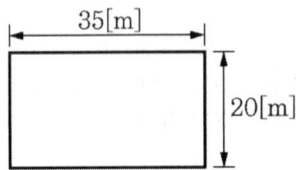

(가) 차동식 스포트형 감지기(2종) 소요개수

해설및정답 $\dfrac{35[m] \times 20[m]}{35[m^2/개]} = 20개$

∴ 20개

(나) 광전식 스포트형 감지기(2종) 소요개수

해설및정답 $\dfrac{35[m] \times 20[m]}{75[m^2/개]} = 9.33 ≒ 10개$

∴ 10개

15 다음은 유도등 및 유도표지의 설치장소에 따른 종류에 관한 내용이다. 빈칸에 알맞은 종류의 유도등 및 유도표지를 쓰시오.

설치장소	유도등 및 유도표지의 종류
공연장, 집회장(종교집회장 포함), 관람장, 운동시설, 유흥주점 영업시설(유흥주점영업 중 손님이 춤을 출 수 있는 무대가 설치된 카바레, 나이트클럽 또는 그 밖에 이와 비슷한 영업시설만 해당)	● 대형 피난구유도등 ● (　　　　　　　　) ● (　　　　　　　　)
위락시설, 판매시설, 운수시설, 관광숙박시설, 의료시설, 장례식장, 방송통신시설, 전시장, 지하상가, 지하철역사	● (　　　　　　　　) ● (　　　　　　　　)
숙박시설(관광숙박업 외의 것), 오피스텔, 지하층, 무창층 또는 11층 이상인 특정소방대상물	● (　　　　　　　　) ● (　　　　　　　　)
근린생활시설, 노유자시설, 업무시설, 발전시설, 종교시설(집회장 용도로 사용하는 부분 제외), 교육연구시설, 수련시설, 공장, 창고시설, 교정 및 군사시설(국방·군사시설 제외), 기숙사, 자동차정비공장, 운전학원 및 정비학원, 다중이용업소, 복합건축물, 아파트	● (　　　　　　　　) ● (　　　　　　　　)

해설 및 정답

설치장소	유도등 및 유도표지의 종류
공연장, 집회장(종교집회장 포함), 관람장, 운동시설, 유흥주점 영업시설(유흥주점영업 중 손님이 춤을 출 수 있는 무대가 설치된 카바레, 나이트클럽 또는 그 밖에 이와 비슷한 영업시설만 해당)	• 대형 피난구유도등 • 통로유도등 • 객석유도등
위락시설, 판매시설, 운수시설, 관광숙박시설, 의료시설, 장례식장, 방송통신시설, 전시장, 지하상가, 지하철역사	• 대형 피난구유도등 • 통로유도등
숙박시설(관광숙박업 외의 것), 오피스텔, 지하층, 무창층 또는 11층 이상인 특정소방대상물	• 중형 피난구유도등 • 통로유도등
근린생활시설, 노유자시설, 업무시설, 발전시설, 종교시설(집회장 용도로 사용하는 부분 제외), 교육연구시설, 수련시설, 공장, 창고시설, 교정 및 군사시설(국방·군사시설 제외), 기숙사, 자동차정비공장, 운전학원 및 정비학원, 다중이용업소, 복합건축물, 아파트	• 소형 피난구유도등 • 통로유도등

기출문제

16 그림과 같은 시퀀스회로에서 푸시버튼스위치 PB를 누르고 있을 때 타이머 T_1(설정시간 : t_1), T_2(설정시간 : t_2), 릴레이 X_1, X_2, 표시등 PL에 대한 타임차트를 완성하시오(단, T_1은 1초, T_2는 2초이며 설정시간 이외의 시간지연은 없다고 본다).

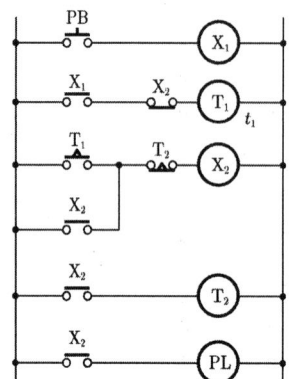

해설 및 정답

17 다음 그림에 다이오드(Diode)를 추가하여 직상층 우선경보방식의 배선을 완성하시오. [현행 삭제]

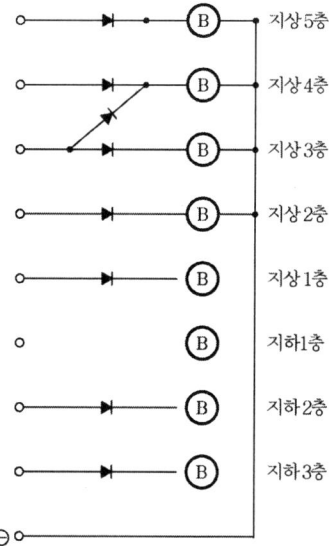

해설 및 정답

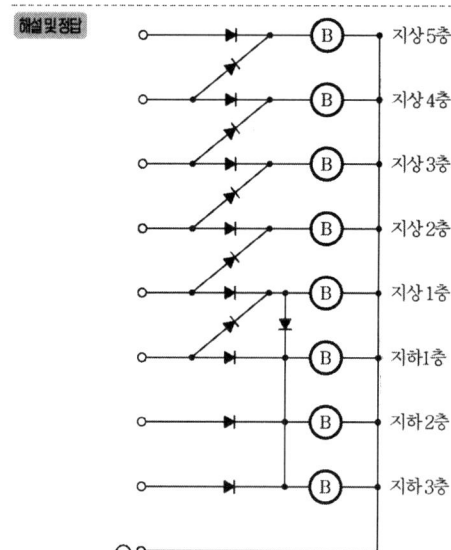

기출문제

18 3상 380[V]이고 사용하는 정격소비전력 100[kW]인 소방펌프의 부하전류를 측정하기 위하여 변류비 300/5의 변류기를 사용하였다. 이때 2차 전류를 구하시오(단, 역률은 0.7이고, 효율은 1이다).

해설 및 정답

$$I = \frac{100 \times 10^3}{\sqrt{3} \times 380 \times 0.7 \times 1} = 217.048[A]$$

$$I_2 = 217.048 \times \frac{5}{300} = 3.617 ≒ 3.62[A]$$

∴ 3.62[A]

2022년 제1회 소방설비기사[전기분야] 2차 실기

[2022년 5월 7일 시행]

01 다음은 준비작동식 스프링클러소화설비에 사용되는 Super Visory Panel에서 수신기까지의 내부결선도이다. 결선도를 완성시키고 ①~⑨에 이용되는 전선의 용도에 관한 명칭을 쓰시오.
9점

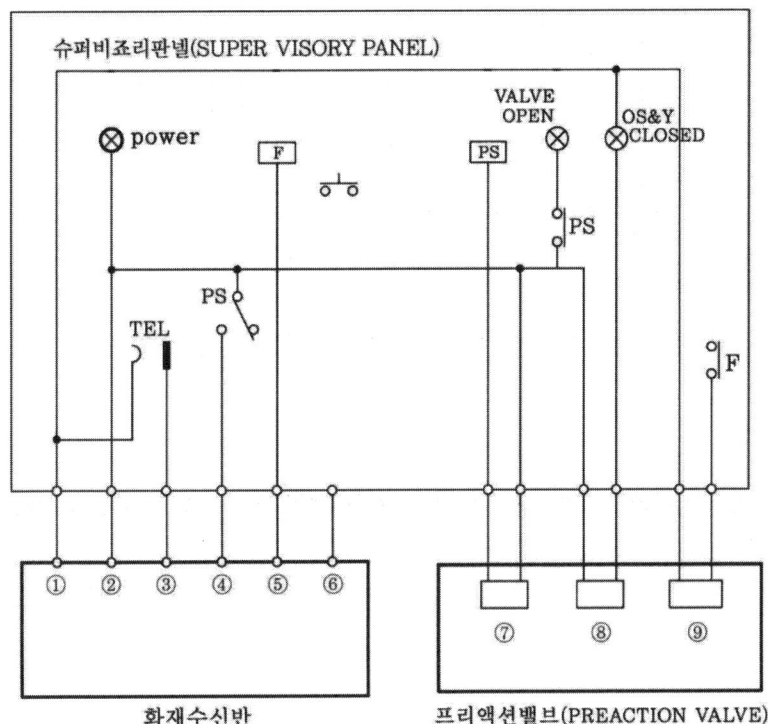

기출문제

해설 및 정답

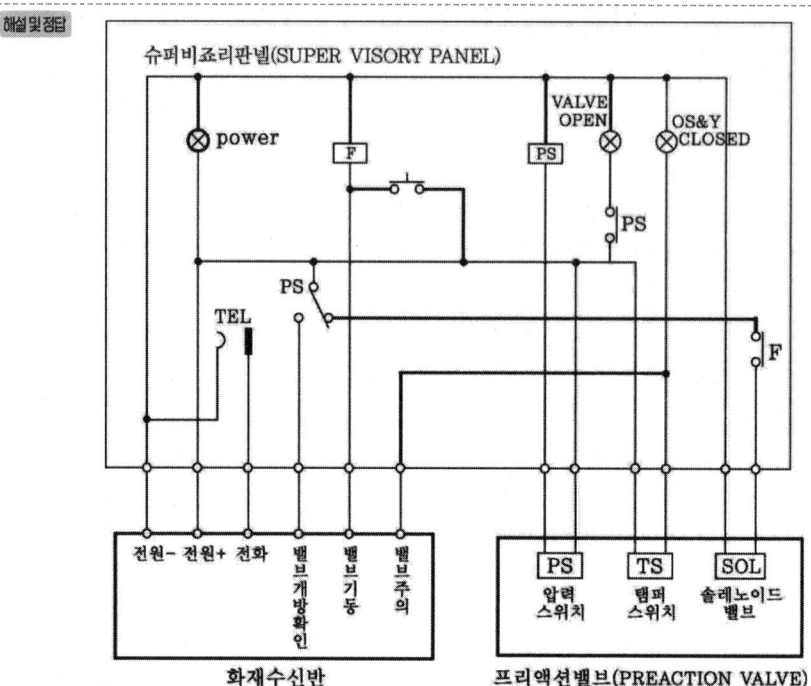

02 소방설치대상물별 자동화재탐지설비의 설치기준(연면적 등)을 서술하시오. **5점**

구분	연면적(m²)
판매시설	①
판매시설 중 전통시장	②
복합건축물	③
업무시설	④
교육연구시설	⑤

해설 및 정답

① 1,000
② 전부 해당
③ 600
④ 1,000
⑤ 2,000

03 주어진 동작설명이 적합하도록 미완성된 시퀀스 제어회로를 완성하시오(단, 각 접점 및 스위치에는 접점 명칭을 반드시 기입하도록 하며, 접점은 PB-a 1개, PB-b 1개, T-a 1개, T-b 1개, THR-a 1개, THR-b 1개, MC-a 1개, MC-b 1개, ⓜ 1개, ⓣ 1개, ⓡ 1개, ⓖ 1개, ⓨ 1개를 사용한다). 5점

> [동작설명]
> - 전원을 투입하면, ⓖ램프가 점등되도록 한다.
> - 전동기 운전용 누름버튼스위치 PB-a을 누르면 전자접촉기 MC가 여자되어 전동기가 기동되며, 동시에 전자접촉기 보조 a접점인 MC-a 접점에 의하여 전동기 운전표시등 ⓡ이 점등된다. 이때, 전자접촉기 b접점인 MC-b에 의하여 ⓖ이 소등되며 또한 타이머가 T가 통전되어 타이머 설정시간 후에 타이머의 b접점 T-b가 떨어지므로 전자접촉기 MC가 소자되어 전동기가 정지하고, 모든 접점은 PB-a를 누르기 전의 상태로 복귀한다.
> - 전동기가 정상운전 중이라도 정지용 누름버튼스위치 PB-b를 누르면 PB-a를 누르기 전의 상태로 된다.
> - 전동기에 과전류가 흐르면 열동계전기 접점인 THR-b 접점이 떨어져서 전동기는 정지하고 모든 접점은 PB-a를 누르기 전의 상태로 복귀한다. 이때 ⓡ은 소등되고 경고등 ⓨ이 점등된다.

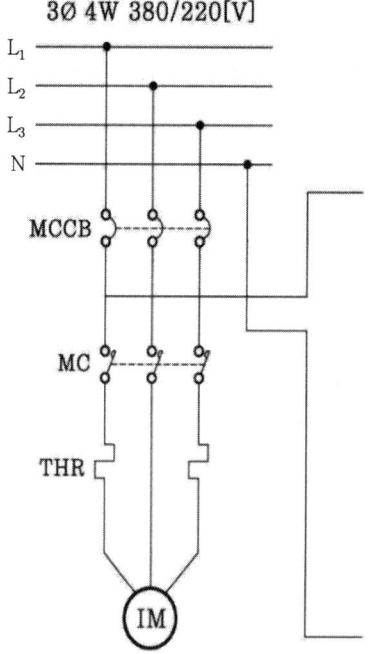

기출문제

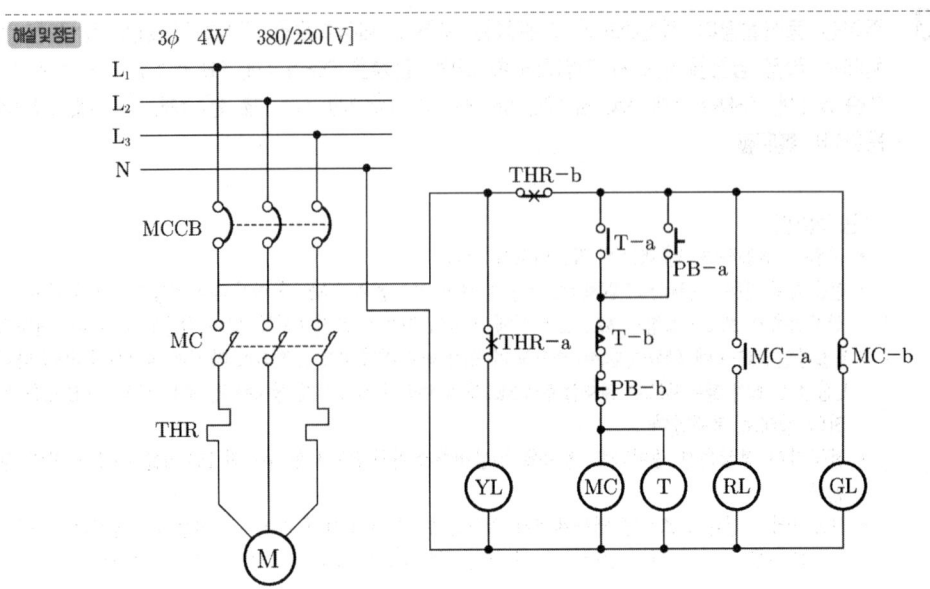

04 가요전선관공사에서 다음에 사용되는 재료의 명칭은 무엇인지 쓰시오. [3점]

(1) 가요전선관과 박스의 연결

> 해설및정답 스트레이트 박스 콘넥터

(2) 가요전선관과 금속전선관의 연결

> 해설및정답 컴비네이션 커플링

(3) 가요전선관과 가요전선관의 연결

> 해설및정답 스플리트 커플링

05 비상콘센트설비에 대한 다음 각 물음에 답하시오. [4점]

(1) 전원회로의 종류, 전압 및 그 공급용량을 쓰시오

해설및정답 단상교류, 220[V], 1.5[kVA]

(2) 전원으로부터 각 층의 비상콘센트에 분기되는 경우에 보호함 안에 설치하여야 하는 기구를 쓰시오.

해설및정답 분기배선용 차단기

(3) 비상콘센트설비의 배선은 무슨 배선인지 쓰시오

해설및정답 전원회로의 배선 : 내화배선, 그 밖의 배선 : 내화배선 또는 내열배선

06 길이 60[m]의 통로에 객석유도등을 설치하려고 한다. 이때 필요한 객석유도등의 수량은 최소 몇 개인지 구하시오. [3점]

해설및정답 $\dfrac{60[\text{m}]}{4[\text{m}/\text{개}]} - 1 = 14$개

∴ 14개

07 다음 소방시설의 도시기호를 보고 각 명칭을 쓰시오. [4점]

(1) ⊠ :
(2) ⊠ :
(3) ⊞ :
(4) ⊟ :

해설및정답
(1) 수신기
(2) 제어반
(3) 부수신기
(4) 표시반

기출문제

08 다음은 어느 특정소방대상물의 평면도이다. 건축물의 구조는 내화구조이고, 층간 높이는 5[m]일 때 다음 각 물음에 답하시오(단, 설치하여야 할 감지기는 2종을 설치한다). **7점**

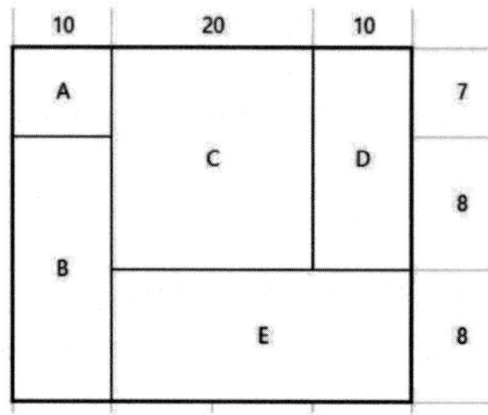

(1) 광전식 스포트형 감지기를 설치하는 경우 각 실에 설치되는 감지기의 개수를 구하시오.

구분	계산식	수량
A실		
B실		
C실		
D실		
E실		

(2) 해당 특정소방대상물의 경계구역 수를 구하시오.

해설 및 정답 (1)

구분	계산식	수량
A실	$\dfrac{10m \times 7m}{75m^2} = 0.933 ≒ 1개$	1개
B실	$\dfrac{10m \times 16m}{75m^2} = 2.133 ≒ 3개$	3개
C실	$\dfrac{20m \times (7m+8m)}{75m^2} = 4개$	4개
D실	$\dfrac{10m \times (7m+8m)}{75m^2} = 2개$	2개
E실	$\dfrac{(10m+20m) \times 8m}{75m^2} = 3.2개 ≒ 4개$	4개

(2) $\dfrac{(10m+20m+10m) \times (7m+8m+8m)}{600m^2/경계구역} = 1.533 ≒ 2개 \ 경계구역$

∴ 2개 경계구역

09 3선식 배선에 의하여 상시 충전되는 유도등의 전기회로에 점멸기를 설치하는 경우에는 어느 때에 점등되도록 하여야 하는지 그 기준을 5가지 쓰시오. [5점]

해설 및 정답
- 자동화재탐지설비의 감지기 또는 발신기가 작동되는 때
- 비상경보설비의 발신기가 작동되는 때
- 상용전원이 정전되거나 전원선이 단선되는 때
- 방재업무를 통제하는 곳 또는 전기실의 배전반에서 수동으로 점등하는 때
- 자동소화설비가 작동되는 때

10 중계기의 설치기준 3가지를 쓰시오. [6점]

해설 및 정답
- 수신기에서 직접 감지기회로의 도통시험을 행하지 아니하는 것에 있어서는 수신기와 감지기 사이에 설치할 것
- 조작 및 점검에 편리하고 화재 및 침수등의 재해로 인한 피해를 받을 우려가 없는 장소에 설치할 것
- 수신기에 따라 감시되지 아니하는 배선을 통하여 전력을 공급받는 것에 있어서는 전원입력측의 배선에 과전류 차단기를 설치하고 해당 전원의 정전이 즉시 수신기에 표시되는 것으로 하며, 상용전원 및 예비전원의 시험을 할 수 있도록 할 것

11 다음은 비상전원수전설비 중 큐비클형의 설치기준이다. ( ) 안에 알맞은 말을 쓰시오. [7점]

- (①) 또는 공용큐비클식으로 설치할 것
- 외함은 두께 (②)mm 이상의 강판과 이와 동등 이상의 강도와 (③)이 있는 것으로 제작하여야 하며, 개구부에는 (④)방화문 또는 (⑤)방화문을 설치할 것
- 외함의 바닥에서 (⑥)cm(시험단자, 단자대 등의 충전부는 (⑦)cm) 이상의 높이에 설치할 것

해설 및 정답
① 전용큐비클 ② 2.3 ③ 내화성능 ④ 60분+, 60분
⑤ 30분 ⑥ 10 ⑦ 15

기출문제

12 그림과 같은 복도에 자동화재탐지설비의 감지기를 설치하고자 한다. 각각의 도면에 연기감지기 2종과 연기감지기 3종을 배치하고 감지기 간 및 복도와 감지기 간 거리를 각각 표시하시오. 6점

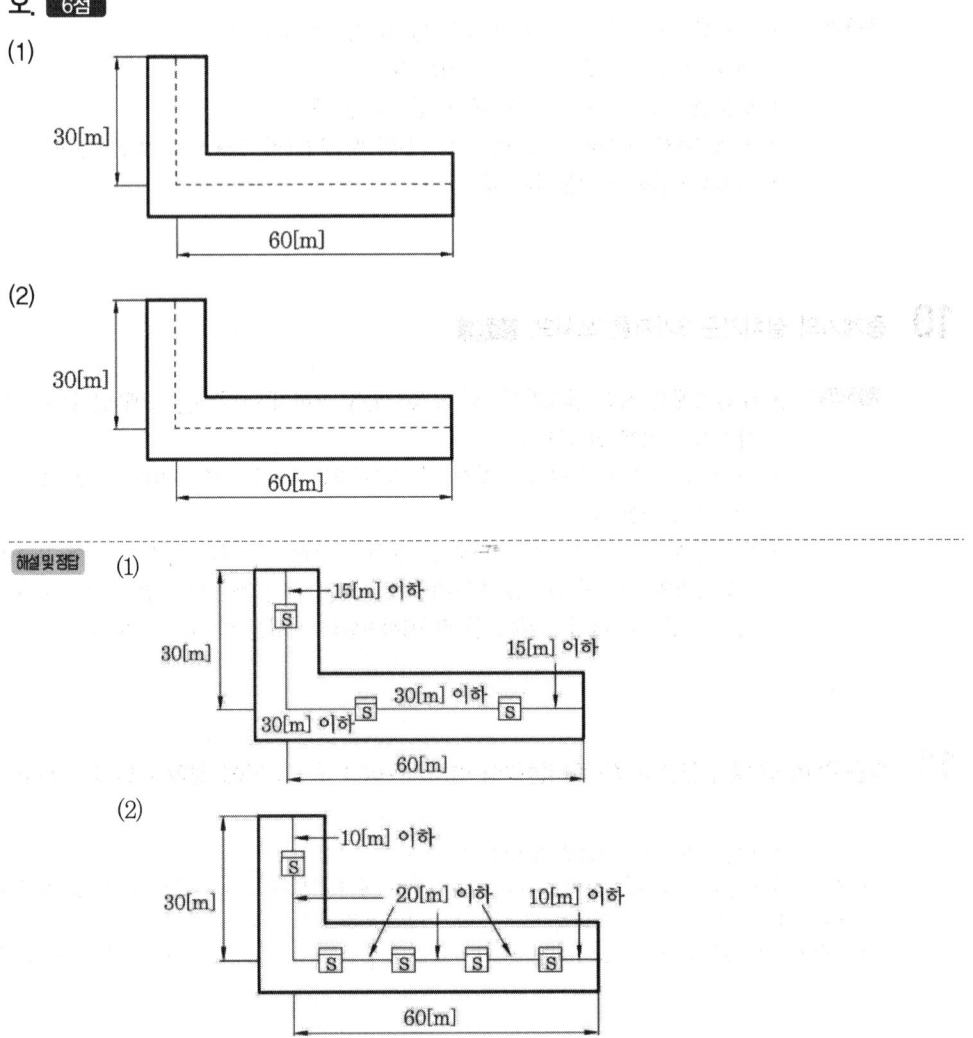

13 (1) 다음 그림과 같은 회로에서 램프 L의 동작을 타임차트에 표시하시오. **10점**

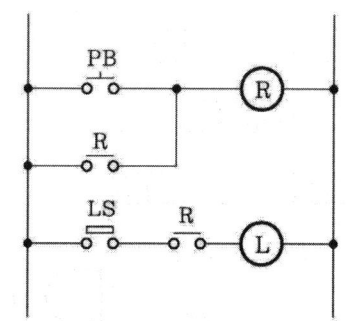 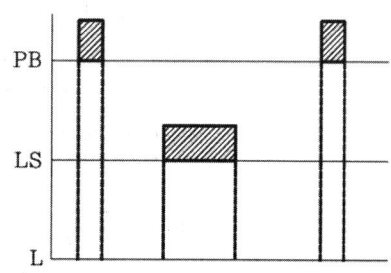

(2) 다음 그림과 같은 회로에서 램프 L의 동작을 타임차트에 표시하시오.

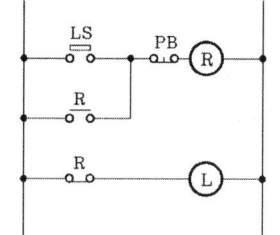 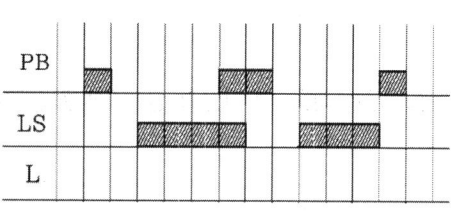

(3) 각 회로의 무접점회로를 그리시오.
① 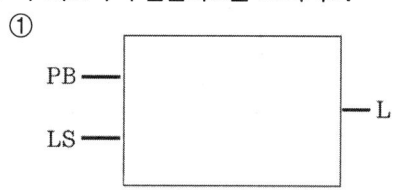 ②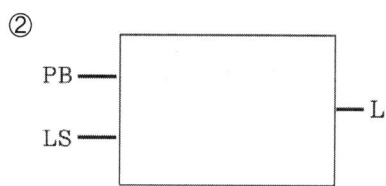

해설및정답 (1)

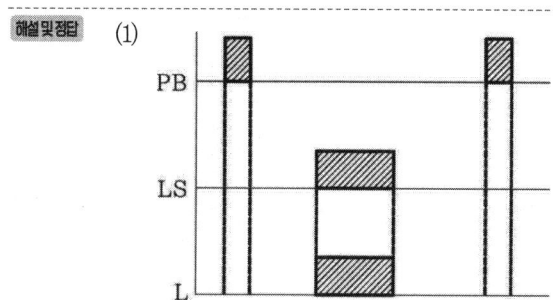

기출문제

(2)

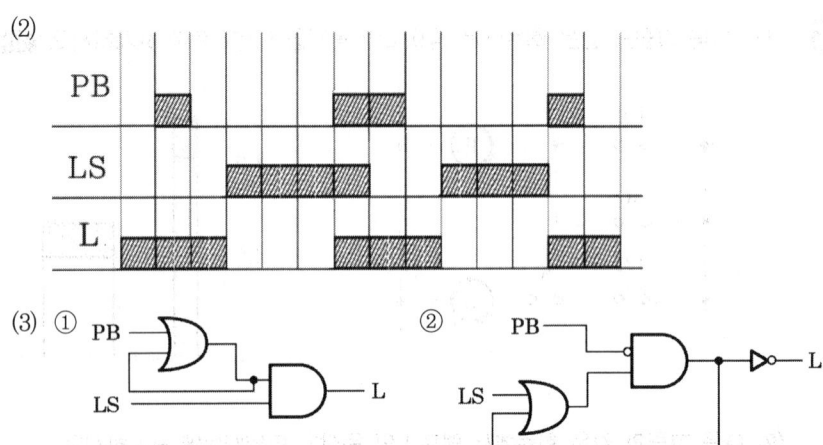

14 그림과 같은 다음 각 건물의 경계구역수를 구하시오. 6점

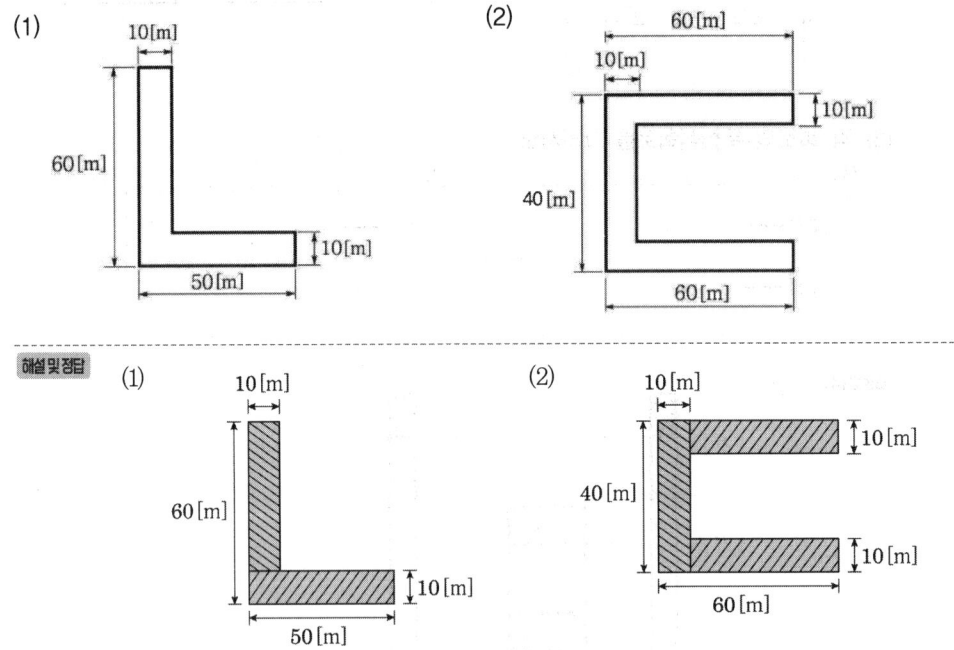

15 다음은 옥내소화전설비 및 자동화재탐지설비의 계통도이다. ㉮~㉲의 전선가닥수를 구하시오 (단, 옥내소화전은 기동용수압개폐장치에 의해 기동된다). **5점**

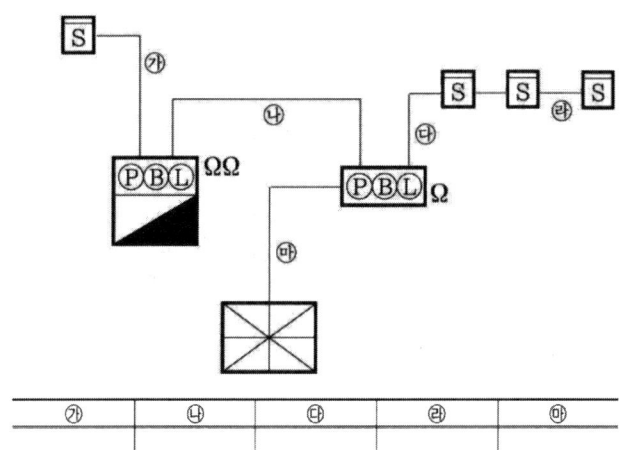

㉮	㉯	㉰	㉱	㉲

해설 및 정답

㉮	㉯	㉰	㉱	㉲
4	9	4	4	10

㉮ 4가닥 : 회로선2, 회로공통선2
㉯ 9가닥 : 경종 및 표시등 공통선1, 경종선1, 표시등선1, 회로공통선1, 응답선1, 회로선2, 소화전기동확인표시등2
㉰ 4가닥 : 회로선2, 회로공통선2
㉱ 4가닥 : 회로선2, 회로공통선2
㉲ 10가닥 : 경종 및 표시등 공통선1, 경종선1, 표시등선1, 회로공통선1, 응답선1, 회로선3, 소화전기동확인표시등2

16 비상방송설비의 확성기 회로에 음량조절기를 설치하고자 한다. 결선도를 그리시오. **5점**

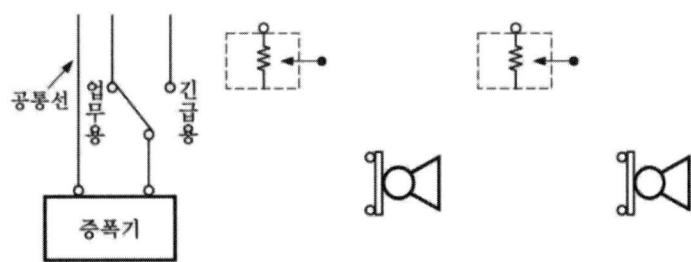

기출문제

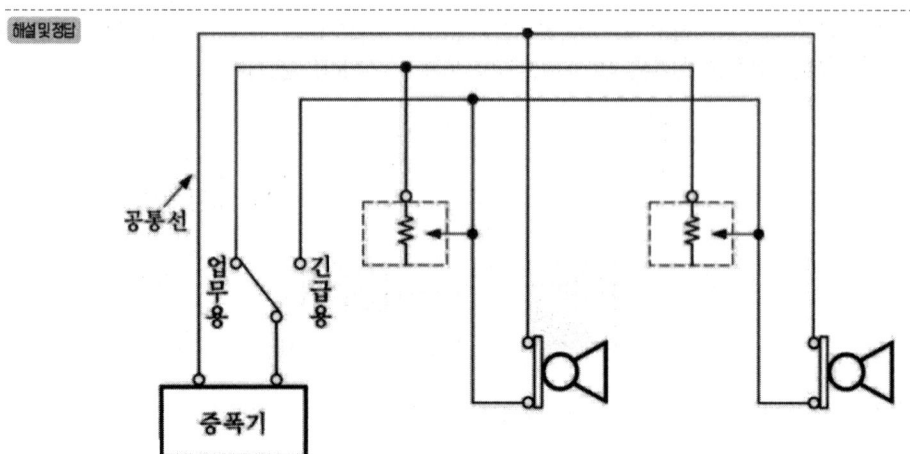

17 수신기로부터 배선거리 100[m]의 위치에 제연설비의 댐퍼가 설치되어 있다. 댐퍼가 동작할 때 댐퍼의 단자전압을 구하시오(단, 수신기는 정전압 출력이고, 전선은 1.5[mm] HFIX 전선이며, 전류는 1[A]이다). **4점**

해설 및 정답
$$e = \frac{35.6 \times 100[\text{m}] \times 1[\text{A}]}{1000 \times 1.77[\text{mm}^2]} = 2.011 \risingdotseq 2.01[\text{V}]$$
$$A = \frac{\pi}{4} \times D^2 \risingdotseq \frac{\pi}{4} \times (1.5[\text{mm}])^2 = 1.767 \risingdotseq 1.77[\text{mm}^2]$$
$$Vr = 24 - 2.01 = 21.99[\text{V}]$$
∴ 21.99[V]

18 누전경보기의 제품검사기술기준에 관한 내용이다. 다음 각 물음에 답하시오. **6점**
(1) 변류기의 절연저항을 측정할 때 사용하는 기구의 명칭을 쓰시오
(2) 변류기의 절연저항을 측정하였을 경우 절연저항값은 몇 [MΩ] 이상이어야 하는지 쓰시오
(3) 감도조정장치의 최대조정범위를 쓰시오
(4) 누전경보기의 공칭작동 전류치는 몇 [mA] 이하이어야 하는지 쓰시오

해설 및 정답
(1) DC 500[V] 절연저항계
(2) 5[MΩ]
(3) 최대 1[A] 이하
(4) 200[mA]

2022년 제2회 소방설비기사[전기분야] 2차 실기

[2022년 7월 2일 시행]

01 유도등의 비상전원에 관한 다음 ( ) 안에 답하시오. [4점]

> 비상전원은 다음 각 호의 기준에 적합하게 설치하여야 한다.
> 1. (㉠)로 할 것
> 2. 유도등을 (㉡)분 이상 유효하게 작동시킬 수 있는 용량으로 할 것. 다만, 다음 각 목의 특정소방대상물의 경우에는 그 부분에서 피난층에 이르는 부분의 유도등을 (㉢)분 이상 유효하게 작동시킬 수 있는 용량으로 하여야 한다.
> 　가. 지하층을 제외한 층수가 11층 이상의 층
> 　나. 지하층 또는 무창층으로서 용도가 도매시장·소매시장·여객자동차터미널·지하역사 또는 지하상가

해설 및 정답
㉠ 축전지
㉡ 20
㉢ 60

02 비상방송설비에 대한 설치기준으로 다음 ( ) 안에 알맞은 말 또는 수치를 쓰시오. [5점]

> • 확성기의 음성입력은 실내에 설치하는 것에 있어서는 (①)[W] 이상일 것
> • 확성기는 각 층마다 설치하되, 그 층의 각 부분으로부터 하나의 확성기까지의 수평거리가 (②)[m] 이하가 되도록 할 것
> • 음량조절기를 설치하는 경우 음량조절기의 배선은 (③)으로 할 것
> • 조작부의 조작스위치는 바닥으로부터 (④)[m] 이상 (⑤)[m] 이하의 높이에 설치할 것

해설 및 정답
① 1
② 25
③ 3선식
④ 0.8
⑤ 1.5

기출문제

03 그림과 같은 다음 각 건물의 경계구역수를 구하시오. `6점`

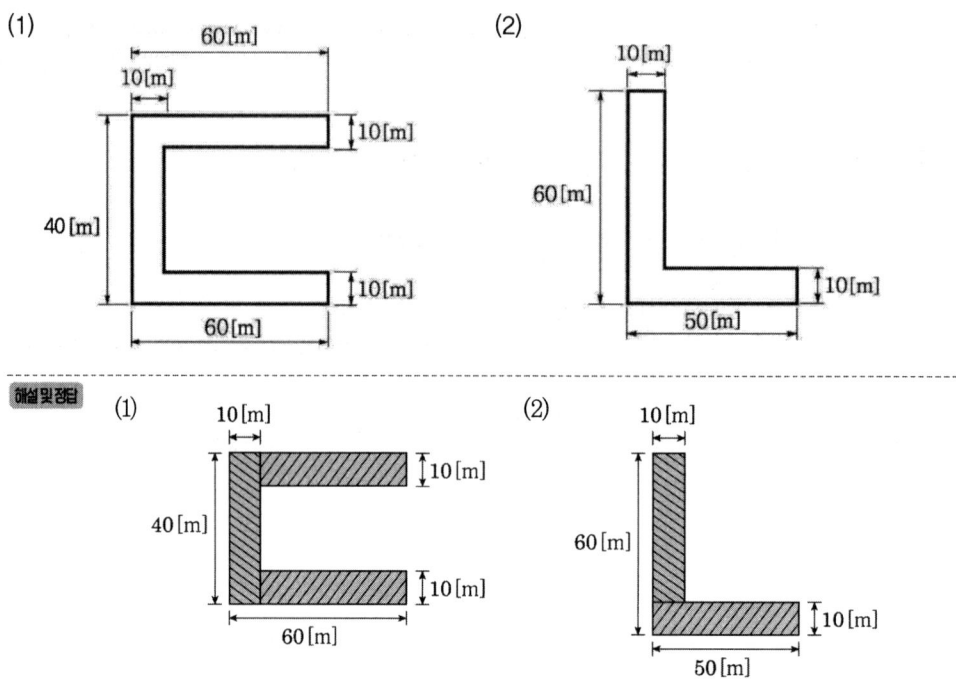

04 다음 소방시설 도시기호 각각의 명칭을 쓰시오. `4점`

(1) Ⓑ :   (2) ⌴ :

(3) ◁ :   (4) ⃞S :

> 해설 및 정답
> (1) 비상벨
> (2) 정온식스포트형감지기
> (3) 사이렌
> (4) 연기감지기

05 3상 380[V], 15[kW] 스프링클러 펌프용 유도전동기의 역률이 85[%]일 때 역률을 95[%]로 개선할 수 있는 전력용 콘덴서의 용량은 몇 [kVA]이겠는가? **7점**

해설및정답

$$Q_C[\text{kVA}] = 15\left(\frac{\sqrt{1-0.85^2}}{0.85} - \frac{\sqrt{1-0.95^2}}{0.95}\right) = 4.365 \fallingdotseq 4.37[\text{kVA}]$$

∴ 4.37[kVA]

06 유량이 2400[Lpm]이고, 양정이 100[m]인 스프링클러설비용 펌프 전동기 용량은 몇 [kW]인가? (단, 효율은 65[%]이고, 여유율은 1.1이다) **4점**

해설및정답

$$P(\text{kW}) = \frac{9.8\,QH}{\eta}K = \frac{9.8 \times \left(\frac{2.4}{60}\right) \times 100}{0.65} \times 1.1 = 66.338 \fallingdotseq 66.34[\text{kW}]$$

07 P형 수신기와 감지기와의 배선회로에서 P형 수신기 종단저항은 11[kΩ], 배선저항은 40[Ω], 릴레이저항은 500[Ω], DC 24[V]일 때 다음 각 물음에 답하시오. **6점**

(1) 감시전류[mA]를 구하시오.
(2) 동작전류[mA]를 구하시오.

해설및정답

(1) $\dfrac{24}{11000+500+40} = 2.08 \times 10^{-3}[\text{A}] = 2.08[\text{mA}]$

∴ 2.08[mA]

(2) $\dfrac{24}{500+40} = 0.04444[\text{A}] = 44.44[\text{mA}]$

∴ 44.44[mA]

08 내화구조의 특정소방대상물 바닥면적이 700[m²]인 곳에 차동식스포트형감지기(2종) 및 광전식 스포트형 감지기(2종)를 설치하려고 할 때 감지기의 최소 개수를 구하시오(단, 천장의 높이는 3m이다). `6점`

(1) 차동식 스포트형 감지기 설치시
(2) 광전식 스포트형 감지기 설치시

해설 및 정답

(1) $\dfrac{700[\mathrm{m}^2]}{70[\mathrm{m}^2/개]} = 10[개]$

∴ 10개

(2) $\dfrac{700[\mathrm{m}^2]}{150[\mathrm{m}^2/개]} = 4.66 ≒ 5[개]$

∴ 5개

09 다음은 옥내소화전설비 비상전원에 관한 내용이다. ( ) 안에 알맞은 내용을 쓰시오. `6점`

가) 비상전원을 설치해야 하는 경우

1. 층수가 (①) 이상으로서 연면적이 (②)[m²] 이상인 것
2. 제1호에 해당하지 아니하는 특정소방대상물로서 지하층의 바닥면적의 합계가 (③)[m²] 이상인 것

나) 비상전원 설치기준

1. 점검에 편리하고 화재 및 (④) 등의 재해로 인한 피해를 받을 우려가 없는 곳에 설치할 것
2. 옥내소화전설비를 유효하게 (⑤)분 이상 작동할 수 있어야 할 것
3. 상용전원으로부터 전력의 공급이 중단된 때에는 (⑥)으로 비상전원으로부터 전력을 공급받을수 있도록 할 것
4. 비상전원(내연기관의 기동 및 제어용 축전기를 제외한다)의 설치장소는 다른 장소와 (⑦)할 것. 이 경우 그 장소에는 비상전원의 공급에 필요한 기구나 설비 외의 것(열병합발전설비에 필요한 기구나 설비는 제외한다)을 두어서는 아니 된다.
5. 비상전원을 실내에 설치하는 때에는 그 실내에 (⑧)을 설치할 것

해설 및 정답
① 7층   ② 2000   ③ 3000   ④ 침수   ⑤ 20
⑥ 자동   ⑦ 방화구획   ⑧ 비상조명등

10 국가화재안전기준에서 정하는 비상방송설비의 용어 정의를 설명한 것이다. 다음 (   ) 안에 알맞은 용어를 쓰시오.

(1) 소리를 크게 하여 멀리까지 전달될 수 있도록 하는 장치로써 일명 스피커를 말한다.
(2) 가변저항을 이용하여 전류를 변화시켜 음량을 크게 하거나 작게 조절할 수 있는 장치를 말한다.
(3) 전압전류의 진폭을 늘려 감도를 좋게 하고 미약한 음성전류를 커다란 음성전류로 변화시켜 소리를 크게 하는 장치를 말한다.

해설및정답
(1) 확성기
(2) 음량조절기
(3) 증폭기

11 주어진 진리표를 보고 다음 각 물음에 답하시오.

A	B	C	Y_1	Y_2
0	0	0	1	0
0	0	1	0	1
0	1	0	1	1
0	1	1	0	1
1	0	0	1	0
1	0	1	0	1
1	1	0	0	1
1	1	1	0	1

(가) 가장 간략화된 논리적으로 표현하시오.

해설및정답
$Y_1 = \overline{C}(\overline{A} + \overline{B})$
$Y_2 = B + C$

(나) (가)의 논리식을 무접점회로로 그리시오.

해설및정답
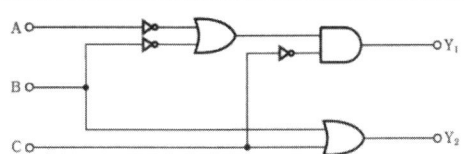

(다) (가)의 논리식을 유접점회로로 그리시오.

해설및정답

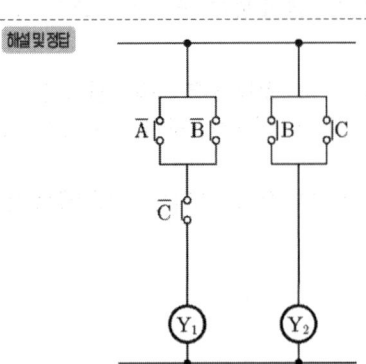

12 P형 수신기의 예비전원을 시험하는 목적, 방법과 양부판단의 기준에 대하여 설명하시오. [5점]

(1) 목적
(2) 시험방법
(3) 가부판정의 기준

해설및정답
(1) 예비전원의 전압, 용량, 절환상황 및 복구상황이 정상인지 확인
(2) ① 예비전원 시험스위치를 누른다(누르고 있어야 함).
② 교류전원이 개로되고 예비전원으로 절환되는 자동절환릴레이의 작동상태 확인 및 전압계 또는 표시등(LED)의 상태가 정상인지 확인한다.
③ 예비전원 시험스위치를 정상위치로 했을 때 자동절환릴레이가 동작하여 교류전원이 폐로되어 전기가 정상적으로 공급되는지 확인(전압계 또는 표시등(LED)의 상태가 정상인지 확인 및 예비전원의 공급 중단을 확인한다)
(3) 예비전원의 전압, 용량, 절환상황 및 복구상황이 정상인지 확인

13 주어진 도면은 유도전동기 기동·정지회로의 미완성 도면이다. 다음과 같이 주어진 기구를 이용하여 제어회로 부분의 미완성 회로를 완성하시오(단, 기동 운전 시 자기유지가 되어야 하며, 기구의 개수 및 접점 등은 최소 개수를 사용하도록 한다). [전자접촉기 MC, 기동램프 RL, 정지램프 GL, 열동계전기 THR, ON, OFF스위치 이용] 4점

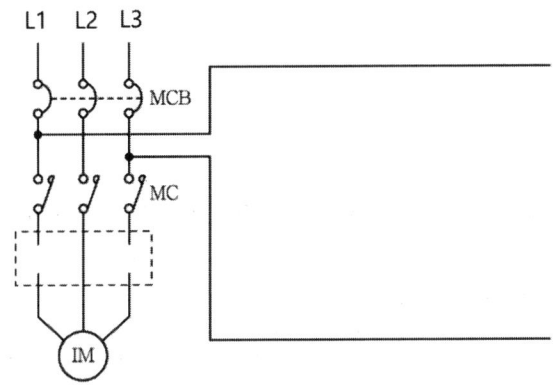

해설및정답

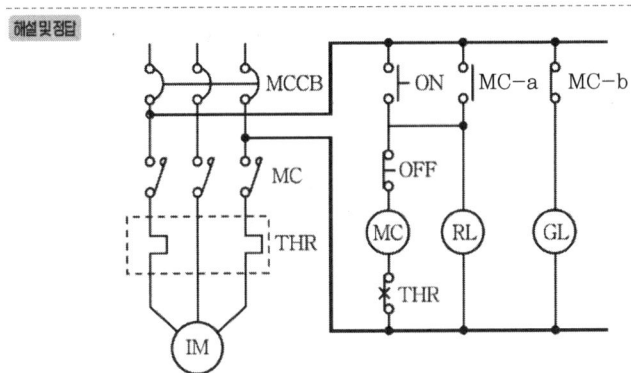

14 교차회로방식의 적용설비 5가지를 쓰시오. 5점

해설및정답 준비작동식 스프링클러설비, 일제살수식 스프링클러설비, 분말소화설비, 할론 소화설비, 이산화탄소소화설비, 할로겐화합물 및 불활성기체소화약제 소화설비

기출문제

15 수신기에서 60[m] 떨어진 곳에서의 소요전류가 400mA인 경우, 전압강하를 계산하시오(배선의 직경은 1.5mm이다). 4점

해설 및 정답
$$e = \frac{KLI}{1000A} = \frac{35.6 \times 60 \times 0.4}{1000 \times \left(\frac{\pi}{4} \times 1.5^2\right)} = 0.4834[\text{V}] = 0.48[\text{V}]$$

∴ 0.48[V]

16 옥내소화전설비의 화재안전기준에 대한 내용으로 다음 ( ) 안에 답하시오. 5점

> 감시제어반의 기능은 다음 각 호의 기준에 적합하여야 한다.
> 1. 각 펌프의 작동여부를 확인할 수 있는 표시등 및 (①)기능이 있어야 할 것
> 2. 각 펌프를 자동 및 수동으로 작동시키거나 중단시킬 수 있어야 할 것
> 3. 비상전원을 설치한 경우에는 상용전원 및 비상전원의 공급 여부를 확인할 수 있어야 할 것
> 4. 수조 또는 물올림탱크가 (②)로 될 때 (③) 및 음향으로 경보할 것
> 5. 각 확인회로(기동용수압개폐장치의 압력스위치회로·수조 또는 물올림탱크의 감시회로를 말한다) 마다 (④)시험 및 (⑤)시험을 할 수 있어야 할 것
> 6. 예비전원이 확보되고 예비전원의 적합 여부를 시험할 수 있어야 할 것

해설 및 정답 ① 음향경보, ② 저수위, ③ 표시등, ④ 도통, ⑤ 작동

17 아래 도면과 같이 감지기가 설치되어 있을 배선도를 완성하시오. 5점

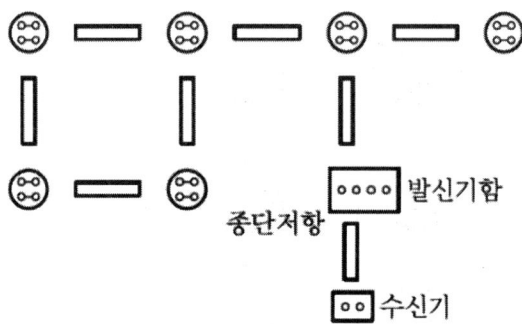

해설 및 정답

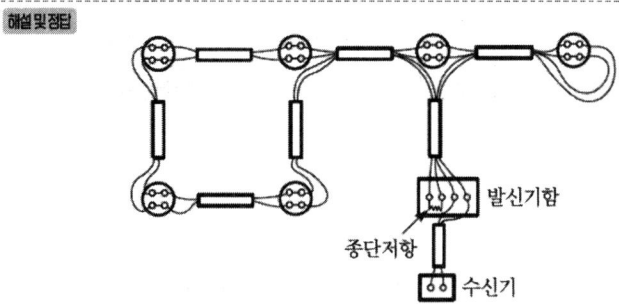

기출문제

18 건물 내부에 가압송수장치는 기동용 수압개폐장치를 사용하는 옥내소화전함과 발신기세트를 다음과 같이 설치하였다. 다음 각 물음에 답하시오. **11점**

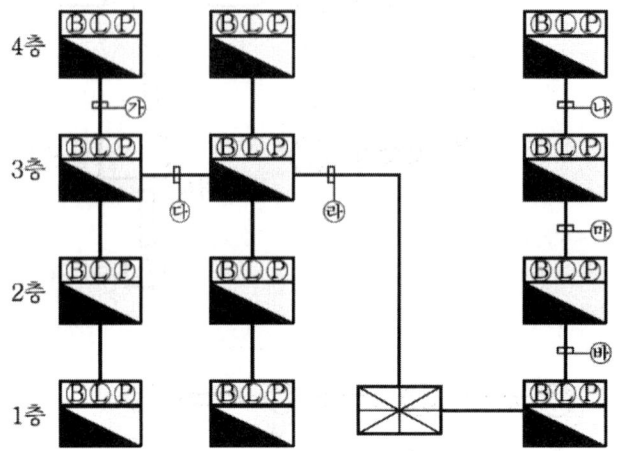

(1) "㉮"~"㉯"의 전선 가닥 수를 쓰시오.

해설 및 정답   ㉮ 8   ㉯ 8   ㉰ 11   ㉱ 16   ㉲ 9   ㉯ 10

(2) 감지기회로의 도통시험을 위한 종단저항의 설치기준 3가지를 쓰시오.

해설 및 정답
1. 점검 및 관리가 쉬운 장소에 설치할 것
2. 전용함을 설치하는 경우 그 설치 높이는 바닥으로부터 1.5[m] 이내로 할 것
3. 감지기 회로의 끝부분에 설치하며, 종단감지기에 설치할 경우에는 구별이 쉽도록 해당 감지기의 기판 및 감지기 외부 등에 별도의 표시를 할 것

(3) 감지기회로의 전로저항은 몇 [Ω] 이하여야 하는가?

해설 및 정답   50[Ω]

(4) 수신기의 각 회로별 종단에 설치되는 감지기에 접속되는 배선의 전압은 감지기 정격전압의 몇 [%] 이상이어야 하는가?

해설 및 정답   80[%]

2022년 제4회 소방설비기사[전기분야] 2차 실기

[2022년 11월 19일 시행]

01 그림은 10개의 접점을 가진 스위칭회로이다. 이 회로의 접점수를 최소화하여 스위칭회로를 그리시오(단, 주어진 스위칭회로의 논리식을 최소화하는 과정을 모두 기술하고 최소화된 스위칭회로를 그리도록 한다). **5점**

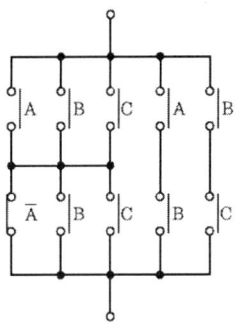

해설 및 정답

$(A+B+C) \times (\overline{A}+B+C) + AB + BC$
$= A(\overline{A}+B+C) + B(\overline{A}+B+C) + C(\overline{A}+B+C) + AB + BC$
$= A\overline{A} + AB + AC + B\overline{A} + BB + BC + C\overline{A} + BC + CC + AB + BC$
$= AC + B\overline{A} + B + C\overline{A} + C + AB + BC$
$= B(\overline{A}+1+A) + C(A+\overline{A}+1+B)$
$= B + C$

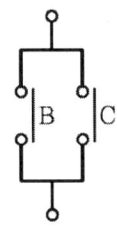

기출문제

02 비상용 조명부하에 연축전지를 설치하고자 한다. 주어진 조건과 표, 그림을 참고하여 연축전지의 용량[Ah]를 구하시오.

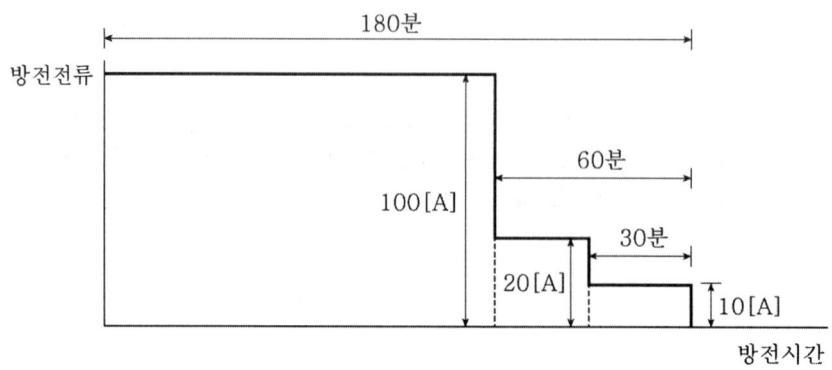

[조건]
① 허용전압 최고 : 120V, 최저 : 88[V]　② 부하정격전압 : 100[V]
③ 최저허용전압[V/셀] : 1.7[V]　④ 보수율 : 0.8
⑤ 최저축전지온도에서 용량환산시간

최저허용전압 [V/셀]	1분	5분	10분	20분	30분	60분	120분
1.80	1.50	1.60	1.75	2.05	2.40	3.10	4.40
1.70	0.75	0.92	1.25	1.50	1.85	2.60	3.95
1.60	0.63	0.75	1.05	1.44	1.70	2.40	3.70

해설 및 정답　$K_1 = 3.95$, $K_2 = 1.85$, $K_3 = 1.85$ 이므로

$$C = \frac{1}{L}KI = \frac{1}{L}(K_1 I_1 + K_2 I_2 + K_3 I_3)$$

$$= \frac{1}{0.8}(3.95 \times 100 + 1.85 \times 20 + 1.85 \times 10) = 563.13[\text{Ah}]$$

∴ 563.13[Ah]

03 소방용 케이블과 다른 용도의 케이블을 배선전용실에 함께 배선할 때 다음 각 물음에 답하시오.

(가) 소방용 케이블을 내화성능을 갖는 배선전용실 등의 내부에 소방용이 아닌 케이블과 함께 노출하여 배선할 때 소방용 케이블과 다른 용도의 케이블간의 피복과 피복간의 이격거리는 몇 cm 이상이어야 하는지 쓰시오.

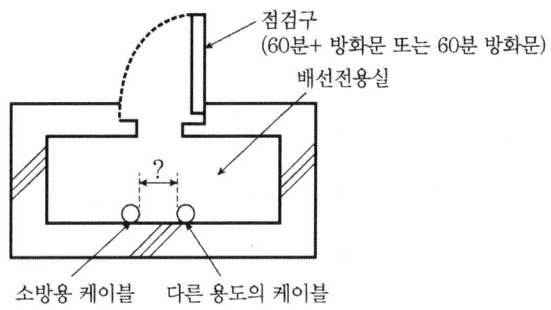

해설및정답   15[cm]

(나) 부득이하게 (가)와 같이 이격시킬 수 없어 불연성 격벽을 설치한 경우에 격벽의 높이는 굵은 케이블 지름의 몇 배 이상이어야 하는지 쓰시오.

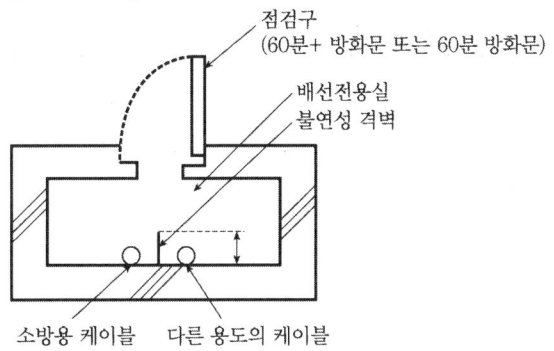

해설및정답   1.5배

기출문제

04 도면은 할로겐화합물 소화설비의 수동조작함에서 할론제어반까지의 결선도이다. 주어진 도면과 조건을 이용하여 다음 각 물음에 답하시오.

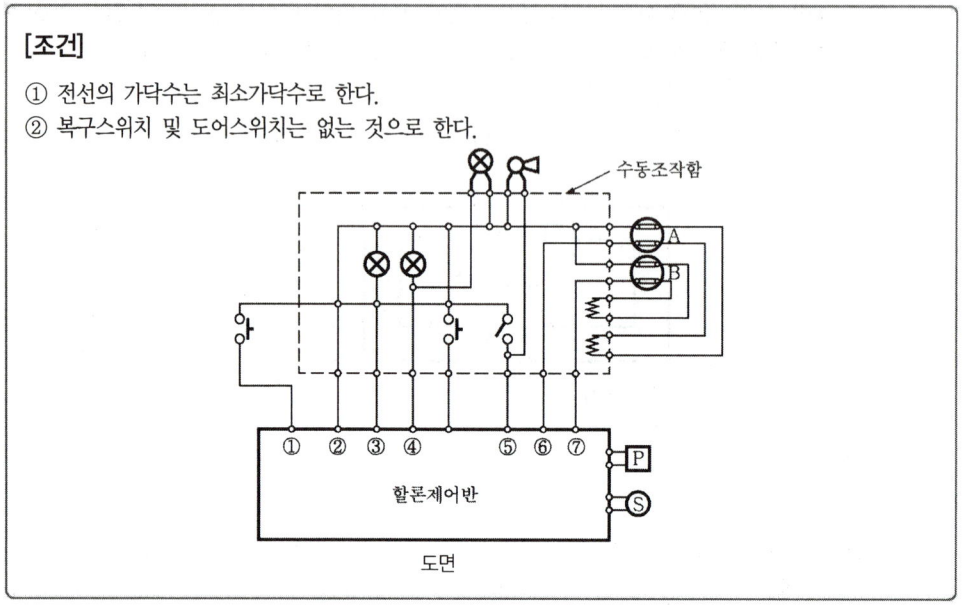

[조건]
① 전선의 가닥수는 최소가닥수로 한다.
② 복구스위치 및 도어스위치는 없는 것으로 한다.

(가) ①~⑦의 전선 명칭을 쓰시오.

기호	①	②	③	④	⑤	⑥	⑦
명칭							

해설및정답
① 방출지연스위치 또는 기동스위치
② 전원 ⊖
③ 전원 ⊕
④ 방출표시등
⑤ 사이렌
⑥ 감지기A
⑦ 감지기B

(나) 기호 ②, ③의 전선의 최소굵기[mm²]는?

해설및정답 전선굵기 2.5[mm²]

05 다음 도면은 할론소화설비와 연동하는 감지기 설비를 나타낸 그림이다. 조건을 참조하여 다음 각 물음에 답하시오.

[조건]
① 광전식 스포트형 감지기 4개를 설치한다. 수동조작함 1개, 사이렌 1개, 방출표시등 1개, 종단저항 2개를 표시한다.
② 사용하는 전선은 후강전선관이며, 콘크리트 매입으로 한다.
③ 기동을 만족시키는 최소의 배선을 하도록 한다.
④ 건축물은 내화구조로 각 층의 높이는 3.8m이다.

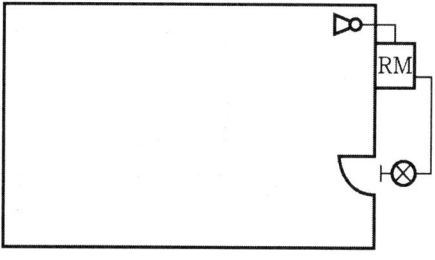

(가) 평명도를 완성하시오.

해설 및 정답

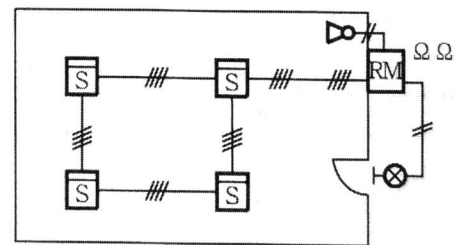

교차회로방식이므로 4가닥, 8가닥이며 종단저항이 2개 들어간다.

(나) 수신반과 수동조작함 사이의 배선 명칭을 쓰시오.

해설 및 정답 전원+, 전원-, 감지기A, 감지기B, 방출지연스위치, 자동스위치, 방출표시등, 사이렌

기출문제

06 다음은 이산화탄소 소화설비의 간선계통이다. 각 물음에 답하시오. (단, 감지기공통선과 전원공통선은 각각 분리해서 사용하는 조건이다.)

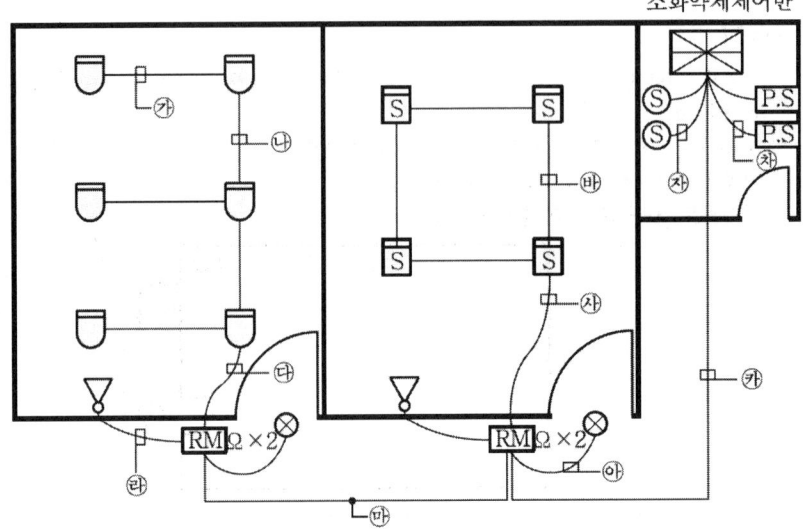

(가) ㉮~㉯까지의 배선 가닥수를 쓰시오.

㉮	㉯	㉰	㉱	㉲	㉳	㉴	㉵	㉶	㉷	㉸
4	8	8	2	9	4	8	2	2	2	14

(나) ㉲의 배선별 용도를 쓰시오. (단, 해당 배선 가닥수까지만 기록)

번호	배선의 용도	번호	배선의 용도
1	전원 +	6	감지기 A
2	전원 -	7	감지기 B
3	기동스위치	8	비상스위치
4	방출표시등	9	감지기공통
5	사이렌		

07 유량 3,000[Lpm], 양정 80[m]인 스프링클러설비용 펌프 전동기의 용량을 계산하시오(단, 효율 : 0.7, 전달계수 : 1.15).

해설 및 정답

$$P[\text{kW}] = \frac{9.8QH}{102\eta}K = \frac{9.8 \times \left(\frac{3}{60}\right) \times 80}{0.7} \times 1.15 = 64.4[\text{kW}]$$

08 화재 발생시 화재를 검출하기 위하여 감지기를 설치한다. 이때 축적기능이 없는 감지기로 설치하여야 하는 경우 3가지만 쓰시오.

해설 및 정답
① 교차회로방식에 사용되는 감지기
② 급속한 연소 확대가 우려되는 장소에 사용되는 감지기
③ 축적기능이 있는 수신기에 연결하여 사용하는 감지기

09 유도등의 비상전원 설치기준에 관한 다음 (　) 안을 완성하시오.

유도등 (①)분 이상 유효하게 작동시킬 수 있는 용량으로 할 것. 다만, 다음의 특정소방대상물의 경우에는 그 부분에서 피난층에 이르는 부분의 유도등을 (②)분 이상 유효하게 작동시킬 수 있는 용량으로 하여야 한다.
• 지하층을 제외한 층수가 (③)층 이상의 층
• 지하층·무창층으로서 도매시장·소매시장·여객자동차터미널·지하철역사·지하상가

해설 및 정답
① 20
② 60
③ 11

기출문제

10 3상 380[V], 30[kW] 스프링클러펌프용 유도전동기가 있다. 전동기의 역률이 60[%]일 때 역률을 90[%]로 개선할 수 있는 전력용 콘덴서의 용량은 몇 kVA이겠는가?

해설 및 정답

콘덴서 용량 $= P\left(\dfrac{\sqrt{1-\cos\theta_1^2}}{\cos\theta_1} - \dfrac{\sqrt{1-\cos\theta_2^2}}{\cos\theta_2}\right)$

콘덴서 용량[kVA] $= 30 \times \left(\dfrac{\sqrt{1-0.6^2}}{0.6} - \dfrac{\sqrt{1-0.9^2}}{0.9}\right) = 25.47$ [kVA]

∴ 25.47[kVA]

11 그림과 같이 구획된 철근콘크리트 건물의 공장이 있다. 다음 표에 따라 자동화재탐지설비의 감지기를 설치하고자 한다. 다음 각 물음에 답하시오.

(가) 다음 표를 완성하여 감지기 개수를 선정하시오.

구역	설치높이[m]	감지기 종류	계산 내용	감지기 개수
㉮ 구역	3.5	연기감지기 2종		
㉯ 구역	3.5	연기감지기 2종		
㉰ 구역	4.5	연기감지기 2종		
㉱ 구역	3.8	정온식 스포트형 1종		
㉲ 구역	3.5	차동식 스포트형 2종		

해설 및 정답

기호	산출과정	설치수량(개)
㉮	$\dfrac{220}{150} = 1.4$	2
㉯	$\dfrac{600}{150} = 4$	4
㉰	$\dfrac{540}{75} = 7.2$	8
㉱	$\dfrac{180}{60} = 3$	3
㉲	$\dfrac{420}{70} = 6$	6

(나) 해당 구역에 감지기를 배치하시오.

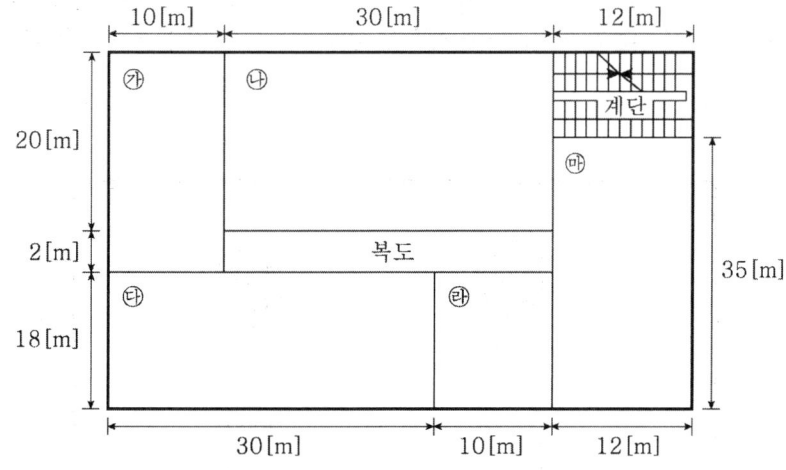

해설 및 정답

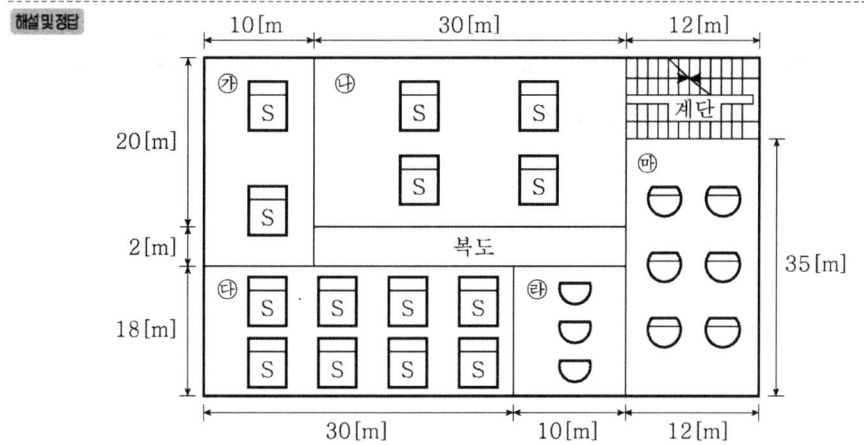

기출문제

12 다음 그림과 같이 지하 1층에서 지상 5층까지 각 층의 평면이 동일하고, 각 층의 높이가 4[m]인 학원건물에 자동화재탐지설비를 설치한 경우이다. 다음 각 물음에 답하시오.

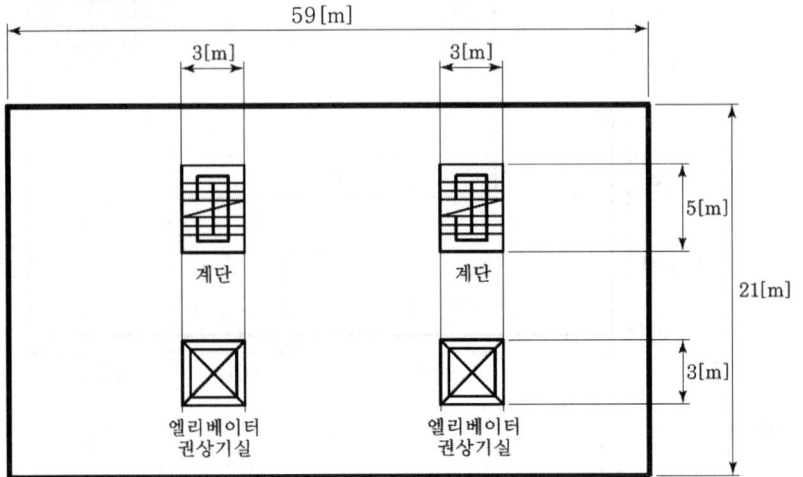

(가) 하나의 층에 대한 자동화재탐지설비의 수평경계구역수를 구하시오.

해설 및 정답   전체면적 : $59 \times 21 = 1239[m^2]$
계단 : $(3 \times 5) \times 2 = 30[m^2]$
엘리베이터권상기실 : $(3 \times 3) \times 2 = 18[m^2]$
$\dfrac{1239 - 30 - 18}{600} = 1.985 \rightarrow 2경계구역$

(나) 본 소방대상물 자동화재탐지설비의 수직 및 수평경계구역수를 구하시오.
① 수평경계구역
② 수직경계구역

해설 및 정답   ① 수평경계구역 : 층당 2경계구역 × 총 6개층 = 12경계구역
② 수직경계구역 : 수직경계구역의 높이 = 층당 4m × 총 6개층 = 24m
45m 이하이므로 1경계구역으로 설정
계단 2개 + 엘리베이터권상기실 2개 = 4경계구역

(다) 계단감지기는 각각 몇 층에 설치해야 하는지 쓰시오(연기감지기 2종 설치).

해설 및 정답 $\dfrac{24m}{15m} = 1.6$ ∴ 2개(2층, 5층 설치)

(라) 엘리베이터 권상기실 상부에 설치해야 하는 감지기의 종류를 쓰시오.

해설 및 정답   연기감지기

13 다음은 PB_{-on} 동작시 X 릴레이가 동작하고 특정 시간 세팅 후 타이머가 동작하여 MC가 동작하는 시퀀스회로도이다. PB_{-on}을 동작시킨 후 X 릴레이와 타이머가 소자되어도 MC가 동작하도록 시퀀스를 수정하시오.

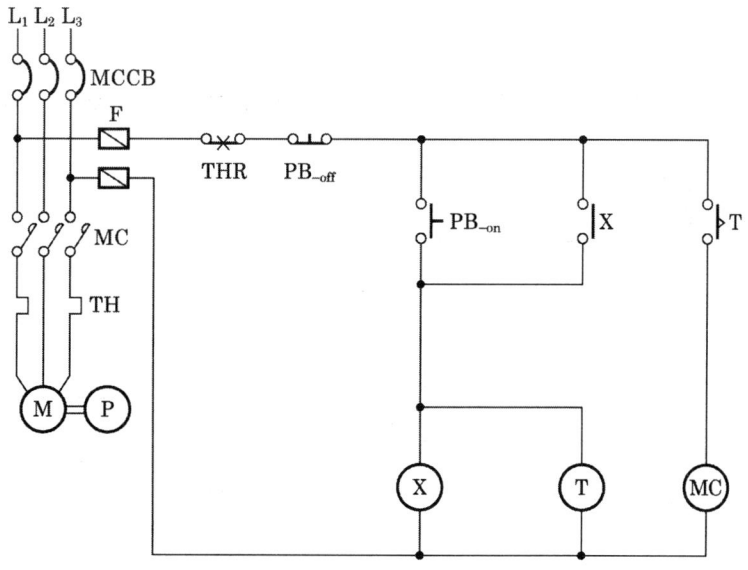

[해설및정답] "X릴레이와 타이머가 소자"라고 제시하였으므로 MC의 b접점을 타이머와 X릴레이 쪽에 구성, MC는 계속 동작해야 하므로 자기유지를 MC쪽에 구성

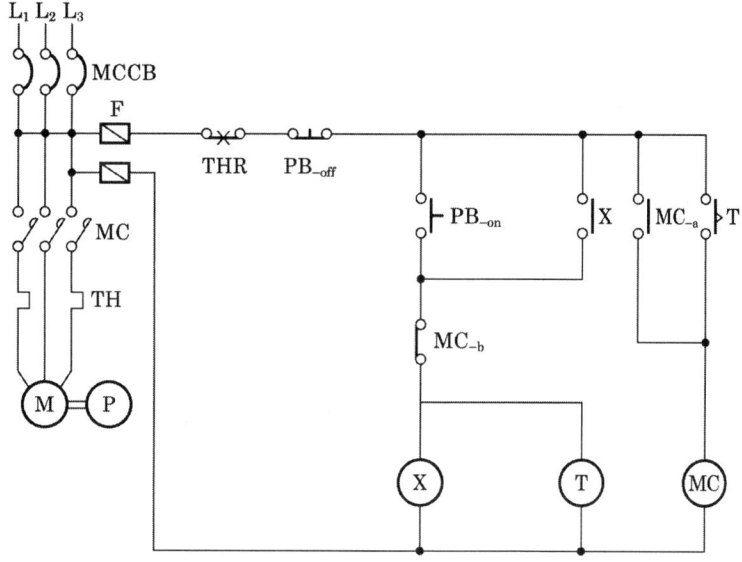

기출문제

14 무선통신보조설비에 사용되는 무반사 종단저항의 설치목적을 쓰시오.

해설 및 정답   전송로의 종단에서 전자파가 반사되어 통신 품질이 저하하는 것을 막기 위함

15 다음과 같이 총 길이가 2,800[m]인 터널에 자동화재탐지설비를 설치하는 경우 다음 물음에 답하시오.

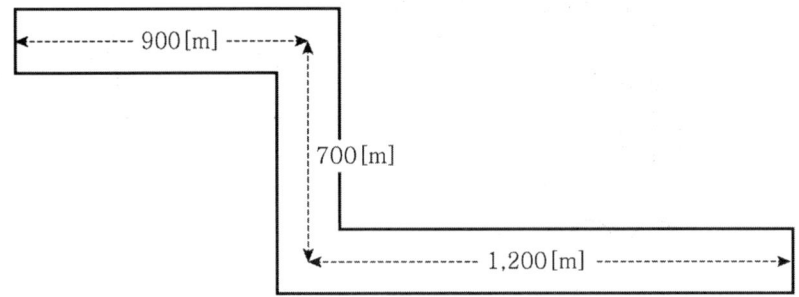

(가) 최소경계구역은 몇 개로 구분해야 하는지 계산하시오.

해설 및 정답   하나의 경계구역은 100미터 이내로 하여야 하므로 $\frac{2,800}{100} = 28$

∴ 28구역

(나) 다음 (   ) 안에 알맞은 말을 쓰시오

> 감지기의 작동에 의하여 다른 소방시설 등이 연동되는 경우로서 해당 소방시설 등의 작동을 위한 정확한 (   )를(을) 확인할 필요가 있는 경우에는 경계구역의 길이가 해당 설비의 방호구역 등에 포함되도록 설치하여야 한다.

해설 및 정답   발화위치

(다) 터널에 설치할 수 있는 감지기의 종류 3가지만 쓰시오

해설 및 정답   (1) 차동식분포형감지기
(2) 정온식감지선형감지기(아날로그식에 한한다.)
(3) 중앙기술심의위원회의 심의를 거쳐 터널화재에 적응성이 있다고 인정된 감지기

16
다음과 같은 조건을 참고하여 배선도로 나타내시오.

조건
① 배선 : 천장은폐배선
② 전력선 : 4가닥, 450/750[V] 저독성 난연 가교폴리올레핀 절연전선 1.5[mm^2]
③ 전선관 : 후강전선관 22[mm]

해설 및 정답

―////―
HFIX 1.5(22)

17
자동화재탐지설비 및 시각경보장치의 화재안전기술기준(NFTC 203)에서 자동화재탐지설비의 음향장치의 설치기준에 관한 사항이다. 다음 (   ) 안을 완성하시오.

층수가 (①)층[공동주택의 경우에는 (②)층] 이상의 특정소방대상물은 다음의 기준에 따라 경보를 발할 수 있도록 할 것

발화층	경보층
2층 이상 발화	(③)
1층 발화	(④)
지하층 발화	(⑤)

해설 및 정답
① 11
② 16
③ 발화층 및 그 직상 4개 층
④ 발화층·그 직상 4개 층 및 지하층
⑤ 발화층·그 직상층 및 기타의 지하층

기출문제

18 어느 특정소방대상물에 자동화재탐지설비용 공기관식 차동식 분포형 감지기를 설치하려고 한다. 다음 각 물음에 답하시오.

(가) 공기관의 노출부분은 감지구역마다 몇 m 이상으로 하여야 하는가?
(나) 하나의 검출부에 접속하는 공기관의 길이는 몇 m 이하로 하여야 하는가?
(다) 공기관과 감지구역의 각 변과의 수평거리는 몇 m 이하이어야 하는가?
(라) 공기관 상호간의 거리는 몇 m 이하이어야 하는가? (단, 주요구조부가 비내화구조이다.)
(마) 공기관의 두께와 바깥지름은 각각 몇 mm 이상인가?

해설 및 정답
(가) 20m
(나) 100m
(다) 1.5m
(라) 6m(기타구조이므로)
(마) 두께 : 0.3[mm]
   바깥지름 : 1.9[mm]

> **Reference**
> NFTC203 공기관식 차동식분포형감지기는 다음의 기준에 따를 것
> - 공기관의 노출 부분은 감지구역마다 20[m] 이상이 되도록 할 것
> - 공기관과 감지구역의 각 변과의 수평거리는 1.5[m] 이하가 되도록 하고, 공기관 상호 간의 거리는 6[m](주요구조부가 내화구조로 된 특정소방대상물 또는 그 부분에 있어서는 9[m]) 이하가 되도록 할 것
> - 공기관은 도중에서 분기하지 않도록 할 것
> - 하나의 검출 부분에 접속하는 공기관의 길이는 100[m] 이하로 할 것
> - 검출부는 5° 이상 경사되지 않도록 부착할 것
> - 검출부는 바닥으로부터 0.8[m] 이상 1.5[m] 이하의 위치에 설치할 것

2023년 제1회 소방설비기사[전기분야] 2차 실기

[2023년 4월 22일 시행]

01 비상용 전원설비로 축전지설비를 하려고 한다. 사용되는 부하의 방전전류와 시간특성곡선이 그림과 같을 때 다음 각 물음에 답하시오(단, 축전지의 용량환산 시간계수 K는 주어진 표에 의한다). **6점**

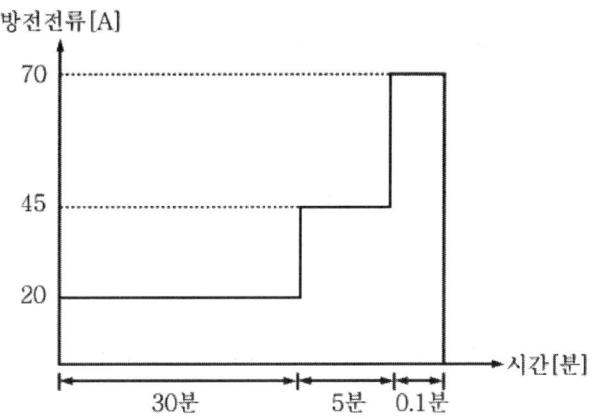

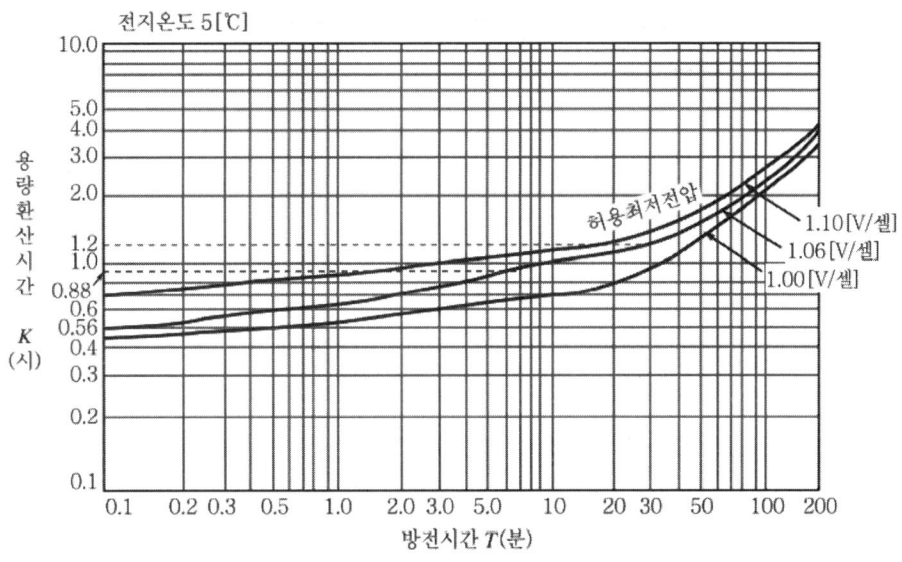

기출문제

가) 축전지에 수명이 있고 그 말기에 있어서도 부하를 만족시키는 용량을 결정하기 위한 계수로서 보통 그 값을 0.8로 하는 것을 무엇이라고 하는가?

해설 및 정답 보수율 : 축전지의 경년변화에 따른 용량변화를 고려한 용량환산계수(보통 0.8)

나) 단위 전지의 방전종지전압(최저 사용전압)이 1.06[V]일 때 축전지 용량은 몇 [Ah]가 필요한가?

해설 및 정답
$$C = \frac{1}{L}[K_1I_1 + K_2I_2 + K_3I_3] = \frac{1}{0.8}[1.2 \times 20 + 0.88 \times 45 + 0.56 \times 70] = 128.5[Ah]$$
∴ 128.5[Ah]

> **Reference ― 축전지의 용량**
>
> $$C = \frac{1}{L}[K_1I_1 + K_2I_2 + K_3I_3 + \cdots + K_nI_n][Ah]$$
>
> 여기서, L : 보수율(용량저하율)
> K : 용량환산시간[h](K_1=1.2, K_2=0.88, K_3=0.56)
> I : 방전전류[A](I_1=20[A], I_2=45[A], I_3=70[A])

다) 연축전지와 알칼리축전지의 공칭전압은 각각 몇 [V]인가?

해설 및 정답 연축전지 : 2.0[V], 알칼리축전지 : 1.2[V]

> **Reference ― 연축전지와 알칼리 축전지의 비교**
>
> | 구분 | 연(납)축전지 | 알칼리 축전지 |
> |---|---|---|
> | 공칭용량 | 10[Ah] | 5[Ah] |
> | 충전시간 | 길다. | 짧다. |
> | 공칭전압 | 2.0[V] | 1.2[V] |
> | 기전력 | 2.05~2.08[V] | 1.32[V] |
> | 기계적 강도 | 약하다. | 강하다. |
> | 내온도특성 | 약하다. | 강하다. |
> | 충방전특성 | 나쁘다. | 우수하다. |
> | 수명 | 짧다(5~10년). | 길다(15~30년). |
> | 가격 | 싸다. | 비싸다. |
> | 종류 | 클래드식, 페이스트식 | 포켓식, 소결식 |

02 가스누설경보기에 관한 다음 각 물음에 답하시오. [4점]

가) 가스누설경보기는 가스누설신호를 수신한 경우에는 누설등이 점등되어 가스의 발생을 자동적으로 표시하고 있다. 이 경우 점등되는 누설등의 색깔을 쓰시오.

나) 가스누설경보기를 그 구조와 용도에 따라 구분하여 ( )에 쓰시오.
① 구조에 따른 구분 : (   )형, (   )형
② 용도에 따른 구분 : (   )용, (   )용, (   )용

정답
가) 황색
나) ① 단독, 분리
② 가정, 영업, 공업

해설 가스누설경보기의 종류
① 구조상의 구분 : 단독형, 분리형
② 용도상의 구분 : 가정용, 영업용, 공업용

03 시각경보기를 설치하여야 할 특정소방대상물 3가지를 쓰시오. [3점]

해설 및 정답
1. 근린생활시설
2. 종교시설
3. 판매시설

> **Reference** — 자동화재탐지설비를 설치하여야 하는 특정소방대상물 중 다음에 해당하는 용도
> 1) 근린생활시설, 문화 및 집회시설, 종교시설, 판매시설, 운수시설, 운동시설, 위락시설, 창고시설 중 물류터미널
> 2) 의료시설, 노유자시설, 업무시설, 숙박시설, 발전시설 및 장례식장
> 3) 교육연구시설 중 도서관, 방송통신시설 중 방송국
> 4) 지하가 중 지하상가

기출문제

04 피난구유도등에 대한 다음 물음에 답하시오. [4점]

가) 피난구유도등의 설치높이는?

> [해설및정답] 피난구의 바닥으로부터 높이 1.5[m] 이상

나) 표시면의 색상을 쓰시오.

> [해설및정답] 바탕은 녹색, 문자는 백색

> **Reference**
> 1. 피난구유도등, 피난구유도표지 : 바탕은 녹색, 문자는 백색
> 2. 통로유도등, 통로유도표지 및 객석유도등 : 바탕은 백색, 문자는 녹색

다) 피난구유도등을 설치하여야 하는 장소 4군데를 기술하시오.

> [해설및정답]
> ① 옥내로부터 직접 지상으로 통하는 출입구 및 그 부속실의 출입구
> ② 직통계단·직통계단의 계단실 및 그 부속실의 출입구
> ③ 위 ①과 ②에 따른 출입구에 이르는 복도 또는 통로로 통하는 출입구
> ④ 안전구획된 거실로 통하는 출입구

05 복도통로유도등의 설치기준을 4가지 쓰시오. [8점]

-
-
-
-

> [해설및정답]
> ① 복도에 설치하되 [옥내로부터 직접 지상으로 향하는 출입구 및 계단실, 그부속실로 향하는 출입구] 피난구유도등이 설치된 출입구의 맞은편 복도에는 입체형으로 설치하거나, 바닥에 설치할 것
> ② 구부러진 모퉁이 및 위 ①에 따라 설치된 통로유도등을 기점으로 보행거리 20m마다 설치할 것
> ③ 바닥으로부터 높이 1m 이하의 위치에 설치할 것. 다만, 지하층 또는 무창층의 용도가 도매시장·소매시장·여객자동차터미널·지하역사 또는 지하상가인 경우에는 복도·통로 중앙부분의 바닥에 설치해야 한다.
> ④ 바닥에 설치하는 통로유도등은 하중에 따라 파괴되지 않는 강도의 것으로 할 것

06 비상콘센트설비에 대한 다음 각 물음에 답하시오. [7점]

가) 전원회로의 종류와 전압 및 그 공급용량의 기준에 대하여 설명하시오.

【해설및정답】

전원회로의 종류	전압	공급용량
단상	220[V]	1.5[kVA] 이상

나) 비상콘센트설비의 절연저항측정 방법과 절연내력시험 방법 및 각각의 기준을 설명하시오.
　(1) 절연저항
　　① 측정방법
　　② 기준
　(2) 절연내력
　　① 측정방법
　　② 기준

【해설및정답】
　(1) 절연저항
　　① 측정방법 : DC 500[V] 절연저항계로 전원부와 외함 사이를 측정한다.
　　② 기준 : 절연저항값이 20[MΩ] 이상일 것
　(2) 절연내력
　　① 측정방법 : 정격전압이 150[V] 이하이면 1,000[V]의 실효전압을, 정격전압이 150[V] 초과시 1,000＋정격전압×2[V]의 실효전압을 인가한다.
　　② 기준 : 1분 이상 견딜 것

다) 소방법에 따른 비상콘센트의 그림기호를 그리시오.

【해설및정답】

> **Reference** ─── 전원회로의 종류와 전압 및 그 공급용량의 기준 ───
>
> 1. 비상콘센트의 전원회로
>
> | 구분 | 플러그접속기 | 전압 | 공급용량 |
> |---|---|---|---|
> | 단상 교류 | 접지형 2극 | 220[V] | 1.5[kVA] 이상 |
>
> 2. 비상콘센트의 전선용량
>
> | 전선의 용량[kVA] | 1개 설치 | 2개 설치 | 3~10개 설치 |
> |---|---|---|---|
> | 단상 | 1.5 | 3 | 4.5 |
>
> ※ 3개 이상이면 3개의 용량으로 한다.

기출문제

07 비상콘센트설비의 설치기준에 대한 다음 각 물음에 답하시오. [8점]

가) 비상콘센트설비의 정의를 쓰시오.

해설및정답 "비상콘센트설비"란 화재 시 소화활동 등에 필요한 전원을 전용회선으로 공급하는 설비를 말한다.

나) 전원회로의 공급용량은 몇 kVA 이상인지 쓰시오.

해설및정답 1.5kVA 이상

다) 플러그접속기의 칼받이 접지극에 하는 접지공사의 종류를 쓰시오.

해설및정답 제3종접지공사(현행 보호접지)

라) 220V 전원에 1kW 송풍기를 연결하여 운전하는 경우 회로에 흐르는 전류[A]를 구하시오 (단, 역률은 90%이다).
- 계산과정 :
- 답 :

해설및정답
- 계산과정 : $P = VI\cos\theta$
  $1000W = 220 \times I \times 0.9$
  $I = 5.05A$
- 답 : 5.05A

08 유량 5m³/min, 양정 30m인 펌프전동기의 용량[kW]을 계산하시오(단, 효율 : 0.72, 전달계수 : 1.25). [3점]
- 계산과정 :
- 답 :

해설및정답
- 계산과정 : $P = \dfrac{9.8QH}{\eta}K = \dfrac{9.8 \times \dfrac{5}{60} \times 30}{0.72} \times 1.25 = 42.534 \fallingdotseq 42.53kW$
- 답 : 42.53kW

09 다음은 자동화재탐지설비의 P형 수신기와 R형 수신기의 차이점을 나열하기 위한 것이다. 빈칸을 채우시오. [6점]

구분	P형 수신기	R형 수신기
신호전달방식	1 : 1 접점신호	①
신호의 종류	공통신호	②
수신소요시간	5초 이내	③

해설 및 정답
① 다중전송방식
② 고유신호
③ 5초 이내

> **Reference**
>
> | 구분 | P형 수신기 | R형 수신기 |
> |---|---|---|
> | 신호전달방식 | 1 : 1 접점신호 | 다중전송방식 |
> | 신호의 종류 | 공통신호 | 고유신호 |
> | 수신소요시간 | 5초 이내 | 5초 이내 |
> | 자기진단기능 | 없음 | 있음 |
> | 선로 수 | 많다. | 적다. |
> | 유지관리 | 어렵다. | 쉽다. |

기출문제

10 다음 각 물음에 답하시오. [4점]

가) 그림과 같이 차동식 스포트형 감지기 A, B, C, D가 있다. 배선을 전부 송배선식으로 할 경우 박스와 감지기 "C" 사이의 배선 가닥수는 몇 가닥인가? (단, 배선상의 유효한 조치를 하고, 전화선은 삭제한다.)

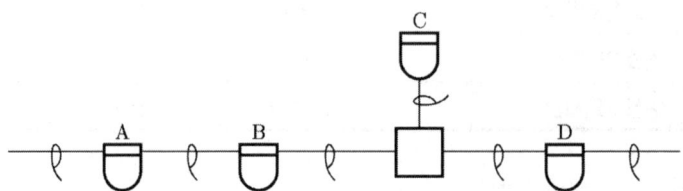

[해설및정답] 4가닥

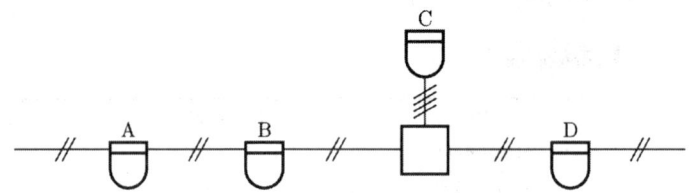

나) 차동식 분포형 감지기에서 공기관의 재질을 쓰시오.

[해설및정답] 구리관(동관)

11 다음은 비상조명등의 설치기준에 관한 사항이다. 다음 ( ) 안을 완성하시오. [5점]

- 예비전원을 내장하는 비상조명등에는 평상시 점등 여부를 확인할 수 있는 (①)를 설치하고 해당 조명등을 유효하게 작동시킬 수 있는 용량의 (②)와 (③)를 내장할 것
- 비상전원은 비상조명등을 (④)분 이상 유효하게 작동시킬 수 있는 용량으로 할 것. 다만, 다음의 특정소방대상물의 경우에는 그 부분에서 피난층에 이르는 부분의 비상조명등을 (⑤)분 이상 유효하게 작동시킬 수 있는 용량으로 하여야 한다.
  - 지하층을 제외한 층수가 11층 이상의 층
  - 지하층 또는 무창층으로서 용도가 도매시장·소매시장·여객자동차터미널·지하역사 또는 지하상가

[해설및정답]
① 점검스위치
② 축전지
③ 예비전원충전장치
④ 20
⑤ 60

12 다음에 설명하는 감지기의 명칭을 쓰시오. [4점]

가) 비화재보 방지가 주목적으로 감지원리는 동일하나 성능, 종별, 공칭작동온도, 공칭축적시간이 다른 감지소자의 조합으로 된 것이며, 1개의 감지기 내에 서로 다른 종별 또는 감도 등의 기능을 갖춘 것으로서 일정 시간 간격을 두고 각각 다른 2개 이상의 화재신호를 발하는 감지기

해설및정답 다신호식 감지기

나) 주위의 온도 또는 연기의 양의 변화에 따라 각각 다른 전류치 또는 전압치 등의 출력을 발하는 방식의 감지기

해설및정답 아날로그식 감지기

13 비상경보설비 및 단독경보형 감지기, 비상방송설비의 설치기준에 관한 다음 각 물음에 답하시오. [8점]

가) 비상벨설비 또는 자동식 사이렌설비 발신기 조작스위치의 설치높이[m]를 쓰시오

해설및정답 0.8m 이상 1.5m 이하

나) 단독경보형 감지기의 설치장소의 면적이 600㎡일 때 감지기 개수를 구하시오.

해설및정답
- 계산과정 : $\dfrac{600m^2}{150m^2} = 4개$
- 답 : 4개

다) 비상방송설비에서 증폭기의 정의를 쓰시오

해설및정답 "증폭기"란 전압전류의 진폭을 늘려 감도를 좋게 하고 미약한 음성전류를 커다란 음성전류로 변화시켜 소리를 크게 하는 장치를 말한다.

라) 비상방송설비에서 층수가 지하 2층, 지상 7층인 건물에서 5층의 배선이 단락되어도 화재통보에 지장이 없어야 하는 층은 몇 층인지 모두 쓰시오(단, 각 층에 배선상 유효한 조치를 하였다).

해설및정답 지하2층, 지하1층, 지상1층~4층, 지상6층, 지상7층
(지상5층을 제외한 전층)

기출문제

14 예비전원설비에 대한 다음 각 물음에 답하시오. [6점]

가) 축전지의 과방전 또는 방치상태에서 기능회복을 위하여 실시하는 충전방식은 무엇인지 다음 보기에서 고르시오.

| 균등충전 | 부동충전 | 세류충전 | 회복충전 |

[해설 및 정답] 회복충전

나) 부동충전방식에 대한 회로(개략도)를 그리시오.

[해설 및 정답]

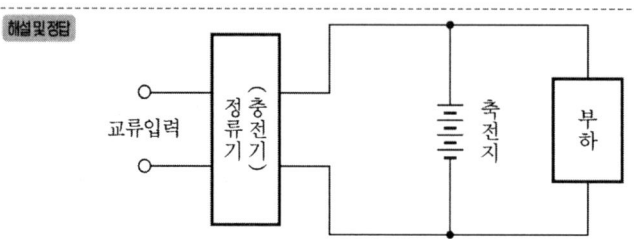

다) 연축전지의 정격용량은 250Ah이고, 상시부하가 8kW이며 표준전압이 100V인 부동충전방식의 충전기 2차 충전전류는 몇 A인지 구하시오(단, 축전기의 방전율은 10시간율로 한다).

[해설 및 정답]
- 계산과정 : $I_2[A] = \dfrac{C[Ah]}{T[h]} + \dfrac{P[VA]}{V[V]} = \dfrac{250}{10} + \dfrac{8000}{100} = 105[A]$
- 답 : 105A

15 비상방송설비의 설치기준에 관한 다음 각 물음에 답하시오. [6점]

가) 음량조절기의 정의를 쓰시오.

> **해설및정답** "음량조절기"란 가변저항을 이용하여 전류를 변화시켜 음량을 크게 하거나 작게 조절할 수 있는 장치를 말한다.

나) 다음 빈칸에 알맞은 말을 쓰시오.

> 1. 확성기는 각 층마다 설치하되, 그 층의 각 부분으로부터 하나의 확성기까지 수평거리가 (①)[m] 이하가 되도록 하고, 해당 층의 각 부분에 유효하게 경보를 발할 수 있도록 설치할 것
> 2. 음량조절기를 설치하는 경우 음량조절기의 배선은 (②)선식으로 할 것
> 3. 확성기의 음성입력은 3[W](실내에 설치하는 것에 있어서는 (③)[W] 이상일 것

> **해설및정답** ① 25[m], ② 3, ③ 1

다) 기동장치에 따른 화재신고를 수신한 후 필요한 음량으로 화재발생 상황 및 피난에 유효한 방송이 자동으로 개시될 때까지의 소요시간은 몇 초 이하로 하여야 하는가?

> **해설및정답** 10초 이하

16 다음은 단상 2선식의 회로이다. V_A가 100[V]일 때, V_B와 V_C의 단자전압[V]을 구하시오(단, 한 선당의 저항은 $R_{AB}=0.03[\Omega]$, $R_{BC}=0.06[\Omega]$이다). [5점]

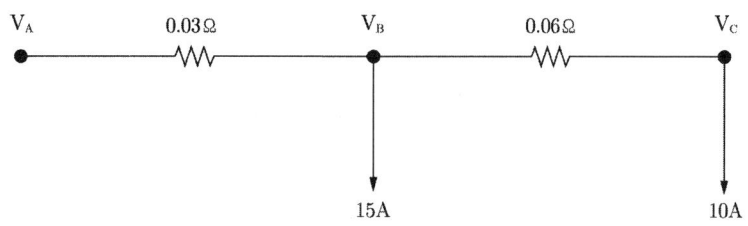

> **해설및정답**
> (1) V_B : $V_B = V_A - e$
> $I = 15 + 10 = 25[A]$
> $e = 2IR = 2 \times 25 \times 0.03 = 1.5[V]$
> $V_B = 100 - 1.5 = 98.5[V]$
> (2) V_C : $V_C = V_B - e$
> $e = 2IR = 2 \times 10 \times 0.06 = 1.2[V]$
> $V_C = 98.5 - 1.2 = 97.3[V]$

기출문제

17 다음은 무선통신보조설비의 설치기준이다. 빈칸에 알맞은 말을 쓰시오. `4점`

가) 누설동축케이블의 끝부분에는 (①)을 견고하게 설치할 것

> **해설 및 정답** ① 무반사종단저항

나) 누설동축케이블 및 동축케이블은 화재에 따라 해당 케이블의 피복이 소실된 경우 케이블 본체가 떨어지지 않도록 (②)[m] 이내마다 금속제 또는 자기제 등의 지지금구로 벽·천장·기둥 등에 견고하게 고정할 것(단, 불연재료로 구획된 반자 안에 설치하는 경우에는 제외)

> **해설 및 정답** ② 4

다) 누설동축케이블 및 안테나는 고압의 전로로부터 (③)[m] 이상 떨어진 위치에 설치할 것 (단, 해당 전로에 정전기 차폐장치를 유효하게 설치한 경우에는 제외)

> **해설 및 정답** ③ 1.5

라) 증폭기의 전면에는 주회로 전원의 정상 여부를 표시할 수 있는 (④) 및 (⑤)를 설치할 것

> **해설 및 정답** ④ 표시등, ⑤ 전압계

18 미완성 배선 도면을 보고 다음 각 물음에 답하시오. `9점`

가) 각 기기장치를 수신기의 단자에 알맞게 연결하시오(단, 발신기에 설치된 단자는 왼쪽으로부터 응답, 지구, 전화, 공통이다).

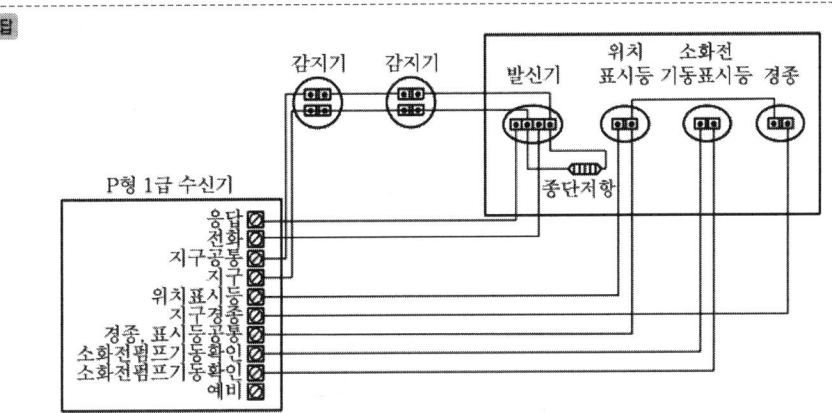

나) 종단저항을 연결해야 하는 기기의 명칭과 단자의 명칭을 쓰시오.

① 기기 명칭 : 발신기
② 단자 명칭 : 지구, 공통

다) 소화전 기동표시등의 색깔을 쓰시오.

적색

라) 발신기의 위치표시등에 대하여 다음 각 항목의 물음에 답하시오.
① 불빛의 식별범위
② 표시등의 색깔

① 부착면으로부터 15° 이상의 범위 안에서 부착지점으로부터 10[m] 이내
② 적색

> **Reference** — 발신기의 위치표시등(옥내소화전설비의 위치표시등과 겸용)의 설치 기준
>
> 1. 함의 상부에 설치하되, 그 불빛은 부착면으로부터 15° 이상의 범위 안에서 부착지점으로부터 10[m] 이내의 어느 곳에서도 쉽게 식별할 수 있는 적색등으로 할 것
> 2. 적색등은 사용전압의 130[%]인 전압을 20시간 연속하여 가하는 경우에도 단선, 현저한 광속변화, 전류변화 등의 현상이 발생되지 아니할 것

2023년 제2회 소방설비기사[전기분야] 2차 실기

[2023년 7월 22일 시행]

01 다음 자동화재탐지설비 P형 수신기 1경계구역에 대한 배선의 용도를 답하시오. 4점

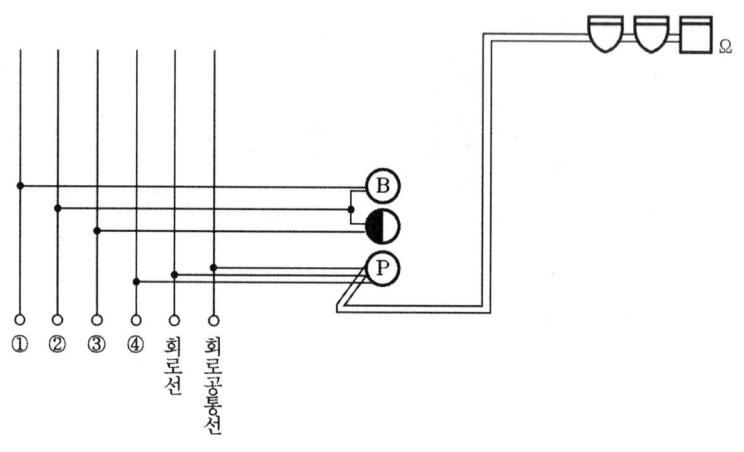

해설및정답 ① 경종선   ② 경종 및 표시등 공통선
         ③ 표시등선 ④ 응답선(발신기선)

02 다음 소방시설 도시기호 각각의 명칭을 쓰시오. 4점

가) RM

해설및정답 가스계소화설비 수동조작함

나) SVP

해설및정답 프리액션밸브 수동조작함

다) PAC

해설및정답 소화가스 패키지

라) AMP

해설및정답 증폭기

03 다음은 상용전원 정전 시 예비전원으로 절환되고 상용전원 복구 시 자동으로 예비전원에서 상용전원으로 절환되는 시퀀스제어회로의 미완성도이다. 다음의 제어동작에 적합하도록 시퀀스제어도를 완성하시오. 6점

① MCCB를 투입한 후 PB1을 누르면 MC1이 여자되고 주접점 MC-1이 닫히고 상용전원에 의해 전동기 M이 회전되고 표시등 RL이 점등된다. 또한 보조접점 MC1a가 폐로되어 자기유지회로가 구성되고 MC1b가 개로되어 MC2가 작동하지 못한다.
② 상용전원으로 운전 중 PB3를 누르면 MC1이 소자되어 전동기는 정지하고 상용전원 운전표시등 RL은 소등된다.
③ 상용전원의 정전 시 PB2를 누르면 MC2가 여자되고 주접점 MC-2가 닫혀 예비전원에 의해 전동기 M이 회전하고 표시등 GL이 점등된다. 또한 보조접점 MC2a가 폐로되어 자기유지회로가 구성되고 MC2b가 개로되어 MC1이 작동하지 못한다.
④ 예비전원으로 운전 중 PB4를 누르면 MC2가 소자되어 전동기는 정지하고 예비전원 운전표시등 GL은 소등된다.

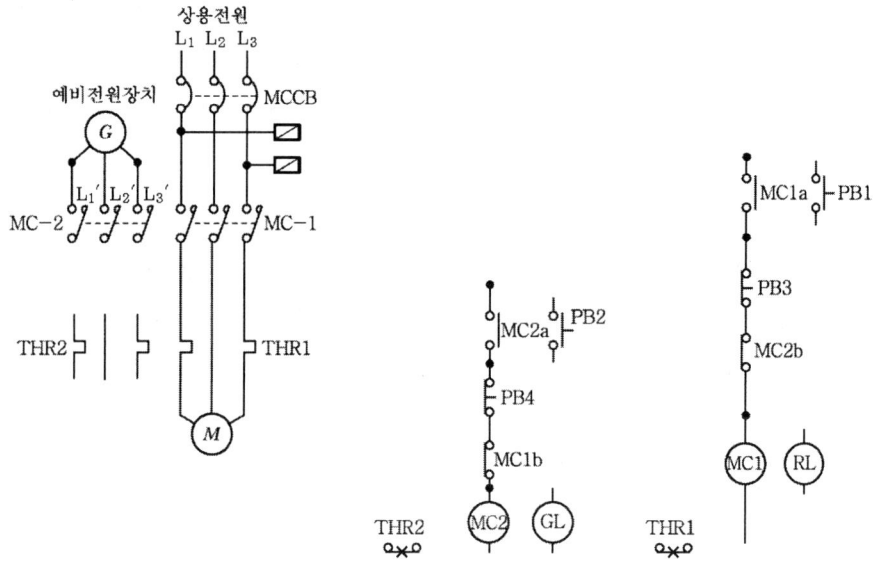

기출문제

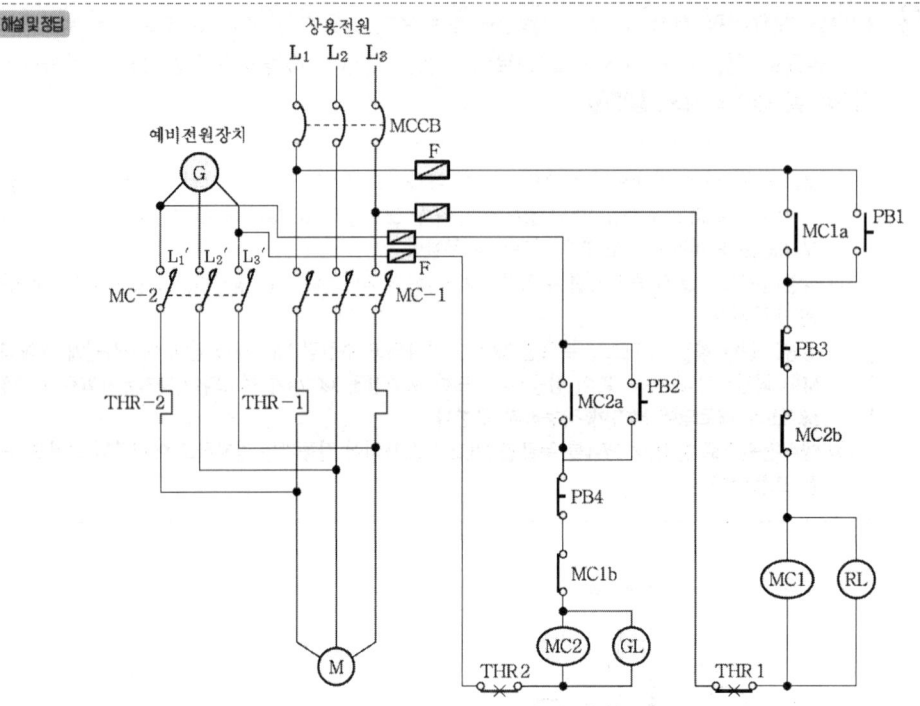

04 저압옥내배선의 금속관공사에 이용되는 부품의 명칭을 쓰시오. [3점]

가) 전선의 절연피복을 보호하기 위하여 금속관 끝에 취부하여 사용되는 부품

해설및정답 부싱

나) 금속관과 박스를 서로 접속할 때 금속관이 움직이지 못하도록 고정하기 위하여 박스 안팎에 사용되는 부품

해설및정답 로크너트

다) 금속전선관 상호 간을 접속하는 데 사용되는 부품

해설및정답 커플링

05 분전반에서 60m의 거리에 220V, 전력 2.2kW 단상 2선식 전기히터를 설치하려고 한다. 전선의 굵기는 몇 mm²인지 계산상의 최소 굵기를 구하시오(단, 전압강하는 1% 이내이고, 전선은 동선을 사용한다). [3점]

- 계산과정 : $A = \dfrac{35.6LI}{1,000e}$

$$e = 220V \times 0.01 = 2.2V$$

$$L = 60m$$

$$I = \dfrac{P}{V} = \dfrac{2200W}{220V}(역률100\%가정) = 10A$$

$$A = \dfrac{35.6 \times 60 \times 10}{1,000 \times 2.2} = 9.709 ≒ 9.71mm^2$$

- 답 : $9.71mm^2$

06 광원점등방식의 피난유도선 설치기준중 다음 빈칸에 들어갈 기준 3가지를 쓰시오. [6점]

① [ㄱ]
② [ㄴ]
③ [ㄷ]
④ 수신기로부터의 화재신호 및 수동조작에 의하여 광원이 점등되도록 설치할 것
⑤ 비상전원이 상시 충전상태를 유지하도록 설치할 것
⑥ 바닥에 설치되는 피난유도 표시부는 매립하는 방식을 사용할 것
⑦ 피난유도 제어부는 조작 및 관리가 용이하도록 바닥으로부터 0.8m 이상 1.5m 이하의 높이에 설치할 것

ㄱ - 구획된 각 실로부터 주출입구 또는 비상구까지 설치할 것

ㄴ - 피난유도 표시부는 바닥으로부터 높이 1m 이하의 위치 또는 바닥 면에 설치할 것

ㄷ - 피난유도 표시부는 50cm 이내의 간격으로 연속되도록 설치하되 실내장식물 등으로 설치가 곤란할 경우 1m 이내로 설치할 것

기출문제

07 다음 보기는 제연설비에서 제연구역을 구획하는 기준을 나열하는 것이다. ㉠~㉥까지의 빈칸을 채우시오. [6점]

> ① 하나의 제연구역의 면적은 (ㄱ) 이내로 한다.
> ② 통로상의 제연구역은 보행중심선의 길이가 (ㄴ)를 초과하지 않아야 한다.
> ③ 하나의 제연구역은 직경 (ㄷ) 원 내에 들어갈 수 있도록 한다.
> ④ 하나의 제연구역은 (ㄹ)개 이상의 층에 미치지 않도록 한다. (단, 층의 구분이 불분명한 부분은 다른 부분과 별도로 제연구획할 것)
> ⑤ 재질은 (ㅁ), (ㅂ) 또는 제연경계벽으로 성능을 인정받은 것으로서 화재시 쉽게 변형·파괴되지 아니하고 연기가 누설되지 않은 기밀성 있는 재료로 할 것

해설및정답
ㄱ – 1000m²
ㄴ – 60m
ㄷ – 60m
ㄹ – 2
ㅁ – 내화재료
ㅂ – 불연재료

08 다음 표는 설비별로 사용할 수 있는 비상전원의 종류를 나타낸 것이다 각 설비별로 설치하여야 하는 비상전원을 찾아 빈칸에 ○표 하시오. [4점]

【 설비별 비상전원의 종류 】

설비명	자가발전설비	축전지설비	비상전원수전설비	전기저장장치
옥내소화설비, 물분무소화설비, CO₂ 소화설비, 할론소화설비, 비상조명등, 제연설비, 연결송수관설비				
스프링클러설비, 포소화설비				
자동화재탐지설비, 비상경보설비, 비상방송설비				
비상콘센트설비				

해설및정답

설비명	자가발전설비	축전지설비	비상전원 수전설비	전기저장장치
옥내소화전설비, 물분무소화설비, CO_2 소화설비, 할론 소화설비, 비상조명등, 제연설비, 연결송수관설비	○	○		○
스프링클러설비, 포소화설비	○	○	○	○
자동화재탐지설비, 비상경보설비, 비상방송설비		○		○
비상콘센트설비	○	○	○	○

09 무선통신보조설비에 사용되는 분배기, 분파기, 혼합기의 기능에 대하여 설명하시오. **6점**

해설및정답
- 분배기 : 신호의 전송로가 분기되는 장소에 설치하는 것으로 임피던스 매칭(Matching)과 신호 균등분배의 기능을 수행
- 분파기 : 서로 다른 주파수의 합성된 신호를 분리하는 기능
- 혼합기 : 두 개 이상의 입력신호를 원하는 비율로 조합하여 출력을 발생시키는 기능

> **! Reference** — 용어정의
> - 누설동축케이블 : 동축케이블의 외부도체에 가느다란 홈(Slot)을 만들어서 전파가 외부로 새어나갈 수 있도록 한 케이블
> - 분배기 : 신호의 전송로가 분기되는 장소에 설치하는 것으로 임피던스 매칭(Matching)과 신호 균등분배를 위해 사용하는 장치
> - 분파기 : 서로 다른 주파수의 합성된 신호를 분리하기 위해서 사용하는 장치
> - 혼합기 : 두 개 이상의 입력신호를 원하는 비율로 조합한 출력이 발생하도록 하는 장치
> - 증폭기 : 신호 전송 시 신호가 약해져 수신이 불가능해지는 것을 방지하기 위해서 증폭하는 장치

기출문제

10 감지기회로의 배선에 대한 다음 각 물음에 답하시오. [8점]

가) 송배선식에 대하여 설명하시오.

> **해설 및 정답** 보내기배선방식이라고도 하며, 하나의 경계구역 안에서 종단저항에 이르기까지 병렬분기하지 않는 회로방식을 말한다. 이는 감지기 회로의 도통시험을 누락부분 없게 하기 위한 배선방식이다.

나) 송배선식의 적용설비 2가지만 쓰시오.

> **해설 및 정답** 자동화재탐지설비의 감지기회로, 제연설비의 감지기회로

다) 교차회로방식에 대하여 설명하시오.

> **해설 및 정답** 하나의 방호구역에 2개 이상의 화재감지기 회로를 설치하고 인접한 2개 이상의 감지기가 동시에 화재를 감지하는 때에 설비를 연동시키는 방식(감지기 오작동으로 인한 설비 오동작방지)

라) 교차회로방식의 적용설비 5가지만 쓰시오.

> **해설 및 정답** 스프링클러소화설비(준비작동식 유수검지장치, 일제개방밸브를 사용하는 설비), 이산화탄소소화설비, 할론소화설비, 할로겐화합물 및 불활성기체 소화설비, 분말소화설비

11 스프링클러 프리액션밸브를 연동시키기 위한 간선계통이다. 각 물음에 답하시오(단, 감지기공통선과 전원공통선은 분리해서 사용하고, 프리액션밸브용 압력스위치, 탬퍼스위치 및 솔레노이드 밸브용 공통선은 1가닥을 사용하는 조건임). [7점]

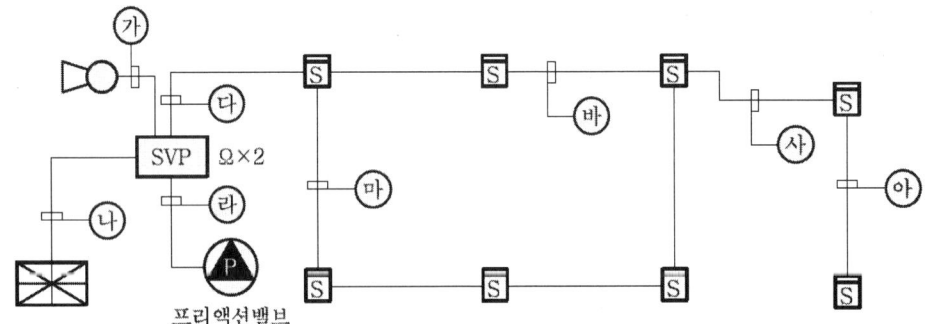

가) "㉮"~"㉳"까지의 배선 가닥 수를 쓰시오(전화선 삭제).

㉮	㉯	㉰	㉱	㉲	㉳	㉴	㉵

해설및정답

㉮	㉯	㉰	㉱	㉲	㉳	㉴	㉵
2	9	8	4	4	4	8	4

나) "㉯"에 소요되는 배선의 수와 그 용도를 쓰시오.

가닥 수	배선의 용도

해설및정답

가닥 수	배선의 용도
9	전원+, 전원−, 감지기A, 감지기 B, 감지기공통, 압력스위치, 탬퍼스위치, 솔레노이드밸브, 사이렌

12 다음 물음에 답하시오. [6점]

가) 연축전지의 정격용량이 200[Ah]이고, 상시부하가 3[kW], 표준전압이 100[V]인 부동충전방식인 충전기의 2차 충전전류 값은 몇 [A]인가? (단, 상시부하의 역률은 1로 본다)

해설및정답

$$충전기 2차 충전전류 = \frac{정격용량}{정격방전율} + \frac{상시부하}{표준전압} = \frac{200}{10} + \frac{3,000}{100} = 50[A]$$

∴ 50[A]

나) 납축전지를 방전상태로 오랫동안 방치하였을 때 극판의 황산납이 회백색으로 바뀌고 내부저항이 대단히 상승하여 전해액의 온도상승이 증가하고 황산의 비중이 낮으며 가스가 심하게 발생하고 축전지의 용량감퇴 및 수명이 단축되는 현상은 무엇인가?

해설및정답   설페이션(Sulfation)현상

다) 나)번과 같은 현상이 발생될 때 생성되는 가스는 무엇인가?

해설및정답   수소가스

기출문제

13 자동화재탐지설비의 화재안전기준에서 정한 연기감지기의 설치기준이다. 다음 괄호 안 ①~⑧에 알맞은 답을 쓰시오. [6점]

가) 부착높이에 따른 기준

부착높이	감지기의 종류[m²]	
	1종 및 2종	3종
4m 미만	(①)	(②)
4m 이상 (③)m 미만	75	설치 불가능

해설및정답
① 150
② 50

나) 감지기는 복도 및 통로에 있어서는 보행거리 (④)m[3종에 있어서는 (⑤)m]마다, 계단 및 경사로에 있어서는 수직거리 (⑥)m[3종에 있어서는 (⑦)m]마다 1개 이상으로 할 것

해설및정답
③ 20
④ 30
⑤ 20
⑥ 15
⑦ 10

다) 감지기는 벽 또는 보로부터 (⑧)m 이상 떨어진 곳에 설치할 것

해설및정답
⑧ 0.6

14 다음의 도면은 내화구조로 된 업무용 빌딩의 지하 1층 평면도이다. 다음 각 물음에 답하시오.

[10점]

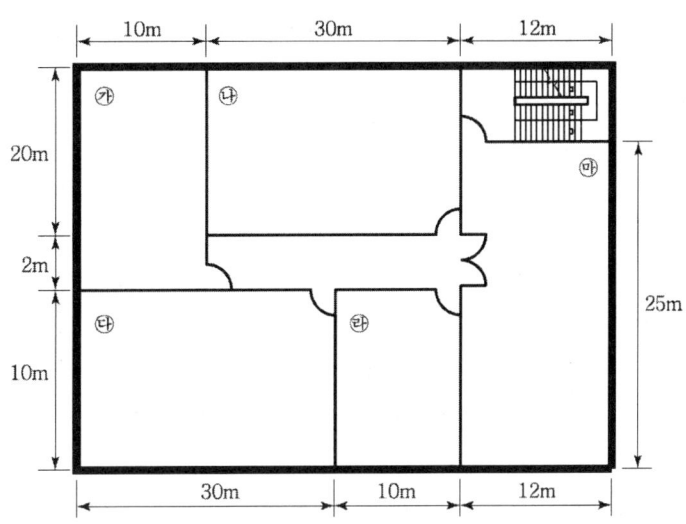

[평면도]

가) 각 실에 설치하여야 하는 감지기의 수량을 산출하시오.

기호	실의 용도	설치높이(m)	적용감지기	산출과정	설치수량(개)
㉮	서고	3.5	연기감지기 2종		
㉯	휴게실	3.5	연기감지기 2종		
㉰	전산실	4.5	연기감지기 2종		
㉱	주방	3.8	정온식 스포트형 감지기 1종		
㉲	사무실	3.8	차동식 스포트형 감지기 2종		

해설및정답

기호	산출과정	설치수량(개)
㉮	$\dfrac{220}{150} ≒ 1.47$	2
㉯	$\dfrac{600}{150} = 4$	4
㉰	$\dfrac{300}{75} = 4$	4
㉱	$\dfrac{100}{60} ≒ 1.67$	2
㉲	$\dfrac{300}{70} = 4.28$	5

기출문제

나) 각 실별로 산출한 감지기 수량을 주어진 평면도에 그림기호로 그리시오.

해설 및 정답

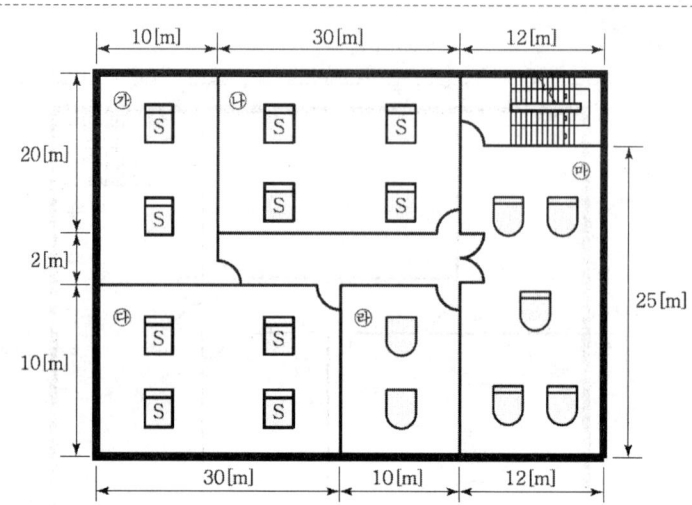

> **Reference** — 기준 감지면적(m^2)

① 연기감지기

부착높이	감지기 종류	
	1종 및 2종	3종
4[m] 미만	150[m^2]	50[m^2]
4[m] 이상 20[m] 미만	75[m^2]	–

② 열감지기(차동식 및 정온식 스포트형)

(단위 : m^2)

부착높이 및 소방대상물의 구분		감지기의 종류				
		차동식 스포트형, 보상식 스포트형		정온식 스포트형		
		1종	2종	특종	1종	2종
4[m] 미만	내화구조	90	70	70	60	20
	기타구조	50	40	40	30	15
4[m] 이상 8[m] 미만	내화구조	45	35	35	30	–
	기타구조	30	25	25	15	–

15 다음의 무접점회로를 보고 물음에 답하시오. 6점

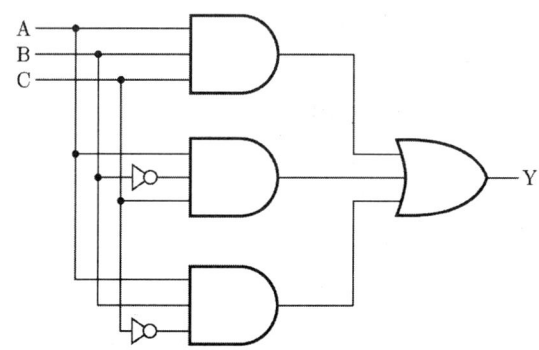

가) 무접점회로를 간소화된 논리식으로 표현하시오.

해설 및 정답

$A \cdot B \cdot C + A \cdot \overline{B} \cdot C + A \cdot B \cdot \overline{C} = Y$

$A \cdot B(C + \overline{C}) + A \cdot \overline{B} \cdot C = Y$

$A \cdot B + A \cdot \overline{B} \cdot C = Y$

$A(B + \overline{B} \cdot C) = Y$

$A(B + C) = Y$

나) 간소화된 논리회로의 무접점회로를 그리시오.

해설 및 정답

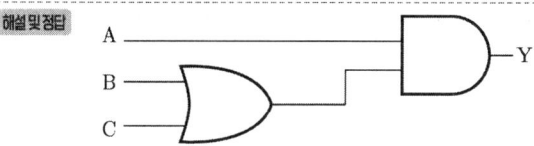

다) 간소화된 논리회로의 유점회로를 그리시오.

해설 및 정답

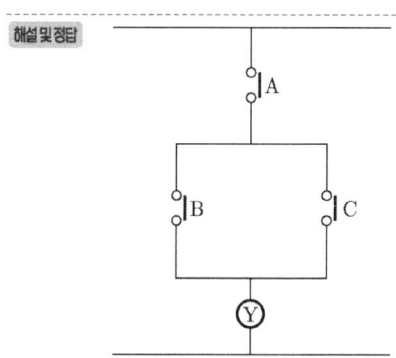

기출문제

16 자동화재탐지설비를 설치해야 할 특정소방대상물(연면적, 바닥면적 등의 기준)에 대한 다음 ( ) 안을 완성하시오(단, 전부 필요한 경우는 '전부'라고 쓰고, 필요 없는 경우에는 '필요 없음'이라고 답할 것). 5점

특정소방대상물	기준
근린생활시설(목욕장제외)	(①)
묘지관련시설	(②)
장례시설	(③)
노유자생활시설	(④)
노유자시설(노유자생활시설에 해당하지 않는 노유자시설)	(⑤)

해설 및 정답
① 연면적 600m² 이상인 경우 모든 층
② 연면적 2,000m² 이상인 경우 모든 층
③ 연면적 600m² 이상인 경우 모든 층
④ 전부 모든 층
⑤ 연면적 400m² 이상인 경우 모든 층

17 그림과 같은 건물평면도의 경우 자동화재탐지설비의 최소경계구역의 수를 구하시오. 6점

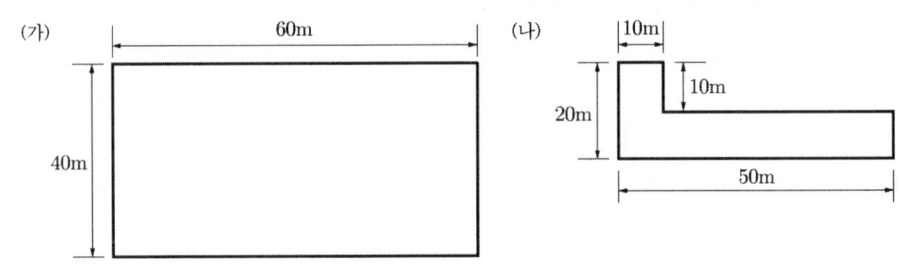

해설 및 정답
- 계산과정 : (가) $\dfrac{40m \times 60m}{600m^2} = 4개$

  (나) $\dfrac{20m \times 10m + 40m \times 10m}{600m^2} = 1개$

- 답 : (가) 4개, (나) 1개

18 P형 수신기와 감지기와의 배선회로에서 종단저항은 11[kΩ], 배선저항은 50[Ω], 릴레이저항은 550[Ω]이며 회로전압이 DC 24[V]일 때 다음 각 물음에 답하시오. **4점**

가) 평소 감시전류는 몇 [mA]인가?

해설 및 정답
$$\text{감시전류} = \frac{\text{회로전압}}{\text{배선저항} + \text{종단저항} + \text{릴레이저항}}$$
$$= \frac{24}{50 + 11{,}000 + 550} = 0.002068[A] \fallingdotseq 2.07[mA]$$

나) 감지기가 동작할 때(화재 시)의 전류는 몇 [mA]인가? (단, 배선저항은 무시한다)

해설 및 정답
$$\text{동작전류} = \frac{\text{회로전압}}{\text{릴레이저항}} = \frac{24}{550} = 0.043636[A] \fallingdotseq 43.64[mA]$$

2023년 제4회 소방설비기사[전기분야] 2차 실기

[2023년 11월 05일 시행]

01 이산화탄소소화설비에서 자동식 기동장치의 화재감지기는 교차회로방식으로 설치하여야 한다. 감지기 A, B를 교차회로방식으로 구성하는 경우 다음 각 물음에 답하시오. [6점]

가) 작동신호 출력을 C라 했을 경우 논리식을 쓰시오.

해설 및 정답 $C = A \cdot B$

나) 상기 논리식에 대응하는 논리기호를 그리시오.

해설 및 정답

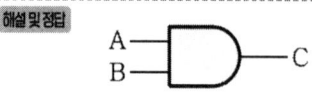

다) 상기 논리식에 의한 진리표를 작성하시오.

입력신호		출력신호
A	B	C

해설 및 정답   진리표(진가표)

입력신호		출력신호
A	B	C
0	0	0
1	0	0
0	1	0
1	1	1

02 피난유도선은 햇빛이나 전등불에 따라 축광하거나 전류에 따라 빛을 발하는 유도체로서, 어두운 상태에서 피난을 유도할 수 있도록 띠형태로 되는 피난유도시설이다. 광원점등방식의 피난유도선의 설치기준 5가지를 쓰시오. [5점]

해설 및 정답
- 구획된 각 실로부터 주출입구 또는 비상구까지 설치할 것
- 바닥으로부터 높이 50cm 이하의 위치 또는 바닥 면에 설치할 것
- 피난유도 표시부는 50cm 이내의 간격으로 연속되도록 설치
- 부착대에 의하여 견고하게 설치할 것
- 외부의 빛 또는 조명장치에 의하여 상시 조명이 제공되거나 비상조명등에 의한 조명이 제공되도록 설치할 것

03 정온식 스포트형 감지기의 열감지방식 5가지를 쓰시오. [5점]

해설 및 정답
- 액체팽창을 이용하는 방식
- 가용절연물을 이용하는 방식
- 금속팽창계수차를 이용하는 방식
- 바이메탈의 활곡을 이용하는 방식
- 원반바이메탈의 반전을 이용하는 방식

04 다음 그림과 같은 회로에서 부하 R_L에서 소비되는 최대전력에 대한 다음 각 물음에 답하시오. [5점]

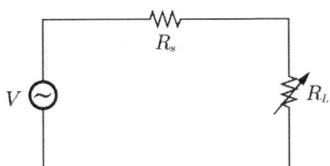

가) 최대전력전달 조건을 쓰시오.

해설 및 정답 $R_s = R_L$

나) 최대전력식을 유도하시오.

해설 및 정답
$P = VI = (IR_s) \times I = I^2 R_s$
$= R_s \times \left(\dfrac{V}{R_s + R_L}\right)^2 = R_s \times \left(\dfrac{V}{2R_s}\right)^2 = R_s \times \dfrac{V^2}{4R_s^2} = \dfrac{V^2}{4R_s}$

기출문제

05 높이 20m 이상되는 곳에 설치할 수 있는 감지기를 쓰시오. [4점]

해설및정답
- 불꽃감지기
- 광전식(분리형, 공기흡입형) 중 아날로그방식

06 다음은 비상조명등의 설치기준에 관한 사항이다. ( ) 안을 채우시오. [5점]

> (가) 예비전원을 내장하는 비상조명등에는 평상시 점등 여부를 확인할 수 있는 (①)를 설치하고 해당 조명등을 유효하게 작동시킬 수 있는 용량의 축전지와 예비전원 충전장치를 내장할 것
> (나) 예비전원을 내장하지 아니하는 비상조명등의 비상전원은 자가발전설비, (②) 또는 (③)(외부 전기에너지를 저장해 두었다가 필요한 때 전기를 공급하는 장치)를 기준에 따라 설치하여야 한다.
> (다) 비상전원은 비상조명등을 (④) 이상 유효하게 작동시킬 수 있는 용량으로 할 것. 다만, 다음 각 목의 특정소방대상물의 경우에는 그 부분에서 피난층에 이르는 부분의 비상조명등을 (⑤) 이상 유효하게 작동시킬 수 있는 용량으로 하여야 한다.
> 가. 지하층을 제외한 층수가 11층 이상의 층
> 나. 지하층 또는 무창층으로서 용도가 도매시장·소매시장·여객자동차터미널·지하역사 또는 지하상가

해설및정답
① 점검스위치 ② 축전지설비 ③ 전기저장장치
④ 20분 ⑤ 60분

07 다음은 어느 특정소방대상물의 평면도이다. 건축물의 구조는 비내화구조이고, 층간 높이는 3.8[m]일 때 다음 각 물음에 답하시오(단, 설치하여야 할 감지기는 1종을 설치한다). [7점]

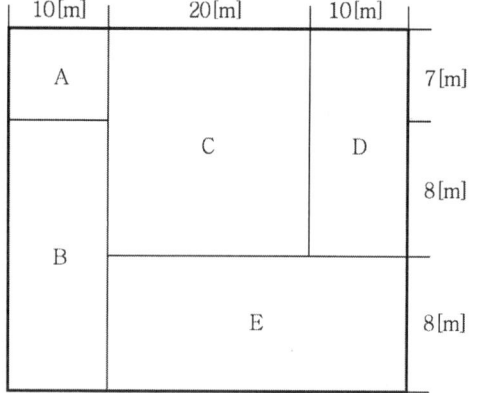

가) 차동식 스포트형 감지기 1종을 설치할 경우 각 실에 설치되는 감지기의 개수를 구하시오

해설및정답

A실 $\dfrac{10m \times 7m}{50m^2} = 1.4$ ∴ 2개

B실 $\dfrac{10m \times 16m}{50m^2} = 3.2$ ∴ 4개

C실 $\dfrac{20m \times 15m}{50m^2} = 6$ ∴ 6개

D실 $\dfrac{10m \times 15m}{50m^2} = 3$ ∴ 3개

E실 $\dfrac{30m \times 8m}{50m^2} = 4.8$ ∴ 5개

나) 해당 특정소방대상물의 경계구역수를 구하시오.

해설및정답

경계구역수 $= \dfrac{\text{바닥면적}[m^2]}{600[m^2]} = \dfrac{40[m] \times 23[m]}{600[m^2]} = 1.53$ ∴ 2개

08 주파수가 50[Hz]이고, 극수가 4인 유도전동기의 회전수가 1,440[rpm]이다. 이 전동기를 주파수 60[Hz]로 운전하는 경우 회전수[rpm]는 얼마가 되는지 구하시오(단, 슬립은 50[Hz]에서와 같다) 3점

해설및정답

전동기 회전수 $N = \dfrac{120f}{P}(1-s) \propto f$ 이므로

주파수가 50[Hz]일 때 회전수가 1,440[rpm]이면, 주파수가 60[Hz]일 때의 회전수는

$N_2 = \dfrac{f_2}{f_1} \times N_1 = \dfrac{60}{50} \times 1,440 = 1,728$ [rpm]

∴ 1,728[rpm]

> **Reference** — 전동기 회전수
>
> $N = \dfrac{120f}{P}(1-s)$
>
> 여기서, f : 주파수, P : 극수, s : 슬립
>
> 극수와 슬립이 같을 때 회전수는 주파수와 비례한다.
> $N = \dfrac{120f}{P}(1-s) \propto f$
>
> 즉, $N_1 : N_2 = f_1 : f_2$

기출문제

09 무선통신보조설비의 누설동축케이블에 표기되어 있는 기호의 의미를 보기에서 찾아 「예」를 참조하여 쓰시오. [6점]

$$LCX - FR - SS - 20D - 14\ 6$$
$$\text{①} \quad \text{②} \quad \text{③} \quad \text{④⑤} \quad \text{⑥⑦}$$
「예」 ⑦ : 결합손실표시(6dB)

[보기]
절연체 외경(mm), 자기지지, 누설동축케이블, 특성임피던스, 사용주파수, 난연성(내열성)

해설 및 정답
① 누설동축케이블
② 난연성(내열성)
③ 자기지지
④ 절연체 외경(mm)
⑤ 특성임피던스
⑥ 사용주파수

10 자동화재탐지설비의 평면을 나타낸 도면이다. 이 도면을 보고 각 물음에 답하시오(단, 각 실은 이중천장이 없는 구조이며, 전선관은 16[mm] 후강스틸전선관을 사용 콘크리트 내 매입 시공한다). [7점]

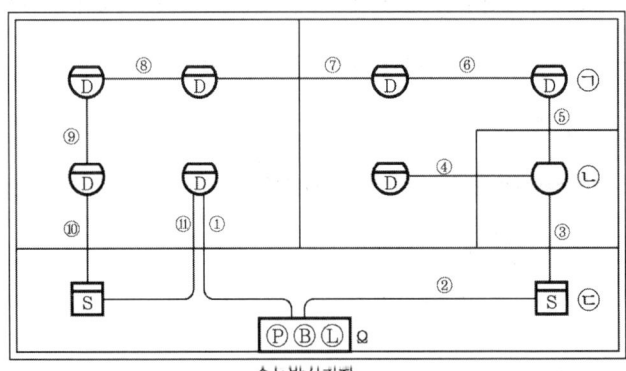

수동발신기함

가) 시공에 소요되는 로크너트와 부싱의 소요개수는?
  ○ 로크너트 :
  ○ 부싱 :

> **해설및정답** ○ 로크너트 : 44개
> ○ 부싱 : 22개

나) 각 감지기 간과 감지기와 수동발신기세트(①~⑪) 간에 배선되는 전선의 가닥수는?
  ①   ②   ③   ④
  ⑤   ⑥   ⑦   ⑧
  ⑨   ⑩   ⑪

> **해설및정답** ① 2가닥 ② 2가닥 ③ 2가닥 ④ 4가닥
> ⑤ 2가닥 ⑥ 2가닥 ⑦ 2가닥 ⑧ 2가닥
> ⑨ 2가닥 ⑩ 2가닥 ⑪ 2가닥

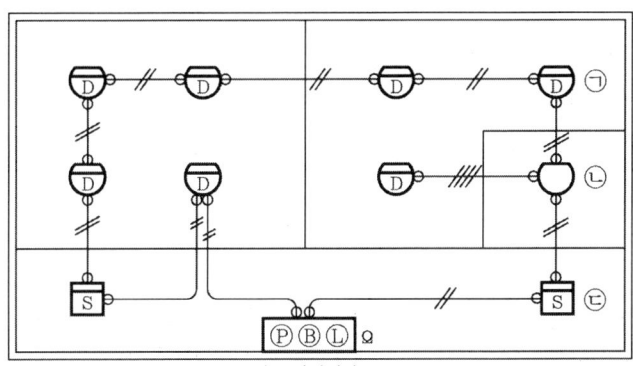

수동발신기함

다) 도면에 그려진 심벌 ㉠~㉢의 명칭은?
  ㉠ :
  ㉡ :
  ㉢ :

> **해설및정답** ㉠ : 차동식 스포트형 감지기
> ㉡ : 정온식 스포트형 감지기
> ㉢ : 연기감지기

기출문제

11 무선통신보조설비의 설치기준에 관한 다음 물음에 답 또는 빈칸을 채우시오. [6점]

가) 증폭기의 정의를 쓰시오.

> **해설및정답** "증폭기"란 전압·전류의 진폭을 늘려 감도 등을 개선하는 장치를 말한다.

나) 증폭기에는 비상전원이 부착된 것으로 하고 해당 비상전원 용량은 무선통신보조설비를 유효하게 (   )분 이상 작동시킬 수 있는 것으로 할 것

> **해설및정답** (나) 30

다) 증폭기의 전면에는 주회로의 전원이 정상인지의 여부를 표시할 수 있는 (   ) 및 (   )를 설치할 것

> **해설및정답** (다) 표시등, 전압계

라) 증폭기의 전원은 전기가 정상적으로 공급되는 (   ), (   ) 또는 (   )으로 하고, 전원까지의 배선은 전용으로 할 것

> **해설및정답** (라) 축전지설비, 전기저장장치, 교류전압 옥내간선

12 특정소방대상물에 설치된 소방시설 등을 구성하는 전부 또는 일부를 개설, 이전 또는 정비하는 소방시설공사의 착공신고 대상 3가지를 쓰시오(단, 고장 또는 파손 등으로 인하여 작동시킬 수 없는 소방시설을 긴급히 교체하거나 보수하여야 하는 경우에는 신고하지 않을 수 있다). [6점]

> **해설및정답**
> 1. 수신반
> 2. 소화펌프
> 3. 동력(감시)제어반

13
자동화재탐지설비 및 시각경보장치 화재안전기술기준에 따른 배선에 대한 내용이다. 다음 ( ) 안을 완성하시오. [5점]

- 아날로그식, 다신호식 감지기나 R형 수신기용으로 사용되는 것은 (①) 방해를 받지 않는 실드선 등을 사용해야 하며, 광케이블의 경우에는 전자파 방해를 받지 아니하고 내열성능이 있는 경우 사용할 것. 다만, 전자파 방해를 받지 않는 방식의 경우에는 그렇지 않다.
- 감지기 사이의 회로의 배선은 (②)으로 할 것
- 전원회로의 전로와 대지 사이 및 배선 상호간의 절연저항은 「전기사업법」 제67조에 따른 「전기설비기술기준」이 정하는 바에 의하고, 감지기회로 및 부속회로의 전로와 대지 사이 및 배선 상호간의 절연저항은 1경계구역마다 (③)를 사용하여 측정한 절연저항이 (④) 이상이 되도록 할 것
- 자동화재탐지설비의 감지기회로의 전로저항은 (⑤) 이하가 되도록 해야 하며, 수신기의 각 회로별 종단에 설치되는 감지기에 접속되는 배선의 전압은 감지기 정격전압의 80% 이상이어야 할 것

해설 및 정답
① 전자파
② 송배선식
③ 직류 250V 절연저항측정기
④ 0.1MΩ
⑤ 50Ω

기출문제

14 다음은 Y-△기동에 대한 시퀀스회로도이다. 그림을 보고 미완성 도면을 완성하시오. [5점]

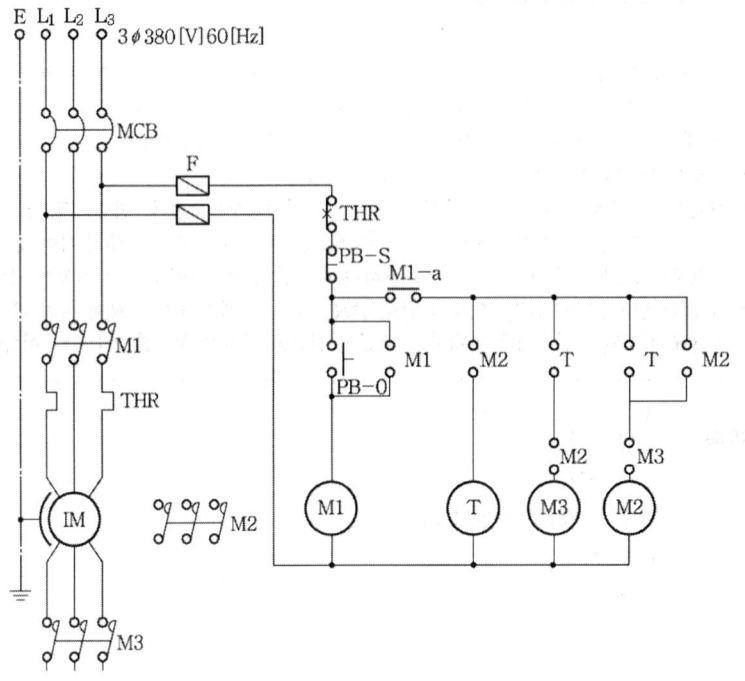

[해설 및 정답]

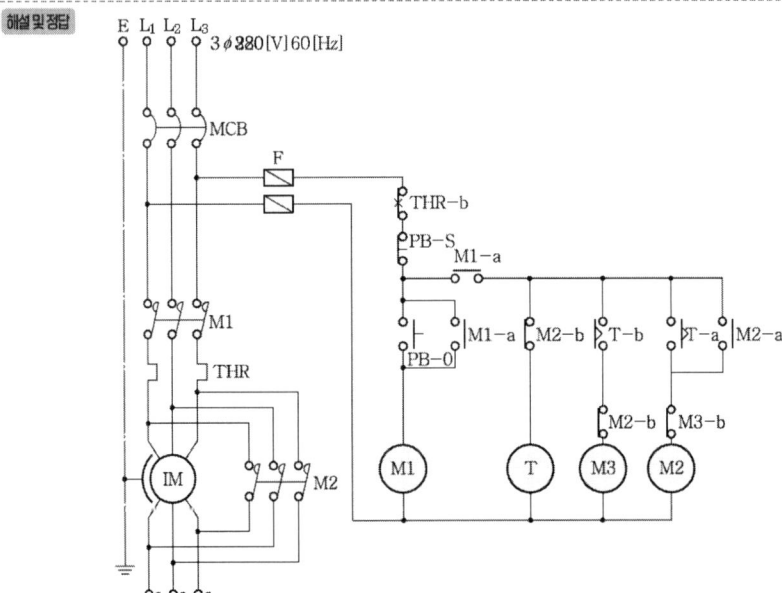

15 건물 내부에 기동용 수압개폐장치를 가압송수장치로 사용하는 옥내소화전함과 발신기 세트를 다음과 같이 설치하였다. 다음 각 물음에 답하시오. [9점]

가) "㉮"~"㉯"의 전선 가닥 수를 쓰시오(전화기능 없음).

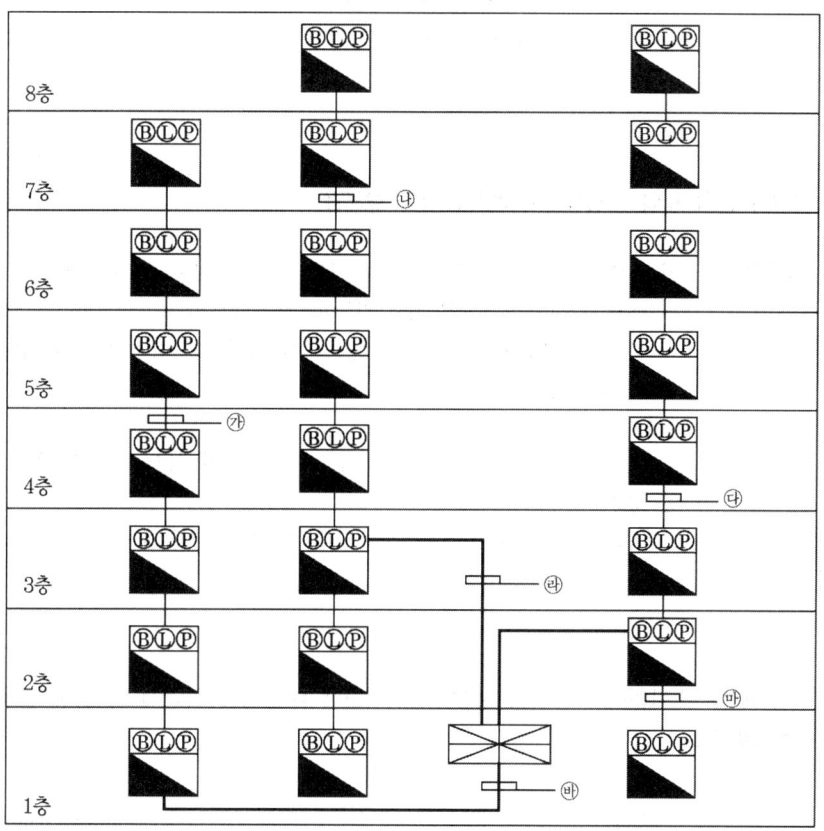

> [해설및정답] ㉮ : 10가닥 ㉯ : 9가닥 ㉰ : 12가닥
> ㉱ : 16가닥 ㉲ : 8가닥 ㉳ : 14가닥

나) 설치된 수신기는 몇 회로용인가?

> [해설및정답] 25회로용

다) 5층 경종단락시 경보하여야 하는 층은?

> [해설및정답] 1~4층, 6~8층

기출문제

라) 음향장치의 기준에 따른 구조 및 성능에 대한 각 물음에 답하시오.
① 정격전압의 몇 [%] 전압에서 음향을 발할 수 있는 것이어야 하는가?
② 음량은 부착된 음향장치의 중심으로부터 1[m] 떨어진 위치에서 몇 [dB] 이상이 되는 것이어야 하는가?

해설 및 정답 ① 80[%] ② 90[dB] 이상

---

16 감지기 설치 제외 장소를 5가지만 쓰시오. 5점

해설 및 정답
1. 천장 또는 반자의 높이가 20[m] 이상인 장소. 다만, 제1항 단서 각 호의 감지기로서 부착 높이에 따라 적응성이 있는 장소는 제외한다.
2. 헛간 등 외부와 기류가 통하는 장소로서 감지기에 따라 화재발생을 유효하게 감지할 수 없는 장소
3. 부식성 가스가 체류하고 있는 장소
4. 고온도 및 저온도로서 감지기의 기능이 정지되기 쉽거나 감지기의 유지관리가 어려운 장소
5. 목욕실·욕조나 샤워시설이 있는 화장실·기타 이와 유사한 장소

---

17 이산화탄소 소화설비의 음향경보장치 설치기준에 대한 설명이다. ( ) 안에 알맞은 말을 넣으시오. 4점

- (①)를 설치한 것은 그 기동장치의 조작과정에서, (②)를 설치한 것은 (③)와 연동하여 자동으로 경보를 발하는 것으로 할 것
- 소화약제의 방출개시 후 (④)분 이상 경보를 계속할 수 있는 것으로 할 것
- 방호구역 또는 방호대상물이 있는 구획 안에 있는 자에게 유효하게 경보할 수 있는 것으로 할 것

해설 및 정답
① 수동식 기동장치
② 자동식 기동장치
③ 화재감지기
④ 1

18 경보설비에 대한 다음 각 물음에 답하시오. `7점`

가) 경보설비의 정의를 쓰시오.

> **해설및정답** 화재발생 사실을 통보하는 기계·기구 또는 설비

나) 경보설비의 종류 6가지를 쓰시오.

> **해설및정답**
> 가. 단독경보형 감지기
> 나. 비상경보설비(비상벨설비, 자동식사이렌설비)
> 다. 자동화재탐지설비
> 라. 시각경보기
> 마. 화재알림설비
> 바. 비상방송설비
> 사. 자동화재속보설비
> 아. 통합감시시설
> 자. 누전경보기
> 차. 가스누설경보기

2024년 제1회 소방설비기사[전기분야] 2차 실기

[2024년 4월 27일 시행]

01 연축전지과 알칼리축전지에 대한 다음 각 물음에 답하시오. [8점]

가) 다음은 연축전지에 대한 반응식이다. 빈칸에 알맞은 내용을 적으시오.

$$PbO_2 + 2H_2SO_4 + Pb \xrightleftharpoons[\text{충전}]{\text{방전}} (\quad) + 2H_2SO_4 + PbSO_4$$

나) 연축전지와 알칼리축전지의 공칭전압은 각각 몇 V/cell인지 쓰시오.
- 연축전지 :
- 알칼리축전지 :

다) 그림과 같은 충전방식을 쓰시오.

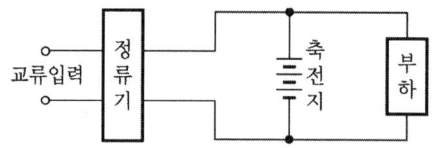

라) 200V의 비상용 조명부하를 60W 100등, 30W 70등으로 설치하려고 한다. 연축전지 HS형 110cell, 시간은 30분, 최저축전지온도는 5℃, 최저허용전압은 195V일 때 점등에 필요한 축전지의 용량[Ah]을 구하시오(단, 보수율은 0.8, 용량환산시간계수는 1.2이다).
- 계산과정 :
- 답 :

해설 및 정답

가) $PbSO_4$

나) ① 연축전지 : 2V/cell
② 알카리축전지 : 1.2V/cell

다) 부동충전방식

라) 축전지용량
- 계산과정 : $I = \dfrac{(60 \times 100) + (30 \times 70)}{200} = 40.5\text{A}$

$$C = \dfrac{1}{0.8} \times 1.2 \times 40.5 = 60.75\text{Ah}$$

- 답 : 60.75Ah

02 가로 20m, 세로 15m인 방재센터에 동일한 비상조명등이 40개 설치되어 있다. 비상조명등이 모두 점등되었을 때 광속[lm]을 구하시오(단, 비상조명등 1개의 조도는 100lx, 조명률 50%, 유지율은 85%이다). **4점**

- 계산과정 :
- 답 :

[해설 및 정답]

- 계산과정 : $F = \dfrac{AED}{UN} = \dfrac{AE\left(\dfrac{1}{M}\right)}{UN}$

$= \dfrac{(20 \times 15)\mathrm{m}^2 \times 100\mathrm{lx} \times \left(\dfrac{1}{0.85}\right)}{0.5 \times 40개} = 1764.705 ≒ 1764.71\mathrm{lm}$

- 답 : 1764.71lm

03 거실의 높이 20[m] 이상 되는 곳에 설치할 수 있는 감지기를 2가지 쓰시오. **3점**

[해설 및 정답]
1. 불꽃 감지기
2. 광전식(분리형, 공기흡입형) 중 아날로그 방식

> **! Reference** ── 부착높이에 따른 감지기 ──
>
> | 부착높이 | 감지기의 종류 |
> |---|---|
> | 8[m] 이상
15[m] 미만 | • 차동식 분포형
• 이온화식 1종 또는 2종
• 광전식(스포트형, 분리형, 공기흡입형) 1종 또는 2종
• 연기복합형
• 불꽃감지기 |
> | 15[m] 이상
20[m] 미만 | • 이온화식 1종
• 광전식(스포트형, 분리형, 공기흡입형) 1종
• 연기복합형
• 불꽃감지기 |
> | 20[m] 이상 | • 불꽃감지기
• 광전식(분리형, 공기흡입형) 중 아날로그방식 |
>
> 비고) 1) 감지기별 부착높이 등에 대하여 별도로 형식승인 받은 경우에는 그 성능 인정범위 내에서 사용할 수 있다.
> 2) 부착높이 20[m] 이상에 설치되는 광전식 중 아날로그방식의 감지기는 공칭감지농도 하한값이 감광율 5[%/m] 미만인 것으로 한다.

기출문제

04 지상 20[m]되는 500[m³]의 저수조에 양수하는 데 15[kW] 용량의 전동기를 사용한다면 몇 분 후에 저수조에 물이 가득 차겠는지 쓰시오(단, 전동기의 효율은 70%이고 여유계수는 1.2이다). [4점]

해설 및 정답
$$t = \frac{9.8 \times Q \times H}{P \times \eta} \times K = \frac{9.8 \times 500 \times 20}{15 \times 0.7} \times 1.2 = 11,200[\sec] = 186.67[\min]$$
∴ 186.67분

05 비상콘센트설비 화재안전기준에 관한 다음 물음에 답하시오. [4점]

가) 하나의 전용회로에 설치하는 비상콘센트는 최대 몇 개인가?

해설 및 정답 10개

나) 비상콘센트용의 풀박스 등은 방청도장을 한 것으로서, 두께 몇 [mm] 이상의 철판으로 하여야 하는가?

해설 및 정답 1.6[mm]

다) 전원부와 외함 사이의 절연저항은 전원부와 외함 사이를 500[V] 절연저항계로 측정할 때 몇 [MΩ] 이상이어야 하는가?

해설 및 정답 20[MΩ]

라) 절연내력은 전원부와 외함 사이에 정격전압이 150[V] 이하인 경우에는 1,000[V]의 실효전압을, 정격전압이 150[V] 이상인 경우에는 그 정격전압에 2를 곱하여 1,000을 더한 실효전압을 가하는 시험에서 몇 분 이상 견디어야 하는가?

해설 및 정답 1분

06 감지기 회로의 도통시험을 위한 종단저항의 설치기준 3가지를 쓰시오. [3점]

해설 및 정답
① 점검 및 관리가 쉬운 장소에 설치할 것
② 전용함 설치시 바닥에 1.5[m] 이내의 높이에 설치
③ 감지기회로의 끝부분에 설치하고 종단감지기에 설치시 구별이 쉽도록 해당 기판 및 감지기 외부 등에 표시

07 그림과 같은 시퀀스회로에서 푸시버튼스위치 PB를 누르고 있을 때 타이머 T_1(설정시간 : t_1), T_2(설정시간 : t_2), 릴레이 X_1, X_2, 표시등 PL에 대한 타임차트를 완성하시오(단, T_1은 1초, T_2는 2초이며 설정시간 이외의 시간지연은 없다고 본다). 6점

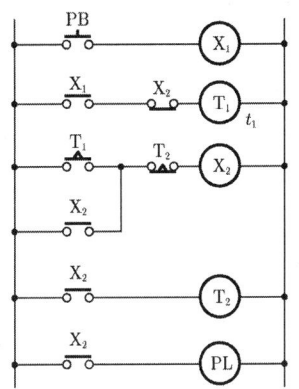

해설 및 정답

08 누전경보기에 관해 다음 각 물음에 답하시오. 6점

가) 1급 누전경보기와 2급 누전경보기를 구분하는 전류[A]기준은?

해설 및 정답 60[A] 초과 시 1급, 60[A] 이하 시 1급 또는 2급

나) 전원은 분전반으로부터 전용회로로 하고 각 극에 각 극을 개폐할 수 있는 무엇을 설치해야 하는가? (단, 배선용 차단기는 제외한다)

해설 및 정답 개폐기 및 15[A] 이하의 과전류차단기

다) ZCT의 명칭과 기능을 쓰시오.

해설 및 정답
  ○ 명칭 : 영상변류기
  ○ 기능 : 누설전류 검출

기출문제

09 다음의 표와 같이 두 입력 A와 B가 주어질 때 주어진 논리소자(Logic Gate)의 명칭과 출력에 대한 진리표를 완성하시오(단, 입력 옆의 AND 게이트는 명칭의 "예시"이므로 빈칸에 알맞은 명칭으로 쓰도록 한다). **7점**

입력 A B	AND								
0 0	0								
0 1	0								
1 0	0								
1 1	1								

해설 및 정답

입력 A B	AND	NAND	OR	NOR	NOR	OR	NAND	AND
0 0	0	1	0	1	1	0	1	0
0 1	0	1	1	0	0	1	1	0
1 0	0	1	1	0	0	1	1	0
1 1	1	0	1	0	0	1	0	1

10 비상콘센트설비의 화재안전기술기준에 관한 내용이다. 빈칸에 알맞은 내용을 적으시오. **3점**

- 비상콘센트설비의 전원회로는 단상교류 (①)인 것으로서, 그 공급용량은 1.5kVA 이상인 것으로 할 것
- 비상콘센트의 플러그접속기는 (②) 플러그접속기(KS C 8305)를 사용해야 한다.
- 비상콘센트의 플러그접속기는 (③)에는 접지공사를 해야 한다.

해설 및 정답
① 220V
② 접지형 2극
③ 칼받이 접지극

11 단독경보형 감지기의 설치기준이다. (   ) 안에 알맞은 내용을 채우시오. [5점]

- 각 실마다 설치하되, 바닥면적이 (①)[m²]를 초과하는 경우에는 (①)[m²]마다 1개 이상 설치할 것
- 이웃하는 실내의 바닥면적이 각각 (②)[m²] 미만이고 벽체 상부의 전부 또는 일부가 개방되어 이웃하는 실내와 공기가 상호 유통되는 경우에는 이를 1개의 실로 본다.
- (③)를 주전원으로 사용하는 단독경보형 감지기는 정상적인 작동상태를 유지할 수 있도록 건전지를 교환할 것
- 상용전원을 주전원으로 사용하는 단독경보형 감지기의 (④)는 제품검사에 합격한 것을 사용할 것

해설및정답 ① 150, ② 30, ③ 건전지, ④ 2차 전지

! Reference — 단독경보형 감지기의 설치기준(화재안전기준)

1. 각 실(이웃하는 실내의 바닥면적이 각각 30[m²] 미만이고 벽체 상부의 전부 또는 일부가 개방되어 이웃하는 실내와 공기가 상호 유통되는 경우에는 이를 1개의 실로 본다)마다 설치하되, 바닥면적이 150[m²]를 초과하는 경우에는 150[m²]마다 1개 이상 설치할 것
2. 최상층의 계단실의 천장(외기가 상통하는 계단실의 경우는 제외한다)에 설치할 것
3. 건전지를 주전원으로 사용하는 단독경보형 감지기는 정상적인 작동상태를 유지할 수 있도록 건전지를 교환할 것
4. 상용전원을 주전원으로 사용하는 단독경보형 감지기의 2차 전지는 제품검사에 합격한 것을 사용할 것

12 3로스위치 2개를 설치하였을 경우 조건을 참고하여 점등, 소등이 되도록 다음 미완성 배선도를 완성하시오. `6점`

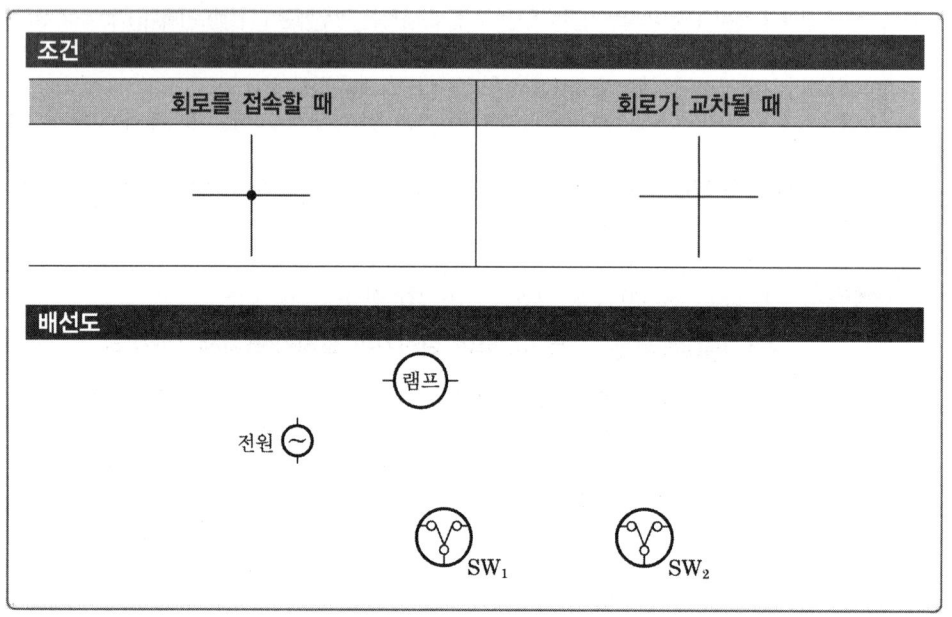

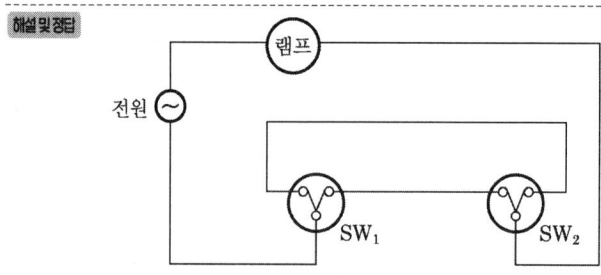

13 공기관식 차동식 분포형 감지기의 설치기준이다. 각 물음에 답하시오. `8점`

가) 노출 시공길이는 몇 [m]로 하는가?

해설및정답 20[m] 이상

나) 하나의 검출부에 접속하는 공기관의 길이는 몇 [m]인가?

해설및정답 100[m] 이하

(다) 비내화구조에서 공기관 상호 간의 거리는 몇 [m] 이내로 하는가?

해설및정답 6[m] 이내

(라) 공기관과 각 변의 수평거리는 몇 [m] 이하로 하는가?

해설및정답 1.5[m] 이하

(마) 공기관의 두께 및 외경은 각각 몇 [mm] 이상으로 하는가?

해설및정답
1. 공기관의 두께 : 0.3[mm] 이상
2. 외경 : 1.9[mm] 이상

> **! Reference ── 공기관식 차동식분포형감지기 설치기준**
> 1. 공기관의 노출부분은 감지구역마다 20[m] 이상이 되도록 할 것
> 2. 공기관과 감지구역의 각 변과의 수평거리는 1.5[m] 이하가 되도록 하고, 공기관 상호 간의 거리는 6[m](주요 구조부를 내화구조로 한 특정소방대상물 또는 그 부분에 있어서는 9[m]) 이하가 되도록 할 것
> 3. 공기관은 도중에서 분기하지 아니하도록 할 것
> 4. 하나의 검출부분에 접속하는 공기관의 길이는 100[m] 이하로 할 것
> 5. 검출부는 5° 이상 경사되지 아니하도록 부착할 것
> 6. 검출부는 바닥으로부터 0.8[m] 이상 1.5[m] 이하의 위치에 설치할 것

14 누전경보기의 전원에 대한 설치기준 3가지를 쓰시오. 3점

해설및정답
① 전원은 분전반으로부터 전용회로로 하고, 각 극에 개폐기 및 15A 이하의 과전류차단기(배선용 차단기에 있어서는 20A 이하의 것으로 각 극을 개폐할 수 있는 것)를 설치할 것
② 전원을 분기할 때는 다른 차단기에 따라 전원이 차단되지 않도록 할 것
③ 전원의 개폐기에는 "누전경보기용"이라고 표시한 표지를 할 것

기출문제

15 자동화재탐지설비의 감지기 또는 발신기의 스위치가 작동할 경우 지구경종이 작동하게 된다. 다음 조건을 만족하는 시퀀스회로를 완성하시오. [5점]

조건
- 감지기 또는 발신기의 스위치가 온(On) 될 경우 자기유지 시킬 것
- 감지기 또는 발신기의 스위치가 온(On) 될 경우 지구경종이 울릴 것
- 감지기 또는 발신기의 스위치가 복귀된 경우 복구 스위치를 누르면 지구경종이 정지할 것
- 관리자가 비상방송을 하기 위하여 절환스위치를 비상방송으로 절환할 경우 지구경종이 정지할 것

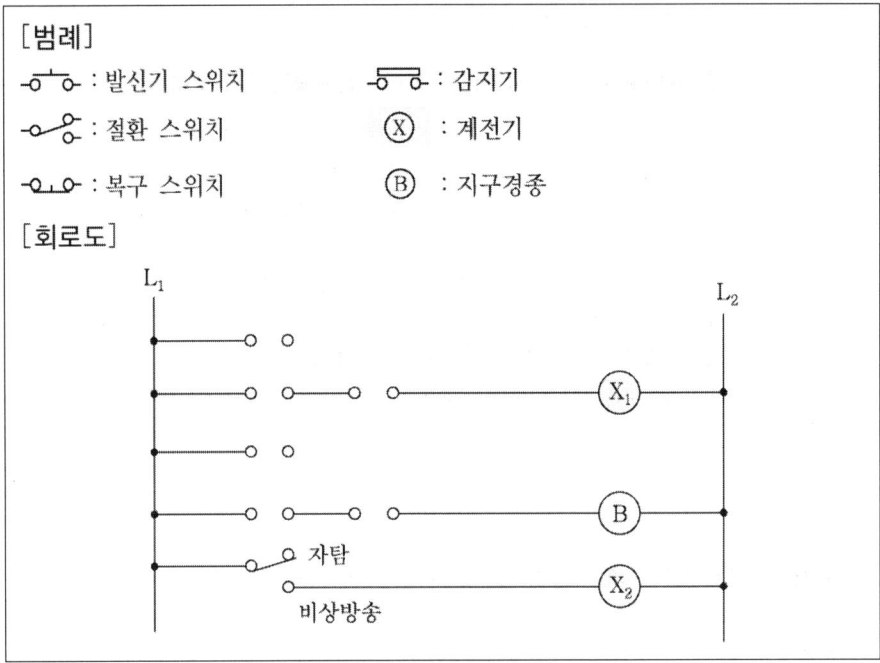

해설 및 정답

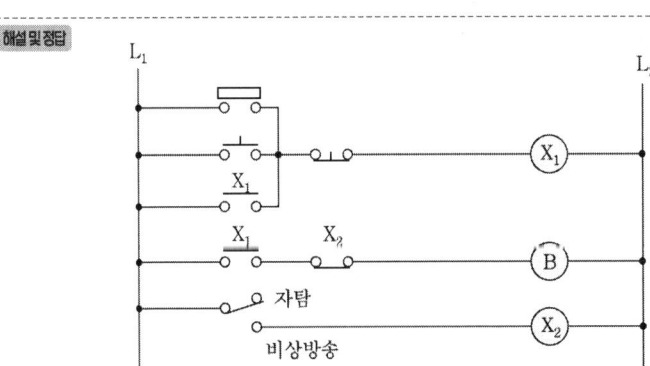

16 화재에 의한 열, 연기 또는 불꽃(화염) 이외의 요인에 의하여 자동화재탐지설비가 작동하여 화재경보를 발하는 것을 "비화재보(Unwanted Alarm)"라 한다. 즉, 자동화재탐지설비가 정상적으로 작동하였다고 하더라도 화재가 아닌 경우의 경보를 "비화재보"라 하며 비화재보의 종류는 다음과 같이 구분할 수 있다. 8점

> (가) 설비 자체의 결함이나 오동작 등에 의한 경우(False Alarm)
>   ① 설비 자체의 기능상 결함
>   ② 설비의 유지관리 불량
>   ③ 실수나 고의적인 행위가 있을 때
> (나) 주위상황이 대부분 순간적으로 화재와 같은 상태(실제 화재와 유사한 환경이나 상황)로 되었다가 정상상태로 복귀하는 경우(일과성 비화재보 : Nuisance Alarm)

위 설명 중 "(나)"항의 일과성 비화재보로 볼 수 있는 Nuisance Alarm에 대한 방지책을 5가지만 쓰시오. 8점

해설및정답
1. 다음과 같은 일과성 비화재보의 방지기능을 갖는 감지기를 설치한다.
   [불꽃감지기, 분포형감지기, 정온식 감지선형 감지기, 광전식 분리형 감지기, 축적형 감지기, 복합형 감지기, 다신호식 감지기, 아날로그식 감지기]
2. 환경적응성이 있는 감지기를 설치한다.
3. 감지기 설치수를 최소로 한다.
4. 연기감지기 설치를 지양한다.
5. 경년변화에 따른 유지보수를 한다.

기출문제

17 지하 3층, 지상 11층의 건물에 표와 같이 화재가 발생했을 경우 우선적으로 경보하여야 하는 층을 표시하시오(단, 공동주택이 아니며, 경보표시는 ●를 사용한다). 6점

7층					
6층					
5층					
4층					
3층					
2층	화재(●)				
1층		화재(●)			
지하 1층			화재(●)		
지하 2층				화재(●)	
지하 3층					화재(●)

해설 및 정답

7층					
6층	●				
5층	●	●			
4층	●	●			
3층	●	●			
2층	화재(●)	●			
1층		화재(●)	●		
지하 1층		●	화재(●)	●	●
지하 2층		●	●	화재(●)	●
지하 3층		●	●	●	화재(●)

(22. 12. 1. 이후 일제 경보)

18 3상 380[V], 주파수 60[Hz], 극수 4P, 75마력의 전동기가 있다. 다음 각 물음에 답하시오(단, 슬립은 5%이다). 6점

가) 동기속도는 얼마인가?

해설 및 정답 동기속도 $N_S = \dfrac{120f}{P}$[rpm]

여기서, f : 주파수, P : 극수

동기속도 $N_S = \dfrac{120f}{P} = \dfrac{120 \times 60}{4} = 1{,}800$[rpm]

∴ 1,800[rpm]

나) 회전속도는 얼마인가?

해설 및 정답 회전속도 $N = N_s(1-S)$[rpm]

여기서, N_s : 동기속도, S : 슬립

회전속도 $N = N_s(1-S) = 1{,}800 \times (1-0.05) = 1{,}710$[rpm]

∴ 1,710[rpm]

소방설비기사[전기분야] 2차 실기

[2024년 7월 28일 시행]

01 자동화재탐지설비 중 배선 설치기준에 대한 다음 각 물음에 답하시오. [6점]

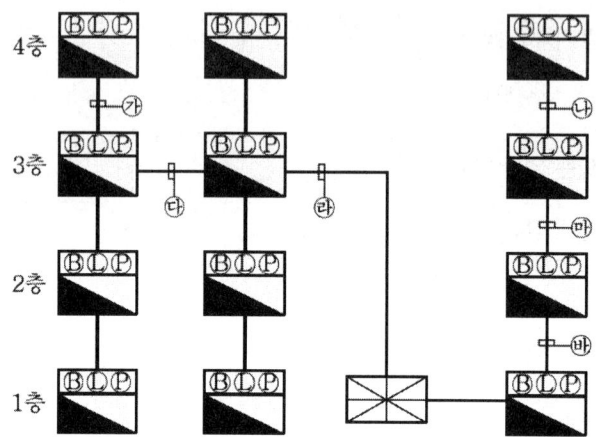

가) 감지기회로의 도통시험을 위한 종단저항의 설치기준 3가지를 쓰시오.

해설및정답
1. 점검 및 관리가 쉬운 장소에 설치할 것
2. 전용함을 설치하는 경우 그 설치 높이는 바닥으로부터 1.5[m] 이내로 할 것
3. 감지기 회로의 끝부분에 설치하며, 종단감지기에 설치할 경우에는 구별이 쉽도록 해당 감지기의 기판 및 감지기 외부 등에 별도의 표시를 할 것

나) 감지기회로의 전로저항은 몇 [Ω] 이하여야 하는가?

해설및정답 50[Ω] 이하

다) 수신기의 각 회로별 종단에 설치되는 감지기에 접속되는 배선의 전압은 감지기 정격전압의 몇 [%] 이상이어야 하는가?

해설및정답 80[%] 이상

> **Reference** — **자동화재탐지설비 배선의 설치기준**

1. 전원회로의 배선은 내화배선, 그 밖의 배선(감지기 상호 간 또는 감지기로부터 수신기에 이르는 감지기회로의 배선은 제외)은 내화배선 또는 내열배선에 따라 설치할 것
2. 감지기 상호간 또는 감지기로부터 수신기에 이르는 감지기회로의 배선은 다음 각 목의 기준에 따라 설치할 것
    가. 아날로그식, 다신호식 감지기나 R형수신기용으로 사용되는 것은 전자파 방해를 받지 아니하는 쉴드선 등을 사용하여야 하며, 광케이블의 경우에는 전자파 방해를 받지 아니하고 내열성능이 있는 경우 사용할 수 있다. 다만, 전자파 방해를 받지 아니하는 방식의 경우에는 그러하지 아니하다.
    나. 가목외의 일반배선을 사용할 때는 「옥내소화전설비의 화재안전기술기준(NFTC 102)」에 따른 내화배선 또는 내열배선으로 사용할 것
3. 감지기회로의 도통시험을 위한 종단저항의 기준
    ① 점검 및 관리가 쉬운 장소에 설치할 것
    ② 전용함을 설치하는 경우 그 설치 높이는 바닥으로부터 1.5[m] 이내로 할 것
    ③ 감지기 회로의 끝 부분에 설치하며, 종단감지기에 설치할 경우에는 구별이 쉽도록 해당 감지기의 기판 등에 별도의 표시를 할 것
4. 감지기 사이의 회로의 배선은 송배선식으로 할 것
5. 감지기회로 및 부속회로의 전로와 대지 사이 및 배선 상호 간의 절연저항은 1경계구역마다 직류 250[V]의 절연저항측정기를 사용하여 측정한 절연저항이 0.1[MΩ] 이상이 되도록 할 것
6. 자동화재탐지설비의 배선은 다른 전선과 별도의 관·덕트(절연효력이 있는 것으로 구획한 때에는 그 구획된 부분은 별개의 덕트로 본다)·몰드 또는 풀박스 등에 설치할 것(다만, 60[V] 미만의 약 전류회로에 사용하는 전선으로서 각각의 전압이 같을 때에는 그러하지 아니하다)
7. P형 및 GP형 수신기의 감지기 회로의 배선에 있어서 하나의 공통선에 접속할 수 있는 경계구역은 7개 이하로 할 것
8. 자동화재탐지설비의 감지기회로의 전로저항은 50[Ω] 이하가 되도록 하여야 하며, 수신기의 각 회로별 종단에 설치되는 감지기에 접속되는 배선의 전압은 감지기 정격전압의 80[%] 이상이어야 할 것

기출문제

02 다음은 옥내소화전설비 비상전원에 관한 내용이다. ( ) 안에 알맞은 내용을 쓰시오. [7점]

가) 비상전원을 설치해야 하는 경우

> 1. 층수가 7층 이상으로서 연면적이 (①)[m²] 이상인 것
> 2. 제1호에 해당하지 아니하는 특정소방대상물로서 지하층의 바닥면적의 합계가 (②)[m²] 이상인 것

나) 비상전원 설치기준

> 1. 점검에 편리하고 화재 및 (③) 등의 재해로 인한 피해를 받을 우려가 없는 곳에 설치할 것
> 2. 옥내소화전설비를 유효하게 (④)분 이상 작동할 수 있어야 할 것
> 3. 상용전원으로부터 전력의 공급이 중단된 때에는 (⑤)으로 비상전원으로부터 전력을 공급받을 수 있도록 할 것
> 4. 비상전원(내연기관의 기동 및 제어용 축전기를 제외한다)의 설치장소는 다른 장소와 (⑥) 할 것. 이 경우 그 장소에는 비상전원의 공급에 필요한 기구나 설비 외의 것(열병합발전설비에 필요한 기구나 설비는 제외한다)을 두어서는 아니 된다.
> 5. 비상전원을 실내에 설치하는 때에는 그 실내에 (⑦)을 설치할 것

해설및정답 ① 2,000 ② 3,000 ③ 침수 ④ 20
　　　　　　 ⑤ 자동 ⑥ 방화구획 ⑦ 비상조명등

03 다음은 어느 특정소방대상물의 평면도이다. 건축물의 구조는 비내화구조이고, 층간 높이는 3.8[m]일 때 다음 각 물음에 답하시오(단, 설치하여야 할 감지기는 1종을 설치한다). [7점]

	10[m]	20[m]	10[m]	
	A			7[m]
		C	D	
	B			8[m]
		E		8[m]

가) 차동식 스포트형 감지기 1종을 설치할 경우 각 실에 설치되는 감지기의 개수를 구하시오.

해설 및 정답

A실 $\dfrac{10m \times 7m}{50m^2} = 1.4$ ∴ 2개

B실 $\dfrac{10m \times 16m}{50m^2} = 3.2$ ∴ 4개

C실 $\dfrac{20m \times 15m}{50m^2} = 6$ ∴ 6개

D실 $\dfrac{10m \times 15m}{50m^2} = 3$ ∴ 3개

E실 $\dfrac{30m \times 8m}{50m^2} = 4.8$ ∴ 5개

나) 해당 특정소방대상물의 경계구역수를 구하시오.

해설 및 정답

경계구역수 $= \dfrac{바닥면적[m^2]}{600[m^2]} = \dfrac{40[m] \times 23[m]}{600[m^2]} = 1.53$ ∴ 2개

04 공기관식 차동식 분포형 감지기의 설치도면이다. 다음 각 물음에 답하시오(단, 주요구조부를 내화구조로 한 소방대상물인 경우이다). **8점**

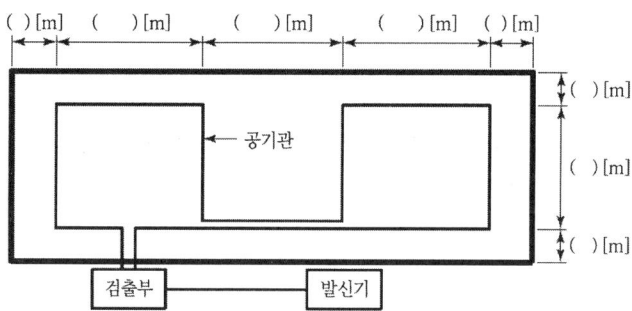

가) 내화구조일 경우의 공기관 상호간의 거리와 감지구역의 각 변과의 거리는 몇 [m] 이하가 되도록 하여야 하는지 도면의 ( )안에 쓰시오.

해설 및 정답

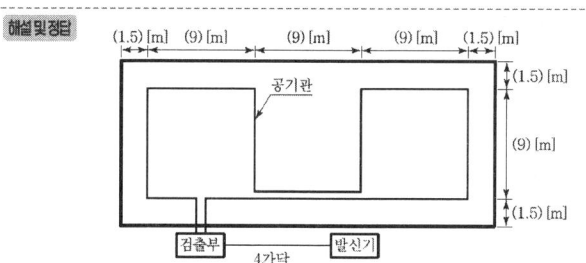

나) 공기관의 노출부분의 길이는 몇 [m] 이상이 되어야 하는지 쓰시오.

해설 및 정답   20[m] 이상

다) 종단저항을 발신기에 설치할 경우 차동식 분포형 감지기의 검출기와 발신기 간에 연결해야 하는 전선의 가닥 수를 도면에 표기하시오.

해설 및 정답   도면 가) 참조

라) 검출부의 설치높이를 쓰시오.

해설 및 정답   바닥으로부터 0.8[m] 이상 1.5[m] 이하

마) 검출부분에 접속하는 공기관의 길이는 몇 [m] 이하로 하여야 하는지 쓰시오.

해설 및 정답   100[m] 이하

바) 공기관의 재질을 쓰시오.

해설 및 정답   구리(동관 또는 중공동관)

사) 검출부의 경사도는 몇 도 이하이어야 하는지 쓰시오.

해설 및 정답   5도 이하

05 매분 15[m³]의 물을 높이 18[m]인 물탱크에 양수하려고 한다. 주어진 조건을 이용하여 다음 각 물음에 답하시오. **4점**

[조건]
- 펌프와 전동기의 합성효율은 60[%]이다.
- 전동기의 전부하 역률은 80[%]이다.
- 펌프의 축동력은 15[%]의 여유를 둔다고 한다.

가) 필요한 전동기의 용량은 몇 [kW]인가?

해설 및 정답   전동기 용량

$$P = \frac{9.8QH}{\eta}K = \frac{9.8 \times \left(\frac{15}{60}\right) \times 18}{0.6} \times 1.15 = 84.525 \fallingdotseq 84.53[\text{kW}]$$

나) 부하용량[kVA]을 구하시오.

해설 및 정답   부하용량 $P_a = \dfrac{P}{\cos\theta} = \dfrac{84.53}{0.8} \fallingdotseq 105.66[\text{kVA}]$

다) 전력공급은 단상변압기 2대를 사용하여 V결선으로 공급한다면 변압기 1대의 용량[kVA]을 구하시오.

해설 및 정답   변압기 1대의 용량 $P = \dfrac{P_v}{\sqrt{3}} = \dfrac{P_a}{\sqrt{3}} = \dfrac{105.66}{\sqrt{3}} = 61.00[\text{kVA}]$

06 다음은 한국전기설비규정(KEC)에서 규정하는 전기적 접속에 대한 내용이다. ( ) 안에 알맞은 말을 넣으시오. 5점

가) 배선설비가 바닥, 벽, 지붕, 천장, 칸막이, 중공벽 등 건축구조물을 관통하는 경우, 배선설비가 통과한 후에 남는 개구부는 관통 전의 건축구조 각 부재에 규정된 (①)에 따라 밀폐하여야 한다.

나) 내화성능이 규정된 건축구조부재를 관통하는 (②)는 가)에서 요구한 외부의 밀폐와 마찬가지로 관통 전에 각 부의 내화등급이 되도록 내부도 밀폐하여야 한다.

다) 관련 제품 표준에서 자기소화성으로 분류되고 최대 내부단면적이 (③)mm² 이하인 전선관, 케이블트렁킹 및 (④)은 다음과 같은 경우라면 내부적으로 밀폐하지 않아도 된다.
- 보호등급 IP33에 관한 KS C IEC 60529(외곽의 방진보호 및 방수보호등급)의 시험에 합격하는 경우
- 관통하는 건축 구조체에 의해 분리된 구획의 하나 안에 있는 배선설비의 단말이 보호등급 IP33에 관한 KS C IEC 60529[외함의 밀폐 보호등급 구분(IP코드)]의 시험에 합격한 경우

라) 배선설비는 그 용도가 (⑤)을 견디는데 사용되는 건축구조부재를 관통해서는 안 된다. 다만, 관통 후에도 그 부재가 하중에 견딘다는 것을 보증할 수 있는 경우는 제외한다.

해설 및 정답
① 내화등급
② 배선설비
③ 710
④ 케이블덕팅시스템
⑤ 하중

기출문제

07 차동식 스포트형 감지기의 구조를 나타낸 그림이다. 각 부분의 명칭(①~④)을 쓰고 ①의 기능에 대하여 간단히 설명하시오. `4점`

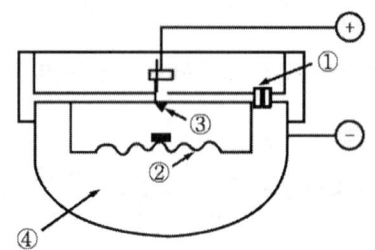

해설및정답
- ①~④ 부분의 명칭 : ① 리크홀 ② 다이아프램 ③ 접점 ④ 감열실
- ①의 기능 : 온도상승률 검출 및 오동작 방지

08 이산화탄소소화설비의 음향경보장치에 관한 내용이다. 다음 각 물음에 답하시오. `4점`

가) 방호구역 또는 방호대상물이 있는 구획의 각 부분으로부터 하나의 확성기까지의 수평거리는 몇 [m] 이하로 하여야 하는가?

해설및정답 25[m] 이하

나) 소화약제의 방사개시 후 몇 분 이상 경보를 발하여야 하는가?

해설및정답 1분 이상

09 소방시설 설치 및 관리에 관한 법률 시행령 별표4에 따른 가스누설경보기를 설치하여야 하는 특정소방대상물 5가지를 답하시오. `5점`

해설및정답 ① 문화 및 집회시설 ② 종교시설 ③ 판매시설 ④ 운수시설 ⑤ 의료시설

> **! Reference**
>
> 가스누설경보기를 설치해야 하는 특정소방대상물(가스시설이 설치된 경우만 해당한다)은 다음의 어느 하나에 해당하는 것으로 한다.
> 1) 문화 및 집회시설, 종교시설, 판매시설, 운수시설, 의료시설, 노유자 시설
> 2) 수련시설, 운동시설, 숙박시설, 창고시설 중 물류터미널, 장례시설

10 비상콘센트를 보호하기 위한 비상콘센트보호함의 설치기준이다. ( ) 안에 알맞은 내용을 쓰시오. 5점

- 보호함에는 쉽게 개폐할 수 있는 (①)을(를) 설치할 것
- 보호함 (②)에 "비상콘센트"라고 표시한 표지를 할 것
- 보호함 상부에 (③)색의 (④)을(를) 설치할 것
  (다만, 비상콘센트 보호함을 옥내소화전함 등과 접속하여 설치하는 경우에는 (⑤) 등의 표시등과 겸용할 수 있다)

해설및정답 ① 문 ② 표면 ③ 적 ④ 표시등 ⑤ 옥내소화전함

---

11 자동화재탐지설비의 배선의 공사방법 중 내화배선의 공사방법에 대한 다음 ( )를 완성하시오. 4점

금속관·(①) 또는 (②)에 수납하여 (③)로 된 벽 또는 바닥 등에 벽 또는 바닥의 표면으로부터 (④)의 깊이로 매설하여야 한다.
  가. 배선을 내화성능을 갖는 배선전용실 또는 배선용 샤프트·피트·덕트 등에 설치하는 경우
  나. 배선전용실 또는 배선용 샤프트·피트·덕트 등에 다른 설비의 배선이 있는 경우에는 이로부터 15[cm] 이상 떨어지게 하거나 소화설비의 배선과 이웃하는 다른 설비의 배선 사이에 배선지름(배선의 지름이 다른 경우에는 지름이 가장 큰 것을 기준으로 한다)의 1.5배 이상의 높이의 불연성 격벽을 설치하는 경우

해설및정답
① 2종 금속제 가요전선관
② 합성수지관
③ 내화구조
④ 25[mm] 이상

기출문제

12 공사비 산출내역서 작성시 표준품셈표에서 정하는 공구손료의 적용범위를 쓰시오. [3점]

해설및정답 직접노무비의 3% 이내

> **Reference**
>
> | 구분 | 적용 | 정의 |
> |---|---|---|
> | 공구손료 | ① 직접노무비의 3% 이내
② 인력품(노임할증과 작업시간 증가에 의하지 않은 품할증 제외)의 3% 이내 | ① 공구를 사용하는 데 따른 손실 비용
② 일반공구 및 시험용 계측기구류의 손료로서 공사 중 상시 일반적으로 사용하는 것(단, 철공공사, 석공사 등의 특수 공구 및 검사용 특수계측기류의 손실 비용은 별도 적용) |
> | 소모·잡자재비
(잡재료 및 소모재료) | ① 전선과 배관자재의 2~5% 이내
② 직접재료비의 2~5% 이내
③ 주재료비의 2~5% 이내 | ① 적용이 어렵고 금액이 작은 소모품
② 잡재료 : 소량이나 소금액의 재료는 명세서작성이 곤란하므로 일괄 적용하는 것(예 나사, 볼트, 너트 등)
③ 소모재료 : 작업 중에 소모하여 없어지거나 작업이 끝난 후에 모양이나 형태가 변하여 남아 있는 재료(예 납땜, 왁스, 테이프 등) |
> | 배관부속재 | 배관과 전선관의 15% 이내 | 배관공사시 사용되는 부속재료
(예 커플링, 새들 등) |

13 비상콘센트설비의 상용전원회로의 배선은 다음의 경우에 어디에서 분기하여 전용배선으로 하는지를 설명하시오. [4점]

가) 저압수전인 경우 :
나) 특고압수전 또는 고압수전인 경우 :

해설및정답 가) 인입개폐기 직후에서
나) 전력용 변압기 2차측의 주차단기 1차측 또는 2차측에서

14 열전대식 차동식 분포형 감지기는 제어백효과를 이용한 감지기이다. 다음 각 물음에 답하시오. 6점

가) 제어백효과를 설명하시오.
나) 열전대의 정의를 쓰시오.
다) 열전대의 재료로 가장 우수한 금속은 무엇인지 쓰시오.

해설 및 정답
가) 서로 다른 두 금속을 접속하여 접속점에 온도차를 주면 열기전력 발생하는 효과
나) 서로 다른 종류의 금속을 접속하여 온도차에 의해 열기전력 발생
다) 백금

15 다음은 누전경보기의 형식승인 및 제품검사의 기술기준에 대한 내용이다. 각 물음에 답하시오. 6점

가) 전구는 사용전압의 몇 %인 교류전압을 20시간 연속하여 가하는 경우 단선, 현저한 광속변화, 흑화, 전류의 저하 등이 발생하지 않아야 하는가?
나) 전구는 몇 개 이상을 병렬로 접속하여야 하는가?
다) 누전경보기의 공칭작동전류치는 몇 mA 이하여야 하는가?

해설 및 정답
가) 130%
나) 2개 이상
다) 200mA 이하

16 다음 그림의 논리회로를 참고하여 각 물음에 답하시오. 8점

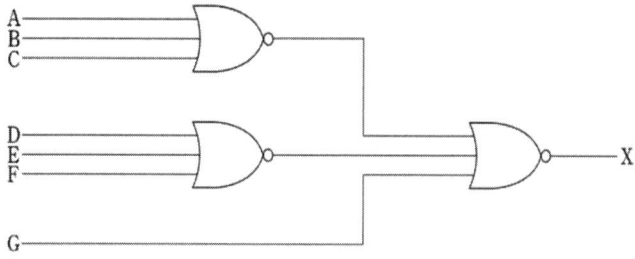

가) 논리식으로 나타내시오.

해설 및 정답 $\overline{\overline{A+B+C} + \overline{D+E+F} + G} = X$

나) AND, OR, NOT 회로를 이용하여 간소화한 후 등가회로로 나타내시오.

 간소화 : $\overline{\overline{A+B+C} \cdot \overline{D+E+F}} \cdot \overline{G} = X$

$(A+B+C) \cdot (D+E+F) \cdot \overline{G} = X$

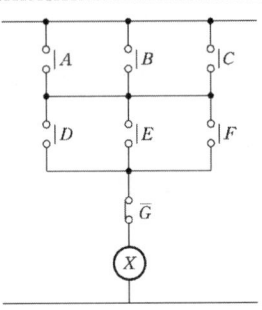

다) 유접점(릴레이) 회로로 나타내시오.

17 자동화재탐지설비의 발신기에서 표시등=40[mA/1개], 경종=50[mA/1개]로 1회로당 90[mA]의 전류가 소모되며, 지하 1층, 지상 5층의 각 층별 2회로씩 총 12회로인 공장에서 P형 수신반 최말단 발신기까지 500[m] 떨어진 경우 다음 각 물음에 답하시오(단, 일제경보 방식인 경우이다). **8점**

가) 표시등 및 경종의 최대소요전류와 총전류를 구하시오
  • 표시등의 최대소요전류 :
  • 경종의 최대소요전류 :
  • 총 소요전류 :

  • 표시등의 최대 소요전류 : 40[mA/개] × 12개 = 480[mA] = 0.48[A]
  • 경종의 최대 소요전류 : 50[mA/개] × 12개 = 600[mA] = 0.6[A]
  • 총 소요전류 : 0.48+0.6 = 1.08[A]

나) 사용전선의 종류를 쓰시오

해설 및 정답 450/750[V] 저독성 난연 가교 폴리올레핀 절연전선(22. 12. 1 이후 개정)

> **! Reference** ─ 소방용 배선으로 사용되는 전선의 종류 ─
> ① 450/750[V] 저독성 난연 가교 폴리올레핀 절연 전선
> ② 0.6/1[kV] 가교 폴리에틸렌 절연 저독성 난연 폴리올레핀 시스 전력용 케이블
> ③ 6/10[kV] 가교 폴리에틸렌 절연 저독성 난연 폴리올레핀 시스 전력용 케이블
> ④ 가교 폴리에틸렌 절연 비닐시스 트레이용 난연 전력용 케이블
> ⑤ 0.6/1[kV] EP 고무절연 클로로프렌 시스 케이블
> ⑥ 300/500[V] 내열성 실리콘 고무 절연전선(180[℃])
> ⑦ 내열성 에틸렌-비닐 아세테이트 고무 절연 케이블
> ⑧ 버스덕트(Bus Duct) 등

다) 2.5[mm²]의 전선을 사용한 경우 전체 경종동작 시 전압강하는 얼마인지 계산하시오.

해설 및 정답 전압강하 $e = \dfrac{35.6LI}{1,000A} = \dfrac{35.6 \times 500 \times 1.08}{1,000 \times 2.5} ≒ 7.69[\text{V}]$

라) "다"항의 계산에 의한 경종 작동여부를 설명하시오

해설 및 정답 전압강하는 20[%] 즉, 4.8[V] 이내이어야 하므로 경종은 작동하지 않는다.

마) 우선 경보방식을 설치할 수 있는 특정소방대상물의 범위를 쓰시오

해설 및 정답 층수가 11층(공동주택의 경우에는 16층) 이상의 특정소방대상물은 다음의 기준에 따라 경보를 발할 수 있도록 할 것
① 2층 이상의 층에서 발화한 때에는 발화층 및 그 직상 4개 층에 경보를 발할 것
② 1층에서 발화한 때에는 발화층·그 직상 4개 층 및 지하층에 경보를 발할 것
③ 지하층에서 발화한 때에는 발화층·그 직상층 및 기타의 지하층에 경보를 발할 것

기출문제

18 P형 수신기와 감지기와의 배선회로에서 종단저항은 11[kΩ], 배선저항은 50[Ω], 릴레이저항은 550[Ω]이며 회로전압이 DC 24[V]일 때 다음 각 물음에 답하시오. **4점**

가) 평소 감시전류는 몇 [mA]인가?

해설 및 정답

$$감시전류 = \frac{회로전압}{배선저항 + 종단저항 + 릴레이저항}$$

$$= \frac{24}{50 + 11,000 + 550} = 0.002068[A] ≒ 2.07[mA]$$

나) 감지기가 동작할 때(화재 시)의 전류는 몇 [mA]인가? (단, 배선저항은 무시한다)

해설 및 정답

$$동작전류 = \frac{회로전압}{릴레이저항} = \frac{24}{550} = 0.043636[A] ≒ 43.64[mA]$$

2024년 제3회 소방설비기사[전기분야] 2차 실기

[2024년 10월 19일 시행]

01 주어진 동작설명에 적합하도록 미완성된 시퀀스회로를 완성하시오(단, 각 접점 및 스위치의 명칭을 기입하시오). 8점

[동작설명]
- MCCB를 투입하면 표시램프 GL이 점등되도록 한다.
- 전동기 운전용 누름버튼스위치 PBS-on을 누르면 전자접촉기 MC가 여자되고 MC-a 접점에 의해 자기유지되며 전동기가 기동되고, 동시에 전자접촉기 보조 a접점인 MC-a 접점에 의하여 전동기 운전등인 RL이 점등된다.
- 이때 전자접촉기 보조접점 MC-b에 의하여 GL이 소등된다.
- 전동기가 정상운전 중 정지용 누름버튼스위치 PBS-off를 누르면 PBS-on을 누르기 전의 상태로 된다.
- 전동기에 과전류가 흐르면 열동계전기 접점인 THR에 의하여 전동기는 정지하고 모든 접점은 최초의 상태로 복귀한다.

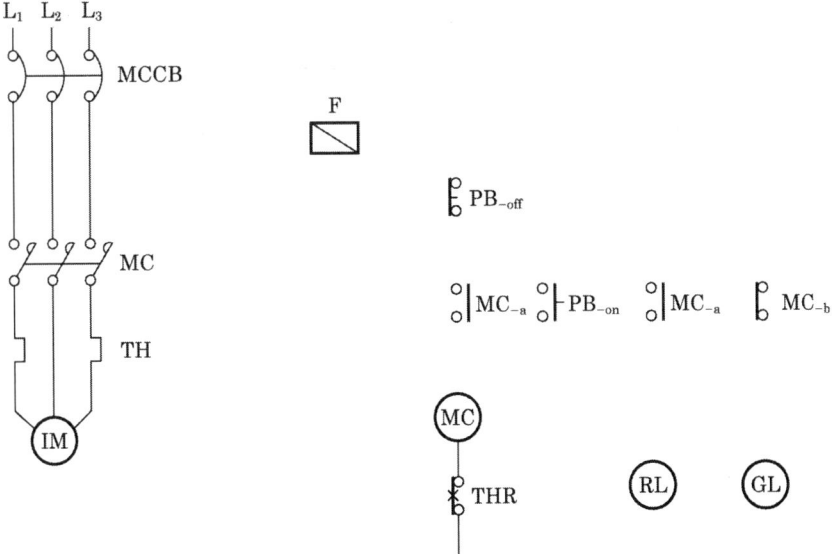

기출문제

해설 및 정답

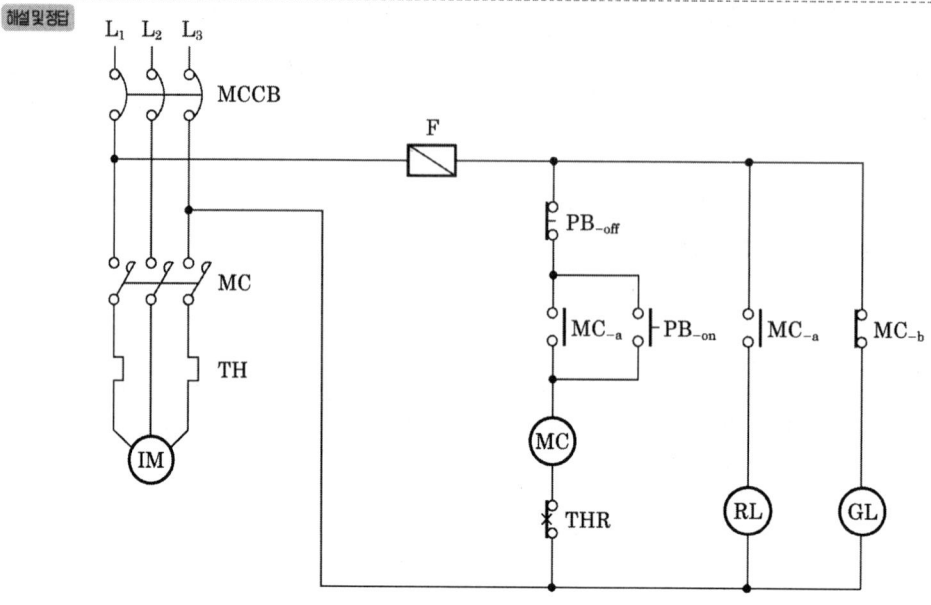

02 누전경보기의 형식승인 및 제품검사의 기술기준을 참고하여 다음 각 물음에 답하시오. [5점]

가) 감도조정장치를 갖는 누전경보기의 최대조정치는 몇 A인가?

나) 다음은 변류기의 전로개폐시험에 대한 내용이다. 빈칸을 완성하시오.

> 변류기는 출력단자에 부하저항을 접속하고, 경계전로에 해당 변류기의 정격전류의 150%인 전류를 흘린 상태에서 경계전로의 개폐를 (   )회 반복하는 경우 그 출력전압치는 공칭작동전류치의 42%에 대응하는 출력전압치 이하이어야 한다.

다) 변류기는 직류 500V의 절연저항계로 시험을 하는 경우 5MΩ 이상이어야 한다. 이때 측정위치 3곳을 쓰시오.
①
②
③

해설 및 정답
가) 1A
나) 5
다) ① 절연된 1차 권선과 2차 권선
  ② 절연된 1차 권선과 외부금속부
  ③ 절연된 2차 권선과 외부금속부

03 예비전원설비로 이용되는 축전지에 대한 다음 각 물음에 답하시오. [6점]

가) 자기방전량만을 항상 충전하는 방식의 명칭을 쓰시오.

나) 비상용 조명부하 200V용, 50W 80등, 30W 70등이 있다. 방전시간은 30분이고, 축전지는 HS형 110cell이며, 허용최저전압은 190V, 최저축전지온도가 5℃일 때 축전지용량[Ah]을 구하시오(단, 경년용량저하율은 0.8, 용량환산시간은 1.2h이다).
- 계산과정 :
- 답 :

다) 연축전지와 알칼리축전지의 공칭전압[V]을 쓰시오.
- 연축전지 :
- 알칼리축전지 :

해설및정답
가) 세류충전방식

나) • 계산과정 : $I = \dfrac{50 \times 80 + 30 \times 70}{200} = 30.5\text{A}$

$C = \dfrac{1}{0.8} \times 1.2 \times 30.5 = 45.75\text{Ah}$

- 답 : 45.75Ah

다) • 연축전지 : 2V
- 알칼리축전지 : 1.2V

04 도면을 보고 각 물음에 답하시오. [6점]

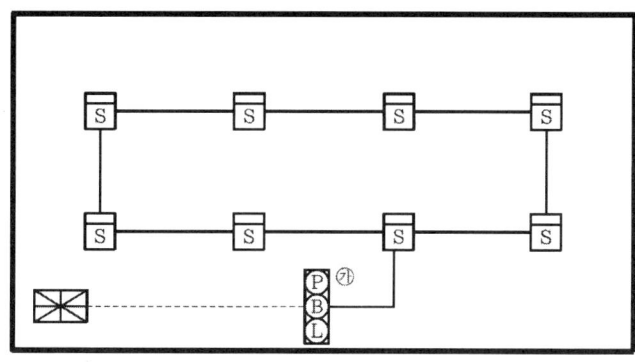

가) ㉠는 수동으로 화재신호를 발신하는 발신기세트이다. 발신기세트와 수신기 간의 배선 길이가 15[m]인 경우 전선은 총 몇 [m]가 필요한지 산출하시오(단, 층고, 할증 및 여유율 등은 고려하지 않는다).

해설및정답 15[m] × 기본 6가닥 = 90[m]

기출문제

나) 상기 건물에 설치된 감지기가 2종인 경우 8개의 감지기가 최대로 감지할 수 있는 감지구역의 바닥면적(m²) 합계를 구하시오(단, 천장 높이는 5m인 경우이다).

[해설 및 정답] $75[m^2] \times 8 = 600[m^2]$

다) 감지기와 감지기 간, 감지기와 발신기세트 간의 길이가 각각 10m인 경우 전선관 및 전선물량을 산출과정과 함께 쓰시오(단, 층고, 할증 및 여유율 등은 고려하지 않는다).

품명	규격	산출과정	물량(m)
전선관	16C		
전선	2.5[mm²]		

[해설 및 정답]

품명	규격	산출과정	물량(m)
전선관	16C	감지기와 감지기 간 10[m]×8=80[m] 감지기와 발신기 간 10[m]×1=10[m]	90[m]
전선	2.5[mm²]	감지기와 감지기 간 10[m]×8×2가닥=160[m] 감지기와 발신기 간 10[m]×4=40[m]	200[m]

05 3상 380V, 전전압기동시 기동전류 135A, 기동토크 150%인 전동기가 있다. 이 전동기를 $Y-\triangle$ 기동할 경우 기동전류와 기동토크를 구하시오. **4점**

가) 기동전류[A]
- 계산과정 :
- 답 :

나) 기동토크[%]
- 계산과정 :
- 답 :

[해설 및 정답]

가) • 계산과정 : $135 \times \dfrac{1}{3} = 45A$

　　• 답 : 45A

나) • 계산과정 : $150 \times \dfrac{1}{3} = 50\%$

　　• 답 : 50%

06 비상조명등의 설치기준에 관한 다음 각 물음에 답하시오. [6점]

가) 다음 빈칸을 완성하시오.

> • 조도는 비상조명등이 설치된 장소의 각 부분의 바닥에서 (①)lx 이상이 되도록 할 것
> • 예비전원을 내장하는 비상조명등에는 평상시 점등 여부를 확인할 수 있는 (②)를 설치하고 해당 조명등을 유효하게 작동시킬 수 있는 용량의 축전지와 예비전원 충전장치를 내장할 것

①:
②:

나) 예비전원을 내장하지 않은 비상조명등의 비상전원 설치기준 2가지를 쓰시오.
①:
②:

해설 및 정답
가) ① 1 ② 점검스위치
나) ① 점검에 편리하고 화재 및 침수 등의 재해로 인한 피해를 받을 우려가 없는 곳에 설치할 것
② 상용전원으로부터 전력공급이 중단된 때에는 자동으로 비상전원으로부터 전력공급을 받을 수 있도록 할 것

07 연기감지기에 대한 사항이다. 다음 각 물음에 답하시오. [6점]

가) 광전식 스포트형 감지기(산란광식)의 작동원리를 쓰시오.
•

나) 광전식 분리형 감지기(감광식)의 작동원리를 쓰시오.
•

다) 광전식 스포트형 감지기의 적응장소 2가지를 쓰시오(단, 환경은 연기가 멀리 이동해서 감지기에 도달하는 장소로 한다).
•
•

해설 및 정답
가) 화재발생시 연기입자에 의해 난반사된 빛이 수광부 내로 들어오는 것을 감지
나) 화재발생시 연기입자에 의해 수광부의 수광량이 감소하므로 이를 검출하여 화재신호 발신
다) ① 계단 ② 경사로

기출문제

08 옥내소화전설비의 비상전원의 설치기준을 5가지 쓰시오. [5점]

해설및정답
1. 점검에 편리하고 화재 및 침수 등의 재해로 인한 피해를 받을 우려가 없는 곳에 설치할 것
2. 옥내소화전설비를 유효하게 20분 이상 작동할 수 있어야 할 것
3. 상용전원으로부터 전력의 공급이 중단된 때에는 자동으로 비상전원으로부터 전력을 공급받을 수 있도록 할 것
4. 비상전원의 설치장소는 다른 장소와 방화구획 할 것
5. 비상전원을 실내에 설치하는 때에는 그 실내에 비상조명등을 설치할 것

> **! Reference** — 비상전원
> 1. 비상전원의 종류 : 자가발전설비, 축전지설비, 전기저장장치
> 2. 비상전원의 설치기준
>   ① 점검에 편리하고 화재 및 침수 등의 재해로 인한 피해를 받을 우려가 없는 곳에 설치할 것
>   ② 옥내소화전설비를 유효하게 20분 이상 작동할 수 있어야 할 것
>   ③ 상용전원으로부터 전력의 공급이 중단된 때에는 자동으로 비상전원으로부터 전력을 공급받을 수 있도록 할 것
>   ④ 비상전원(내연기관의 기동 및 제어용 축전기를 제외)의 설치장소는 다른 장소와 방화구획할 것. 이 경우 그 장소에는 비상전원의 공급에 필요한 기구나 설비 외의 것(열병합발전설비에 필요한 기구나 설비는 제외)을 두어서는 아니 된다.
>   ⑤ 비상전원을 실내에 설치하는 때에는 그 실내에 비상조명등을 설치할 것

09 주요구조부가 내화구조인 가로 35[m], 세로 20[m]인 곳에 다음과 같은 감지기를 설치하는 경우 감지기의 최소 개수를 구하시오(단, 감지기의 설치높이는 3[m]이다). [4점]

가) 차동식 스포트형 감지기(2종) 설치개수

해설및정답 $\dfrac{(35 \times 20)[m^2]}{70[m^2]} = 10$개

나) 보상식 스포트형 감지기(2종) 설치개수

해설및정답 $\dfrac{(35 \times 20)[m^2]}{70[m^2]} = 10$개

> **Reference** — 부착높이별 감지기의 설치기준

부착높이 및 특정소방대상물의 구분		감지기의 종류					
		차동식 스포트형		보상식 스포트형		정온식 스포트형		
		1종	2종	1종	2종	특종	1종	2종
4[m] 미만	주요구조부가 내화구조	90	70	90	70	70	60	20
	기타 구조	50	40	50	40	40	30	15
4[m] 이상 8[m] 미만	주요구조부가 내화구조	45	35	45	35	35	30	—
	기타 구조	30	25	30	25	25	15	—

10 단독경보형 감지기의 설치기준 중 ( ) 안에 알맞은 내용을 쓰시오. [6점]

가) 각 실마다 설치하되, 바닥면적이 (①)[m²]를 초과하는 경우에는 (②)[m²]마다 1개 이상 설치하여야 한다.

해설 및 정답 ① 150 ② 150

나) 이웃하는 실내의 바닥면적이 각각 30[m²] 미만이고, 벽체 상부의 전부 또는 일부가 개방되어 이웃하는 실내와 공기가 상호 유통되는 경우에는 이를 (③)의 실로 본다.

해설 및 정답 ③ 한 개

다) 건전지를 주전원으로 사용하는 단독경보형 감지기는 정상적인 (④)를 유지할 수 있도록 건전지를 교환할 것

해설 및 정답 ④ 작동상태

라) 상용전원을 주전원으로 사용하는 단독경보형 감지기의 (⑤)는 제품검사에 합격한 것을 사용할 것

해설 및 정답 ⑤ 2차전지

기출문제

11 두 대의 전동기가 전부하시 각각 출력 8kW, 출력 2kW이고, 효율이 80%이다. 다음 각 물음에 답하시오. [6점]

가) 출력 8kW와 출력 2kW 전동기의 동손의 관계를 구하시오.
- 계산과정 :
- 답 :

나) 철손[kW]과 동손[kW]을 각각 구하시오.
- 철손(계산과정 및 답) :
- 동손(계산과정 및 답) :

해설 및 정답

가) • 계산과정 : 8kW 동손 P_{c1}, 2kW 동손 P_{c2}

$$\frac{P_{c2}}{P_{c1}} = \left(\frac{2}{8}\right)^2 = \frac{1}{16}$$

- 답 : $\frac{1}{16}$

나) • 계산과정 : ① 전부하

$$\frac{8}{8+P_i+P_{c1}} = 0.8 = \frac{8}{10}$$

$$8+P_i+P_{c1} = 10$$

$$\therefore P_i + P_{c1} = 2kW$$

② $\frac{1}{4}$ 부하

$$\frac{2}{2+P_i+\frac{1}{16}P_{c1}} = 0.8 = \frac{8}{10} = \frac{4}{5}$$

$$2+P_i+\frac{1}{16}P_{c1} = 2.5$$

$$\therefore P_i + \frac{1}{16}P_{c1} = 0.5 \text{kW}$$

$$P_i + P_{c1} = 2$$
$$-\underline{P_i + \frac{1}{16}P_{c1} = 0.5}$$
$$= \frac{15}{16}P_{c1} = 1.5$$

동손 $P_{c1} = 1.5 \times \frac{16}{15} = 1.6 \text{kW}$

$P_i + 1.6 = 2$
철손 $P_i = 2 - 1.6 = 0.4 \text{kW}$

- 답 : 철손 : 0.4kW
　　　동손 : 1.6kW

12 소방시설 설치 및 관리에 관한 법령상 소방시설 중 경보설비의 종류 8가지를 쓰시오. 8점

> **해설및정답**
> ① 자동화재 탐지설비
> ② 시각경보기
> ③ 자동화재 속보설비
> ④ 누전경보기
> ⑤ 가스누설경보기
> ⑥ 비상방송설비
> ⑦ 비상경보설비
> ⑧ 단독경보형 감지기

13 가로 15m, 세로 5m인 특정소방대상물에 이산화탄소 소화설비를 설치하려고 한다. 연기감지기의 최소 설치개수를 구하시오(단, 감지기의 부착높이는 3m이다). 3점
- 계산과정 :
- 답 :

> **해설및정답**
> - 계산과정 : $\dfrac{15 \times 5}{150} = 0.5 ≒ 1개$
>
> $1개 \times 2회로 = 2개$
> - 답 : 2개

14 특정소방대상물에 설치된 소방시설 등을 구성하는 전부 또는 일부를 개설, 이전 또는 정비하는 소방시설공사의 착공신고 대상 3가지를 쓰시오(단, 고장 또는 파손 등으로 인하여 작동시킬 수 없는 소방시설을 긴급히 교체하거나 보수하여야 하는 경우에는 신고하지 않을 수 있다). 6점

> **해설및정답**
> 1. 수신반
> 2. 소화펌프
> 3. 동력(감시)제어반

기출문제

15 역률 80%, 용량 100kVA의 유도전동기가 있다. 여기에 역률 60%, 용량 50kVA의 전동기를 추가로 설치하고, 전동기 합성 역률을 90%로 개선하고자 할 경우 필요한 전력용 콘덴서의 용량 [kVA]을 구하시오. 6점

- 계산과정 :
- 답 :

해설및정답
- 계산과정
  ① 역률 80%, 용량 100kVA의 유도전동기
  $P = 100 \times 0.8 = 80\text{kW}$
  $\sin\theta_1 = \sqrt{1-0.8^2} = 0.6$
  $P_r = 50 \times 0.8 = 40\text{kVar}$
  ② 역률 60%, 용량 50kVA의 유도전동기
  $P = 50 \times 0.6 = 30kW$
  $\sin\theta_2 = \sqrt{1-0.6^2} = 0.8$
  $P_r = 100 \times 0.6 = 60\text{kVar}$
  ③ 유효전력과 무효전력의 합
  $(80+j60)+(30+j40) = 110+j100$
  $\therefore P_3 = 110\text{kW}, P_{r3} = 100\text{kVar}$
  $\cos\theta = \dfrac{110}{\sqrt{110^2+100^2}} = 0.74$
  $Q_c = 110 \times \left(\dfrac{\sqrt{1-0.74^2}}{0.74} - \dfrac{\sqrt{1-0.9^2}}{0.9} \right) = 46.7\text{kVA}$
- 답 : 46.7kVA

16 다음 그림은 브리지 회로를 나타낸다. 평형조건이 만족할 때 R_2를 구하시오. 5점

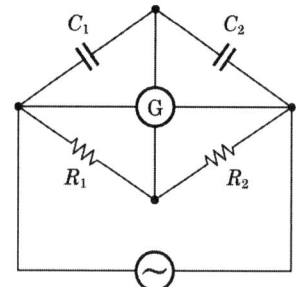

- 계산과정 :
- 답 :

해설및정답

- 계산과정 : $\dfrac{1}{jwC_1} \times R_2 = R_1 \times \dfrac{1}{jwC_2}$

$$\dfrac{R_2}{C_1} = \dfrac{R_1}{C_2}$$

$$R_2 C_2 = R_1 C_1$$

$$R_2 = \dfrac{R_1 C_1}{C_2}$$

- 답 : $R_2 = \dfrac{R_1 C_1}{C_2}$

---

17 한국전기설비규정(KEC)에서 규정하는 금속관공사의 시설조건에 관해 (   ) 안에 알맞은 말을 쓰시오. **6점**

- 전선은 절연전선((①) 제외)일 것
- 전선은 (②)일 것, 단, 다음의 것은 적용하지 않는다.
  – 짧고 가는 금속관에 넣은 것
  – 단면적(③)mm²(알루미늄선은 단면적(④)mm²)이하의 것
- 전선은 금속관 안에서 (⑤)이 없도록 할 것
- 관의 끝 부분에는 전선의 피복을 손상하지 않도록 (⑥)을 사용할 것

① :   ② :   ③ :   ④ :   ⑤ :   ⑥ :

해설및정답
① 옥외용 비닐절연전선   ② 연선
③ 10   ④ 16
⑤ 접속점   ⑥ 부싱

> **Reference** — 금속관공사의 시설조건(KEC 232.12.1)
>
> (1) 전선은 **절연전선**(옥외용 비닐절연전선 제외)일 것
> (2) 전선은 **연선**일 것. 단, 다음의 것은 적용하지 않는다.
>   ① 짧고 가는 금속관에 넣은 것
>   ② 단면적 **10mm²**(알루미늄선은 **16mm²**) 이하의 것
> (3) 전선은 금속관 안에서 **접속점**이 없도록 할 것
> (4) 관의 끝 부분에는 전선의 피복을 손상하지 않도록 **부싱**을 사용할 것

기출문제

18 자동화재탐지설비 수신기의 동시작동시험의 목적을 쓰시오. 3점

해설및정답 5회선을 동시 작동시킨 경우 기능에 이상이 없는지를 확인한다.

 MEMO

MEMO